本书由北京理工大学兵器科学与技术学科特区资助出版

国之重器出版工程
国防现代化建设

U0317085

特种功能防护材料

Special Functional Protective Materials

臧充光 焦清介 著

北京理工大学出版社
BEIJING INSTITUTE OF TECHNOLOGY PRESS

内 容 简 介

本专著重点介绍聚苯乙烯阻燃增强增韧功能防护材料、聚乙烯电磁屏蔽功能防护材料、聚合物压电阻尼功能防护材料、环氧树脂吸波功能防护材料、有机硅树脂缓冲功能防护材料、高效隔热功能防护材料的基础知识、设计原理、制备技术、性能与表征、应用工艺技术，并按照军用装备应用意义简介、材料配方设计、性能效果优化等内容格式介绍每一种特种功能防护材料。

本专著是作者在总结归纳其多年研究工作内容与科研成果的基础之上，详细论述各类高效多功能防护材料，具有兵器学科特色，是从事军用装备设计制造、材料研究、产品设计、制造加工、管理销售和相关学科教学的参考之书，也可作为培训教材使用。

图书在版编目（CIP）数据

特种功能防护材料／臧充光，焦清介著. -- 北京：北京理工大学出版社，2021.8
ISBN 978 - 7 - 5763 - 0282 - 0

Ⅰ.①特… Ⅱ.①臧… ②焦… Ⅲ.①个体防护—特种材料—功能材料 Ⅳ.①TJ9

中国版本图书馆 CIP 数据核字（2021）第 180038 号

出　　版／北京理工大学出版社有限责任公司		
社　　址／北京市海淀区中关村南大街 5 号		
邮　　编／100081		
电　　话／（010）68914775（总编室）		
（010）82562903（教材售后服务热线）		
（010）68944723（其他图书服务热线）		
网　　址／http：//www.bitpress.com.cn		
经　　销／全国各地新华书店		
印　　刷／固安县铭成印刷有限公司		
开　　本／710 毫米×1000 毫米　1/16		
印　　张／24		
彩　　插／8		责任编辑／封　雪
字　　数／428 千字		文案编辑／封　雪
版　　次／2021 年 8 月第 1 版　2021 年 8 月第 1 次印刷		责任校对／周瑞红
定　　价／136.00 元		责任印制／李志强

专家委员会委员（按姓氏笔画排列）：

于　全　　中国工程院院士

王　越　　中国科学院院士、中国工程院院士

王小谟　　中国工程院院士

王少萍　　"长江学者奖励计划"特聘教授

王建民　　清华大学软件学院院长

王哲荣　　中国工程院院士

尤肖虎　　"长江学者奖励计划"特聘教授

邓玉林　　国际宇航科学院院士

邓宗全　　中国工程院院士

甘晓华　　中国工程院院士

叶培建　　人民科学家、中国科学院院士

朱英富　　中国工程院院士

朵英贤　　中国工程院院士

邬贺铨　　中国工程院院士

刘大响　　中国工程院院士

刘辛军　　"长江学者奖励计划"特聘教授

刘怡昕　　中国工程院院士

刘韵洁　　中国工程院院士

孙逢春　　中国工程院院士

苏东林　　中国工程院院士

苏彦庆　　"长江学者奖励计划"特聘教授

苏哲子　　中国工程院院士

李寿平　　国际宇航科学院院士

李伯虎	中国工程院院士
李应红	中国科学院院士
李春明	中国兵器工业集团首席专家
李莹辉	国际宇航科学院院士
李得天	国际宇航科学院院士
李新亚	国家制造强国建设战略咨询委员会委员、中国机械工业联合会副会长
杨绍卿	中国工程院院士
杨德森	中国工程院院士
吴伟仁	中国工程院院士
宋爱国	国家杰出青年科学基金获得者
张　彦	电气电子工程师学会会士、英国工程技术学会会士
张宏科	北京交通大学下一代互联网互联设备国家工程实验室主任
陆　军	中国工程院院士
陆建勋	中国工程院院士
陆燕荪	国家制造强国建设战略咨询委员会委员、原机械工业部副部长
陈　谋	国家杰出青年科学基金获得者
陈一坚	中国工程院院士
陈懋章	中国工程院院士
金东寒	中国工程院院士
周立伟	中国工程院院士

郑纬民　中国工程院院士

郑建华　中国科学院院士

屈贤明　国家制造强国建设战略咨询委员会委员、工业
　　　　和信息化部智能制造专家咨询委员会副主任

项昌乐　中国工程院院士

赵沁平　中国工程院院士

郝　跃　中国科学院院士

柳百成　中国工程院院士

段海滨　"长江学者奖励计划"特聘教授

侯增广　国家杰出青年科学基金获得者

闻雪友　中国工程院院士

姜会林　中国工程院院士

徐德民　中国工程院院士

唐长红　中国工程院院士

黄　维　中国科学院院士

黄卫东　"长江学者奖励计划"特聘教授

黄先祥　中国工程院院士

康　锐　"长江学者奖励计划"特聘教授

董景辰　工业和信息化部智能制造专家咨询委员会委员

焦宗夏　"长江学者奖励计划"特聘教授

谭春林　航天系统开发总师

前　言

　　本专著在兵器科学与技术领域，军用安全与防护工程专业方向范围内，能够体现最新研究成果，突出重要技术突破，体现教学需要、层次适用和内容创新。坚持突出重点，强化国防特色，重点为提升军工核心能力、军用装备发展急需的相关特种功能防护材料提供支撑。尽力提高编写质量，是一本贴合实际应用需求的专著。

　　研制高效功能防护材料在军事领域至关重要，随着特种功能防护材料更新换代，新材料、新产品、新技术迅猛发展，相关技术书籍比较缺乏，为了填补此空缺与满足这方面的需求，普及防护材料基础知识，推广并宣传几年来的研究成果，作者编著了本书。特种功能防护材料种类繁多，本书按照材料应用主体不同分为7章，重点介绍了阻燃增强增韧抗静电功能防护材料，主要应用于中小型军用装备外包装箱材料；电磁屏蔽功能防护薄膜材料，主要应用于制作各类军用装备的弹衣等；吸波功能材料，主要应用于军用装备的隐身涂层；阻尼功能材料，主要应用于军用装备的减震结构与涂层；缓冲与隔热功能防护材料，主要用于弹药内部的缓冲隔热包覆层。每章大致按照基本理论、性能规律、制备应用的格式撰写。

　　本书广泛吸收了国内外近年来相关理论与部分工程实践的研究成果，其中主要内容为我校拥有知识产权的研究成果，在编写过程中，学科组历届博士生吴中伟、解娜、王文杰、赵雄伟、张玉龙，以及硕士生林日斌、刘开国、佘李云飞、梅豪正、潘红伟、陈奕均等同学均参与了部分内容的研究与编辑校对工作，在此，对他们的辛勤劳动表示感谢。

　　由于作者水平有限，书中不足之处敬请广大读者谅解与批评指正。

目 录

1

绪　言

|1.1 特种功能防护材料研究背景及意义|

随着军用装备的快速发展，对其要求越来越高，同时对装备的不敏感性提出要求[1]。弹药不但要满足射程远、威力大、精度高的战略需求，同时也要满足使用的安全性要求[2]。然而在军事技术发展中，各类军事目标不断增强的防护能力促使各国争先研制高能毁伤武器，各类弹药的毁伤威力越来越大，而对弹药的不敏感性研究却相对较少，在应用阶段，相应带来的不安全性威胁日益凸显[3]。一些弹药在装配、勤务、使用过程中，由于跌落、撞击、摩擦等意外事故时常有外力冲击作用到弹体上，引发应力集中，引起弹药弹体和内部装药界面力学参数不匹配而发生爆炸。一些弹药电子舱由于积热过多而发生爆炸，引爆弹药。还有一些弹药在意外事故中，直接遭受外部火焰烘烤（如弹药库着火，飞机、舰船燃料箱起火等），从而引发爆炸。例如，1967 年，美国海军福莱斯特号航母舰载机挂载的空地导弹受到刺激，意外发射，引爆了军械库，造成 134 人死亡，21 架飞机被毁；1981 年，美国海军尼米兹号航母舰载机降落时，发生倾斜引发大火，随即引爆了一枚麻雀导弹，数名官兵被炸死；2000 年，俄罗斯库尔斯克号核潜艇在进行军事演习时，鱼雷受到意外应力刺激发生爆炸，致使舰艇沉没，118 名官兵无一幸免，如图 1.1 所示。惨痛的教训促使各国逐渐认识到弹药不敏感性的重要性，各国开始投入大量的人力、物力进行不敏感弹药研究，以求在弹药遭受意外刺激时，能将偶然引爆的概率及随后的危害严重性降到最低。

福莱斯特号航母舰载机　　　尼米兹号航母舰载机　　　库尔斯克号核潜艇

图 1.1　弹药意外爆炸事故

1984 年，美国率先提出发展不敏感弹药，并制定了相关政策和考核标准 MIL – STD – 2105C《非核弹药的危险性评估试验》，将不敏感弹药定义为在满足所规定的性能、战备状态和可操作性要求的弹药受到意外刺激（跌落、慢速烤燃、快速烤燃等）时，能将偶然引爆的概率及随后带来的危害严重性降到最小[3]。随后各国相继出台了相应的研究计划。北大西洋公约组织也制定了不敏感弹药的相关考核标准，STANAG 4375 规定了弹药跌落试验，将弹药以水平和竖直（前端朝上和前端朝下）三种姿态跌落撞击在水平钢板上，并要求试验样件中的火药/火工药剂/炸药不得出现可见或可听到的反应；STANAG 4240 规定了快速烤燃（液体燃料/外部火源）试验，要求试验样件没有比类型 V 更严重的响应。在不敏感弹药的研究上我国起步较晚，虽然开展了一些研究工作，取得了一些成果，但仍然缺少系统的工程应用成果，尚未形成统一的评价标准和试验方法，而各军对弹药的安全性提出了迫切需求，因此开展不敏感弹药研究显得至关重要。

一方面科研人员致力于高能钝感炸药的研究，在保证弹药毁伤威力前提下，提高弹药不敏感性；另一方面研制有效的高效防护材料，对军用装备进行有效防护，降低敏感性。目前我国对此类防护尚无系统性研究，一些在研、在产的型号装备仍然在使用沥青、石棉布等作为装药缓冲层和隔热层防护材料，存在机械性能差、效率低、有毒、有害等缺点，一旦弹药发生意外事故，后果不堪设想。因此，研制有效的防护材料，包覆在装药和弹药内部设备上，提高弹药不敏感性，对保证弹药安定性和操作人员生命财产安全具有重大意义。

在弹药、引信、电子装备等的运输、存储、使用过程中，包装材料与产品之间很可能产生摩擦、碰撞、接触、分离，从而产生静电积累并放电，对光电

产品、弹药、火工品等造成危害，产生殉爆现象并酿成重大事故，造成不堪设想的后果，严重影响产品的可靠性；同时传统的军用防护材料，由于材料基本无阻燃特性，在弹药贮存及使用过程中，一旦发生火灾，将会造成不可估量的后果。

目前军品包装要求同时具有高的机械强度、低的透湿性、良好的相容性、防静电、防盐雾、阻燃、耐老化、耐腐蚀、耐高低温、能循环使用，满足弹药长贮性能要求。随着科技的进步、社会的发展，国民经济各部门对材料的要求越来越高，且日益多样化，需要有适应不同环境下应用的材料，而聚合物的单一性能往往难以满足要求[4]，为获得综合性能优异的聚合物材料，除了继续研制合成新型聚合物材料外，还可以对已有的材料进行改性，这样可以充分利用现有的资源、减少研发成本、提高新产品开发的速度和综合利用效率，是一项非常有意义的工作。

由于现用的军品内外防护材料大多数是木制材料或者铁制材料，这样是对环境资源的浪费，所以从保护环境资源的角度讲，采用高分子材料对军品进行防护有着十分重要的意义。

而制备具有高性能的多功能复合材料也是当今高分子科学领域重点发展的方向之一[5]，它直接影响高分子工业的发展。现代社会，人们往往希望材料既耐高温又易于加工成型；既有较高的韧性又有较大的刚度；既有持久的抗静电性能又有良好的阻燃性能；既有较好的持久性又价格低廉。显然，单一的聚合物材料往往难以达到这些要求，因而对聚合物进行改性已经成为研制高性能聚合物材料的一个重要的途径。

军用包装作为配套物资，是军用装备抗御各种不良环境因素的"承受体"，与其装卸、运输、储存和使用密切相关，并直接关系到军用装备的性能防护和战备物资的快速保障供给。

随着电磁技术在现代战场上的应用，电磁战已经成为现代军事的第四维战场。电磁战的核心是释放宽频率的强电磁波以破坏对方军事设施中电子装备的遥测、遥感和遥控等功能，从而使对方的军事装备处于失控状态。与此同时，现代军用装备系统中的电火工品等敏感元件的灵敏度越来越高，极小的电磁能量也会引起电子系统中敏感部件的损坏、翻转，使其误爆，造成事故。

例如，1967年7月29日，美国 Forrestal 航空母舰导弹由于搜索雷达产生的高射频而误发；1982年以来 UH-60 黑鹰直升机多起坠毁事件都是由于对电磁发射敏感；现代飞机、坦克、导弹以及航天飞行器等军械系统中装备的电引爆装置在电磁波干扰下极易发生事故。此外，由于计算机在军事上的广泛应用，计算机在工作时产生的电磁辐射信号中包含有大量处理信息，如果不采取防护措施，便极有可能导致军事机密信息泄露。除此以外，随着现代电子工业的高速发展和各类电子产品的普遍使用，电磁波干扰（EMI）逐渐成为一种新的社会公害。

针对电磁问题，1979 年美国联邦通信委员会（FCC）颁布规定，要求所有电子设备的电磁发射必须低于某限定值。美国军事组织通过 MIL - STD - 461《控制电磁干扰的发射与敏感度要求》以保证"军事任务的成功"。1996 年 1月 1 日，欧盟制定并强制执行 89/336/EEC 指令，将电子产品的电磁兼容性标准纳入国家的技术法规中。我国也制定了许多相关标准，如 GJB 786—89《预防电磁辐射对军械危害的一般要求》、GJB 376—86《军工品可靠性评价方法》、GJB 475—88《微波辐射生活区安全限值》等。

在电磁屏蔽薄膜领域，目前较常用有表层镀金属层、表层屏蔽涂料和高分子复合材料。表层镀金属层利用金属的高导电性，对高频电磁波屏蔽效果较好，但对于低频电磁波的屏蔽效果不理想，而且它和表层屏蔽涂料一样，容易脱落和氧化而造成屏蔽性能的不稳定。高分子复合膜由具有成膜功能的高分子与电磁功能填料进行共混合成膜等工艺制备而成，既有电磁波屏蔽功能，又有高分子的高强度、柔韧性、一次成型、性能稳定和形状灵活等优点，能弥补传统表层屏蔽薄膜易脱落氧化、性能不稳定的缺点，是一种极具发展前景的电磁屏蔽薄膜。

在高分子基体方面，低密度聚乙烯（LDPE）在薄膜领域占有重要地位，是世界上产量最大、品种繁多的合成树脂之一，被广泛应用于工业、农业、包装及日常生活，尤其被广泛应用在厚度小于 300 μm 的塑料薄膜领域[6]。LDPE的质地柔软，在加工过程的高剪切速率下具有较低的黏度和牵伸时的高熔体强度，挤出时能耗少，产率高，吹塑时膜泡稳定易于操作，而且熔点低（110 ~115 ℃）尤其适合做热稳定性差的填料的基体，但它的体电阻率约为 10^{16} Ω·cm，无法屏蔽电磁波。因此，研究 LDPE 基电磁屏蔽复合膜，对于拓宽LDPE 的应用领域，提高军品物资的安全性，降低电磁干扰的危害，具有重要意义。

随着现代科学技术的飞速发展，火箭、卫星、舰艇、汽车等的功率和速度都有很大程度的提高，这必然带来宽频带的随机振动和噪声，并将激发起设备结构的多重共振，导致设备结构破坏，仪表失灵。因此振动和噪声的控制就成了设计时必要的先决条件，因此，阻尼减振降噪技术一直是工程领域的一个重要课题。阻尼材料是近年来发展起来的一种减振降噪材料，可以提高各类装备及工程结构的抗振性和稳定性，延长其工作寿命，提高产品的质量，也能有效

地降低噪声。随着高新技术的发展，对阻尼材料的需要愈来愈高。研制与开发综合性能优异的阻尼材料已成为研究热点。

各类阻尼材料已广泛应用于许多领域，包括各种机械设备的隔声罩，发动机的外壳，各种交通工具，如汽车、船舶、航天器上的舱壁、大型管道系统及民用家电等，而且随着现代工业的不断发展，对阻尼材料的需求也日益增加[7]。也就是说，针对这一技术的研究在促进国民建设和提高人民生活质量上具有重要的价值和意义。

|1.2 特种功能防护材料的发展现状及趋势|

1.2.1 阻燃材料技术发展现状与趋势

合成新的聚合物材料或对现有的聚合物品种进行化学改性，不但周期长，而且存在成本高、技术复杂、对设备要求高和灵活性小等特点，工业化实施很困难。相比之下，对聚合物进行共混、填充和增强复合改性是既简便有效又经济可行的方法。

阻燃性是指能抑制材料的燃烧、延缓材料燃烧或者能减少材料燃烧时发出的烟雾。可燃、易燃材料的阻燃功能的实现，一般依靠添加阻燃剂，或者将难燃性材料与可燃性材料共聚，进而降低材料的可燃程度。

目前塑料的阻燃改性方法有两种。一种是合成自熄性塑料，在合成高聚物的分子中引入 F、Cl、Br、P、N 等杂元素，这些元素具有良好的阻燃效果。另一种是添加阻燃剂，阻止或减缓聚合物的燃烧。添加阻燃剂的阻燃机理[8]一般为捕捉燃烧时产生的自由基即抑制效应，聚合物的燃烧快慢与燃烧过程中产生的自由基多少有关。由于在燃烧过程中首先是低温下的氧化分解，在聚合链上产生氢过氧化物，氢过氧化物进一步分解生成活性极大的自由基 $HO\cdot$，继而引发连锁反应生成大量的活性自由基 $H\cdot$、$RCH_2\cdot$、$\cdot O\cdot$ 等，而阻燃剂的目的就是要捕捉这些自由基，从而达到阻燃的效果。

目前使用的阻燃剂大多为添加型阻燃剂，若按化合物的种类分类[9]则如图1.2 所示。

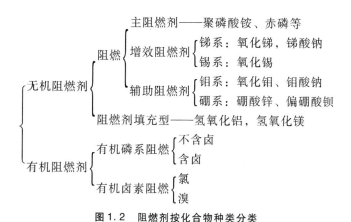

图 1.2　阻燃剂按化合物种类分类

1.2.1.1　有卤阻燃 HIPS 的研究现状

高抗冲聚苯乙烯（HIPS）是苯乙烯与丁二烯（PB）橡胶反应而得到的产品，它是一种经过改性的具有较好冲击性能的聚苯乙烯材料。其中橡胶用量 5%～10%，橡胶粒径在 HIPS 中约为 2 μm，其结构是在均聚的聚苯乙烯连续相中分散橡胶的小颗粒，形成"海岛"结构[10]，橡胶相粒子是由交联的橡胶、苯乙烯单体在橡胶大分子键上接枝而成的接枝共聚物，以及包含的聚苯乙烯均聚物组成的。其由于来源丰富，合成工艺简单，与其他通用塑料相比具有透明、成型性好、电绝缘性好、无毒性、耐化学腐蚀性、刚性好、易着色、价格低廉等优点，被广泛地应用于电器、汽车、包装容器、军用物资的外壳包装等。但由于抗冲击性能低、易燃烧、燃烧释放出大量的烟雾、抗静电性能差等缺点，HIPS 的应用范围受到很大的限制。因此对于 HIPS 的多功能改性研究尤为重要，适应目前市场的需求。

目前，国内外对 HIPS 常用的含卤阻燃体系是十溴二苯醚、四溴双酚 A（2,5-二溴基）醚、四溴双酚 A 等含卤阻燃剂与三氧化二锑的复配体系。其优点是阻燃效率高，与基材的相容性好，不易析出，对材料的物理机械性能损害小。缺点是燃烧放出 HBr 等有害气体，污染环境。尤其是目前大量使用的多溴二苯醚和多溴联苯类含卤阻燃剂，燃烧时生成多溴代二苯并二噁英（PBDD）及多溴代二苯并呋喃（PBDF）两种致癌物质。由于欧盟已经颁布相关指令，要求其成员国确保从 2006 年 7 月 1 日起投放市场的新电子和电器产品不含多溴二苯醚和多溴联苯醚等有害物质，目前国内外许多企业研究所开展了环保型阻燃 HIPS[11] 的研究。

为了提高阻燃剂的效率，减少阻燃剂的用量，马玫等[12] 利用 $Mg(OH)_2$/溴系阻燃剂复配体系对 HIPS/SBS/PPO/EPDM 合金进行阻燃，制出了阻燃、消烟性能优良的复合材料。通过添加 40 份 $Mg(OH)_2$、20 份溴系阻燃剂的复合阻燃体系，对 HIPS/PPO/SBS/EPDM 阻燃，性能达到了 UL94 V－0 级，氧指数达到了 29%，但是阻燃剂的添加量较大，为材料的其他性能改性预留空间太小，同时 $Mg(OH)_2$ 为极性材料，与聚合物相容性较差，导致材料的力学性能较差。目前，十溴二苯乙烷（DBDPE）由于其分子结构中没有醚键，不会产生大量的致癌物质，且具有较好的热稳定性、含溴量高以及阻燃后的 HIPS 仍具有良好的加性能等优点，愈来愈受到阻燃界的重视。目前，国内主要采用 $DBDPE/Sb_2O_3$ 的复配阻燃剂，其比例在 2.5∶1 到 3.5∶1 时阻燃效果最佳，且随阻燃剂含量的增加，HIPS 的氧指数增加，但力学性能有一定的损失，采用偶联剂表面改性的阻燃剂，在一定程度上可以改善阻燃 HIPS 材料的力学性能。尤飞等[13]通过一次熔融共混法，制备了 DBDPE 和 Cl_6 改性蒙脱土（MMT）的 HIPS 复合材料，实验表明 DBDPE 和蒙脱土两种体系间具有良好的协同效应，燃烧后的热释放速率下降。其配方为 $HIPS/DBDPE/Sb_2O_3/Cl_6BrN$，其比例为 86∶10∶4∶2，阻燃性能达到了 UL94 V－0 级，但材料的力学性能及抗静电性能较差，不能满足对材料高强度、高韧性的应用要求。

1.2.1.2　无卤阻燃 HIPS 的研究现状

多数溴类阻燃剂燃烧会对环境造成危害，在环保要求日益增强的今天，人们开始把目光转移到对 HIPS 的无卤阻燃改性上。用于 HIPS 无卤阻燃的阻燃剂主要有无机磷系阻燃剂、有机磷系阻燃剂、膨胀型阻燃剂和有机硅系阻燃剂等。

1）无机磷系阻燃剂研究现状

此类阻燃剂主要包括红磷等，阻燃机理是：阻燃剂受热时，分解形成磷酸、偏磷酸、聚磷酸等，使燃烧的高聚物碳化，碳化层一方面可以减少可燃气体的放出，另一方面可以吸热，并且可以阻隔高聚物与氧气等的接触。目前国内外科学家和技术人员更多地关注无卤阻燃的研究，对无卤阻燃的研究已成热点。Ulrike Braun 等[14]分别使用红磷、氢氧化镁及红磷/氢氧化镁复合体系对 HIPS 进行了阻燃研究。结果表明，单独添加 10% 的红磷可使材料的氧指数提高 5.3%，单独添加氢氧化镁仅提高 2.3%，两者复合可将氧指数提高 5.5%，但是红磷热稳定性较差，且制备的粒料为红色，不利于材料的着色。

2）有机磷系阻燃剂研究现状

有机磷系阻燃剂具有阻燃和增塑双重功效[15]，其阻燃机理为：一方面阻燃剂受热分解产生磷酸、偏磷酸、聚偏磷酸等，这些含磷酸具有强烈的脱水性，可使聚合物表面脱水碳化，而单质碳不能发生火焰的蒸发燃烧和分解燃烧，所以具有阻燃作用；另一方面阻燃剂受热产生 PO·自由基，可大量吸收 H·、HO·自由基，从而中断燃烧反应。

3）膨胀型阻燃剂阻燃研究现状

无卤膨胀型阻燃剂是近年来阻燃界高度关注的新型复合阻燃系统，其以磷、氮为主要成分。它一般由酸源［磷酸盐（脱水剂）］、碳源（多元醇）及气源［含氮化合物（发泡剂）］三种主要成分组成。①碳源（成炭剂）：多为富含碳的多元醇类化合物，例如季戊四醇、二季戊四醇等。②酸源（脱水剂）：多为无机酸或能在燃烧加热时原位生成酸的盐类，例如磷酸、磷酸铵盐、磷酸酯等。③气源（发泡剂）：多为含氮的多碳化合物，如三聚氰胺、氯化石蜡等。其阻燃机理[16]是：首先，受热时多元醇（成炭剂）在酸源的作用下，进行酯化反应；其次，酯化反应产生的水蒸气，和由气源产生的不燃性气体使处于熔融状态的体系形成蓬松封闭结构的炭层；再次，反应接近完成时，体系胶化和固化，最后形成泡沫炭层。此炭层起到限制氧气到聚合物表面，防止可燃气体的放出，还对热辐射起到反射的作用，从而终止聚合物的燃烧。Wang 等[17]通过三聚氰胺磷酸盐（MP）与 PER 采用熔融基础式反应，制得 PDM，简化了阻燃剂的制备工艺，所制得阻燃剂同时具有酸源、碳源及气源，使得膨胀型阻燃剂具有"三位一体的特性"。

4）有机硅系阻燃剂的阻燃研究现状

有机硅系阻燃剂具有高效、无毒、低烟、防滴落等优点，也是目前研究的热点，其阻燃机理[18]是：聚合物燃烧时，有机硅生成碳化硅，阻止燃烧生成挥发物外溢，隔绝树脂与氧气的接触，阻止熔体滴落，从而达到阻燃的目的。

Huang 等[19]研究了不同种类的硅添加剂对 EVA/氢氧化镁的阻燃性能和力学性能的影响，结果表明有机硅、改性蒙脱土和硅橡胶与氢氧化镁协同阻燃时不仅使聚合物水平燃烧达到 FH－1 级。目前在市场上已提供应用的有机硅系阻燃剂是美国通用电气公司生产的 SFR－100，它已用于阻燃聚烯烃，低用量即可满足一般阻燃要求，高用量可赋予基材优异的阻燃性和抑烟性，使被阻燃材料可用于以前的阻燃体系不能适用的场所。其尤其对聚烯烃具有良好的阻燃效果，同时改进了树脂的加工性能和机械性能，可赋予材料特别优异的阻燃性和抑烟性，用于普通阻燃体系不能适用的场合。

1.2.1.3 纳米材料阻燃 HIPS 的研究进展

纳米材料的阻燃主要是在无机阻燃剂的基础上，通过将无机阻燃剂粒径超细化、表面改性技术等，使无机阻燃剂达到纳米尺寸，这类阻燃剂的优点在于：与传统无机阻燃剂相比，阻燃剂在较小的添加量时即能达到传统无机阻燃

剂的阻燃要求，且阻燃剂在聚合物中的分散性好，材料的力学性能优良。这类阻燃剂阻燃机理主要为：高温下脱水，同时在凝聚相中促进聚合物氧化形成致密的炭层，并且无机氧化物是热的屏障，起到隔绝空气及绝热的作用，达到阻燃的目的。

最近不少研究者发现利用层状无机物的特性，通过插层聚合将纳米级无机物分散到聚合物基体中形成复合材料，该聚合物/无机物纳米复合材料能够提高材料的力学及兼容性能，此法开辟了阻燃高分子材料的新途径。王立春等[20]采用动态熔融插层法制备了高抗冲聚苯乙烯/有机蒙脱土（OMMT）复合材料，并利用锥形量热仪测试了材料的阻燃性能。结果表明：复合材料的热释放速率、生烟速率、质量损失速率等燃烧性能参数均明显降低，表现出较好的阻燃性能。

澳大利亚 Antonietta Genovese 等[21]指出纳米氢氧化镁与硼酸锌具有良好的协同效应，结果表明两种阻燃剂复配的体系在材料燃烧过程中有新物质生成，并且材料的耐高温性能更加优良，并且热流随着硼酸锌比例的增大而显著下降。

1.2.2 力学增强高分子材料发展趋势

对于 HIPS 的力学改性，主要是对材料进行韧性及强度的改性，主要通过接枝、共混、交联、填充改性等方法赋予 HIPS 较优的韧性及强度，达到工程应用的要求。

1.2.2.1 HIPS 增韧增强机理研究进展

1）多重银纹剪切带理论

1965 年，Bucknall 等[22]阐明了 HIPS 机理为橡胶引发 PS 基体产生多重银纹和剪切带，控制银纹的发展并使银纹及时终止而不致发展为破坏性的裂纹，同时银纹尖端的应力场诱发剪切带的产生，从而防止银纹的进一步发展，而大量的银纹和剪切带可消耗受外力作用时的能量，从而使材料的冲击强度提高。Socrate 等[23]采用高抗冲聚苯乙烯多重银纹微观模型，利用有限体积元模型分析了银纹在橡胶、聚苯乙烯两相体系中晶核中的成长现象，并且利用此模型提出了影响 HIPS 韧性的因素，从微观角度分析了 HIPS 体系受外力作用时的情况。2000 年，杨军等[24]通过对银纹引发和终止部位的研究，认为 HIPS 中银纹的引发与终止具有较强的选择性，它们往往发生在粒子表面橡胶含量丰富的部位，适宜地增加粒子中某些橡胶的厚度，对于改善 HIPS 的韧性具有重要的意义。

2）空穴化理论[25]

空穴化是指发生在橡胶粒子内部或橡胶粒子与基材界面间的空穴化现象，在外力作用下，分散相（橡胶粒子）因应力集中而引起周围的三维应力变化，橡胶粒子通过空穴化及界面脱粘释放弹性应变的过程，它导致材料从平面应变向平面应力转化，从而引发剪切屈服，阻止裂纹进一步扩展，消耗大量的能量，使材料韧性提高。

3）Wu 氏理论（粒间距增韧机理）

1989 年 S. H. Wu 首次发现粒间距与增韧过程中最主要的脆－韧转变之间的关系，其指出：临界组分含量 Φ_c 或临界平均粒子大小 d_c 两者之间具有相关性，当材料发生脆－韧转变时，橡胶粒子间距 τ_c 是常数，并提出临界基体厚度层理论：

$$\tau_c = d_c \left[\left(\frac{\pi}{6\Phi_c} \right)^{\frac{1}{3}} - 1 \right] \tag{1.1}$$

同时，Wu[26]还研究了在满足最低界面黏合力的情况下，只要满足粒间距 $\tau < \tau_c$，则该体系为韧性，否则为脆性断裂。在冲击断裂的过程中，橡胶粒子提高空穴化释放基体层中的静张力应力分量使得橡胶粒子周围的 $\tau_c/2$ 球壳内基体发生平面到平面应力的转变，基体层出现剪切屈服，达到增韧的效果。

4）纳米复合材料增韧机理研究

纳米复合材料中无机相填料的主要代表是蒙脱土（MMT），根据黏土在聚合物基体中分散状态不同，可分为常规型、插层型、剥离型三类复合材料。蒙脱土在纳米复合材料中的增强增韧机理为[27]：一方面，研究结果表明，纳米复合材料中 MMT 与基体之间存在着强烈的相互作用，并且 MMT 的层间距越大，增强增韧效果越明显，纳米复合材料的综合力学性能越好；另一方面，聚合物分子链以物理吸附的形式直接与硅酸盐内外表面结合。通过 MMT 硅酸盐片层间烷基胺（或铵）分子与聚合物分子链"相容"，间接地与 MMT 硅酸盐片层结合在一起。对于层状纳米复合材料而言，层状硅酸盐在聚合物基体中相当于"物理交联点"（即以物理方式交联在一起的聚集点）。该"物理交联点"与聚合物分子链"钉锚"在一起。因此，当体系受到外力作用时，这些"物理交联点"受到破坏，吸收能量，使材料的冲击性能和弯曲性能得到改善。崔文广等[28]采用熔融共混的方法制备了 HIPS/纳米氢氧化铝复合材料，并采用马来酸酐接枝高抗冲聚苯乙烯作为相容剂，结果表明马来酸酐接枝高抗冲聚苯乙烯明显改善了复合材料的阻燃及力学性能，且纳米氢氧化铝在复合材料中分散性及黏接性明显改观。

5）有机刚性粒子增韧改性机理

Kurauchi 等[29]研究了 PC/ABS 共混体系，提出有机刚性粒子"冷拉伸"的概念。在有机刚性粒子加入基体中后，由于两者之间的拉伸弹性模量和泊松比存在较大的差别，当作为分散相的刚性粒子受到高静压强时，会发生脆性形变向韧性形变的转变，从而发生屈服而发生"冷拉伸"现象，引起自身的塑性变形，吸收大量的冲击能量，从而提高体系的韧性。

1.2.2.2　HIPS 增韧增强改性研究进展

近来，崔文广等[30]分别以 SBS、EPDM、EVA 为增韧剂，研究了其对阻燃高抗冲聚苯乙烯物理机械性能和阻燃性能的影响，实验表明 SBS 与基体的相容性较好，当 SBS 用量达到 18% 时，其冲击强度达到 10 kJ/m² 左右。而以 EPDM 或 EVA 为增韧剂时，其最大冲击强度分别为 6.5 kJ/m² 左右和 4.3 kJ/m² 左右，但材料的拉伸强度下降较大，并且弹性体的添加量较大，其韧性提高量并不太理想。

袁绍彦等[31]研究了纳米碳酸钙/SBS 或 MAH – g – SBS/聚苯乙烯共混体系，实验表明，SBS 与 MAH – g – SBS 增韧 PS 效果类似，但两种体系的冲击转折点不同。SBS 增韧共混体系中，只有少量的纳米碳酸钙进入 SBS 相中，但主要是以各自单独分散形式存在于基体中。而 MAH – g – SBS 体系中，纳米碳酸钙包裹较完全，当碳酸钙含量较多时，因为弹性体层太薄，导致体系的断裂伸长率下降。

王丽君等[32]利用 SBS 和 POE 对阻燃 HIPS 进行研究，实验表明，以 SBS 为增韧剂的复合材料综合性能优于以 POE 为增韧剂的复合材料的综合性能，这是因为 POE 与 HIPS 的分子结构差别较大，因此相容性差，当其用量超出一定范围后，在复合材料中的分散性越来越差，从而使材料的冲击强度劣化。而 SBS 和基体的相容性较好，冲击断面呈现海岛状，且有网络结构存在，有利于材料的韧性提高。当 SBS 的用量为 12% 时，材料的冲击强度较纯 HIPS 的冲击强度提高了 4 倍左右，并且其对材料阻燃性能没有影响，而 POE 超过一定量时材料的阻燃性能会有所改变，并且材料的拉伸强度有所损失，弯曲强度改变较大。

目前有文献[33]采用黏土对高抗冲聚苯乙烯进行改性，其优点是同一般的聚合物相比，具有耐热性、高强度、高气体阻隔性和膨胀系数等，并且成本较低，可广泛地应用于各种管材、汽车、机械零件、电子电器部件、防火阻燃材料、食品包装材料等。

1.2.3 电磁防护材料发展趋势

电磁屏蔽是抑制电磁干扰的方法，通过研究电磁污染源的特性及传播方式，切断电磁干扰的传播途径，提高电子产品和设备的可靠性。

电磁辐射按频率、波长可排列成若干频率段，形成电磁频谱，表 1.1 列出了电磁干扰的频段分类。

表 1.1 电磁干扰的频段分类

名称	典型干扰源	频率/Hz
工频及音频干扰	有线广播、输电线等	50
甚低频干扰	雷电等	$< 3 \times 10^4$
载频干扰	超高压输电线及绝缘子表面放电	$3 \times 10^4 \sim 3 \times 10^7$
射频和视频干扰	工业、科学等高频设备	$3 \times 10^7 \sim 3 \times 10^8$
微波干扰	微波通信、卫星通信等	$3 \times 10^8 \sim 3 \times 10^{11}$

在军事方面，军用电磁频谱具有突发性、机动性、频带宽、全方位、全时段的特点，以美军为例，表 1.2 列出了美国军事电磁频谱频段。此外，核电磁脉冲也是极强的电磁干扰源，频谱极为丰富，主频在 100 MHz 以内。

表 1.2 军事电磁频谱频段分类（美国）

名称	频率
无线电台、卫星通信、导弹遥测设备、全球定位系统	$< 6\,000$ MHz
战术通信频段	100 MHz 左右
导弹监视和反隐身雷达	400 MHz 左右
无线电导航、中长距离防空、战术通信和航线监视雷达	$1\,200 \sim 1\,400$ MHz
高功率移动雷达	$3\,000 \sim 3\,650$ MHz

1.2.3.1 碳纳米管电磁屏蔽复合材料的发展现状

碳纳米管是由单层或多层石墨片按照一定的螺旋角卷曲而成的，直径为纳米量级的无缝中空管，管身由六边形碳环微结构单元组成，两端基本上都封口，端帽部分是由五边形的碳环组成的多边形结构。径向尺寸为纳米级，管外径为几纳米到几十纳米；管内径更小，只有 1 nm 左右。而轴向尺寸为微米级，直径在几十个纳米以下，长度可达到几百微米或者更长，相对直径而言是比较长的。按石墨层数的不同，碳纳米管可分为多壁碳纳米管（MWNT）和单壁碳

纳米管（SWNT）；也可根据碳纳米管的螺旋角而分为螺旋和非螺旋两种[34]，如图 1.3 所示。

图 1.3　多壁碳纳米管的结构[34]

碳纳米管独特的结构使其具有独特的电学性能。不同构型的碳纳米管可以是金属性的也可以是半导体性的，甚至在同一根碳管的不同部位，由于结构的变化，也可以呈现出不同的导电性，因此碳管还用于分子导线、纳米半导体材料和近场发射材料等。作为一种导电性和吸波性都优良的电磁功能填料，碳纳米管具有以下优点：

①具有多种导电机理和优异的场发射效应[35]。单根碳纳米管的导电性能的理论计算和实测结果表明，由于结构不同，碳纳米管可能为导体或半导体，同时具有金属和半导体性质，导电性可调，有助于拓宽电磁波屏蔽频率；

②比表面积大，长径比大，更易在树脂基体中形成导电网络；

③导电性好，用很少的量就能形成导电网链；

④力学性能优异，对基体树脂的增韧补强效果好，得到的薄膜拉伸强度较高。碳纳米管全部由 σ 键构成，是沿管轴方向强度最大的纤维，具有和金刚石相媲美的刚性，杨氏模量高达 1.1～1.3 TPa，弹性模量 1.8 TPa，拉伸强度 200 GPa，弯曲强度 14.2 GPa，层间剪切强度高达 500 MPa，柔韧性好，sp^2 再杂化释放的高应力提高了碳纳米管对形变的弹性响应；

⑤密度小，重量轻，不易因重力而聚沉在树脂基体中；

⑥具有半导体性，在外电磁波磁场分量作用下，受到平行或垂直于其管轴磁场的作用，电阻发生金属 - 绝缘体转变，呈现电响应特性，即出现 Aharonov - Bohm 效应，此外受到磁场驱动，费米能级偏离零磁场时的能级态出现带隙变化，吸收部分电磁波能量；

⑦具有螺旋和管状结构，具有电磁波吸收性能[36]，可以拓宽复合材料电磁波屏蔽频段；

⑧由于碳链上的 π 电子都垂直于碳纳米管表面，微波电场使正负电荷沿着相反方向移动，在碳纳米管材料的表面形成电偶极子，这些电偶极子和微波场相互作用引起晶格振动以发热的形式引起微波损失；

⑨高温抗氧化性好；

⑩纳米级粒径，表面活性大，可以和树脂基体较好地相容，降低加工工艺过程对其长径比的破坏程度，尤其适合于吹膜等加工工艺复杂的成型工艺。

由于以上优点，国内外许多研究小组报告了碳纳米管在电磁屏蔽复合材料方面的应用。

GE 公司已经研究用碳纳米管制备导电纳米复合材料，碳纳米管含量为 10% 的各种工程塑料的导电率均比用炭黑等作填料时的高，用质量分数为 10% 的 MWNT 作填料可使聚合物的导电性提高 10 个数量级。

碳纳米管高分子复合材料的一个极有潜力的应用就是实现对手机和电脑等电磁辐射的屏蔽，Eikos 公司已经申请了相关的专利。

Zhang Chunsheng 等[37]将 MWNT 与多羟基聚酯聚亚胺酯高分子（SMP）复合，热压后蒸发溶剂，得到 3 mm 质量分数为 6.7% 的 MWNT/SMP 薄膜，其屏蔽效能达到了 65 dB。H. M. Kim 等制备了 20 ~ 400 μm 的 PMMA/MWNT 复合膜，质量分数为 5% ~ 40% 的复合材料在 50 MHz ~ 3.5 GHz 的屏蔽性能为 25 dB[38]。

Xiang Changshu[39]研究发现，当碳纳米管的体积含量为 10% 时，高分子复合材料的 SE 值可达 68 dB。成都有机化学所研究了碳纳米管高分子复合材料，5% 单层材料在 2.6 GHz 的吸收损耗值为 10 dB，他们还发现，结晶度高、管径分布宽、长径比大、各向异性强的碳纳米管宽频带吸收效果较好。

通过以上文献可以看到，碳纳米管已经广泛地应用在导电和电磁屏蔽复合材料领域，是优良的电磁屏蔽填料，极具应用潜力，但目前存在的三个问题限制了碳纳米管填料的应用：

（1）碳纳米管在基体中的分散问题，上述研究都采用溶液法来分散碳纳米管，溶液法虽能使碳管均匀分散，得到屏蔽效果较好的复合材料，但溶液法仅适用于易溶于溶剂的基体，不适用于聚乙烯等一般树脂，而且溶液法加工量小，无法满足工业生产；

（2）碳纳米管的电性能较好，但磁导率较低，低频电磁波屏蔽效果差；

（3）碳纳米管的价格高，限制了其在电磁屏蔽复合材料领域的广泛应用。

1.2.3.2 碳纳米管的分散

碳纳米管具有良好的场致导电性，通过场致发射尖端周围电场分布发现碳纳米管具有尖端几何形状，在圆柱导体的发射尖端附近，电力线比其他区域更加密集，长径比大的碳纳米管具有场致发射导电性，因此复合材料中碳纳米管若要实现良好的场致发射导电特性，必须能保持较大长径比，且能分散成单个管状分布。

研究证实，碳纳米管的导电与排列密度有关，当碳纳米管的无序排列密度较大时，其场发射效率甚至比有序碳纳米管高，产生的场发射电流密度更高，

因此分散均匀的 MWNT 复合材料具有较好的导电性能，并且只有 MWNT 在基体中分散开，电子才能顺利迁移。

此外，MWNT 的介电吸波和纳米吸波实现的前提是 MWNT 以纳米级的螺旋管状分散在基体中。但碳纳米管的比表面积为 $1000~\mathrm{m^2/g}$，表面能很大，极易在聚乙烯基体中团聚，分散性差的复合材料无法发挥碳纳米管的电学和力学特性，因此，对 MWNT 进行表面改性以降低它的表面能，提高和基体的相容性，即研究 MWNT 的分散问题对于提高 MWNT 复合材料的性能具有重要意义。

1）表面改性

表面改性通过在碳纳米管和基体界面处形成一个交互层，以降低碳纳米管的表面能，是提高碳纳米管分散性的主要手段。根据作用方式不同，表面改性剂分为化学改性和吸附包裹改性两类。

表面化学改性包括表面活性剂、表面接枝和表面氧化改性三类，其中表面氧化改性操作简便高效，最为常用。它是将碳管表面氧化生成—COOH 和—OH 等有机基团，以提高碳管和树脂的相容性。

国内外许多研究小组在此方面做了大量工作，Kumar 等[40]将碳管放到硫酸和硝酸的混合溶液中，在碳管表面接枝上了羰基和羧基，制备出分散均匀的聚酯复合材料。通过强酸处理后的碳纳米管在其表面生成了很多—COOH 和—OH 官能团，可以提高和高分子基体的相容性。

表面吸附包裹改性是在 MWNT 表面吸附一层高分子活性剂，以减弱碳管之间的范德华力，产生空间位阻斥力，阻止碳管之间的团聚，许多文献采用偶联剂对纳米碳材料进行表面改性。偶联剂的有机端和无机端能分别与纳米碳材料和基体结合，从而提高两者的相容性。

Wei Hsiao–Fen 等[41]用浓酸处理 MWNT，然后将其分散在含有硅烷的溶液中，得到分散均匀的 MWNT 高分子复合材料，该方法将酸处理、偶联改性处理和超声波振荡分散技术结合起来，显著提高了 MWNT 的分散性，具有参考价值，但溶剂法对于聚乙烯基体不适用。

2）共混加工工艺

共混加工工艺主要有溶剂共混法和熔融共混法，不同的共混方法影响 MWNT 的分散。溶剂法是将树脂基体溶解在溶剂中，通过溶剂使 MWNT 和基体树脂均匀混合，然后将溶剂挥发得到分散均匀的 MWNT 复合材料，溶剂法的分散效果较好，目前许多关于 MWNT 复合材料的制备都采用溶剂法[42]。但是溶剂法的加工量小，加工工艺复杂，一般仅限于实验室少量制样，且由于采用将基体溶解成溶液的方法，聚乙烯等难溶于溶剂的基体受到限制。

相对于溶液混合法，熔融法混合可以实现大批量生产，具有较高实用性和研究价值，但熔融法混合的效果相对较差，目前对于熔融法制备分散均匀的MWNT/聚乙烯复合材料的报道也较少。

McNally 等[43]用双螺杆熔融混合制备了 MWNT/聚乙烯复合材料，并观测了其导电性能。他们认为直接将 MWNT 和聚乙烯熔融混合制备的复合材料的中 MWNT 之间的接触点较少，导电网络不易形成，复合材料的导电性较差，通过 SEM、TEM 对微观结构进行观察发现 MWNT 在聚乙烯中团聚严重。

Tang 等[44]研究了 MWNT/聚乙烯复合膜的熔融分散工艺和力学性能，他们先将 MWNT 和聚乙烯一起放入容器中熔融搅拌，然后压片，切粒，再用双螺杆挤出机挤出，通过对样品的力学性能、SEM 和 TEM 测试发现，采用这种熔融分散工艺可以显著提高 MWNT 在聚乙烯中的分散性，复合材料的力学性能得到显著提高。但 MWNT 在聚乙烯中仍以 $10\ \mu m$ 左右大小的团簇体存在，而且他们的研究没有涉及 MWNT 表面处理对复合材料分散性的影响。

3）超声波振荡

在分散工艺中，超声波振荡是较常用的制备纳米复合材料的设备，它产生的高频振荡波可以降低纳米填料之间的团聚。

Kabir 等[45]对纳米碳纤维/PU 复合材料的超声波分散工艺进行了较系统的研究，分别研究了超声功率、温度、时间、溶剂用量等因素对复合材料的分散性以及力学性能的影响，得到了优化的超声波工艺。

1.2.3.3　提高碳纳米管的磁性和低频电磁屏蔽效果

碳纳米管具有较高的导电和介电性，磁导率小，属于导电屏蔽材料，因此，复合材料的低频电磁屏蔽效果差，有必要通过镀磁性金属或掺入磁性铁的方法来提高复合材料对低频电磁波屏蔽。

1）碳纳米管镀镍

王进美等[46]对镀镍碳纳米管的导电性和电磁屏蔽性进行了研究，发现镀镍层的稳定性好，相同质量分数的样品比原始碳纳米管的电磁屏蔽性高出40 dB 左右。

朱红等[47]对化学镀镍碳纳米管的吸波性进行了研究，发现镀镍后，碳纳米管的对电磁波的电磁损耗增强。通过以上文献可知，镀镍后碳纳米管的磁性、吸波性以及导电能力都有所提高，有助于提高碳纳米管的屏蔽性能，拓宽电磁波屏蔽波段，提高低频电磁波屏蔽效果。

但许多相关文献都是针对镀镍碳纳米管本身的电性和磁性特征，尤其对于LDPE 基体的复合材料的研究成果未见报道。

2）添加纳米羰基铁

纳米羰基铁（nano-Fe）具有铁的高导电性，较小的粒径能克服金属在电磁波中普遍存在的趋肤效应。具有较高的磁导率，铁磁性较铁氧体强，兼具自由电子吸波和磁损耗。由于纳米级粒度，具有高比表面、低密度、超强的力学性能。由于其表面积大，表面原子比例高，悬挂的化学键增大了其表面活性，因此和高分子基体间具有较好的相容性。此外高比表面积能对电磁波产生多重散射而吸收电磁波。纳米量子尺寸效应使它的电子能级产生分裂而吸收电磁波。

在军事上由纳米羰基铁配制的涂料涂到飞机、导弹、军舰等军用装备上，可以使这些装备具有隐身性能；其高磁性还在磁记录、磁流体、磁制冷等领域有广泛的应用。但纳米羰基铁的吸波频带较窄，一般需要配合其他屏蔽材料来拓展屏蔽频带。

Kim 等[48]研究了纳米铁对 MWNTS/PMMA 复合膜电磁屏蔽性能的影响，研究发现，纳米铁使复合材料的吸收损耗改善，复合材料的屏蔽性提高。

毛卫民等[49]制备了导电聚苯胺和羰基铁粉复合材料并对其吸波特性进行了研究，发现将羰基铁和介电损耗的聚苯胺配合，可以通过调整两者的不同配比来调节复合材料的介电常数和磁导率，从而增强吸波效果。

1.2.3.4　碳纳米管复合填料

1）复合填料的协同效应

根据电磁屏蔽理论，屏蔽材料的屏蔽效果主要与其导电性有关，导电性能越好，复合材料的屏蔽效果越好。碳管的高价格限制了其在复合材料中的应用，为了解决这个问题，许多研究小组利用多种填料存在协同效应的现象，将碳管与其他电磁功能填料复合，降低了碳管用量和材料成本。

许多文献报道，单一的电磁功能填料往往只在某一段电磁频率具有较好的屏蔽效果，而且需要较高的添加量，若将具有互补性质的电磁填料混合，并使其发挥各自的优势，将会产生协同效应[50]。

日本研制的 RAC 是导电纤维、石墨和铁磁性软磁体的复合材料，利用填料间的协同效应，材料在 50～500 kHz 以及 2～40 GHz 频段内的吸收损耗大于15 dB，是一种很好的吸收屏蔽材料。

在碳管复合填料方面，韩国电子通信研究院权种和等[51]将碳管与金属复合导电体一起填加到聚合物基体中得到了高性能的电磁屏蔽材料。他们认为单一的碳管很难均匀地分散在聚合物基体中，而无法获得较理想的电磁屏蔽性能，而单一的银粉复合材料要银粉体积分数为 30% 时才能具有良好的导电性和屏蔽性能，但此时复合材料的机械性能降低，成本增加，质量增加，不具有应用性。若将体积分数为 0.2% ~ 10% 的碳管与体积分数为 7% ~ 30% 的金属粉末作为复合填料添加到聚合物中，得到的材料在 50 MHz ~ 6 GHz 的屏蔽效能可达到 40 dB 以上。

2）碳纤维填料

碳纤维（CF）是一种导电性优良的材料，电阻率能达到 10^{-3} Ω·cm，具有和金属相似的导电性，而且长径比大、密度低、性价比高，是一种被广泛使用的电磁功能填料，因此有望成为与碳管复合的填料。

除了良好的电磁屏蔽特性外，碳纤维还具有耐高温、耐腐蚀、低密度、高强度、高刚性和高柔曲性等特点，被誉为"比铝轻、比钢强"，碳纤维复合材料成为 20 年来最受关注的新型工业材料之一，被广泛应用在航天、汽车、飞机、导弹、防腐化工设备、防电磁和防静电制品等多个领域，是民用工业更新换代的基础材料。

碳纤维是由二维乱层石墨微晶组成的，通过 X 射线和电子衍射研究 PAN 基碳纤维的结构，得出碳纤维基本结构单元是 6 nm 宽、几千纳米长的带状层面，几个带组合在一起形成绞在一起的微纤，微纤的取向高度平行于纤维轴，并分枝形成直径 1 ~ 2 nm 的长孔。从微观上看呈波纹状，从宏观上看与纤维轴向平行。碳纤维一般是用分解温度低于熔融点温度的纤维状聚合物经数千度高温热解而成，其化学组成中碳元素占总质量的 90% 以上，是纤维状的碳材料。在热裂解时，排除其他元素形成石墨晶格结构，但这种结构并非理想的石墨点阵，而是"乱层石墨"结构，石墨层是一级结构单元，其截面近圆形，厚度在几埃①到几十埃，直径约 200 Å；碳纤维的二级结构单元是石墨微晶，一般由数张到数十张层片组成，微晶厚度约 100 Å，直径约 200 Å，层片与层片间的面间距约 3.4 Å；由石墨微晶再组成碳纤维原纤，是碳纤维的三级结构单元；最后原纤组成碳纤维单丝，直径一般在 6 ~ 8 μm。碳纤维具有高导电性和长径比，电阻率能达到 10^{-3} Ω·cm，可以反射电磁波。短切碳纤维（SCF）复合材料在导电、电磁屏蔽、反射与吸收、电子包装或结构应用等方面都有广泛应用。

在电磁波作用下，短切碳纤维高分子复合材料存在两种导电机理：

①在基体中分散的导电吸收剂呈接触状态，从而形成导电性通路，导电吸收剂在基体中形成导电网络时，电子流动才能通过复合物；

②基体中的导电吸收剂，在某一距离（10 nm 以下）内接近时，电子穿过

---

① 1 埃 = 0.1 纳米。

高电阻基体凿开隧道，电子跳跃而移动（隧道效应）。由于高分子基体是绝缘的，导电填料必须彼此接触或彼此靠得很近，才能达到连续的电子流动，对于短切碳纤维，此导电机理主要对复合物介电常数实部做出贡献。

除了利用良好的导电性来反射电磁波外，短切碳纤维还具有吸收电磁波的能力，是一种良好的导电型吸收剂：

①可以作为电偶极子使外场的电磁波能量感应成耗散电流能量，并将感应电流大量消耗在损耗性基体介质中，从而起到衰减电磁波能量作用；

②碳纤维作为一种高导电材料，电磁波在其表面产生趋肤效应，通过涡电流来消耗电磁波；

③在每束碳纤维之间的部分电磁波还会经散射发生类似相位对消现象引起损耗增加，通常高分子基复合材料吸波性能需要的碳纤维量要低于屏蔽性能的纤维量。

短切碳纤维正是由于具有以上良好的电性能，因此被广泛应用在电磁屏蔽高分子复合材料领域。

无论是长碳纤还是短碳纤，填充量越高，复合材料的 SE 值越大。但并不是填料越多越有利，填加量过大，对材料的加工及延展性不利，且成本昂贵。

Das 等[52]研究发现 30 phr 的短碳纤维填充 EVA 复合材料（1.8 mm 厚）在 100 ~ 200 MHz 和 8 ~ 12 GHz 的 SE 值分别为 25 dB 和 35 dB，即 SCF 的高频屏蔽性能更好。但短切碳纤维与 LDPE 基体的复合过程中，未处理的碳纤维表面圆滑且呈惰性，缺乏与基体间高的化学键合或者物理结合因子，和高分子基体的相容性差，因此，要想制备综合性能良好的高分子基复合材料，首先需要对碳纤维进行表面处理。碳纤维的表面处理可以改善其表面性能，增加表面的含氧量，降低碳纤维和高分子基体的表面能差值；而且碳纤维表面粗糙度增加，纤维表面生成凹凸结构，可通过机械契合或者说"锚固效应"达到好的界面性能；此外，由于碳纤维在加工过程中表面往往会存在杂质、脱模剂、氧化层、空气层和水合物层等弱界面层，影响碳纤维和高分子基体的相容，因此需要经过表面处理来去除碳纤维表面的弱界面层。

碳纤维的表面处理方法很多，主要有表面氧化（包括气相氧化、液相氧化、电解氧化等）、表面涂层、表面沉积、聚合物接枝、中子辐照以及低温等离子处理等，其中热空气氧化、硝酸氧化和偶联剂改性是较简便有效的方法。

硝酸氧化也是碳纤维表面处理常用的方法。用硝酸处理碳纤维时，硝酸氧化首先除去了碳纤维表面不规整处，碳纤维先变得光滑，并引入了酸性官能团，但随着处理时间增加，硝酸同样也除去了结构较好的部分，降低了碳纤维的性能。

偶联剂表面处理可以改善碳纤维和高分子基体的相界面连接。偶联剂是双性分子，它的一部分官能团与碳纤维表面反应形成化学键，另一部分官能团与高分子基体反应形成化学键，由此在高分子基体与碳纤维界面间起到一个化学媒介的作用，将二者牢固地连接在一起。但是单用偶联剂对碳纤维进行处理效果往往不理想，因为碳纤维表面可以和偶联剂反应的官能团数量及种类较少。

除了表面处理会影响屏蔽效果外，短切碳纤维的长径比也对复合材料的电磁屏蔽性能有重要影响。通过调整纤维长度及含量可在很宽范围内改变材料的电磁参数与衰减量。

碳纤维是一种优良的电磁屏蔽填料，具有原料易得、长径比大、导电性好等优点，而且短切碳纤维还具有介电吸收性，此外作为工业化更新换代的基础材料，碳纤维复合材料具有较高的研究价值。因此，为降低 MWNT 的用量和生产成本，利用 CF 和 MWNT 的不同结构和粒径，提高复合材料的屏蔽效果。MWNT 具有优良的电磁、吸波和量子尺寸效应，重量轻、和基体树脂的相容性好，还具有一定的基体增韧补强功能，极适宜作为电磁复合膜的功能填料，但 MWNT 存在的三个缺陷限制了它的应用：高表面能，极易在基体中团聚；磁导率低，低频电磁波屏蔽效果差；价格贵。

1.2.4 隐身复合材料的发展趋势

近年来，随着现代电子技术的迅猛发展，电磁技术的实际应用不仅促进了科学技术的进一步发展，也给人们的生活带来了极大的方便和乐趣。与此同时，各种频率的电磁波充斥着人们的生活空间，干扰了电子设备的正常运行，危害着人体的健康，与人类生活和人体健康息息相关的电磁波多集中在 30 MHz ～ 1.5 GHz 的射频段内，其中，在 1 GHz 以下，射频的辐射能量中的 50% ～60% 将以穿透形式侵入人体，在 1～1.5 GHz 频段范围内，将全部为人体皮肤及皮下的脂肪和肌肉所吸收，因而对人体危害最大；此外，美国军用的战术通信频率、无线电导航、战术通信和反隐身雷达的电磁频段也主要在 1.5 GHz 以下的较低频带[53]。而较低频段的电磁波的防护机理复杂，成为电磁防护领域的研究焦点和难点，因此，1.5 GHz 以下的电磁吸波材料的研究具有重要的实用价值。

电磁吸波材料是指能吸收、衰减入射的电磁波，并将电磁波能转化成热能和其他能量而损耗或降低其强度的材料。应用在建筑物上的吸波材料其反射损耗达到 5 dB，就可达到电磁防护的需求。美国研制的一种混凝土吸波材料在 VHF 和 UHF 频段分别具有 5 dB 和 10 dB 的衰减。日本 TDK 公司研制的铁氧体吸波材料在 130～540 MHz 对电磁波的衰减为 10 dB。吸波材料吸收入射雷达波能量的99%，反射损耗即达20 dB。日本在研制铁氧体方面处于世界领先地位，研制的一种双层结构宽频吸波材料，在1~2 GHz的反射损耗为20 dB，是目前为止铁氧体吸波材料最好的成果。张拴勤[54]报道了国内吸波材料在8~18 GHz频段内，厚度小于1 mm的条件下其反射率小于-10 dB。对研究而言，吸波涂层越薄，反射损耗绝对值越大，其吸波性能越好。

目前电磁吸波高分子材料应用的主要形式为涂层和薄膜。电磁吸波高分子复合涂层可用于武器装备、弹药及电子产品的包装以抵御各种不良电磁环境的电磁干扰。它具有加工工艺简单、韧性好、性能稳定、成本低、适合批量生产的优点，因而受到世界各国的高度重视并取得了一定的进展。美国最早的F-117A隐形战斗机在海湾战争、科索沃战争中所起的重要作用推动了吸波材料技术的进一步发展。我国所研制的吸波涂层存在涂层过厚、吸波频段窄、密度大、附着力和兼容性差等问题，限制了其实用化。因而，研制"薄、轻、宽、强"新型吸波涂层是目前研究的焦点。

环氧树脂具有黏结强度高、优良的电绝缘性、稳定性好、机械强度高、良好的加工性、尺寸稳定性和耐化学性能等优点，因此在国民经济的各个领域中被广泛应用，无论是在军事工业，还是民用工业，乃至人们的日常生活中都可以看到它的踪迹。环氧树脂基涂层是世界上产量大、品种多的树脂之一，优良的透波性使其尤其适合做吸波剂的基体，因此较低频段内的环氧树脂基电磁复合吸波涂层的研究对提高军用装备和民用电子设施的安全性，具有重要的意义。

铁氧体吸波材料在高频下的磁导率较高，且电阻率也大，有利于电磁波进入并快速衰减，因此已被广泛应用。美国F-117A隐形战机就是应用了此种吸波材料；B-2隐身轰炸机的机身蒙皮和机翼最外层涂覆有镍钴铁氧体；TR-1高空侦察机也使用了铁氧体吸波涂层。

早在20世纪三四十年代，日本、德国、法国、荷兰等国就相继开展了铁氧体的研究，其中，荷兰菲利浦实验室物理学家J. L. 斯诺克在1935年研究出各种具有优良性能的含锌尖晶石型结构的铁氧体。Azadmanjiri等[55]采用化学共沉淀法制备了平均粒径为38~48 nm的$MnFe_2O_4$铁氧体，研究指出温度影响铁氧体微粒的分散性及结构和晶相，并研究了烧结温度对磁导率的影响。铁氧体吸波材料从铁族和其他一种金属元素的复合逐步发展到与多种适当的金属元素的复合化合物。Bueno等[56]采用化学共沉淀法合成了$Ni_{0.50-x}$$Zn_{0.50-x}Me_{2x}Fe_2O_4$（Me=Cu，Mn，Mg）铁氧体，研究表明，当Me为Cu或Mn时，能提高8~12 GHz频段的微波吸收率，并能展宽吸收频带，用Mn取代时，最低反射损耗从单纯的镍锌铁氧体的-20.14 dB提高到-29.56 dB；用

Cu 取代时，最低反射损耗增大到 – 35.02 dB；而用 Mg 取代 Me 时，则降低了微波吸收率。溶胶 – 凝胶法可对反应体系的化学组分进行精确控制，具有工艺简单、成本低的优点，是目前制备铁氧体的主要工艺。Verma 等[57]用溶胶 – 凝胶法合成了具有不同化学计量比的镍锌铁氧体，并研究了铁氧体与环氧树脂的比率对复合薄膜吸波性能的影响。结果表明，当 $x = 0.5$，$Ni_{1-x}Zn_xFe_2O_4$/环氧树脂的质量比为 80:20 时，所得复合薄膜的吸波性能最佳。针对各国军方对吸波材料强吸收、宽频段的需求，吸波材料正逐步向量子化、复合化方向发展。张晏清等[58]采用柠檬酸盐溶胶 – 凝胶法制备纳米钴、镍铁氧体，得到钴铁氧体平均粒径为 36 nm，镍铁氧体平均粒径为 56 nm。在 5~12 GHz 频段内，涂层的微波反射损耗大部分在 10 dB 以上，具有良好的吸波性能。Kim 等[59]用烧结法制备了镍锌铁氧体与碳纤复合的双层吸波涂层，结果表明，当吸波涂层厚度为 5 mm 时，最大吸收损耗出现在 7 GHz 为 15 dB。赵海涛等[60]采用高分子凝胶法在空心玻璃微珠表面上制备了镍铁氧体包覆层，研究表明，当玻璃微珠含量为 25% 时，在玻璃微珠表面上可获得完整的镍铁氧体涂层，此时样品对电磁波反射率小于 – 10 dB 的频宽可达 2.1 GHz，其最小反射率为 – 13.7 dB。

碳纳米管已广泛应用在电磁吸波领域，国内外许多研究者报告了其在电磁吸波复合材料方面的应用。Eikos 公司已申请了碳纳米管用于手机和电脑防辐射方面的专利。H. M. Kim 与其研究者研制了 PMMA/MWNT 复合膜，复合材料在 50 MHz~3.5 GHz 的屏蔽性能可达 25 dB。将具有互补性质的磁性填料与碳纳米管复合，使其发挥不同填料的优势，可产生协同电磁吸波效应。日本研制的 RAC（波鲁斯）是铁磁性软磁体、导电纤维和石墨的复合材料，该材料在 50~500 kHz 和 2~40 GHz 频带内的电磁损耗大于 15 dB，是一种很好的电磁吸收材料。Ting 等[61]研究了 MnO_2/MWNT/环氧树脂复合材料的吸波性能，结果表明，随着 MnO_2 含量的增加，共振吸收峰向低频移动且最大吸收值降低。

1.2.5　压电阻尼防护材料发展趋势

阻尼技术的发展主要经历了三个阶段。1784—1920 年是阻尼发展的第一阶段，阻尼的研究处于起步阶段，指出金属受循环应变时，应力 – 应变曲线将形成滞后环，并有能量耗散。自此人们逐渐认识到了阻尼的重要性。第二段是 1920—1940 年，这时机器的运转速度越来越高，振动问题成为高速旋转机械、飞机及大型工程结构的主要困扰。振动使得螺旋桨曲轴和水轮机叶片出现疲劳破坏，轮船的舱口产生疲劳裂纹，疲劳破坏使第一架商务飞机坠毁，使美国的 Tacomal Narows 大桥也由于水流导致的振动而损坏等。振动控制已经成为工业生产的主要问题之一，人们开始就这一问题进行工程应用研究。第三个阶段是 1940 年至今，这一时期，1948 年，Zener[62]出版了关于金属黏弹性的经典著作，并讨论了能量耗散的方法，1955 年苏联出版了第一本以工业应用为主体的阻尼专著，1968 年美国出版了第二本专著。这一阶段，人们开始定量描述阻尼对动态系统的影响，并于 20 世纪六七十年代发展起了一门涉及材料学、力学、机械学和环境科学等多学科的新技术，即阻尼技术。

阻尼技术包括两种阻尼方式，一种是非材料阻尼，如各种成型的阻尼器，另一种是材料阻尼，如各种黏弹性阻尼材料以及复合材料等。目前，黏弹性阻尼材料应用很广泛，主要以自由阻尼层和约束阻尼层的方式粘贴在结构材料上。图 1.4 给出了自由阻尼层和约束阻尼层的阻尼结构示意图。

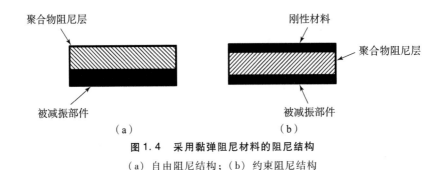

图 1.4　采用黏弹阻尼材料的阻尼结构

（a）自由阻尼结构；（b）约束阻尼结构

自由阻尼结构利用拉伸变形来消耗振动能量，约束阻尼结构则利用剪切变形来消耗振动能量。尤其是多层约束阻尼层，往往较之前两种方法更为有效。如美国 F‑4 战斗机的武器发射装置的中央腹板由于宽带激励下的多模态共振而迅速破坏。粘贴了多层约束阻尼层后，由于在其工作温度条件下的多个模态上都提供了一定的损耗，解决了这种振动疲劳造成的破坏问题。

1.2.5.1　压电阻尼材料

由于传统的黏弹性阻尼材料的吸振机理基于聚合物的黏弹性，动态力学性能受使用温度、振动频率的影响很大，同时均聚物的玻璃态转变温度范围很小，为 20~30 ℃，如果使用温度不在该材料玻璃态温度附近，则减振效果不太好，而且传统的黏弹性阻尼材料在玻璃态转变区内模量低，无法作为结构材料使用。为了解决这些问题，必须提出新的减振机理，研制新的阻尼材料，于是智能阻尼材料应运而生。

智能阻尼材料是一类能从自身表层或内部获取关于环境条件及其变化信息，并进行判断、处理和做出反应，以改变自身结构与阻尼功能并使其很好地与外界协调，具有自适应性的材料。智能阻尼材料包括梯度材料、液晶聚合物阻尼材料、智能磁致伸缩阻尼材料、电流变阻尼材料和压电阻尼材料等。目前，国际上研究最多的智能阻尼材料是压电阻尼材料。

利用一些压电材料的压电性将振动机械能转换为电能，并通过一定的导电网络将电能转换为热能耗散掉，即根据压电导电原理研制出一种新型减振复合材料——压电导电型聚合物基减振复合材料，此类材料具有许多优点：压电导电减振机理不是基于高聚物的黏弹阻尼，因此，这类新型减振材料的使用条件不再受环境温度和振动频率的很大限制；由于这类新型减振材料的减振能力是几种能量耗散途径的综合，因此有可能获得减振效果较理想的减振材料；微粒的填充提高了材料的刚度，若选用适当的基体材料，则这类减振材料不仅具有较理想的减振能力，而且可作为结构材料或与结构材料一起使用；可通过调整导电填料的含量使材料的电阻与振动频率相匹配，因此应用于不同频段的减振材料都有较理想的减振效果。这些优点扩大了压电导电减振材料的应用范围，无论是在工农业生产、交通运输、建筑业方面，还是在航空航天领域，这类新型减振材料都将得到广泛的应用。

正是由于这些优点扩大了压电阻尼材料的使用范围，由此形成了高性能减振复合材料研究的热点。日本、韩国和欧美一些国家的研究工作者纷纷涉足了这一领域，进行基础研究并取得了一些研究成果。

20 世纪 90 年代，基于黏弹性和压电特性的协同，日本学者 Sumita 等[63] 将碳黑加入压电陶瓷/聚合物压电复合材料中，开发出了压电导电减振复合材料。在这种复合材料中存在着多种能量转化机制：聚合物的黏弹性行为将部分机械能转化为热能，填料和基体之间以及填料之间的界面摩擦可以损耗部分机械能，压电陶瓷将部分机械能转化为电能，电能再通过导电网络转化为热能。Sumita[64] 及其合作者发现这类复合材料的弹性模量是影响材料阻尼性能的重要因素。Asai[65] 等还在聚偏氟乙烯（PVDF）中加入压电颗粒、导电颗粒和增强材料颗粒等，制得了一类压电阻尼材料。研究发现复合材料组分的比例，压电颗粒的种类如锆钛酸铅（PZT）、锆钛酸铅镧（PLZT）等，导电颗粒如炭黑（CB）、金属粉末等的含量，界面的作用等因素对复合材料阻尼减振性能有着不同的影响。当 PVDF/PZT（PLZT）的体积比大于 0.5 时，可以通过改变 CB 的含量实现对材料减振的控制。同时，由于 PLZT 的机电耦合系数大于 PZT 的机电耦合系数，相同条件下，PVDF/CB/PLZT 体系的阻尼减振性能优于 PVDF/CB/PZT 体系的阻尼减振性能，其作为吸音材料可广泛地应用于防音壁、音响材料等领域。

Hori 等[66] 以 PZT 压电陶瓷微粒为填料，与环氧树脂（EP）复合制得 PZT

高分子复合膜，并使其极化产生压电性。研究结果表明，该复合材料的吸声性能增加。如果再加入一定量的导电炭黑填料，材料的吸声效果更佳。

Law 等[67]用并联模型和串联模型来模拟复合材料的减振行为，对其工作机理进行了研究，计算结果表明，复合材料的最大阻尼比为 23%，文中用一套有两个自由度的实验装置证实了所建模型的有效性。

Egusa 等[68]研究了压电减振薄膜在振动传感器中的应用，发现薄膜的减振性能与膜厚及膜中所含压电陶瓷比例有关。

最近几年，国内一些学者注意到压电效应在阻尼材料领域的潜在意义，开始从事这方面的研究。

成国祥等[69]以 PZT 压电陶瓷微粒为填料，分别与 AR 共聚物和 EP 复合制得 PZT 高分子复合膜。用驻波管法测定了复合膜的吸声特性。用动态黏弹仪（DMA）测定了复合膜的阻尼特性。实验结果表明，在声频 375～2 000 Hz 范围内，在聚合物中加入 PZT 微粒并使其极化产生压电性，可使其吸声性能增强。动态黏弹实验结果表明，压电阻尼效应还取决于产生的电荷能否及时被消耗。

晏雄等[70]将氯化聚乙烯（CPE）、$BaTiO_3$、超细碳纤维通过双辊混炼机混合，并在一定温度和压力下制成薄片，研究了复合材料的对数衰减率。结果表明，复合材料的阻尼性能与碳纤维的体积含量有关。在一定的碳纤维含量下，复合材料的阻尼性能达到最佳，这种现象归结为适宜的基体电阻率。晏雄等还用具有压电、介电效应的有机材料替代无机压电陶瓷，在高分子材料 CPE 中，填充导电的气相成长超细碳纤维和具有强介电性能的 N,N－二环己基－2－苯并噻唑基亚磺酸胺，制备压电型阻尼材料。结果表明，当导电网络形成时，材料的阻尼效果较好，因为这时复合材料内部的能量损耗主要是靠振动机械能—电能—热能的转换损耗来实现的。

张惠萍等[71]以 PVDF 为基体材料，以 PZT 和 CB 为压电相和导电相，通过混炼热压成型法制备了一种新型减振复合材料。通过对 PVDF/PZT/CB 复合体系的导电性能和动态介电性能的测试分析，探讨了该复合材料的介电耗能微观机制，认为该复合材料可通过界面极化和漏电电流两种介电耗能机制来达到减振目的。

丁国芳等[72]研究了 BR/树脂硫化剂共混体系的动态力学性能。差示扫描量热法和 DMA 测试结果均表明 BR 和树脂硫化剂相容性较好。动态力学性能试验结果表明，随着树脂硫化剂用量的增大，BR/树脂硫化剂共混体系的 DMA曲线向高温区域移动，调整树脂硫化剂的用量可以改变共混体系的阻尼转变温域，共混体系的损耗因子极大值随树脂硫化剂用量的增大先减小后增大，达到一极大值后又迅速减小。

唐冬雁等[73]分别采用 $BaTiO_3$ 纳米粉和纤维为填料，以改性的聚氨酯（PU）和不饱和聚酯树脂制备的互穿聚合物网络为骨架材料，采用原位分散聚合法，制备了均匀性较高复合型阻尼材料，并研究了 $BaTiO_3$ 形态及复合量对复合材料阻尼性能的影响。结果表明，复合后材料的阻尼性能，除与无机填料的性质有关外，主要受其形态影响，纤维状 $BaTiO_3$ 对复合体系的 $tan\delta$ 极值和 E'' 峰面积提升较为明显。$BaTiO_3$ 纳米粉的复合量增加到 70%，E'' 增加 102 倍，且 $tan\delta$ 曲线肩峰和主转变峰的位置均移向高温区，相应明显拓宽了室温区的阻尼损耗因子值。

王晏研等[74]制备了 CBR/ACM/PZT/CB 复合材料，通过测试该材料的振动衰减时间对其阻尼性能进行了表征，并探讨了材料不同的电阻与其阻尼性能的关系。结果表明，当材料电阻率为 102.5 ~ 109.5 $\Omega \cdot cm$，且压电陶瓷含量为 30% ~ 40% 时，该复合材料具有优良的阻尼减振性能。

梁瑞林等[75]对压电陶瓷废料在阻尼沥青中的应用研究发现，在 CB 掺杂量固定在 3% 的情况下，随着压电陶瓷粉体掺杂量的增加，沥青的一阶阻尼损耗因子单调增加。但是压电陶瓷粉体添加量应该控制在 20% 以内，过多的压电陶瓷粉体会使沥青的机械强度下降。梁瑞林等[76]还研究了不同阶段产生的压电陶瓷废品对 CBR 的阻尼减振性能的影响，结果表明，不同阶段产生的压电陶瓷废品对 CBR 的阻尼性能都有提高。

1.2.5.2 黏弹阻尼材料

20 世纪 50 年代起，欧美等发达国家开展了以军事为目的的高阻尼材料的研究，当时主要以金属材料为主，但是金属基材料阻尼性能普遍偏低，损耗因子仅为 0.01 ~ 0.15，与黏弹性材料相差 1 ~ 2 个数量级，而且金属基阻尼材料的阻尼效果符合质量定律，即通过增加质量来更有效地降低振动与噪声。而黏弹性阻尼材料由于相对密度小、易于加工，并且能够产生较大的内耗，所以具有更广泛的应用前景。

自 20 世纪 50 年代初原西德首先研制出高聚物黏弹阻尼涂料，并且广泛地应用于阻尼减振以来，许多国家都开展了这方面的研究和生产，目前，美国、西欧国家、日本等已有多家高分子黏弹材料的研制、生产、开发和应用推广的专门机构。到 90 年代初，各种聚合物黏弹性阻尼材料已形成了系列化标准化产品，发达国家约有十几家专门厂商可提供品种繁多、各种牌号的阻尼材料，如美国的 3M 公司、EAR 公司和 SOUNDCOAT 公司，英国的 CIBA - GEIGY 公司等都有系列化的产品。目前，美国、俄罗斯、英国、法国、日本等发达国家

在舰船、飞机上广泛使用各类阻尼材料。

国内高分子阻尼材料的研制及工程应用的发展也较迅速,我国从 20 世纪 60 年代起开始研究自由阻尼材料,70 年代初具规模。从事阻尼材料研究、开发和生产的单位已有多家,并研制出了多种产品,七二五所的 SB II 阻尼涂料、化工部海洋化工研究院(青岛)的 ZHY - 171 和 T54/T60 阻尼涂料等。航天材料及工艺研究所先后开发了 ZN 系列阻尼材料,这类阻尼材料目前已比较成熟,广泛应用于航空、航天、采矿、汽车、建筑、机械、船舶等工业领域和家用电器、体育器材等方面。该类材料的阻尼损耗因子为 1.0 ~ 1.5,使用温度为 - 55 ~ 50 ℃。

聚氨酯/环氧树脂互穿网络聚合物(IPN)是一类研究较多的阻尼材料。韩俐伟[77]采用同步法制备了聚氨酯/环氧树脂/丙烯酸酯三元 IPN 材料,并采用动态力学分析法研究了 IPN 的阻尼性能及其影响因素。他认为单体结构、交联度、侧基对 IPN 体系阻尼性能均有影响。杨宇润等[78]综述了更多聚氨酯/环氧 IPN 体系的阻尼性能,得出的一般规律是:决定 PU/EP IPN 相容性的关键因素是 PU 软段与 EP 的相容性。常用的聚环氧丙烷二醇(PPG)、端羟基丁腈橡胶(HTBN)以及聚酯等 PU 软段由于均含极性基团,与双酚 A 型环氧树脂有良好的相容性,所得的 IPN 的相容性也较好,因此表现出良好的阻尼性能。

环氧树脂及固化剂是刚性还是柔性对体系的阻尼性能也有较大的影响。Liang 等[79]利用各种牌号的环氧树脂能够互容的特点,研究了多种混合体系的超声衰减、模量、泊松比等性能,发现不同类型的刚性环氧树脂基体对固化物性能影响不大,但不同比例的柔性环氧与刚性环氧树脂的混合体系对固化物超声衰减性能影响较大,且随柔性成分含量增加衰减也相应增大。对于给定的树脂基体,固化剂种类对混合树脂固化物的超声衰减性能也有较大影响。短链分子固化剂增大固化物交联密度,长链分子固化剂则相反,而交联密度越高,材料的衰减性能就越低。任润桃等[80]研究了不同固化剂、增韧剂对基体胶液阻尼性能的影响以及基体胶液对复合材料阻尼性能的影响,得出了与 Liang 等相似的结论。对于环氧树脂胶液、聚酰胺等大分子胺类固化剂对基体胶液的阻尼性能影响显著,增加固化剂用量能提高基体胶液的阻尼性能。但靠固化剂用量的增加仍不能满足研制结构型树脂基阻尼复合材料的要求;聚酰胺固化环氧体系有较高的阻尼值,当 m(环氧树脂)$/m$(聚酰胺)= 1:1.4 时,损耗因子最大值达到 0.967,但该体系黏度较大。作者用韧性环氧树脂改性聚酰胺/环氧体系取得较好的效果,不仅可以改善体系的黏度,而且可以提高其阻尼性能。通过基体胶液阻尼改性的结构复合材料,阻尼性能是普通玻璃钢阻尼性能的 5 ~ 9 倍,而弹性模量、力学强度稍有降低,仍可作为结构阻尼材料使用。

1.2.5.3　阻尼复合材料

复合材料由于它具有质量小、刚度大、强度高的优点已被广泛地应用于各个工业部门，尤其是在航空航天工业中得到了广泛的应用。聚合物复合阻尼材料主要品种有芳纶/EP复合材料、短碳纤维增强复合材料和碳纤维增强塑料复合材料等。

李明俊等[81]将环氧树脂基碳纤维预浸料（厚度为0.125 mm）与改性环氧树脂制成试样，并与不同厚度的阻尼层材料进行复合。用压敏胶和改性环氧树脂作为胶黏剂，借助动态机械分析仪，考查了两种粘接层材料和不同粘接层厚度对各向异性交替层合阻尼结构内耗特性的影响。认为在低于阻尼层材料 T_g 附近，用压敏胶作粘接层材料，其结构内耗的温度特性优于用环氧树脂；结构内耗的频率特性与粘接层材料及其厚度密切相关，胶层越薄，结构内耗的温度特性越好。但作者并没有对此结果给出详细的解释。作者认为这可能是因为粘接层较厚时，界面黏合层也较厚，使树脂大分子的运动性更差，体系的阻尼性能下降。

对于有机纤维/环氧体系，也存在界面粘合层的问题。Dutra等[82]研究了聚丙烯纤维（PP）/EP以及聚丙烯纤维－巯基改性的乙烯醋酸乙烯酯/环氧树脂复合材料的动态力学性能。从纯EP固化物到以上两个体系的损耗因子（tanδ）依次降低，T_g 依次向高温移动。Dutra等从纤维与树脂基体的界面结合状态来解释了这一结果，PP纤维是非极性的，PP纤维与树脂基体之间相互作用弱，由于不同的热膨胀系数，界面附近的基体分子的运动受到限制，从而导致tanδ下降，T_g 升高。对于聚丙烯纤维－巯基改性的乙烯醋酸乙烯酯/环氧树脂体系，纤维与树脂基体表面存在黏合作用，界面结合状况得到了改善，界面黏合层更厚，使得树脂基体大分子的运动性更差，所以体系的tanδ下降得更多，而使 T_g 进一步向高温移动。

无机填料对阻尼性能的影响，除了与填料本身性质有关外，主要受其形态的影响。填料通常的形状是片状、纤维状或颗粒状。一般认为，比较疏松的、带有微孔的填料有利于改善高聚物的动态力学性能。这是因为当疏松有微孔的填料与互穿网络复合时，可能增大了互穿网络与填充物的相互作用，当分子链段运动时，会增加体系的内摩擦力，在动态力学损耗谱上表现出阻尼损耗因子极值、储能模量增大。刘建英等[83]研究和设计了泡沫铝/环氧复合材料，认为这是一种内耗值较高的轻质高强材料，其阻尼机理主要是界面摩擦耗散能量。

另外，新型填料如晶须、压电材料、纳米材料等与环氧树脂复合的阻尼材料也逐渐受到重视，这些材料可能具有与通常的阻尼材料不同的阻尼机理。张文等[85]对氧化锌晶须/环氧复合材料的减振阻尼特性进行了研究，认为阻尼系数随晶须加入量增加呈线性关系，氧化锌晶须渗入复合材料中形成微观的阻尼结构，起到降低固有振动频率和增大衰减率的作用。Suhr 分别以硅纳米颗粒、硅纳米棒、硅纳米弹簧为填料，环氧树脂为基体制成薄膜，研究了这三种环氧树脂薄膜的阻尼性能。与传统填料相比，纳米填料具有非常大的长径比、表面积，与树脂基体结合界面大，当纳米填料与树脂基体界面发生相对滑移时，因界面上的摩擦而耗散能量，起到阻尼的效果；又因其界面巨大，所以能获得比传统填料填充的复合材料更高的阻尼性能。硅纳米颗粒、硅纳米棒填充的环氧薄膜的阻尼性能都比纯环氧薄膜的要高，而硅纳米弹簧填充的复合膜的阻尼性能最好，损耗因子比纯环氧膜提高了150%。这是因为硅纳米弹簧因其螺旋状的几何形状更容易与树脂分子链缠绕在一起，当界面滑移时耗散更多的能量。纳米材料有很多不同于传统材料的优异性能，纳米填料/树脂复合阻尼材料是一个需要更多关注的领域。纳米技术、压电效应、材料制备新技术等与阻尼材料的研究相结合，能够为阻尼材料提供广阔的发展前景。

1.2.6　缓冲防护材料发展趋势

硅橡胶是 20 世纪 40 年代初期出现的一种橡胶品种，与普通橡胶相比，具有优良的耐热性和耐寒性，可在 – 50 ~ 300 ℃ 下使用；电绝缘和耐燃性能良好，且具有良好的耐化学腐蚀性质，所以它一出现就引起了广泛的关注[86]。加成型液体硅橡胶是一类高档的、具有广大发展前景的硅橡胶。20 世纪 70 年代，日本东芝有机硅公司和美国 Dow Corning 化学公司利用加成反应制备了注射成型液体硅橡胶，拓宽了加成型硅橡胶的应用领域。近年来加成型液体硅橡胶由于工艺简便，成本低廉，硫化过程收缩性极小，能深层硫化，硫化速度与环境湿度无关，仅与温度有关[87]，越来越受到广大科研工作者的关注。

加成型液体硅橡胶由乙烯基硅油和含氢硅油在催化条件下通过加成反应而制得，固化比 Si—H/Si—CH =CH$_2$ 比例（A 值）直接决定固化胶的强度，Yin 等[88]以乙烯基 MQ 树脂为基础聚合物，研究了 A 值对硫化胶性能的影响，当 A 值取 1.8 时，材料的拉伸强度最优。此外，基础聚合物中的乙烯基含量以及交联剂含氢硅油中氢的含量和位置也影响硅橡胶的力学强度[89]。Xu 等[90]以不同乙烯基含量的硅油为基础聚合物，在白炭黑补强作用下，研究了乙烯基含量对硅橡胶机械强度的影响。结果发现：与使用单一乙烯基硅油相比，混合乙烯基硅油有利于提高橡胶的撕裂强度和拉伸模量；采用乙烯基含量为 0.04% 和 0.3% 的硅油制备的硅橡胶玻璃化转变温度较低，储能模量和损耗模量较高。南京工业大学的吕晓峰等[91]采用不同黏度的直链型和支链型端乙烯基硅油复配体系作为硅橡胶的基础聚合物，以沉淀法和气相法白炭黑进行补强，研究了不同白炭黑补强对硅橡胶材料黏度、力学性能和粘接性能的影响，最终研制了一种黏度为 48.5 Pa·s，拉伸强度为 2.3 MPa，剪切强度为 3.0 MPa，综合性能较好的硅橡胶。新安化工徐晓明等[92]利用橡胶加工分析系统研究了几种不同分子结构的低含氢硅油对体硅橡胶硫化过程影响，考察了交联剂中 Si—H 基的数量及分布对硅橡胶硫化过程和最终产品性能的影响。结果发现：含氢硅油活性氢含量控制在 0.3% ~ 0.5% 时，所得橡胶性能较佳；含氢硅油分子中 Si—H 基的数量在 10 个左右较佳；活性氢封端的低含氢硅油具有相对高的反应活性。浙江大学赵翠峰等[93]利用正交实验考察了含氢硅油和补强剂对加成型室温硫化硅橡胶力学性能的影响，优化工艺条件后发现，硅橡胶的拉伸强度随含氢硅油中氢的质量分数的增大而增大；采用气相白炭黑作为补强功能相可有效提高硅橡胶力学性能。在最佳工艺条件下制备的材料拉伸强度和断裂伸长率分别为 5.1 MPa 和 107%。

虽然基础聚合物乙烯基与交联剂中氢含量和位置直接影响着硅橡胶最终的力学性能，然而加成型液体硅橡胶本身强度很差，拉伸强度仅为 0.3 MPa 左右，除一些特殊场合外，并没有什么应用价值[94]。在应用中常采用功能相进行补强，常用的补强剂有白炭黑[95]和 MQ 树脂[96]，补强后的加成型液体硅橡胶力学性能得到了大幅提升。新安化工李培国等[97]以不同比表面积白炭黑为补强功能相（29 份/100 份基胶），四甲基二乙烯基二硅氮烷、六甲基二硅氮烷等为结构控制剂制备基胶，以多乙烯基硅油为扩链剂，研究了不同比表面积白炭黑对硅橡胶力学性能的影响。结果表明：白炭黑比表面积越高，补强作用越大，制备所得硅橡胶的拉伸强度、硬度和撕裂强度也越大。中昊晨光常映军[98]以比表面积 300 m²/g 经乙烯基三乙氧基硅烷（A151）和六甲基二硅氮烷改性白炭黑（30 份/100 份基胶）为补强剂，对加成型液体硅橡胶进行补强，制得的硅橡胶具有优异的机械强度，拉伸强度为 8.1 MPa，断裂伸长率为 510%，撕裂强度达 35 kN/m，邵氏硬度 4HA。许永现等[99]以黏度为 5 Pa·s 的乙烯基硅油和黏度为 80 Pa·s 的乙烯基硅油混合而成的乙烯基硅油（黏度为 20 Pa·s）为基础硅油，比表面积为 300 m²/g 的气相白炭黑为补强功能相（30 份/100 份基胶），六甲基二硅氮烷为结构控制剂，制得液体硅橡胶，胶料拉伸强度达 8.6 MPa，断裂伸长率为 710%，撕裂强度为 42 kN/m，邵氏硬度 4HA。中蓝晨光李小兵等[100]以乙烯基硅油为原料，利用 A－151 就地处理气相法白炭黑（30 份/100 份基胶），制得高硬度、高强度加成型液体硅橡胶，拉伸强度达 8.8 MPa，拉断伸长率为 370%，撕裂强度为 22.2 kN/m，邵氏硬度为 50HA。值得注意的是，虽然气相白炭黑的加入可以大幅提高加成型液体硅橡胶的力学强度，然而其对基胶的增黏作用不容忽视，通常白炭黑的填加量要达到 30 份时，其增强作用才得以显现，而此时硅橡胶已失去流动性，已无法满足工艺要求。为降低白炭黑的增黏作用，研究人员通过对白炭黑进行表面处理，以提高其与硅橡胶基材的界面相容性，进而降低其增黏作用。Yan 等[101]利用六甲基二硅氮烷和 KH－570 对白炭黑进行表面处理，在相同填加量下，表面处理白炭黑对硅橡胶补强作用明显增大，但其增黏作用并未得到明显改善。MQ 树脂是另一种对液体硅橡胶具有明显力学增强作用的补强功能相，对于加成型液体硅橡胶而言，乙烯基 MQ 树脂可以原位增强硅橡胶力学强度，且其对液体硅橡胶黏度影响较小。华南理工大学梁银杏等[102]通过水解缩合反应制备了乙烯基 MQ 硅树脂，并对加成型液体硅橡胶进行增强，结果发现乙烯基 MQ 树脂可明显增强硫化橡胶的拉伸强度。中昊晨光常映军和李庭辉[103]以乙烯基硅油为基础聚合物，采用 50 份乙烯基 MQ 硅树脂对其补强，所得硅橡胶拉伸强度达 8.5 MPa，断裂伸长率为 80%，邵氏硬度 A 为 75。可以看出，乙烯基 MQ 树脂可以有效提升加成型液体硅橡胶拉伸强度和硬度，但硅橡胶的断裂伸长率却明显减小。Chen 等[104]采用纳米二氧化硅溶胶和 MQ 树脂同时对加成型硅橡胶进行补强（图 1.5），结果发现所得硅橡胶的拉伸强度和断裂伸长率同时得到了补强。

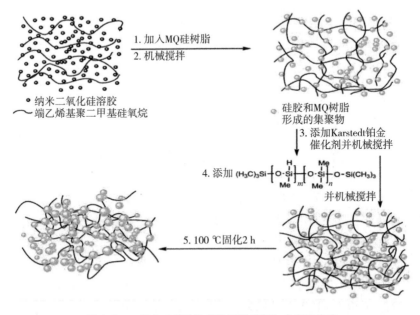

图 1.5　二氧化硅溶胶和 MQ 树脂增强加成型硅橡胶

1.2.7 高效隔热材料发展趋势

在航天飞行器隔热材料的研制方面，美国起步较早，早在20世纪50年代，美国就采用石棉/酚醛树脂作为"丘比特"中程导弹的隔热防护材料。此后酚醛树脂复合防热材料便被广泛使用，如美国的"MK-11A"弹头等。60年代，美国人将含水云母和无机盐粒子分散在热固性树脂中，形成一种硬质隔热材料，被称为"肯尼第一斯坦尼"隔热材料[105]。1966年，美国以钛酸钾纤维、空心二氧化硅微珠和硼酸为隔热相，有机硅树脂为基体，制成了密度为0.784 g/cm³的可涂刷隔热防护材料[106]。1971年，又以聚二甲基硅氧烷为基体、中空酚醛微球和二氧化硅等为功能相，制成了密度为0.57 g/cm³的隔热防护材料[107]。70年代后期，美国国家航空航天局以中空酚醛微球和中空玻璃微球为功能相，环氧改性聚氨酯树脂为基体，芳香胺为固化剂，研制出一种可喷涂的低密度隔热涂料[108]，采用喷涂工艺，解决了原有工艺复杂、工期长等问题，大大节约了成本。俄罗斯以氯化硫酸聚乙烯作为基体，二氧化硅为补强功能相，不同轻质空心结构微球（空心玻璃小球、空心酚醛小球、空心碳小球、空心丙烯酸酯小球，$W-SiO_2$ 和 Ni-酚醛复合空心小球等）为隔热功能相，研制了多种密度小于1.0 g/cm³的轻质隔热涂料，使用温度达600 ℃，表1.3列出了俄罗斯研制的几种轻质隔热材料的性能[109]。法国也开发出了多种防热材料体系，其中一种由中空二氧化硅颗粒和硅树脂制成，密度为0.6 g/cm³，导热系数为0.1~0.145 W/（m·K），可喷涂[110]。日本三菱重工发明了由环氧树脂、空心二氧化硅微球、无机纤维等制成的绝热防护层。

表1.3 俄罗斯的几种轻质隔热材料性能

配方	1#	2#	3#	4#
密度/（g·cm⁻³）	0.20~0.24	0.30~0.40	0.50~0.60	0.45~0.60
导热系数/（W·m⁻¹·K⁻¹）	0.04~0.06	0.06~0.08	0.10~0.15	0.08~0.10
比热容/（kJ·kg⁻¹·K⁻¹）	1.30~0.80	1.50~1.80	1.10~1.50	1.5~2.0
抗张强度/MPa	>0.4	>0.5	>1.4	>1.3
伸长率/%	>5	>5	>8	>120

Liu 等[111]利用纳米介孔二氧化硅气凝胶和中空二氧化硅微球作为隔热功能相，聚氨酯为基体，制备了隔热复合材料，发现二者均可以有效降低复合材料导热系数，且中空二氧化硅微球隔热性能更优。Kim 等[112]采用干混、湿混方法将PVB与SiO₂气凝胶颗粒等通过热压制备了SiO₂气凝胶/PVB复合材料，该复合材料密度和导热系数可根据气凝胶填加量调节，密度调节范围0.19~

$1.09\ g\cdot cm^{-3}$，热导系数范围为 $0.03\sim0.12\ W\cdot m^{-1}\cdot K^{-1}$。Zhu 等[113]制备了中空玻璃微球/LDPE 复合材料，研究了玻璃微球的尺度、填加量和表面改性对复合材料导热性能的影响。结果发现：随着中空玻璃微球填加量的增大，复合材料导热系数减小；中空玻璃微球的尺度越大，越有利于降低复合材料导热系数；对玻璃微球表面处理并不利于降低复合材料热传导性能。

随着我国航空航天事业的发展，各单位对隔热防护材料开展了大量的研究工作。航天空气动力研究所张友华等[114]利用电弧加热器湍流导管实验装置，模拟了导弹发射过程中发射筒内壁热防护材料所处环境，对导弹发射筒内壁所使用的热防护材料进行了高压、高温气动热冲击实验研究。结果发现，橡胶材料很适合用作发射筒内壁热防护材料。中国兵器 203 所韩民等[115]以环氧改性有机硅树脂为基体，以硼酸盐等为功能相，以一定比例制备了一种新型气动热防护涂料，并通过小板隔热实验研究了材料的隔热性能，结果表明：该气动热防护涂层具有良好的热防护性能，涂层在实验过程中形态未发生破坏。航天科工二院二部左应朝等[116]分析了防空导弹各类热防护与热设计问题，并提出了热环境 – 热防护 – 舱内环境耦合设计理念。空空导弹研究院的魏仲委等[117]研究了环氧隔热层的隔热效果，并模拟了气动加热实验，将隔热材料先在 60 ℃下保持 1.5 h 达到温度稳定，然后在 2 min 内将温度升高到 145 ℃并保持 3 min，实验后试件隔热层未见任何变化。中国工程物理研究院黄琨等[118]以海泡石纤维为主原料，以空心玻璃微珠为补强功能相，钠水玻璃为黏合剂，以一定比例复合，制备了涂敷型海泡石复合隔热材料，并进行了高温实验，满足涂覆 10 mm 隔热层热面温度为 400 ℃时，外壁温度 30 min 内小于 100 ℃ 的要求。中国海鹰机电研究所赵英明等[119]以环氧改性有机硅树脂为基料，氢氧化铝和硼酸等无机物质为隔热功能相，研制了一种理想的中温区防热隔热材料，并进行了超音速飞行器 350~400 ℃的热防护实验。结果表明：隔热涂层隔热性能良好，且在实验过程中，涂层形态完整。航天四院何敏[120]以有机硅改性环氧丙烯酸酯体系为基体，采用紫外光固化技术进行固化，以中空玻璃微球为隔热相，制备的隔热材料导热系数较低（$0.252\ W\cdot m^{-1}\cdot K^{-1}$），而且材料的柔韧性以及对基材的附着力良好。

国内各大高校也开展了大量隔热材料的研究。国防科技大学高庆福等[121]采用溶胶 – 凝胶法制备氧化铝溶胶，并将其与无机陶瓷纤维毡复合经超临界流体干燥得到氧化铝气凝胶隔热复合材料，具有优异的隔热性能，热导系数低至 $0.068\ 5\ W\cdot m^{-1}\cdot K^{-1}$，可广泛应用于导弹等航天武器的隔热防护。天津大学刘峰等[122]研究了航天飞行器的隔热层，提出了基于遗传算法和有限元参数化分析的优化设计方案。华南理工大学王瞻等[123]采用乙烯 – 乙酸乙烯酯共聚物

为基体，以中空玻璃微珠为隔热相，通过挤出共混法制备了热导率分别为
$0.197\,0\ \text{W}\cdot\text{m}^{-1}\cdot\text{K}^{-1}$ 和 $0.219\,9\ \text{W}\cdot\text{m}^{-1}\cdot\text{K}^{-1}$ 的 EVA/玻璃微球隔热复合材料。西南科技大学的王慧利等[124]采用液体硅橡胶为基体，中空玻璃微球为隔热功能相，通过共混法制备了隔热材料，结果表明：材料的拉伸性能随微球用量的增加而降低，微球粒径越大，降幅越大；材料的导热系数随微珠用量的增加先下降后上升，且填加相同含量微珠，微球粒径越小，材料的导热系数降幅越大。海军工程大学叶丹丹等[125]同样以硅橡胶为基体，空心玻璃微球为隔热功能相，制备了导热系数为 $0.108\,7\ \text{W}\cdot\text{m}^{-1}\cdot\text{K}^{-1}$，拉伸强度为 $1.1\ \text{MPa}$ 的隔热防护材料。武汉理工大学李涛[126]以短切硅酸铝纤维为骨架，SiO_2 气凝胶为隔热功能相，铝溶胶为黏结剂，制备了导热系数分别为 $0.044\ \text{W}\cdot\text{m}^{-1}\cdot\text{K}^{-1}$ 和 $0.072\ \text{W}\cdot\text{m}^{-1}\cdot\text{K}^{-1}$ 的两种隔热复合材料，并开展了一系列研究。哈尔滨工业大学李振宇[127]以 SiO_2 气凝胶/有机硅作为隔热层、ZnO/有机硅热作为反射层，并采用玻璃纤维布来承受结构载荷，制备了一种新型的隔热材料，隔热效果较好，复合材料导热系数为 $0.257\ \text{W}\cdot\text{m}^{-1}\cdot\text{K}^{-1}$，可广泛推广应用于导弹隔热领域。

参考文献

[1] 王冬梅，代文让，张永涛. 信息化弹药的研究现状及发展趋势 [J]. 兵工学报，2010，31 (2)：144 – 148.

[2] 濮赞泉. 破片撞击起爆战斗部影响因素及判据研究 [D]. 南京：南京理工大学，2016.

[3] 江明，唐成，袁宝慧. 导弹战斗部安全性试验评估 [J]. 四川兵工学报，2015，36 (7)：6 – 9.

[4] 黄强. PP/EPDM 共混增容增韧材料的研究 [D]. 哈尔滨：黑龙江大学，2001.

[5] 施良，胡汉杰. 高分子科学的今天和明天 [M]. 北京：化学工业出版社，1994.

[6] 邓舜扬，王强，朱普坤. 新型塑料薄膜 [M]. 北京：中国轻工业出版社，1994.

[7] 王海侨. 阻尼材料研究进展 [J]. 高分子通报，2006 (9)：24 – 30.

[8] 黄锐等. 塑料工程手册 [M]. 北京：机械工业出版社，2000.

［9］ 欧育湘，陈宇，王筱梅．实用阻燃技术［M］．北京：化学工业出版社，2002.

［10］ 董卫兵，郭荣秀．高抗冲聚苯乙烯家电专用料的开发及应用［J］．当代化工，2005，34（2）：77－88.

［11］ 卢家荣，曾钫，赵建青，等．阻燃高抗冲聚苯乙烯的动态流变性能研究［J］．合成材料老化与应用，2008，37（3）：9－12.

［12］ 马玫，刘冠文，谢春灼，等．环保型阻燃低烟高抗冲聚苯乙烯合金［J］．合成材料老化与应用，2005，34（3）：11－16.

［13］ You Fei, Shi Ying, Hu Yuan. A study on developing fire retardant HIPS nano － composutes［J］. Fire Safety Science, 2005, 14（4）：258－266.

［14］ Ulrike Braun, Bernhard Schartel. Flame Retardant Mechanisms of Red Phosphorus and Magnesium Hydroxide in High Impact Polystyrene［J］. Macromol. Chem. Phys, 2004, 205：2185－2196.

［15］ 雷远霞，杨其，匡俊杰，等．无卤阻燃剂的研究进展［J］．上海塑料，2005，132：4－8.

［16］ 王明清，张军．聚合物膨胀阻燃体系研究进展［J］．现代塑料加工应用，2006，15（3）：36－39.

［17］ Wang D Y, Liu Y, Wang Y Z, et al. Fire retardancy of a reactively extruded intumescent flame retardant polyethylene system enhanced by metal chelates polymer degradation and stability［J］. Polym Degrad Stab, 2007, 92：1592－1598.

［18］ 谢正悦，孙逸民，王春山．非卤素难燃剂之研究—Ⅱ［J］．电子材料，化工，2001，48（1）：37－44（台北）．

［19］ Huang Honghai, Tang Ming, Liu Li, et al. Effects of silicon additive as synergists of $Mg(OH)_2$ on the flammability of ethylene vinyl acetate copolymer［J］. Journal of Applied Polymer Science, 2006, 99（6）：3203－3209.

［20］ 王立春，张军，王荣，等．动态熔融插层 HIPS 蒙脱土复合材料阻燃性能的研究［J］．塑料科技，2005（6）：16－20.

［21］ Antonietta Genovese Robret. A shanks structural and thermal interpretation of synergy and interactions between the fire retardants magnesium hydroxide and zinc borate［J］. Polymer Degradation and Stability, 2007, 92：2－13.

［22］ Bucknall C B, Smith R R. Stress － white ning in high － impact polystyrene［J］. Polymer, 1965, 6：437－442.

［23］ Socrate S, Boyce M C, Lazzeti A. A micromechanical model for multiple crazing in high impact polystyrene [J]. Mechanics of Material, 2001 (33): 155 – 175.

[24] 杨军, 刘景江. 高抗冲聚苯乙烯中银纹的引发与终止 [J]. 高分子学报, 2000 (3): 361 – 363.

[25] 时刻, 黄英. PS 增韧改性的研究进展 [J]. 合成树脂塑料, 2004, 21 (6): 51 – 60.

[26] Wu S H. Neutran slowing and thermalization in atomic hydrogen gas [J]. J. Polymer, 1989, 27: 691 – 723.

[27] 詹茂盛, 肖威, 李智. 2002 年塑料高新技术科技成果交流会论文集 [C]. 杭州, 2002: 65.

[28] 崔文广, 高岩磊, 郭奋, 等. HIPS/CG – ATH 纳米复合材料界面改性研究 [J]. 现代化工, 2008, 28 (9): 45.

[29] Kurauchi T, Ohta T. Energy absorption in blends of polycarbonate with ABS and SAN [J]. Journal of Material Science. 1984 (19): 1699 – 1705.

[30] 崔文广, 郭奋, 陈建峰, 等. 阻燃高抗冲聚苯乙烯的增韧研究 [J]. 塑料, 2005, 33 (12): 22 – 25.

[31] 袁绍彦, 吕军, 罗勇, 等. 纳米碳酸钙/弹性体/聚苯乙烯体系的力学性能及形态 [J]. 复合材料学报, 2005, 22 (3): 25 – 29.

[32] 王丽君, 吴英绵. SBS 和 POE 增韧阻燃 HIPS 的研究 [J]. 河北师范大学学报 (自然科学版), 2006, 30 (4): 446 – 449.

[33] 陈大柱, 何平笙, 姚远. 高抗冲聚苯乙烯黏土纳米复合材料的制备、热稳定性及流变性能 [J]. 高分子学报, 2005 (1): 102 – 105.

[34] Rochefort A. Nano – CERCA, Univ. Montreal. http://www. cs. infn. it/de_martino_ 1. ppt.

[35] Saito R, Dresselhaus M S, Dresselhaus G. Physical properties of carbon nanotubes [M]. London: Imperial College Press, 1998.

[36] 张娟玲. 碳纳米管/聚合物复合材料 [J]. 化学进展, 2006, 18 (10): 1313.

[37] Zhang Chunsheng, Ni Qingqing, Fu Shaoyun, et al. Electromagnetic interference shielding effect of nanocomposites with carbon nanotube and shape memory polymer [J]. Composites Science And Technology, 2007, 5.

[38] Kim H M, Kim K, Lee S J, et al. Charge transport properties of composites of multiwalled carbon nanotube with metal catalyst and polymer: application to electromagnetic interference shielding [J]. Current Applied Physics, 2004

(4)：577 – 580.

[39] Xiang Changshu. Electromagnetic interference shielding effectiveness of multi-walled carbon nanotube reinforced fused silica composites [J]. Ceramics International, 2007 (33)：1293 – 1297.

[40] Kumar S, Rath T, Mahaling R N, et al. Study on mechanical, morphological and electrical properties of carbon nanofiber/polyetherimide composites [J]. Materials Science and Engineering B, 2007, 141：61 – 70.

[41] Wei Hsiao – Fen, Hsiue Ging – Ho, Liu Chin – Yh. Surface modification of multi – walled carbon nanotubes by a sol – gel reaction to increase their compatibility with PMMA resin [J]. Composites Science and Technology, 2007, 67：1018 – 1026.

[42] Shaffer M S P, Windle A H. Fabrication and characterization of carbon nanotube/poly (/vinyl Alcohol) composites [J]. Advance Materials, 1999, 11 (11)：937 – 941.

[43] McNally Tony, Pötschke Petra, Halley Peter, et al. Polyethylene multiwalled carbon nanotube composites [J]. Polymer, 2005, 46：8222 – 8232.

[44] Tang Wenzhong, Santare Michael H, Advani Suresh G. Melt processing and mechanical property characterization of multi – walled carbon nanotube/high density polyethylene (MWNT/HDPE) compositefilms [J]. Carbon, 2003, 41：2779 – 2785.

[45] Kabir Md E, Saha M C, Jeelani S. Effect of ultrasound sonication in carbon nanofibers/polyurethane foam composite [J]. Materials Science and Engineering A, 2007, 459：111 – 116.

[46] 王进美，朱长纯. 碳纳米管的镍铜复合金属镀层及其抗电磁波性能 [J]. 复合材料学报. 2005, 22 (6)：54 – 58.

[47] 朱红，於留芳，林海燕，等. 化学镀镍碳纳米管的微波吸收性能研究 [J]. 功能材料. 2007, 38 (7)：1213 – 1216.

[48] Kim H M, Kim K, Lee C Y, et al. Electrical Conductivity and Electromagnetic Interference Shielding of Multiwalled Carbon Nanotube Composites Containing Fe Catalyst [J]. Applied Physics Letters. 2006, 84 (4)：589 – 591.

[49] 毛卫民，方鲲，吴其晔，等. 导电聚苯胺/羰基铁粉复合吸波材料 [J]. 复合材料学报，2005, 22 (1)：11 – 14.

[50] 刘顺华，刘军民，董星龙. 电磁波屏蔽及吸波材料 [M]. 北京：化学工业出版社，2007.

[51] 权种和，崔馨道，尹昊圭，等. 包含碳纳米管和金属作为电导体的电磁屏蔽材料 [P]. 专利：200480033846. X. 2006.

[52] Das N C, Khastgir D, Chaki T K, et al. Electromagnetic interference shielding effectiveness of carbon black and carbon fibre filled EVA and NR based composites [J]. Composites：Part A. 2000，31：1069 – 1081.

[53] 刘顺华，刘军民，董星龙，等. 电磁波屏蔽及吸波材料 [M]. 北京：化学工业出版社，2007：62 – 65.

[54] 张拴勤. 吸波材料和电磁屏蔽材料的研究现状 [J]. 安全与电磁兼容，2007（06）：62 – 65.

[55] Azadmanjiri J. Preparation of Mn – Zn ferrite nanoparticles from chemical sol – gel combustion method and the magnetic properties after sintering [J]. J. Non – Crystalline Solids，2007，353：4170 – 4173.

[56] Bueno A R, Gregori M L, Nóbrega M. Microwave – absorbing properties of $Ni_{0.50-x}Zn_{0.50-x}Me_{2x}Fe_2O_4$（Me = Cu，Mn，Mg）ferrite – wax composite in X – band frequencies [J]. J. Magn. Magn. Mater，2008，320：864 – 870.

[57] Verma A, Saxena A K, Dube D C. Microwave permittivity and permeability of ferrite – polymer thick films [J]. J. Magn. Magn. Mater. 2003，263：228 – 234.

[58] 张晏清，邱琴，张雄. 纳米钴、镍铁氧体的制备与吸波性能 [J]. J. Magn. Mater Devices，2009，40（5）：30 – 36.

[59] Kim S H, Park Y G, Kim S S. Double – layered microwave absorbers composed of ferrite and carbon fiber composite laminates [J]. Phys. Status Solidi（C），2007，4：4602 – 4605.

[60] 赵海涛，张罡，马瑞廷. 空心微珠表面镍铁氧体包覆层的制备及微波吸收性能 [J]. 沈阳理工大学学报，2008，27（5）：70 – 74.

[61] Ting T H, Chiang C C, Lin P C, et al. Optimisation of the electromagnetic matching of manganese dioxide/multi – wall carbon nanotube composites as dielectric microwave – absorbing materials [J]. J. Magn. Magn. Mater，2013，339：100 – 105.

[62] Zener C. Elasticity and anelasticity of metals [M]. Chicago：The University of Chicago Press，1956.

[63] Sumita M, Adhea J. Dispersion of conductive particles in filled polymers [J]. Soc Jpn，1987，23（3）：103 – 111.

[64] Sumita M, Gohda H, Asai S. New damping materials composed of piezoelectric

and electro – conductive, particle – filled polymer composites: effect of the electromechanical coupling factor [J]. Macromolecule Rapid Communication, 1991 (12): 657 – 661.

[65] Asai S, Nakashima M, Sumita M. Damping properties of piezoelectric and electrical conductive particles filled composites [J]. Journal of Materials Science Society of Japan, 1997, 34 (5): 244 – 249.

[66] Hori M, Aoki T, Ohira Y, et al. New type of mechanical damping composites composed of piezoelectric ceramics, carbon black and epoxy resin [J]. Composites, 2001, 32: 287 – 290.

[67] Law H H, Roasiter P L, Kosa L L, et al. Mechanisms in damping of mechanical vibration by piezoelectric ceramic – polymer composite materials [J]. Joural of Materials Science, 1995, 30: 2648 – 2655.

[68] Egusa S, Iwasawa N. Piezoelectric paints: preparation and application as built – in vibration sensors of structural materials [J]. Journal of Materials Science, 1993, 28: 1667 – 1672.

[69] 成国祥, 沈锋, 卢涛, 等. 锆钛酸铅/高分子复合膜的吸声特性 [J]. 高分子材料科学与工程, 1999, 15 (3): 133 – 135.

[70] 晏雄, 张慧萍, 住田雅夫. 应用压电陶瓷的减振复合材料研究 [J]. 中国纺织大学学报, 2000, 26 (2): 29 – 32.

[71] 张惠萍, 晏雄, 董跃清. PVDF/PZT/CB 高分子复合材料的介电耗能机制 [J]. 高分子材料科学与工程, 2004, 20 (2): 209 – 212.

[72] 丁国芳, 王建华, 石耀刚. IIR 阻尼材料动态力学性能的研究 [J]. 橡胶工业, 2004, 51 (9): 517 – 519.

[73] 唐冬雁, 刘莉莉, 张巨生, 等. 复合 $BaTiO_3$ 对聚氨酯基互穿聚合物网络阻尼性能的影响 [J]. 航空材料学报, 2004, 24 (5): 40 – 43.

[74] 王晏研, 陈喜荣, 黄光速, 等. CIIR/ACM/PZT/CB 复合材料的阻尼性能 [J]. 高分子材料科学与工程, 2005, 21 (3): 246 – 249.

[75] 梁瑞林, 常乐, 高超, 等. 压电陶瓷废料在阻尼减振材料中的应用 [J]. 再生资源研究, 2004 (2): 37 – 38.

[76] 梁瑞林, 高超, 常乐, 等. 不同生产阶段产生的压电陶瓷废品对氯化丁基橡胶阻尼减振性能的影响 [J]. 再生资源研究, 2005 (2): 33 – 35.

[77] 韩俐伟. 三元互穿聚合物网络材料阻尼性能研究 [J]. 化工新型材料, 2004, 8: 22 – 24.

[78] 杨宇润, 黄微波, 丁德富, 等. 聚氨酯互穿聚合物网络阻尼性能研究进

展［J］.高分子通报，2000（1）：53－60.

［79］ Liang K M，Kunkel H，et al. Acoustic characterization of ultrasonic transducer materials：Blends of rigid and flexible epoxy resins used in piezo composites ［J］. Ultrasonics，1998，36：979－986.

［80］ 任润桃，郭万涛，马玉璞. 结构型树脂基阻尼复合材料基体胶液阻尼性能研究［J］.噪声与振动控制，2003（2）：20－24.

［81］ 李明俊，刘桂武，徐泳文，等. 粘接层对各向异性层合阻尼结构内耗特性的影响［J］.复合材料学报，2005，22（4）：96－99.

［82］ Dutra C L，Soares B G，et al. Composite materials constituted by a modified polypropylene fiber and epoxy resin ［J］. Journal of Applied Polymer Science，1999，73：69－73.

［83］ 刘建英，徐平. 泡沫铝复合材料的制备及其阻尼性能［J］.煤矿机械，2004（5）：33－35.

［84］ Tantawy F E，Sung Y K. A novel ultrasonic transducer backing from porous epoxy resin－titanium－silane coupling agent and plasticizer composites ［J］. Materials Letters，2003，58：154－158.

［85］ 张文，陈长勇. 氧化锌晶须/环氧树脂复合材料减振性能［J］.青岛化工学院学报，1998，19（4）：361－364.

［86］ 黄文润. 液体硅橡胶［M］.成都：四川科学技术出版社，2009.

［87］ Rey T，Chagnon G，Le Cam J B，et al. Influence of the temperature on the mechanical behaviour of filled and unfilled silicone rubbers ［J］. Polymer Testing，2013，32（3）：492－501.

［88］ Yin Y L，Chen X T，Lu J，et al. Influence of molar ratio of Si—H to Si—CH＝CH$_2$ on mechanical and optical properties of silicone rubber ［J］. Journal of Elastomers & Plastics，2016，48（3）：206－216.

［89］ Ting X，Wang Y Z，Li B C，et al. Effects of hydrogen－containing silicone oil on the adhesion of addition－cure liquid silicone rubber ［J］. Chemical Research and Application，2013，25（11）：1594－1597.

［90］ Xu Q，Pang M L，Zhu L X，et al. Mechanical properties of silicone rubber composed of diverse vinyl content silicone gums blending ［J］. Materials & Design，2010，31（9）：4083－4087.

［91］ Lv X F，Chen S，Zhang J. Investigation on properties of room temperature vulcanized encapsulating silicone rubber containing branched vinyl end silicone oil ［J］. Materials Review，2009，23（8）：37－41.

［92］徐晓明，金红君，王轲，等．含氢硅油对加成型液体硅橡胶硫化过程的影响［J］．有机硅材料，2011，25（5）：311－313．

［93］Zhao C F, Fang S, Luo J, et al. Preparation of additional room temperature vulcanizing silicone rubber：I. Influence principle of crosslinker and filler［J］. Journal of Zhejiang University. Engineering Science, 2007, 41（7）：1219－1222.

［94］Liu T, Zeng X R, Fang W Z, et al. Synthesis of a novel hydantoin－containing silane and its effect on the tracking and bacteria resistance of addition－cure liquid silicone rubber［J］. Applied Surface Science, 2017, 423：630－640.

［95］Shimakawa M. Silicone rubber composition used for liquid crystal panel, is formed by heating component containing polyorganosiloxane, fine powder fumed silica, thermoconductive filler and thermally decomposable catalyst, and hardening agent［P］. Japan Patent：2009138019 A, 2009－06－25.

［96］李彦民，陶武平．一种全透明液体硅橡胶组合物［P］．中国专利：106832957 A，2017－06－13．

［97］李培国，袁振乐，宋新峰，等．高撕裂强度加成型医用液体硅橡胶的研制［J］．有机硅材料，2015，29（6）：474－478．

［98］常映军．一种液体硅橡胶［P］．中国专利：102827479 A，2012－12－19．

［99］许永现，陈石刚，袁喜良．高压电力电气用液体注射成形硅橡胶的制备［J］．有机硅材料，2007，21（5）：279－283．

［100］李小兵，谢奉清，夏志伟，等．乙烯基三乙氧基硅烷用量对液体硅橡胶性能的影响［J］．有机硅材料，2013，27（6）：434－437．

［101］Yan F H, Zhang X B, Liu F, et al. Adjusting the properties of silicone rubber filled with nanosilica by changing the surface organic groups of nanosilica［J］. Composites Part B：Engineering, 2015, 75：47－52.

［102］Liang Y X, Guo P, Ren B, et al. Effects of preparation process of MQ silicone resin on reinforcement of RTV silicone rubber［J］. Journal of South China University of Technology. Natural Science Edition, 2013, 41（2）：123－128.

［103］常映军，李庭辉．一种有机聚硅氧烷组合物、其固化方法及其应用［P］．中国专利：102167908 A，2011－08－31．

［104］Chen D Z, Chen F X, Hu X Y, et al. Thermal stability, mechanical and optical properties of novel addition cured PDMS composites with nano－silica sol and MQ silicone resin［J］. Composites Science and Technology, 2015, 117: 307－314.

［105］ Major R K. Insulation coat for combustion chambers［P］. U. S. Patent: 3391102, 1965－06－10.

［106］ Biome J C, Kern E M, Kummer D L, et al. Thermal insulation and ablation material［P］. U. S. Patent: 3317455, 1963－01－21.

［107］ Haraway W M, Hampton J, Magee R T. Thermal protection ablation spray system［P］. U. S. Patent: 3553002, 1971－01－05.

［108］ Sharpe M H, Hill W E, Simpson W G, et al. Sprayable low density ablator and application process［P］. U. S. Patent: 4077921, 1978－03－07.

［109］ 胡连成. 苏联防热与结构复合材料在航天产品上的开发与应用研究情况［R］. 航天部703所技术报告.

［110］ 惠雪梅, 张炜, 王晓洁. 树脂基低密度隔热材料的研究进展［J］. 材料导报, 2003, 17: 233－234.

［111］ Liu C, Kim J S, Kwon Y. Comparative investigation on thermal insulation of polyurethane composites filled with silica aerogel and hollow silica microsphere［J］. Journal of Nanoscience and Nanotechnology, 2016, 16（2）: 1703－1707.

［112］ Kim G S, Hyun S H. Effect of mixing on thermal and mechanical properties of aerogel－PVB composites［J］. Journal of Materials Science, 2003, 38（9）: 1961－1966.

［113］ Zhu B L, Zheng H, Wang J, et al. Tailoring of thermal and dielectric properties of LDPE－matrix composites by the volume fraction, density, and surface modification of hollow glass microsphere filler［J］. Composites Part B: Engineering, 2014, 58: 91－102.

［114］ Zhang Y H, Chen L, Zhang Q. Aero－heating impact experiment on thermal protection materials of missile launch canister［J］. Aerospace Materials & Technology, 2011, 2: 127－130.

［115］ Han M, Xue Y, Li J. The design of an aero－dynamic heat－resistant material for missile［J］. Journal of Projectiles, Rockets, Missiles and Guidance, 2006, 26（3）: 59－60.

［116］ 左应朝, 刘永利, 张庆兵, 等. 防空导弹防热综合设计研究［J］. 现代防御技术, 2008, 36（2）: 30－33.

［117］ 魏仲委, 肖军, 刘建杰, 等. 机载导弹弹体隔热层的热应力故障与对

策 [J]. 航空兵器, 2006, 2: 50-59.

[118] Huang K, Yi Z, Guo J, et al. Development and application of composite so-pilite heat – insulated paint [J]. New Chemical Materials, 2009, 37 (8): 113-115.

[119] Zhao Y M, Liu J. Research on heat resistant and heat insulated coating [J]. Aerospace Materials & Technology, 2001, 3: 42-44.

[120] 何敏. 可紫外固化的有机硅改性环氧丙烯酸醋外防热涂层的研制 [D]. 西安: 中国航天科技集团第四研究所, 2002.

[121] Gao Q, Zhang C, Feng J, et al. Preparation and thermal performance of alumina aerogel insulation composites [J]. Journal of National Defense University of Science and Technology, 2008, 30 (4): 39-42.

[122] 刘峰, 林彬, 王占彬. 高速飞行器复合材料隔热层参数化设计 [J]. 兵工学报, 2011, 32 (1): 98-100.

[123] Wang Z, Li G. Study on the preparation and properties of EVA/hollow glass beads filled heat – insulation composites [J]. China Plastics Industry, 2009, 37 (8): 51-55.

[124] Wang H L, Deng J, Shu Y, et al. Preparation and properties of LSR heat – insulation composites filled with hollow glass beads [J]. China Plastics, 2011, 25 (12): 67-70.

[125] 叶丹丹, 文庆珍, 王晓晴. 空心玻璃微珠/硅橡胶隔热材料的研究 [J]. 弹性体, 2017, 27 (2): 24-28.

[126] 李涛. 低热导纤维复合材料的制备与研究 [D]. 武汉: 武汉理工大学, 2011.

[127] 李振宇. 有机硅基柔性多层隔热材料制备及性能研究 [D]. 哈尔滨: 哈尔滨工业大学, 2009.

2

阻燃增强增韧功能防护材料

|2.1 材料阻燃改性及反应机理|

2.1.1 有卤阻燃改性

含卤化合物的阻燃模式是在高温下释放出卤和卤化氢，在气相中达到阻燃的目的；而在凝聚相中形成中间体，中间体发生环化、缩合反应生成焦炭残留物，在凝聚相中形成保护层，起到隔热、隔氧的作用。其阻燃机理为：在聚合物燃烧分解时，阻燃剂捕捉聚合物生成的 $H\cdot$、$RCH_2\cdot$、$\cdot O\cdot$ 等自由基，从而延缓或终止燃烧的链反应；同时释放出的卤化氢（HX）气体本身是一种难燃性气体，密度较大，覆盖在材料的表面起到阻隔表面可燃气体的作用，使材料的热氧化分解难以进行，从而达到阻燃的目的，其中阻燃剂的添加主要促进了反应向链转移方向偏移，导致高温下苯乙烯单体生成碳化物，同时促进了低聚物含量的增加，在凝聚相中达到阻燃的效果。反应如下：

$$HX + HO\cdot \rightarrow H_2O + X\cdot$$

$$HX + \cdot O\cdot \rightarrow HO\cdot + X\cdot$$

$$HX + H\cdot \rightarrow H_2 + X\cdot$$

$$RCH_2\cdot + HX \rightarrow RCH_3 + \cdot X$$

$$2X\cdot \rightarrow X_2$$

为了进一步提高材料的阻燃效率，卤系阻燃剂一般与协效阻燃剂三氧化二锑并用构成"协效系统"[1]，目前常用的卤系阻燃剂为溴系阻燃剂，其主要在气相及凝聚相中达到阻燃的目的。首先溴系阻燃剂分解释放出的 Br· 及溴化氢发挥捕捉聚合物自由基的作用，终止链式反应，同时大量的溴化氢气体在气相中减少了聚合物表面与氧气的接触，达到气相阻燃的目的。此外，三氧化二锑与 HBr 反应，生成的气态 SbBr$_3$ 逸至气相中，作为热量的吸收源，使得聚合物表面温度降低，达到凝聚相阻燃的目的；而 SbOBr 作为一种路易斯酸在凝聚相中起到阻燃的作用。其主要反应为：

$$Sb_2O_3(s) + 6HBr(g) \longrightarrow 2SbBr_3(g) + 6H_2O(g)$$

$$Sb_2O_3(s) + 2HBr(g) \longrightarrow 2SbOBr(s) + H_2O(g)$$

而在较高的温度下，SbOBr 进一步降解释放出大量热。

$$5SbOBr(s) \xrightarrow{245\sim280\ ℃} Sb_4O_5Br_2(s) + SbBr_3(g)$$

$$4Sb_4O_5Br_2(s) \xrightarrow{410\sim475\ ℃} 5Sb_3O_4Br(s) + SbBr_3(g)$$

$$3Sb_3O_4Br(s) \xrightarrow{475\sim565\ ℃} 4Sb_2O_3(s) + SbBr_3(g)$$

在火焰下的固态或熔融聚合物中，三溴化锑能促进凝聚相成炭，从而减缓生成挥发性可燃物的聚合物的热分解和氧化分解；三溴化锑在燃烧区发生分解，可捕获气相中维持燃烧链式反应的活泼自由基，改变气相中的反应模式，减少反应释放热量使火焰熄灭。溴化锑进入气相后与氢自由基、甲基自由基等反应，生成 HBr、SbBr、CH$_3$Br、SbBr$_2$、Sb 等[1]。

$$SbBr_3 + H· \longrightarrow HBr + SbBr_2·$$

$$SbBr_3 \longrightarrow Br· + SbBr_2·$$

$$SbBr_3 + CH_3· \longrightarrow CH_3Br + SbBr_2·$$

$$SbBr_2· + H· \longrightarrow SbBr· + HBr$$

$$SbBr_2· + CH_3· \longrightarrow CH_3Br + SbBr·$$

$$SbBr· + H· \longrightarrow Sb + HBr$$

$$SbBr· + CH_3· \longrightarrow CH_3Br + Sb$$

另外，三溴化锑的分解可缓慢放出溴自由基，溴自由基又可与气相中活泼自由基结合，因而能在较长时间内维持抑制火焰的作用。反应式如下：

$$Br· + CH_3· \longrightarrow CH_3Br$$

$$Br· + H· \longrightarrow HBr$$

$$Br· + HO_2· \longrightarrow HBr + O_2$$

$$HBr + H· \longrightarrow H_2 + Br·$$

$$Br· + Br· + M \longrightarrow Br_2 + M$$

$$Br_2 + CH_3· \longrightarrow CH_3Br + Br·$$

反应式中 M 是吸收能量的物质。

2.1.1.1　有卤阻燃剂的选择原则

一般来说，卤系阻燃剂对 HIPS 的阻燃能力是与最终塑料中的卤素含量及是否添加协效剂有关的，由上述阻燃机理可知，阻燃剂中的溴含量决定了材料的阻燃性能，并且与三氧化二锑的协同阻燃可明显提高材料的阻燃效率。而根据目前欧盟颁布相关指令，要求投放市场的新电子和电器产品不含多溴二苯醚和多溴联苯醚等有害物质，HIPS 阻燃剂的选择原则为：

（1）溴系阻燃剂含溴量高，且阻燃剂的热稳定性好，但是阻燃剂的热降解（即失溴过程）应在 HIPS 热降解前，主要是在气相中首先起到阻燃的作用；

（2）协效阻燃剂的选择，必须与溴系阻燃剂具有良好的协同阻燃效率；

（3）阻燃剂应与 HIPS 具有良好的相容性；

（4）阻燃剂的熔点应当适宜，较低的熔点易导致材料燃烧过程中产生熔滴，而较高的熔点易导致阻燃剂与 HIPS 相容性较差，材料的加工性能较差；

（5）阻燃剂应具有良好的光、氧稳定性，阻燃剂在 HIPS 中应不易析出；

（6）考虑环保性能的要求，选用的阻燃剂应具有良好的环境友好性，燃烧不产生有毒性气体；

（7）阻燃剂的价格低廉。

2.1.1.2　常见阻燃剂的性能对比

目前常见的溴系阻燃剂主要有十溴二苯乙烷（DBDPE）、十溴二苯醚（DBDPO）、耐热型六溴环十二烷（HBCD）、四溴双酚 A 双（2,3 - 二溴丙基）醚（TBAB）等，这些阻燃剂与三氧化二锑（Sb_2O_3）组成的卤 - 锑复合体系具有优良的阻燃效果，本研究在相同剂量下进行了熔滴、使用寿命、环保等方面的分析，如表 2.1[1] 所示。

表 2.1　不同阻燃剂各性能对比表

阻燃剂	熔点/℃	热失重5%温度/℃	理论含溴量/%	使用寿命	相容性	环保
DBDPO	>305	320	83.31	优	良	较差
DBDPE	>340	315	82	优	良	优
HBCD	175~197	235	74.71	优	优	良
TBAB	118~120	305	79.77	良	优	较差
溴化聚苯乙烯（BPS）	260~320	260	66~68	优	良	优

其中，分解情况是指 HIPS 熔融挤出的过程中，阻燃剂的分解情况。从上表可以看出，DBDPE、BPS、HBCD 与 HIPS 各项性能较优，而 DBDPO、TBAB 由于对环境影响较大，本书不再进行研究，主要对 DBDPE、BPS、HBCD 三种阻燃剂与三氧化二锑的复配体系进行了研究。

2.1.1.3　有卤阻燃热降解反应动力学机理

阻燃高抗冲聚苯乙烯的高温降解主要涉及[2]主链断裂、自由基反应、烯丙基断裂、氢转移、β–断裂、链增长、链终止、歧化反应等。高聚物的热降解反应的动力学基本上以 Arrhenius 为基本模型，通过不同的近似手段得到不同的近似方程，最终以线性回归等方法[3,4]得到高聚物的热降解化学反应动力学参数。对于聚苯乙烯的热降解反应动力学机理及参数，文献结果[5,6]存在较大的分歧，这种差异主要与实验条件的不同及采用的动力学处理方法不同有关。为了得到准确的阻燃 HIPS 热降解反应动力学参数，本章采用 Coats – Redfern[6] 热降解反应动力学模型，通过近似处理及线性回归，确定反应的动力学参数，最终确定反应的动力学模型。其中本书在前人的基础上，引入一种对化学反应的范围假设，确定最大热降解反应速率与反应级数的关系，最终确定化学反应动力学参数。

1）反应动力学模型的建立

Arrhenius 方程为化学反应动力学的基本方程，如下：

$$\frac{\mathrm{d}\alpha}{\mathrm{d}t} = A(1-\alpha)^n \exp\left(-\frac{E_a}{RT}\right) \tag{2.1}$$

式中，α 为失重率；A 为指前因子；n 为反应级数；E_a 为热降解反应的表观活化能；T 为反应温度；R 为气体常数（$8.314\ \mathrm{J\cdot K^{-1}\cdot min^{-1}}$）。

对方程（2.1）进行积分，同时将升温速率[7]$\beta = \dfrac{\mathrm{d}T}{\mathrm{d}t}$（K/s）代入方程（2.2）得，

$$g(\alpha) = \int_0^\alpha \frac{\mathrm{d}\alpha}{(1-\alpha)^n} = \frac{A}{\beta}\int_{T_0}^T \exp\left(-\frac{E_a}{RT}\right)\mathrm{d}T = \frac{AE_a e^{-x}}{\beta R x^2} f(x) \tag{2.2}$$

其中，

$$f(x) = \frac{x^4 + 18x^3 + 86x^2 + 96x}{x^4 + 20x^3 + 120x^2 + 240x + 120}, x = \frac{E_a}{RT} \tag{2.3}$$

在阻燃高抗冲聚苯乙烯热降解反应的温度范围内[8,9]，$\dfrac{2RT}{E_a} \approx 0$，即 $f(x) \approx 1$，得到 Coats – Redfern 反应动力学方程：

$$\ln\left[\frac{g(\alpha)}{T^2}\right] = \ln\left(\frac{AR}{\beta E_a}\right) - \frac{E_a}{RT} \tag{2.4}$$

其中，

$$g(\alpha) = \begin{cases} \dfrac{1 - (1-\alpha)^n}{(1-n)} & n \neq 1 \\ -\ln(1-\alpha) & n = 1 \end{cases} \tag{2.5}$$

根据方程（2.4）分别以 $\ln\left[\dfrac{1-(1-\alpha)^n}{T^2\,|\,1-n\,|}\right]$、$\ln\left[\dfrac{-\ln(1-\alpha)}{T^2}\right]$ 对 $\dfrac{1}{T}$ 作图，并进行线性回归，再根据所得的直线斜率及截距求得反应动力学参数。在热降解反应过程中，最大的失重率 α 必将对方程（2.1）中的热反应动力学参数有较大的影响。在最大的反应速率下，不同的热降解失重率 α_{max} 对反应动力学模型起决定性的作用[10]。化学反应动力学 α_{max} 与 n 的关系可通过以下方程[10]表示：

$$\begin{cases} 1 - \alpha_{max} = \left[1 - \dfrac{n-1}{n}f\left(\dfrac{E_a}{RT_{max}}\right)\right]^{\frac{1}{n-1}} & n \neq 1 \\ -\ln(1-\alpha_{max}) = f\left(\dfrac{E_a}{RT_{max}}\right) & n = 1 \end{cases} \tag{2.6}$$

由于通常反应情况下，$\dfrac{E_a}{RT_{max}} = 15 - 70$ 有效，即相应 $f\left(\dfrac{E_a}{RT_{max}}\right) = 0.8879 - 0.9726$，从而根据 α_{max} 的有效范围可确定反应的不同级数，如表2.2所示。

表2.2　不同反应级数 n 对 α_{max} 范围的影响

n	α_{max}	n	α_{max}	n	α_{max}	n	α_{max}
0.1	0.913~0.920	0.8	0.633~0.663	1.5	0.504~0.543	2.2	0.424~0.467
0.2	0.850~0.862	0.9	0.610~0.642	1.6	0.491~0.531	2.3	0.415~0.459
0.3	0.799~0.816	1.0	0.588~0.622	1.7	0.478~0.519	2.4	0.406~0.450
0.4	0.756~0.777	1.1	0.569~0.604	1.8	0.446~0.507	2.5	0.398~0.442
0.5	0.719~0.743	1.2	0.551~0.587	1.9	0.455~0.496	2.6	0.390~0.435
0.6	0.687~0.713	1.3	0.534~0.571	2.0	0.444~0.486	2.7	0.382~0.427
0.7	0.659~0.687	1.4	0.519~0.557	2.1	0.434~0.477	2.8	0.375~0.420

2）HIPS 各步反应的反应动力学模型

HIPS 热降解反应，主要为 PS 的热降解反应，主要有①链断裂；②自由基再聚合；③烷基链断裂；④H 的抽提反应；⑤链中间自由基 β - 断裂；⑥自由基加成；⑦链端自由基 β - 断裂；⑧1,5 - 氢转移或 1,3 - 氢转移反应。其各步反应的基本方程及动力学模型[11]如下：

（1）聚苯乙烯主链断裂反应：

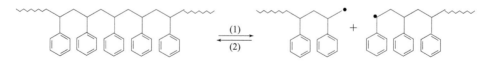

此步反应主要为主链断裂，生成自由基的反应，其基本反应如下：

$$D_n \xrightleftharpoons[k_c]{k_f} Re_i + Re_{n-l} \qquad (a)$$

其中，D 表示起始主链分子；Re 表示生成的自由基分子；f 表示正反应；c 表示逆反应。则反应式（a）的动力学方程为：

$$\binom{m}{j} = \frac{m!}{j!(m-j)!} \qquad (2.7)$$

$$\frac{dD^m}{dt} = -k_f(2D^{m+1} - e_f D^m) + \frac{1}{2}k_c \sum_{j=0}^{m}\binom{m}{j}Re^j Re^{m-j} \qquad (2.8)$$

$$D^3 = \frac{2D^2 D^2}{D^1} - \frac{D^2 D^2}{D^0} \qquad (2.9)$$

$$\frac{dRe^m}{dt} = 2k_f C_m(2D^{m+1} - e_f D^m) - k_c Re^m Re^0 \qquad (2.10)$$

$$C_m = \frac{1}{m+1} \qquad (2.11)$$

其中变量 e_f 表示无法进行链断裂反应的化学键数目，不包括主链断裂产生的化学键（如主链上不饱和键）。

（2）特殊链断裂及自由基再聚合反应：

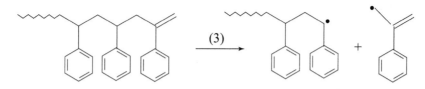

此步反应主要为聚合物中特殊 C—C 键断裂形成低分子聚合物，其中也包括二聚物、三聚物等低分子聚合物的产生，其主要反应方程式为：

$$D_n \xrightleftharpoons[k_c]{k_{fs}} Re_{n-s} + r_s \qquad (b)$$

r 表示小分子化合物，s 表示小分子化合物分子链长度，则反应方程式（b）的动力学方程为：

$$\frac{\mathrm{d}\mathrm{D}^m}{\mathrm{d}t} = -k_{\mathrm{fs}}\mathrm{D}^m + k_c \sum_{j=0}^{m}\binom{m}{j}\mathrm{Re}^{m-j}(s)^j[\mathrm{r}_s] \qquad (2.12)$$

$$\frac{\mathrm{d}\,\mathrm{Re}^m}{\mathrm{d}t} = k_{\mathrm{fs}}\sum_{j}^{m}\binom{m}{j}(-s)^j\mathrm{D}^{m-j} - k_c\mathrm{Re}[\mathrm{r}_s] \qquad (2.13)$$

$$\frac{\mathrm{d}[\mathrm{r}_s]}{\mathrm{d}t} = k_{\mathrm{fs}}\mathrm{D}^0 - k_c\,\mathrm{Re}^0[\mathrm{r}_s] \qquad (2.14)$$

（3）氢的抽提反应：

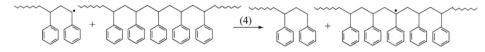

此步反应主要为氢自由基的抽提反应，其反应方程式可简化为：

$$\mathrm{Re}_n + \mathrm{D}_j \underset{k_{\mathrm{tr},m}}{\overset{k_{\mathrm{tr},e}}{\rightleftharpoons}} \mathrm{D}_n + \mathrm{Rm}_j \qquad (c)$$

其反应的动力学方程[12]为：

$$\frac{\mathrm{d}\mathrm{D}^m}{\mathrm{d}t} = -N_{\mathrm{H}}k_{\mathrm{tr},e}\,\mathrm{Re}^0(\mathrm{D}^{m+1} - e_t\mathrm{D}^m) + N_{\mathrm{H}}k_{\mathrm{tr},e}\,\mathrm{Re}^m(\mathrm{D}^1 - e_t\mathrm{D}^0) - N_{\mathrm{H}}^e k_{\mathrm{tr},m}\,\mathrm{Rm}^0\mathrm{D}^m$$

$$(2.15)$$

$$\frac{\mathrm{d}\,\mathrm{Re}^m}{\mathrm{d}t} = -N_{\mathrm{H}}k_{\mathrm{tr},e}\,\mathrm{Re}^m(\mathrm{D}^1 - e_t\mathrm{D}^0) + N_{\mathrm{H}}^e k_{\mathrm{tr},m}\,\mathrm{Rm}^0\mathrm{D}^m \qquad (2.16)$$

$$\frac{\mathrm{d}\mathrm{Rm}^m}{\mathrm{d}t} = -N_{\mathrm{H}}^m k_{\mathrm{tr},e}\,\mathrm{Re}^0(\mathrm{D}^{m+1} - e_t\mathrm{D}^m) - N_{\mathrm{H}}^e k_{\mathrm{tr},m}\,\mathrm{Rm}^m\mathrm{D}^0 \qquad (2.17)$$

（4）β-断裂及自由基加成反应：

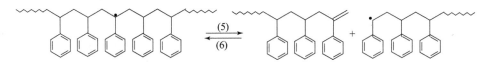

此反应主要为聚苯乙烯分子自由基自身发生 β-断裂及其逆反应，即

$$\mathrm{Rm}_n \underset{k_{\mathrm{ra}}}{\overset{k_{\mathrm{bs}}}{\rightleftharpoons}} \mathrm{Re}_j + \mathrm{D}_{n-j} \qquad (d)$$

其动力学模型为：

$$\frac{\mathrm{d}\mathrm{Rm}^m}{\mathrm{d}t} = -2k_{\mathrm{bs}}\,\mathrm{Rm}^m + k_{\mathrm{ra}}\sum_{j=0}^{m}\binom{m}{j}\mathrm{Re}^j\mathrm{D}^{m-j} \qquad (2.18)$$

$$\frac{\mathrm{d}\mathrm{Rm}^m}{\mathrm{d}t} = 2k_{\mathrm{bs}}C_m\,\mathrm{Rm}^m - k_{\mathrm{ra}}\,\mathrm{Re}^m\mathrm{D}^0 \qquad (2.19)$$

$$\frac{\mathrm{d}D^m}{\mathrm{d}t} = 2k_{bs}C_m\,\mathrm{Re}^m - k_{ra}\,\mathrm{Re}^0 D^m \tag{2.20}$$

其中 C_m 为方程式（2.11）。

（5）自由基链式断裂（歧化反应）：

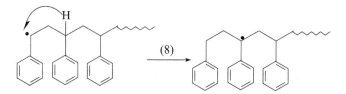

此步反应在聚苯乙烯热降解过程中，发挥着主要作用，主要生成苯乙烯单体，由于苯乙烯为极易燃烧的物质，对此步反应的控制对聚苯乙烯及高抗冲聚苯乙烯材料的阻燃研究具有十分重要的意义。其反应可简化为：

$$\mathrm{Re}_n \underset{k_p}{\overset{k_{dp}}{\rightleftarrows}} \mathrm{Re} + \mathrm{M} \tag{e}$$

其中 M 表示单体。其反应的动力学模型为：

$$\frac{\mathrm{dRe}^m}{\mathrm{d}t} = -2k_{dp}\,\mathrm{Re}^m + k_p\sum_{j=0}^{m}\binom{m}{j}\mathrm{Re}^{m-j}[\mathrm{M}] + k_{dp}\sum_{j=0}^{m}\binom{m}{j}(-1)^j\,\mathrm{Re}^{m-j} - k_p\,\mathrm{Re}^m[\mathrm{M}] \tag{2.21}$$

$$\frac{\mathrm{d}[\mathrm{M}]}{\mathrm{d}t} = k_{dp}\,\mathrm{Re}^0 - k_p\,\mathrm{Re}^0[\mathrm{M}] \tag{2.22}$$

（6）氢自由基的转移反应：

此步反应主要为 3－C 或 5－C 上的氢进攻链端自由基生成中间链自由基，其反应可简化为：

$$\mathrm{Re}_n \underset{k_{bbr}}{\overset{k_{bbf}}{\rightleftarrows}} \mathrm{Rm} \tag{h}$$

其反应动力学模型为：

$$\frac{\mathrm{dRm}^m}{\mathrm{d}t} = -k_{bbf}\,\mathrm{Rm}^m + k_{bbr}\mathrm{Rm}^m \tag{2.23}$$

$$\frac{\mathrm{dRm}^m}{\mathrm{d}t} = k_{bbf}\,\mathrm{Rm}^m - k_{bbr}\mathrm{Rm}^m \tag{2.24}$$

在 HIPS 热降解过程中，各步反应间的表观活化能如表 2.3 所示，从表 2.3

可知，PS 热降解过程中链断裂、主链断裂形成烯丙基、解聚等反应的表观活化能较高，而表观活化能较高的反应，生成的单体化合物明显增多。而对于分子间、分子内的链式转移的表观活化能较低，其生成的低聚物较多。单体与低聚物相比，其燃点更低，在较低的温度下即能燃烧，也就是说，提高材料热降解产生的低聚物含量，降低单体（可燃性气体）在气相中的含量，一定程度上可提高材料的阻燃性能，即促进反应向分子间、分子内的链式转移方向偏移。

表 2.3　各步反应间的表观活化能

反应类型	表观活化能/(kJ·mol^{-1})
链断裂	282.7
主链断裂生成烯丙基	240.7
自由基再聚合反应	9.7
链端自由基 β - 断裂	103.7
链中自由基 β - 断裂	118.0
自由基加成	25.6
氢抽提	44.1
1,5 - 氢转移	44.1
1,3 - 氢转移	98.7
PS 解聚反应[13]	120.0

3）纯 HIPS 热降解反应动力学研究

（1）纯 HIPS 热失重分析。

从图 2.1 可以看出，纯 HIPS 的热降解温度从 371.5 ℃、33.2 min 时开始降解，465.0 ℃热降解基本结束，436.3 ℃时材料的热降解速率达到了最大，从 DTA 曲线可以看出，纯 HIPS 首先吸收大量的热，主要为 HIPS 的链式引发反应，462 ℃释放大量的热，主要为 HIPS 链式自由基断裂反应，释放出大量的能量。

（2）纯 HIPS 的热降解反应动力学参数的计算。

由图 2.1 可知，纯 HIPS 在 436.3 ℃时，热降解速率达到最大值，α_{max} = 0.597，对应表 2.2 可知，纯 HIPS 的热降解反应级数 n 为 1.0 或 1.1，取 n = 1.05。热降解反应动力学模型可表示为：

$$\ln\left[\frac{1 - (1 - \alpha)^{1.05}}{0.05T^2}\right] = \ln\left(\frac{AR}{\beta E_a^*}\right) - \frac{E_a^*}{RT} \qquad (2.25)$$

根据纯 HIPS 在空气气氛中的 TGA 数据，取一系列热失重率 α、温度 T

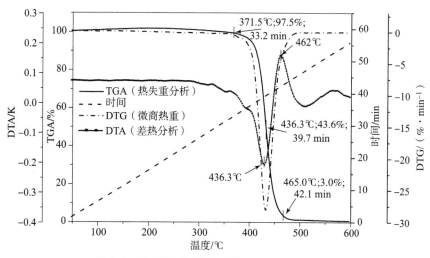

图 2.1 纯 HIPS 的 TGA – DTA – DTG – 时间曲线

（371.5 ~ 465.0 ℃）数据，以 $\ln\left[\dfrac{1-(1-\alpha)^n}{T^2\,|1-n|}\right]$ 对 $\dfrac{1}{T}$ 作图，如图 2.2 所示，并

进行线性回归，再根据所得的直线斜率及截距求得反应动力学参数 E_a^*、A_0^*。其线性相关性系数为 $R = -0.988\,6$，满足线性的要求。即纯 HIPS 的热降解反应动力学方程为：

$$\frac{\mathrm{d}\alpha^*}{\mathrm{d}t} = 1.35 \times 10^{17}\,\mathrm{s}^{-1} \times (1-\alpha_1)^{1.05}\exp\left(-\frac{223.6\ \mathrm{kJ/mol}}{RT}\right)$$

$$T \in (371.5\ ℃,\ 465.0\ ℃) \tag{2.26}$$

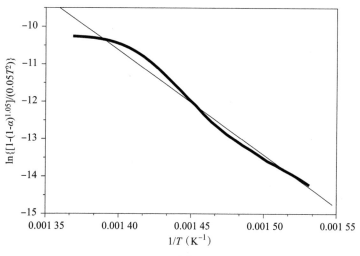

图 2.2 $\ln\{[1-(1-\alpha)^{1.05}]/0.05T^2\}$ 对 $1/T$ 作图

由表 2.3 可知，聚苯乙烯解聚反应表观活化能为 120 kJ/mol，烯丙基的生成及链断裂在 240 kJ/mol 以上，而分子内和分子间链转移等表观活化能均较低，甲烷气体在高温惰性气氛中热分解反应活化能为 410 kJ/mol[14]。理论上聚苯乙烯热降解反应初期以高分子链发生随机断裂为主，为基元反应，反应级数为 0，随后以自由基降解、链端 β 断裂反应为主，降解反应为一级反应，而链转移反应的反应级数大于 1，对应纯 HIPS 的热降解反应动力学参数可知，聚苯乙烯以链式断裂、β – 断裂反应等反应为主，其中生成的低聚物明显较少。这在一定程度上增加了材料的阻燃难度。

（3）纯 HIPS 的热降解反应机理研究。

在前人的基础上，本节采用化学方程式详细地阐述了纯 HIPS 的热降解机理，对于 HIPS，由于是苯乙烯与丁二烯（PB）橡胶反应而得到的产品，其中主要成分为 PS 结构，当然在热降解过程中，部分 PB 结构也参与了一定的热降解反应，但是其添加量较少，这里主要对 PS 的热降解反应过程进行研究，其热降解主要化学方程如下：

聚合物链引发产生 R·：

R· 进一步引发 HIPS：

自由基链式增长反应：

在高温下大量的（Ⅰ）发生 β – 断裂，产生具有较长链段（Ⅲ）及（Ⅳ）。

其中，产物（Ⅳ）将进一步发生 β - 断裂链式反应，最终生成单体苯乙烯。此外部分（Ⅳ）发生 H 转移、自由基链式反应，最终生成甲苯、乙苯、α - 甲基 - 苯乙烯等低分子量化合物。

而产物（Ⅲ）将进一步发生链引发、β - 断裂链式反应，最终生成二聚体、三聚体等低聚物。但在高温下，部分低聚体将进一步受到自由基的引发，最终生成苯乙烯等化合物[15]。因此在其气相降解产物中，低聚物的含量较少。其反应方程式如下：

对于产物（Ⅳ），亚苄基氢原子在较高的温度下可能发生 H 转移，最终生成甲苯、α‑甲基苯乙烯等，这在一定程度上加重了聚苯乙烯的发烟量。

在高温条件下，部分苯乙烯单体间可能发生狄尔斯‑阿尔德反应，生成产物（Ⅴ）1,3,5‑三苯基苯，其在一定程度上促进聚苯乙烯凝聚相成炭，从而促进材料阻燃。

以上可知，HIPS 主要发生主链断裂、自由基反应、烯丙基断裂、氢转移、β‑断裂、链增长、链终止、歧化反应等反应，热降解产物主要为苯乙烯、甲苯、乙苯、α‑甲基‑苯乙烯及部分低聚物，而在高温下，部分低聚物中的双键（苯环除外，原因是其稳定性较高）进一步与气相中的氢气等反应，生成饱和的单键物质。由于苯乙烯等小分子气体为易燃性气体，即一旦 HIPS 燃烧，这些可燃性气体迅速燃烧，从而引发火灾。因此对材料的阻燃，主要是控制材料在燃烧初期可燃性气体的产生，使在气相中可燃性气体含量降低，从而达到燃烧前期材料自熄的目的。当然，一旦聚合物完全燃烧，不可避免地释放出大量的可燃性气体，这样就很难使材料自熄。因此，对材料进行阻燃，主要是针对材料燃烧初期，使材料达不到着火点而自熄。

4）纯 HIPS 的其他热性能分析。

图 2.3 为纯 HIPS 热失重过程中气相物质丰度变化，由图 2.1 知，436.3 ℃时 HIPS 的热降解速率最大，此时气相产物的丰度也达到最大值，对应图 2.4 时刻的红外图谱可知，在气相分子中有苯乙烯、甲苯及低分子量同系物的振动吸收峰。通过图 2.6 质谱图与标准谱图对比可知，在图 2.5 所示纯 HIPS 465.0 ℃热裂解总离子图中，其气相产物主要为低分子量化合物，如苯乙烯、甲苯、乙苯、α‑甲基‑苯乙烯、丁二烯等，其总含量达到 90% 以上，其中降解产物中

苯乙烯单体含量达到 70% 以上，热降解气相产物主要为可燃性物质，这在一定程度上增加了 HIPS 阻燃的难度。这与聚苯乙烯热降解机理得出的物质基本一致，说明在聚苯乙烯的热降解过程中，主要发生前述纯聚苯乙烯热降解中的各步反应，同时验证了热降解反应动力学得出的结论。此外在 HIPS 的裂解产物中含有少量的二聚物及三聚物等，这些低聚物的生成，主要由 HIPS 热降解反应中存在少量的分子内、分子间的链转移反应所致。

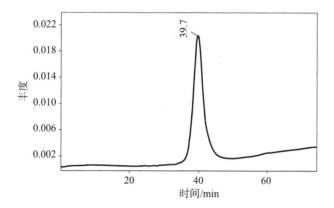

图 2.3 纯 HIPS 热失重过程中气相物质丰度变化

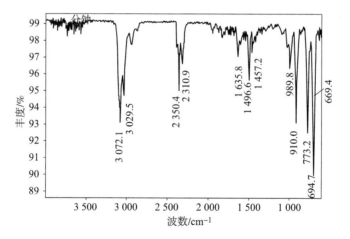

图 2.4 在 39.737 min 时纯 HIPS 的气相红外谱图

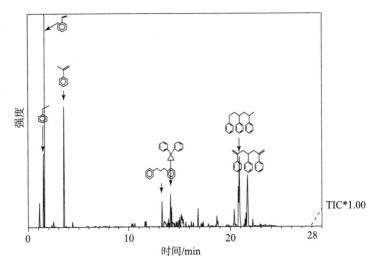

图 2.5 纯 HIPS 465.0 ℃热裂解总离子图

上图各时间段对应的质谱图如图 2.6 所示。

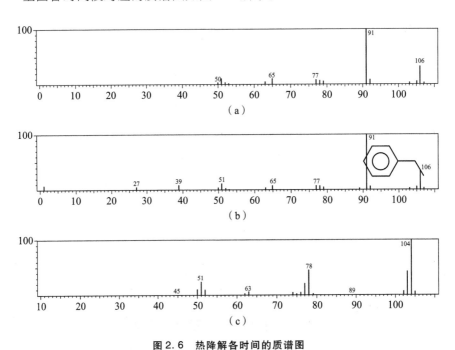

图 2.6 热降解各时间的质谱图

（a）1.37 min；（b）标准谱图；（c）1.76 min

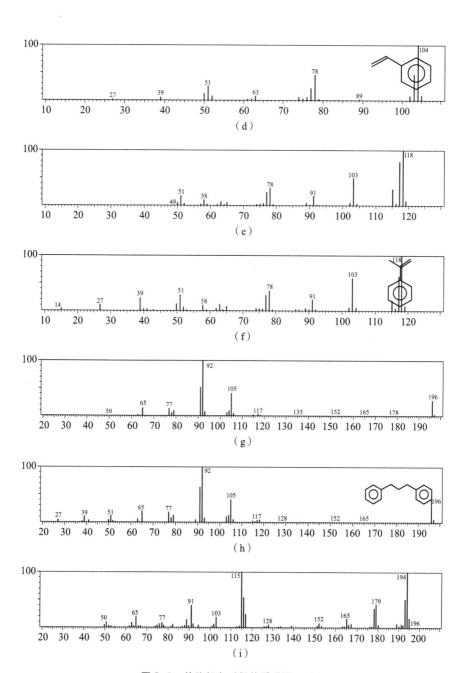

图2.6　热降解各时间的质谱图（续）

（d）标准谱图；（e）3.53 min；（f）标准谱图；（g）13.36 min；

（h）标准谱图；（i）14.267 min

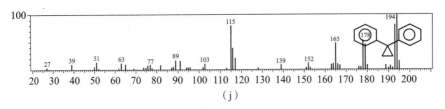

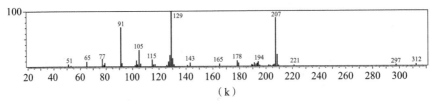

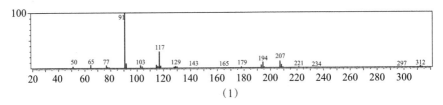

图 2.6　热降解各时间的质谱图（续）

（j）标准谱图；（k）20.383 min；（l）20.950 min

其中，图（k）中粒子峰为 312 m/z（质子数/电荷数），推断其结构为

而图（l）最大粒子峰并不是基峰，根据其粒子峰的变化推断其

结构为　　　。

2.1.1.4　有卤阻燃改性材料研究

在溴 - 锑复配阻燃 HIPS 时，阻燃剂用量为 10% ~ 20%，DBDPE 与 Sb_2O_3 比例在 2.5 : 1 到 3.5 : 1 之间，其中 Sb_2O_3 粒径为 1 500 nm，此时材料的阻燃性能与力学性能较好，下面对 DBDPE/Sb_2O_3 复配阻燃 HIPS 体系进行阻燃机理研究分析。

1）阻燃剂及阻燃 HIPS 的 TGA、Py - GC/MS 分析

从图 2.7 热失重及差热分析曲线可以看出，DBDPE - Sb_2O_3 在 314.5 ℃时开始分解，在 350 ℃时有较强的吸热峰，这是因为 DBDPE 在高温下熔解，吸收一定的热量，再降解生成溴代氧芴（DBFA）、溴化二氧杂芑需吸收大量的热，同时溴代氧芴、溴化二氧杂芑进一步降解。其化学方程式可统一为：

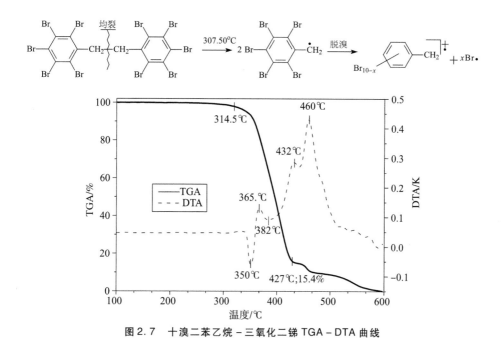

图 2.7 十溴二苯乙烷 – 三氧化二锑 TGA – DTA 曲线

从图 2.8 与图 2.1 的 DTA 曲线可以看出，阻燃 HIPS 释放的热量比纯 HIPS 低得多，说明阻燃剂在 HIPS 的燃烧过程中，抑制了其燃烧，从而使产生的热量降低，而阻燃剂虽然降解释放热量，但由于同时释放出大量难燃性气体，在气相中起到阻燃的作用。从图 2.8 还可以看出，阻燃 HIPS 初始分解温度明显

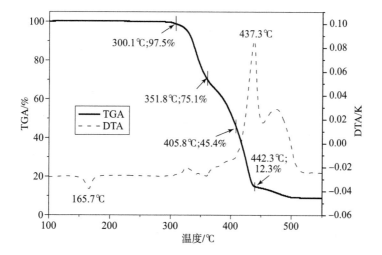

图 2.8 Br – Sb 阻燃 HIPS 的 TGA – DTA 曲线

提前，这主要因为含有 Br、Sb 等元素的阻燃剂在较低的能量下发生分解所引起的。到达 351.8 ℃时，HIPS 开始降解，即在 HIPS 分解之前阻燃剂已经开始分解，分解释放出的自由基能发挥捕捉聚合物自由基的作用，终止链式反应，从而达到阻燃的目的。随着温度的进一步升高，在 442.3 ℃时残留物基本在 10% 以上，到达 550 ℃时，阻燃 HIPS 残留物含量为 4%，而纯 HIPS 几乎为零，说明阻燃 HIPS 的高温热稳定性增加。

2）阻燃 HIPS 化学反应动力学参数的计算

对于阻燃 HIPS，在 405.8 ℃时，热降解速率达到最大值，$\alpha_{max} = 0.546$，由表 2.2 可知，阻燃 HIPS 的热降解反应级数 $n = 1.3$ 或 1.4，取 $n = 1.35$。以 $\ln\left[\dfrac{1-(1-\alpha)^n}{T^2\,|1-n|}\right]$ 对 $\dfrac{1}{T}$ 作图如图 2.9 所示。从图中可以看出，其热降解（300.1 ~ 442.3 ℃）过程分为两步，反应模型：

$$\begin{cases} \dfrac{\mathrm{d}\alpha_1}{\mathrm{d}t} = A_1(1-\alpha_1)n\exp\left(-\dfrac{E_{a1}}{RT}\right) & T \in (351.8\ ℃, 442.3\ ℃) \\[3mm] \dfrac{\mathrm{d}\alpha_2}{\mathrm{d}t} = A_2(1-\alpha_2)n\exp\left(-\dfrac{E_{a2}}{RT}\right) & T \in (300.1\ ℃, 351.8\ ℃) \end{cases} \qquad (2.27)$$

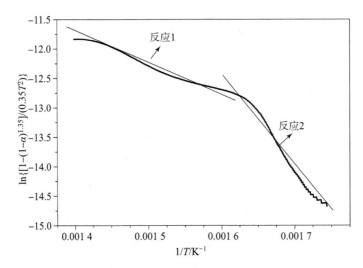

图 2.9　$\ln\left\{\left[1-(1-\alpha)^{0.35}\right]/0.35T^2\right\}$ 对 $1/T$ 作图

分别对反应 1 及 2 的实验数据进行线性回归，并根据所得的直线斜率及截距求得反应动力学参数 E_a、A_0 如表 2.4 所示。

表2.4 纯 HIPS 及阻燃 HIPS 热降解反应动力学参数

反应	$E_a/(kJ \cdot mol^{-1})$	A_0/min^{-1}	R	$T/℃$
*	223.6	1.35×10^{17}	-0.988 6	371.5 ~ 465.0
1	135.2	1.33×10^{11}	-0.991 2	300.1 ~ 351.8
2	41.8	4.7×10^2	-0.989 0	351.8 ~ 442.3

注：*表示纯 HIPS 热降解反应。

3）有卤阻燃 HIPS 的阻燃机理分析

由表2.3 及反应动力学机理得出结论可知，阻燃 HIPS 在降解初期，其平均表观活化能仅为135.2 kJ/mol，远低于纯 HIPS，说明阻燃剂在较低的温度下即能分解，并且释放出难燃性气体，在气相中达到阻燃的目的，与热失重分析得出结论一致。其阻燃机理为：首先 DBDPE 分解释放出的 Br· 及溴化氢发挥捕捉聚合物自由基作用，终止链式反应，同时大量的溴化氢气体在气相中降低了聚合物表面与氧气的接触概率，从而达到气相阻燃的目的。

从图2.10 可以看出，阻燃 HIPS 经裂解产生的气相产物主要有丁二烯、苯乙烯、二聚体、三聚体等低聚物，主要发生的热裂解反应有主链断裂、自由基反应、烯丙基断裂、氢转移、β-断裂、链增长、链终止等，与纯 HIPS 基本符合，但是与图2.5 相比，气相产物中的低聚物明显增多，同时阻燃 HIPS 降解生成的苯乙烯、苯甲烷、苯乙烷等小分子化合物明显低于纯 HIPS，说明阻燃 HIPS 热降解产生的大量溴自由基及溴化氢促使部分低聚体自由基转化为低聚物，由于低聚物密度较大，在聚合物表面有一定的存留，这在一定程度上阻止

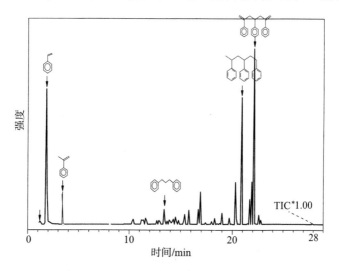

图2.10 阻燃 HIPS 365 ℃热裂解总离子图

了更易燃烧的苯乙烯等易燃气体与氧气的接触，从而抑制了材料的燃烧加剧。

图 2.10 与图 2.11 相比可知，在较低的热降解温度下，低聚物分子含量较多，说明在较低的温度下，低聚物进一步降解减少，生成的单体含量明显减少。由此可知，当阻燃 HIPS 测试垂直燃烧时，由于引燃时间较短，热降解温度较低，其气相产物中极易燃烧的气体含量明显减少，同时溴化氢等难燃性气体进一步稀释其含量，从而使材料自熄，达到阻燃的目的。但一旦材料的热降解温度提高，大量的可燃性气体与氧气接触，在一定程度上增加了阻燃难度。因此阻燃材料主要在火灾发生的起始或发展阶段发挥作用，当大火已经形成，阻燃材料是无能为力的。阻燃材料较难引燃，引燃它必须克服一定"壁垒"，而此"壁垒"的高度与阻燃剂的含量有关，"壁垒"愈高则材料愈难引燃，引燃材料所需的时间延长，可以减少火灾发生的系数。

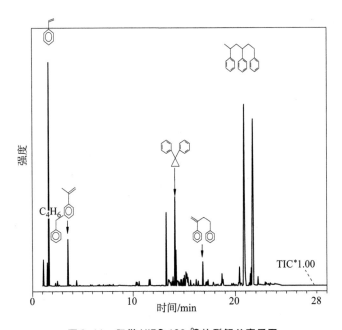

图 2.11 阻燃 HIPS 462 ℃热裂解总离子图

2.1.2 无卤阻燃改性

膨胀型阻燃剂的阻燃模式主要是通过疏松的炭层结构在凝聚相中达到阻燃作用，以及在气相中释放出大量的难燃性气体。其阻燃机理为：在较低的温度下阻燃剂中的酸源首先降解，产生大量的难燃性气体，首先在气相中起到阻燃的作用，同时在凝聚相中形成大量的无机酸，这些无机酸在胺的催化作用下，与碳源进行酯化反应，在这一过程中，由于体系在熔融条件下进行，前面产生的气体使处于熔融状态的体系膨胀发泡，形成大量的多孔泡沫炭层，这些结构在凝聚相中起到隔热、隔氧的作用，从而达到阻燃的目的。

2.1.2.1 无卤阻燃剂选择原则

一般来说，作为高抗冲聚苯乙烯无卤阻燃剂应具备以下性质：

（1）热稳定好，耐温在 200 ℃以上；

（2）聚合物的热降解过程不应干扰凝聚相中的发泡过程；

（3）凝聚相中能够形成蓬松的炭层结构，而形成的泡孔结构应以封闭式的为主；

（4）与聚合物应具有良好的相容性；

（5）协效阻燃剂的选择，必须能够充分提高材料的阻燃性能，降低阻燃剂的总含量。

目前对于 HIPS 的膨胀型阻燃剂主要以含磷、氮为活性组分，在材料的阻燃过程中，分别达到气相及凝聚相阻燃的目的，使材料自熄。根据 HIPS 热降解反应动力学机理，在 HIPS 热降解过程中，促进反应向分子间及分子内方向转移，形成较多的低聚物，可增加材料的阻燃效果。本节在前人研究的基础上，对 HIPS 进行了无卤阻燃改性研究，并采用两种新型的无卤阻燃体系，对 HIPS 材料进行了无卤阻燃改性研究。

2.1.2.2 无卤阻燃体系组成

APP/MC/RDP/PPO 阻燃体系的确定从以下几个方面考虑。

1）成炭剂的选择

根据 CIFR 体系提出的"三源"要求，本研究采用两种阻燃体系对 HIPS 进行阻燃研究。实验中发现，无卤阻燃剂虽然低烟、无毒，但其对高抗冲聚苯乙烯阻燃效果不明显[16]。对于 HIPS 无卤阻燃，主要是在材料燃烧过程中，凝聚相阻燃不够理想。为了提高材料的凝聚相阻燃，减少阻燃剂的含量，本研究对多种成炭剂进行了研究，对多种成炭剂进行优选，阻燃剂选择了 APP/MC 按 3∶1 比例与成炭剂进行复配，如表 2.5 所示。

表 2.5 不同成炭剂的性能对比表

成炭剂名称（含量）	燃烧现象	其他现象
可溶性淀粉（10%）	燃烧缓和，但燃烧产生大量的黑烟	制备原料过程中，材料的流动性较差，且材料极脆，易断裂

成炭剂名称（含量）	燃烧现象	其他现象
硅胶/无水碳酸钾（7%/3%）	燃烧剧烈，且燃烧产生大量的黑烟	材料具有一定韧性，但制品具有大量的泡孔
季戊四醇（10%）	燃烧缓和，火焰较小，烟雾量较小	制备原料过程中，阻燃剂分解严重，材料存在大量的泡孔
硅胶/硅钨酸/无水碳酸钾（6%/2%/2%）	燃烧剧烈，且燃烧产生大量的黑烟	材料极脆，易断裂，阻燃剂分解严重，材料存在大量的泡孔
氢氧化镁（10%）	燃烧缓和，火焰较小，烟雾量较小	材料极脆，易断裂
蒙托土（10%）	燃烧缓和，火焰较小，烟雾量较小	材料极脆，易断裂
蒙托土/氢氧化镁/硅钨酸（4%/4%/2%）	燃烧缓和，火焰较小，烟雾量较小	材料极脆，易断裂
聚苯醚PPO（10%）	燃烧缓和，火焰较小，烟雾量较小	材料具有一定韧性

由表2.5可知，PPO改性的材料阻燃及力学性能最优，因为PPO是一种高强度的聚合物，并且具有一定的成炭能力，可提高材料阻燃性能，同时具有优良的耐热性、发烟量少[17]、可与HIPS任意比例进行共混等特点，常用作聚苯乙烯的增强剂。而其他原料均为无机填料，具有较大的极性，与非极性聚合物HIPS的相容性较差。

2）PPO含量的确定

为了研究PPO与HIPS最优配比，本试验首先对HIPS、PPO的配比进行了研究，其力学性能对比如图2.12所示，从图中可以看出，随着PPO比例的增加，材料的拉伸强度提高，简支梁缺口冲击强度先增加后减小，但变化幅度不大，这是因为PPO材料中有含氧基团具有较强的极性，随着含量的增加，导致其与HIPS相容性有所降低，但由于PPO中的两个甲基存在，PPO的极性有所削弱，因此随着其含量继续增加，材料的缺口冲击强度变化不明显。综合材料的力学性能及成本，由图2.12的横坐标可知，HIPS/PPO比例在75/25与65/35范围内时材料的力学性能较优，最终确定HIPS/PPO比例为7∶3。

3）APP/MC/RDP/PPO阻燃体系对材料的效用

经研究，APP与MC质量百分比为3∶1时，阻燃效率最佳。本研究保持HIPS/PPO比例7∶3，改变阻燃剂含量。其阻燃配方及氧指数如表2.6所示，从中可以看出，随着阻燃剂含量的降低，材料的氧指数明显降低。

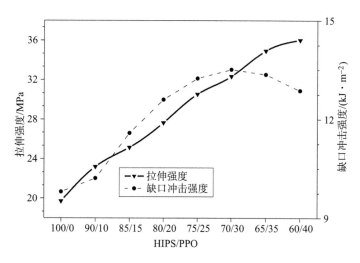

图 2.12　HIPS/PPO 比例变化对材料力学性能的影响

表 2.6　阻燃配方及氧指数

编号	HIPS	PPO	APP	MC	LOI（氧指数）/%
1	44.8	19.2	27	9	26.2
2	46.2	19.8	25.5	8.5	25.8
3	47.6	20.4	24	8	25.5
4	49.0	21.0	22.5	7.5	25.0
5	47.6	20.4	21	7	24.6
6	52.8	22.2	19.5	6.5	24.2
7	54.2	22.8	18	6	23.9

　　为了进一步提高材料阻燃性能，采用 RDP、APP 与 MC 按一定质量比进行复配，进一步提高材料阻燃性能，此复合阻燃体系，阻燃效率最佳，使 HIPS/PPO 比例保持不变，为提高材料的力学及阻燃性能，改变 RDP 的含量，研究材料的性能。

　　由图 2.13 可知，随着 RDP 含量的增加，材料的氧指数明显提高，这是因为 RDP 能催化 PPO 树脂的 Fries 重排，生成含酚分解产物，这类产物能与聚磷酸铵、RDP 发生链转移反应，在树脂表面形成不挥发、难燃烧的含磷物质[18]，因而材料的氧指数提高。由图可知随着 RDP 含量的提高，复合材料的拉伸强度降低，冲击强度先增加后减小，这是因为 RDP 为油性黏稠状液体，与阻燃剂、树脂基体具有良好的界面相容性，并使材料的刚度降低，受到冲击载荷时促进银纹的生成，因此材料的冲击强度有所提高，但损失了部分拉伸强度。综合图 2.13 可知，当 RDP 含量为 3% 时，材料的性能达到最优，且达到 UL94V－0

级。为了进一步确定最优实验配方，本研究在配方2、3和4的基础上，添加3%的RDP进行性能对比，如表2.7所示。综合考虑材料的力学性能及阻燃性能，配方3′的性能最优，材料的拉伸强度提高了0.3倍，达到UL94V－0级。

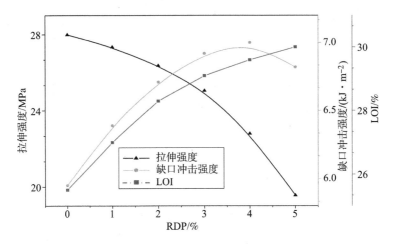

图2.13　RDP对HIPS氧指数及力学性能的影响

表2.7　RDP对配方2、3和4性能的影响

编号	垂直燃烧	LOI/%	拉伸强度/MPa	缺口冲击强度/(kJ·m⁻²)
2′	V－0	30.2	22.85	5.02
3′	V－0	29.1	25.22	7.05
4′	V－1	27.7	26.79	8.17

2.1.2.3　无卤阻燃热降解反应动力学及机理

1）热失重分析

从图2.14中可以看出，纯HIPS在空气中371.5℃时开始降解，436.3℃热降解速率达到最大，460.8℃左右完全分解，而且几乎无残留物。而无卤阻燃HIPS初始分解温度明显提前，这主要是由APP、MC等发生分解所引起的，到达455.8℃时热降解速率达到最大值，在488.7℃时残留物基本在25%以上，随着温度的进一步升高，部分残留物进一步降解，而644.2℃以上其残留物明显高于纯HIPS，说明其高温的热稳定性大大增加。从图2.15中可以看出，无卤阻燃HIPS在氮气气氛下，从307.5℃时开始降解，与空气中热降解起始温度相比有所提高；在472.5℃时热降解基本结束，其中热降解残留物约为24%，而在空气中，前期阻燃剂的热降解温度明显增加，这是由于在空气

中，氧气的存在促进阻燃剂生成一些活性自由基，从而加速了阻燃剂的热降解，起到气相阻燃作用，并使 HIPS 的链式断裂反应向高温区推移。而在高温区，空气气氛下，由于空气中氧气的存在，前期产生的部分炭层进一步降解，生成过氧化物，而过氧化物的存在，在高温下，易导致凝聚相中的残留物进一步降解。

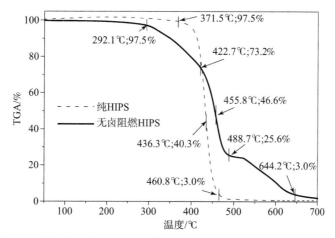

图 2.14　空气中 β 为 $10\ K \cdot min^{-1}$ 无卤阻燃 HIPS 及纯 HIPS 的 TGA 曲线

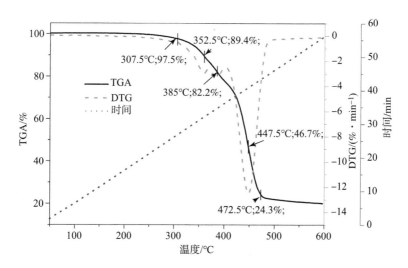

图 2.15　氮气中 β 为 $10\ K \cdot min^{-1}$ 无卤阻燃 HIPS 的 TGA – DTG 曲线

由图 2.16 可以看出随着升温速率提高，无卤阻燃 HIPS 的热降解向后推迟，这是因为较大的升温速率导致聚合物的升温向后延迟，从而导致聚合物降解滞后，但聚合物的降解趋势没有较大的变化。

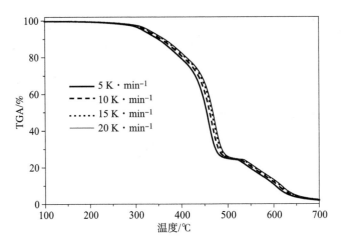

图 2.16　空气不同 β 下的无卤阻燃 HIPS 的 TGA 曲线

2）化学反应动力学模型的计算

（1）空气中反应动力学模型计算。

①Coat – Redern（C – R）模型计算。

当 α_{max} = 0.536（图 2.14）时，阻燃 HIPS 的热降解速率达到最大，由表 2.2 可知，n 的取值为 1.4 或 1.5，取 $n = 1.45$，其热降解温度范围为 292.1 ～ 644.2 ℃。以 $\ln\left[\dfrac{1 - (1 - \alpha)^{1.45}}{0.45 T^2}\right]$ 对 $\dfrac{1}{T}$ 作图（图 2.17）。其线性相关系数 $R = -0.994\,8$，绝对值接近 1，满足线性相关要求，从而求得 $E_a = 43.20\ \text{kJ} \cdot \text{mol}^{-1}$。

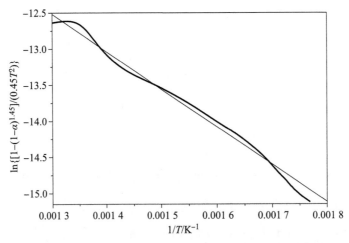

图 2.17　对 $\ln\left\{\left[1 - (1-\alpha)^{1.45}\right] / 0.45 T^2\right\}$ ～ $1/T$ 作图确定反应动力学参数

②Kissinger 模型计算。

由图 2.16 可知其最大热降解速率所对应的失重率、对应温度、反应级数、升温速率，如表 2.8 所示。

表 2.8　$\alpha_{\max}$、n、$T_{\max}$、β 对应表

$\alpha_{\max}$	n	$T_{\max}$ /K	$\beta/(\text{K} \cdot \text{min}^{-1})$
0.536	1.45	722.75	5
0.536	1.45	728.95	10
0.535	1.45	733.44	15
0.534	1.45	736.08	20

利用表 2.8 以 $\ln \dfrac{\beta}{T_{\mathrm{m}}^2}$ 对 $\dfrac{1}{T_{\mathrm{m}}}$ 作图（图 2.18）。得到线性相关系数 $R = -0.999\ 1$，绝对值接近 1，满足线性相关要求，从而求得 $E_{\mathrm{a}} = 44.31\ \text{kJ} \cdot \text{mol}^{-1}$。与 Coat – Redern（C – R）模型求得的平均表观活化能对比可知，两种方法求得的平均表观活化能比较接近，说明实验求得动力学参数即为此种无卤阻燃 HIPS 的反应动力学参数。

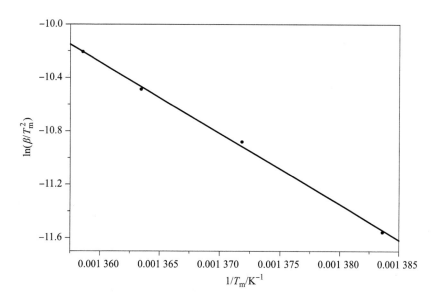

图 2.18　对 $\ln (\beta/T_{\mathrm{m}}^2) \sim 1/T_{\mathrm{m}}$ 作图确定反应动力学参数

（2）氮气中反应动力学参数计算。

当 $\alpha_{max} = 0.533$ 时，对应表 2.2 可知，其 n 为 1.4 或 1.5，取 $n = 1.45$。以 $\ln\left[\dfrac{1 - (1-\alpha)^{1.45}}{T^2(1-1.45)}\right]$ 对 $\dfrac{1}{T}$ 作图（图 2.19）。其线性相关系数 $R = -0.9931$，绝对值接近 1，满足线性相关要求，从而求得 $E_a = 60.09$ kJ·mol^{-1}，$A = 1.99 \times 10^4$ s^{-1}。通过求得的平均表观活化能，阻燃 HIPS 空气中的表观活化能小于氮气气氛下的平均表观活化能，说明在空气中，阻燃 HIPS 在较低的温度下分解，与 TGA 得出结果一致。主要是在空气中，由于氧气的存在，促进材料中阻燃剂的自由基降解反应，而聚苯乙烯基体 Martel[19] 在系统研究 PS 的热氧化和碳化过程后得到，PS 在 400 ~ 420 ℃发生氧化和碳化反应，在约 371 ℃时，PS 开始降解生成大分子自由基，该自由基吸收空气中的氧气生成氢过氧化物，此后氢过氧化物经均解、抽提氢原子核脱水生成带不饱和碳碳双键的 PS，此外氢过氧化物还可进行非均解反应而生成双键和羰基化合物。随着温度升高（500 ~ 550 ℃），该碳化物将进一步氧化而汽化，而在 800 ℃氮气环境下却不会汽化。其在空气中的反应方程式如下[20]：

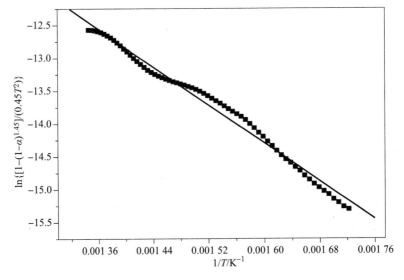

图 2.19　对 $\ln\left\{\left[1 - (1-\alpha)^{1.45}\right]/0.45T^2\right\}$ ~$1/T$ 作图确定反应动力学参数

3）APP/MC/RDP/PPO 阻燃 HIPS 机理分析

通过求得的平均表观活化能，阻燃 HIPS 与纯 HIPS（表 2.4）对比可知，无卤阻燃 HIPS 在空气中的平均表观活化能远小于纯 HIPS，并且反应级数明显增加。说明无卤阻燃剂的添加，促进 HIPS 解聚反应向链转移等低能量反应飘移。而这些反应的增加，促进材料生成更多的非单体化合物，无卤阻燃 HIPS 与纯 HIPS 相比，阻燃 HIPS 的热降解残留物明显增加，而纯 HIPS 在 460.8 ℃ 后，降解产物接近 0，说明阻燃 HIPS 热降解生成更复杂、稳定性更高的残留物，这在一定程度上提高了材料的阻燃效果。同时阻燃 HIPS 的平均表观活化能较低还说明 APP、MC 等阻燃剂提前分解，与热重分析结果相吻合。

由图 2.20 可知，无卤阻燃 HIPS 气相丰度变化，阻燃 HIPS 在低温区域有两个较大峰，主要为阻燃剂热降解过程释放出大量的气体。而在 40 min 的最大峰主要为聚合物热降解释放的气体总量峰。

由图 2.21 可知，无卤阻燃 HIPS 在 31.558 min 的气相产物在 2 100 ~ 2 400 cm^{-1} 有较强的吸收峰，即为碳碳三键化合物、三聚氰胺、氰尿酸等；在 1 683 ~ 1 350 cm^{-1} 有吸收峰，为 H_2O 的特征吸收峰；在 965.5 cm^{-1}，930.8 cm^{-1} 有两个吸收峰，此峰为 NH_3 的特征吸收峰。无苯乙烯特征峰出现，说明 HIPS 未分解，阻燃剂的添加促进基材中的 HIPS 热稳定性提高。在此过程中，首先酸源 APP 分解生成脂类化合物[21]；随后气源 MC 分解产生三聚氰尿酸、三聚氰胺等气体[22]，通过吸热使材料冷却，并且其蒸气含氮量高，

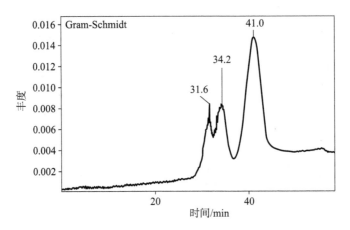

图 2.20　热失重过程中无卤阻燃 HIPS 气相物质丰度变化

能作为惰性气体稀释可燃物及氧气。同时三聚氰胺、三聚氰尿酸在火焰中将进一步离解，提供另一个吸热源。在此阶段中，三聚氰酸氰尿酸盐（MC）发生分解，吸收一定的热量，使聚合物表面的温度降低。其反应方程式为：

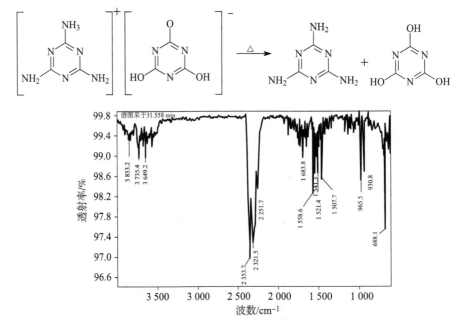

图 2.21　31.558 min 时无卤阻燃 HIPS 的气相红外谱图

　　随着温度的进一步升高，APP 及其脂类化合物进一步分解。其中 APP 的主要反应[23]为：

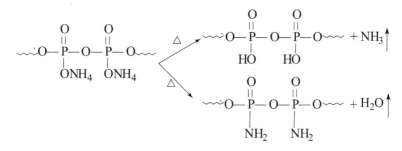

而随着温度的升高，由于 RDP 分子中含有较多的氧原子，而氧原子具有较强极性，能与 APP、MC 中的氨基、羟基形成氢键；在较高的温度下，氢键开始断裂，大量的氨气、水蒸气等气体小分子逸至气相中，在气相中进一步起到阻燃的作用。422.7 ℃后，HIPS 开始降解，产物中出现苯乙烯及其衍生物，在 455.8 ℃时，降解速率最大，气相产物（图 2.22）与纯 HIPS（图 2.4）相比，在 41.087 min 时，热降解气相产物在 3 853.2 cm^{-1}、3 649.0 cm^{-1}有较强的吸收峰，主要为 O—H 及 N—H 键振动吸收峰，说明气相产物中有氨气或其衍生物、羟基化合物，方程式如下：

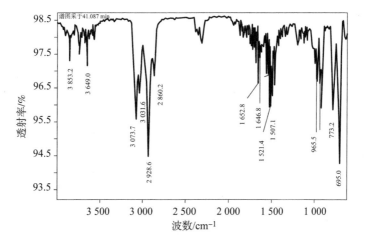

图 2.22　41.087 min 时无卤阻燃 HIPS 的气相红外谱图

在 2 860.2 cm^{-1}有较强的吸收峰，主要为亚甲基吸收振动峰，为二聚体、三聚体等低聚物中亚甲基结构的振动吸收峰；在 2 100～2 400 cm^{-1}阻燃 HIPS 有三个较强的峰，说明降解产物中存在—CN 结构。一方面气相中的难燃气体进一步稀释空气中的 O$_2$，起到气相阻燃的目的；另一方面聚磷酸铵或聚偏磷酸铵是强脱水剂，使 HIPS、PPO 脱水炭化，并促进分子链转移反应，在凝聚相中形成传导很低的不挥发焦炭，同时聚磷酸及聚偏磷酸促进氢过氧化物的生成，并进一步分解成酮及 C ═C 不饱和双键，在聚合物表面形成含有多聚磷酸的膨胀炭层。

由图 2.23 可以看出，3 427 cm^{-1}为酰胺或胺基；2 923.54 cm^{-1}、2 852.97 cm^{-1}表明有—CH$_2$或—CH$_3$基团；1 601.83 cm^{-1}、1 450.98 cm^{-1}为苯环中 C ═C 双键吸收振动峰；1 188.80 cm^{-1}为 P ═O 的吸收振动峰；1 023.76 cm^{-1}为 P—O—C 的吸收振动峰；754.46 cm^{-1}和 697.88 cm^{-1}分别为芳环间位、邻位二取代的面弯曲振动。这些结构彼此贯穿，形成蓬松的炭层空间网状结构，在固相中起到阻燃的作用。

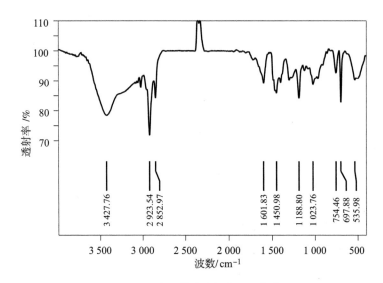

图 2.23　配方 3′的热降解产物红外谱图

由图 2.24 可知，热降解产物中存在 NH$_4$H$_2$PO$_4$化合物，NH$_4$H$_2$PO$_4$主要来源于 APP 的进一步降解，生成磷酸盐附着于聚合物表面，起到隔绝空气的作用，达到凝聚相阻燃的目的。由图 2.25、图 2.26 可知，1 处说明燃烧过程中由于内部材料分解释放气体，迫使在部分区域内形成裂纹或泡孔；2 处说明此区域形成炭层结构，隔绝了内部聚合物与氧的结合，从而在固相起到阻燃的作用；3 处为微型气泡，说明在燃烧过程中，由于阻燃剂及其聚合物的分解产生气体，促使材料形成微型气泡结构，这些气泡外部被蓬松的炭层包裹，在一定程度上起到阻燃的作用。由于 2、3 燃烧产物占有绝大部分区域，从而抑制可燃气体及聚合物与氧气接触，在凝聚相中起到阻燃的目的。并且 RDP 在 PPO 及 HIPS 共混体中，部分 RDP 保留在凝聚相中，促进 PPO 重排为苄基烃基苯基聚合物（分子链转移反应），这种聚合物具有较高的成炭率，促使材料的凝聚相阻燃。

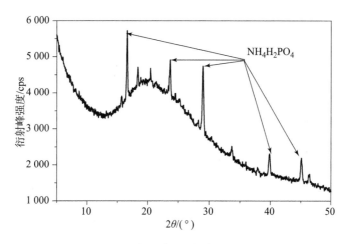

图 2.24　配方 3′ 的热降解产物 XRD 谱图

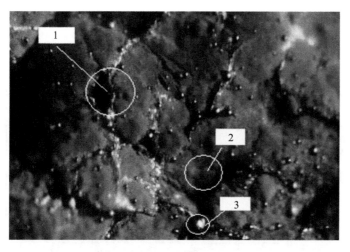

图 2.25　燃烧产物的光学显微结构

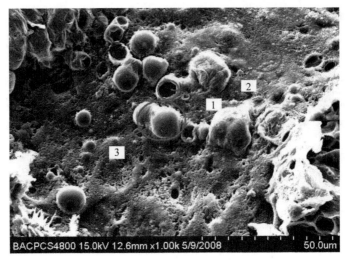

图 2.26　燃烧产物 SEM 照片

由图 2.27 无卤阻燃 HIPS 热裂解总离子图谱可知，气相中产生大量 NH_2—CN，与红外光谱得出气相产物含有—CN 结构一致，而对于氨气、水蒸气等小分子化合物则较早地释放出来（图中开始计时时间为 2 min）。裂解产物中苯乙烯的含量占 50% 左右，主要为 HIPS 的热降解产物，同时产物中还存在少量的二聚体等低聚物，与红外光谱含有亚甲基结构一致，低聚物主要为链转移及歧化反应的产物。在高温条件下，部分苯乙烯单体间可能发生狄尔斯 - 阿尔德反应，生成 1,3,5 - 三苯基苯，由于式量较大，部分 1,3,5 - 三苯基苯仍保留在固相中，这在一定程度上促进 HIPS 凝聚相成炭，提高了材料的阻燃性能。

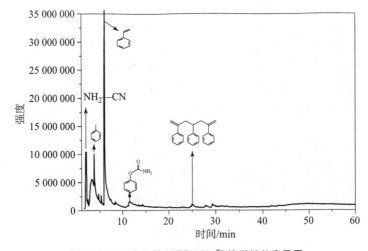

图 2.27　无卤阻燃 HIPS 550 ℃热裂解总离子图

2.1.2.4 阻燃机理

1）热失重分析

由图 2.14、图 2.15 可知，在空气及氮气中热失重曲线没有太大的差别，只是在空气中由于氧气的存在，材料的热降解温度提前，在高温条件下，降解产物在空气中进一步降解，使最终的残留物量减少。从图 2.28 中可以看出，纯 HIPS 在 371.5 ℃ 开始降解，而复合材料从 220.0 ℃ 已经开始分解，远低于纯 HIPS 的热降解温度，从 PNP1D 热降解温度可知，复合材料在 350 ℃ 前的热降解主要为阻燃剂分解，说明在燃烧过程中，阻燃剂首先分解，难燃性气体逸至气相中，达到气相阻燃的目的，随着温度的进一步升高，阻燃剂进一步降解，此时 HIPS 基开始降解，在 452.5 ℃ 时，热失重速率达到最大，与纯 HIPS 的最大热失重峰值略向高温方向移动，并且热失重的绝对值有所减小，可能是由于阻燃剂的添加减缓了聚合物的快速降解，这在一定程度上提高了阻燃性能。在 477.5 ℃ 时，聚合物的降解基本结束，与纯 HIPS 相比，阻燃 HIPS 的剩余残留物达到 26% 以上，且高于 APP/MC/RDP/PPO 的阻燃体系，从 PNP1D 的热降解残留物可以看出，PNP1D 的热降解残留物为 40% 以上，而其添加量仅为 22%，说明阻燃 HIPS 的热降解产物残留物主要有两部分组成：一部分是由于阻燃剂的存在，阻燃剂本身的热降解产物，约 10%；另一部分是阻燃剂引发聚合物 PPO、HIPS 发生重排反应，促进聚合物形成蓬松的炭层结构，达到凝聚相阻燃的目的。

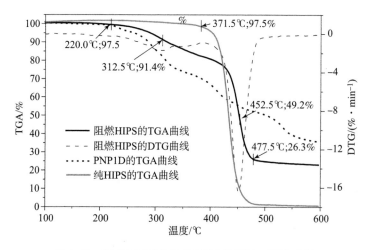

图 2.28　PNP1D/RDP 阻燃 HIPS 的 TGA-DTG 曲线

2）差热分析对比

由图 2.29 不同材料的差热曲线可知，纯 HIPS 的吸热、放热峰明显高于阻燃的 HIPS，其在 450 ℃ 以上释放的热量远远高于阻燃 HIPS，说明在燃烧过程中，纯 HIPS 燃烧时放出大量的热，主要是由于 HIPS 发生链式反应，生成大量苯乙烯单体所致，而对于阻燃 HIPS 来说，其燃烧的终端产物苯乙烯单体明显减少，低聚物明显增多，使得材料燃烧释放的热量明显减少，而纯 HIPS 的高释放热量，在一定程度上加大了火灾现场的危险系数，易引发其他材料的进一步燃烧。两种阻燃体系的燃烧吸、放热基本一致，不同的是在 300 ~ 400 ℃ 时，PNP1D/RDP 体系首先发生吸热，但吸收的热量不大，而对于 APP/MC/RDP 体系则在 350 ℃ 左右时吸收大量的热，可能是由于 MC 在高温下发生降解后，产生的气体逃逸至气相中带走大量的热所致。

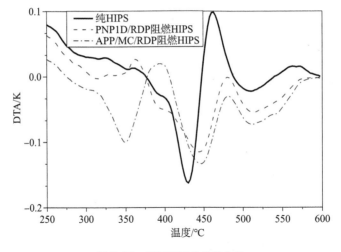

图 2.29　不同材料的差热曲线

3）热降解反应速率对比

由图 2.30 不同材料的热降解速率曲线可以看出，纯 HIPS 的热降解反应速率远远高于其他材料，说明阻燃剂的添加，明显地降低了气体产物的生成速率，而此阶段主要为高抗冲聚苯乙烯主链断裂的反应，即在同一时刻，主链断裂生成的可燃性气体明显降低，从而降低了可燃气体与氧气的接触概率，提高了材料的阻燃性能。从图中还可以看出，最大的热降解反应速率明显向高温区域偏移，说明阻燃剂的添加，一定程度上抑制了 HIPS 的自由基降解反应。

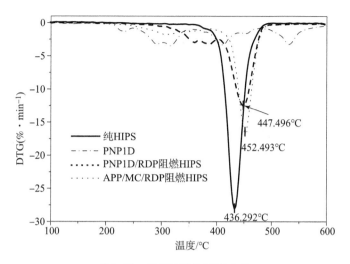

图 2.30　不同材料的 DTG 曲线

4）反应动力学参数计算

当 α_{max} = 0.508（图 2.28）时，阻燃 HIPS 的热降解速率达到最大，由表 2.2 可知，n 的取值为 1.5~1.7，取 n = 1.6，其热降解温度范围为 220.0~477.5 ℃。以 $\ln\left[\dfrac{1-(1-\alpha)^{1.6}}{0.6T^2}\right]$ 对 $\dfrac{1}{T}$ 作图（图 2.31）。其线性相关系数 R = −0.980 1，绝对值接近 1，满足线性相关要求，从而求得 E_a = 39.68 kJ/mol。与 APP/MC/RDP/PPO 阻燃 HIPS 的平均表观活化能相比，其数值较小，说明 PNP1D/RDP 阻燃的 HIPS 在较低的温度下已经降解，与热失重得出结论一致。同时，其反应级数明显高于 APP/MC/RDP/PPO 阻燃 HIPS 材料，说明此种阻燃剂阻燃的 HIPS 更易发生链转移反应，促进凝聚相炭层的生成，提高了材料的阻燃效果。

5）PNP1D/RDP/PPO 阻燃 HIPS 机理分析

通过求得的平均表观活化能，PNP1D/RDP/PPO 阻燃的 HIPS，氮气气氛下的平均表观活化能远小于纯 HIPS，并且反应级数明显增加。说明无卤阻燃剂的添加，促进 HIPS 解聚反应向链转移反应飘移。而链转移反应的增加，促进材料生成更多的非单体化合物，且热降解残留物明显增加，在一定程度上提高了材料的阻燃效果。

由图 2.32 PNP1D/RDP/PPO 阻燃 HIPS 的 HIPS 气相物质丰度变化可知，阻燃 HIPS 热降解存在 27.2 min、41.9 min 两个峰值，其中 27.2 min 主要为阻燃剂的热降解阶段与 TGA 得出的结果一致，对应图 2.33 气相红外谱图可知，

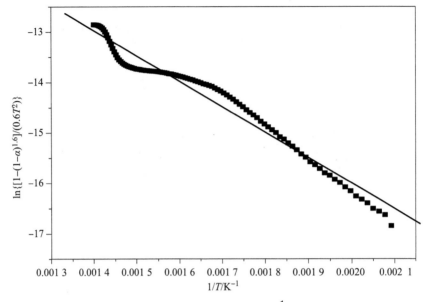

图2.31 对 ln $\{[1-(1-\alpha)^{1.6}]/(0.6T^2)\}$ $-\dfrac{1}{T}$ 作图确定反应动力学参数

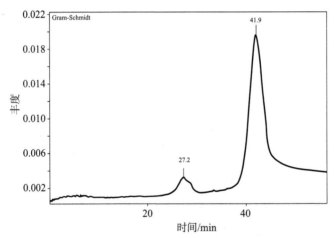

图2.32 PNP1D/RDP/PPO 阻燃 HIPS 的气相物质丰度变化

3 100 cm^{-1}以上，主要为 N—H 的伸缩振动峰，同时由于在 3 600 cm^{-1} 以上，存在尖锐的吸收峰，主要为 OH 基的伸缩振动吸收，OH 的存在是由于 RDP 的热降解释放出一定的羟基化合物所致；2 965.8 cm^{-1} 为 C—H 伸缩振动吸收峰，主要为材料降解产生含甲基的物质；在 2 100~2 400 cm^{-1} 有较强的吸收峰，为碳碳三键化合物或含氰基的物质；气相产物中无苯乙烯特征峰出现，说明 HIPS 未分解。

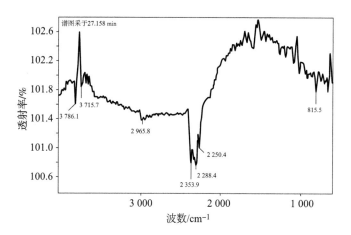

图 2.33 PNP1D/RDP/PPO 阻燃 HIPS 在 27.158 min 时的气相物质红外谱图

在 41.910 min（图 2.34）主要为 HIPS 的热降解过程，同时伴随有阻燃剂降解产物的进一步降解，其中 3 716.2 cm^{-1} 有较强的吸收峰，主要为羟基自由基伸缩振动吸收，2 800~3 100 cm^{-1} 有较强的吸收峰，主要为 N—H、饱和 C—H（2 929.2 cm^{-1} 和 2 861.0 cm^{-1}）、不饱和 C—H（如苯环、双、三键上的 C—H 振键）；在 2 100~2 400 cm^{-1} 有较强的吸收峰，即为碳碳三键化合物或含氰基的物质；1 598.9 cm^{-1} 为苯环中 C =C 双键吸收振动峰，气相中存在大量的苯环化合物；1 194.7 cm^{-1}、986.9 cm^{-1} 为 P—O—C、C—O—C 的吸收振动峰；770.7 cm^{-1}，696.4 cm^{-1} 分别为芳环间位、邻位二取代的面弯曲振动。与 APP/MC/RDP/PPO 阻燃 HIPS 气相产物基本一致。

其热降解机理为从 220 ℃ 开始，PNP1D 开始降解，热降解反应为：

$$\left[\begin{array}{c} O \\ \parallel \\ P-O \\ \mid \\ ONH_4 \end{array} \right]_n \left[\begin{array}{c} O \\ \parallel \\ P-O \\ \mid \\ OM \end{array} \right]_m \xrightarrow[RH]{\triangle} \left[\begin{array}{c} O \\ \parallel \\ P-O \\ \mid \\ ONH_4 \end{array} \right]_n \left[\begin{array}{c} O \\ \parallel \\ P-O \\ \mid \\ OH \end{array} \right]_m +M$$

由于 M 为含氧胺类杂环化合物，为难燃性物质，逸至气相中，起到稀释空气中氧气的作用，此后其热降解机理与 APP 一致，这里不再赘述。

RDP 在高温作用下，生成苯氧自由基，促进 PPO 发生重排反应，生成苄基烃基苯基聚合物（分子链转移反应），在凝聚相中形成炭层，促进阻燃。而 PNP1D 的降解产物在 HIPS 表面形成酸性表层，该表层允许一定量的氧气小分子扩散，进行一系列反应而促进氧化降解反应[24]。在此过程中由于内部阻燃剂的热降解，产生的气体促使聚合物表面的炭层形成膨胀型炭层结构，使其体

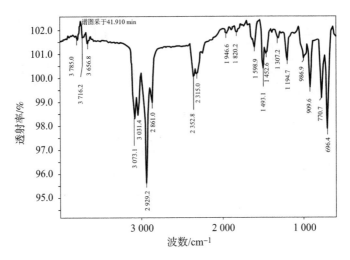

图 2.34　PNP1D/RDP/PPO 阻燃 HIPS 在 41.910 min 时气相物质红外谱图

积迅速膨胀为原来的 50 ~ 100 倍，在强热下变成刚性的膨胀碳化物[25]，这种刚性的膨胀碳化物具有良好的隔热作用，阻止聚合物表面的温度提高，达到阻燃的效果。同时，PNP1D 在凝聚相中生成玻璃层的磷酸及聚磷酸铵覆盖于聚合物材料表面，在阻燃剂分解的气体的作用下，形成蓬松的炭层结构，束缚热量的传递及反射热量，同时炭层还可以抑制氧气扩散到聚合物表面，防止可燃气体的放出，终止聚合物的燃烧。而在表面的酸的作用下，促进氢过氧化物的生成[26]，并进一步分解生成酮和 C =C 不饱和双键，进而促进 HIPS 的脱水炭化。

从图 2.35 可以看出，1 处为炭层泡沫结构，起到隔热隔氧的作用；2 处为空穴结构，在燃烧过程中，内部气体产物不断增多，迫使膨胀型炭层结构发生破裂；3 处为膨胀型炭层的前期结构。由于这些稀疏的炭层结构导热性差，且难燃，在凝聚相中一定程度上阻止热量的传递，从而降低了聚合物表面的温度，使其难以达到材料的燃点，从而使材料自熄。

图 2.36 为膨胀型炭层前期结构（3 处）的能谱图，从能谱图中可以看出，材料的燃烧产物中以 C、O、P 含量为主，由表 2.9 可知，两种阻燃体系燃烧产物 C 含量最大，主要是在凝聚相中部分聚合物失氢，形成 C 含量较高的物质，而泡沫炭层结构中的 P 含量明显高于膨胀型炭层前期结构，主要是由于泡沫结构内部的气体不断膨胀，使与空气接触的炭层结构中的磷系物不断降解，形成磷化合物覆盖于炭层表面所致。同时由于 C 的氧指数在 50% 以上，一定程度上提高了材料的阻燃性能。

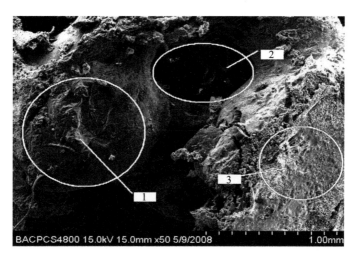

图 2.35　PNP1D/RDP/PPO 阻燃 HIPS 的燃烧炭层结构

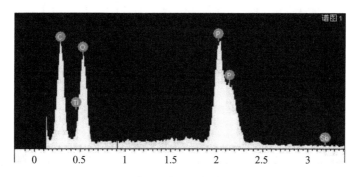

图 2.36　膨胀型炭层前期结构的能谱图

表 2.9　不同阻燃体系的炭层结构的原子含量

阻燃剂	元素	原子含量/%	
		膨胀型炭层前期结构	炭层泡沫结构
PNP1D/RDP	C	56.68	50.70
	O	38.51	37.52
	P	4.57	8.47
APP/MC/RDP	C	46.29	42.12
	O	35.21	36.89
	P	4.72	8.56

从图 2.37 及表 2.10 可知，此种阻燃体系的热降解产物与 APP/MC/RDP/PPO 阻燃的 HIPS 效果基本一致，不同的是在 980 ～ 1 200 cm^{-1} 范围内，出现较宽的谱峰，可能是由于多种谱峰叠加的效果。在凝聚相中，酰胺或胺基、CH$_3$、—CH$_2$—、P ＝O、P—O、C—O、芳环间位二取代、邻位二取代等，在聚合物燃烧的表面互相贯穿，形成蓬松的炭层结构，在凝聚相达到阻燃的目的。

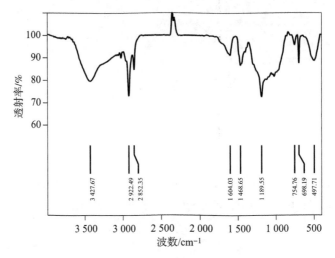

图 2.37 燃烧产物的 FTIR 谱图

表 2.10 FTIR 的指认

波数/cm^{-1}	指认	波数/cm^{-1}	指认
3 427	酰胺或胺基（伸缩）	1 190	P ＝O（平面内）
2 922	CH$_3$（伸缩）	1 024、985	P—O、C—O（伸缩）
2 852	—CH$_2$—（伸缩）	754	芳环间位二取代的（平面）
1 604，1 468	C ＝C（平面内）	689	邻位二取代（平面）

由图 2.38 两种不同体系的 XRD 谱图可知，两种阻燃体系的热降解产物的化合物基本一致，说明在凝聚相阻燃过程中，两种阻燃体系的阻燃机理基本一致，并且产物中均有磷酸二氢铵化合物，其为阻燃剂的热降解产物，同时在高温下，磷酸二氢铵进一步降解，吸收大量的热，释放出难燃气体，在凝聚相中，形成磷酸，磷酸为难挥发稠状液体，覆盖于膨胀层表面，起到隔热隔氧的作用，在凝聚相起到阻燃的作用。

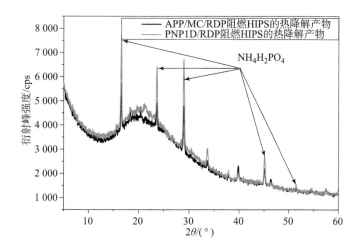

图 2.38　两种阻燃体系热降解产物 XRD 谱图（见彩插）

2.2　材料增韧增强改性与机理

2.2.1　细观力学增韧机理

2.2.1.1　银纹化过程

在银纹萌生前，增韧复合材料力学性质是一致的，而银纹的产生是应力达到一定程度的结果[27]，Tijssens 等[28]认为银纹的引发除考虑静水应力外还应考虑最大主应力，其应力判据[29]为

$$f(\sigma_m, \sigma_n) = \frac{3}{2}\sigma_m - \frac{A}{2} + \frac{B}{\sigma_m} - \sigma_n = 0 \qquad (2.28)$$

式中，σ_m 为静水应力；σ_n 为银纹面法向应力，单向拉伸时；σ_n 即为最大主应力；A、B 为材料的参数。

2.2.1.2　银纹的增长及断裂

采用 Drucker – Prager 理想弹塑性本构关系模拟增韧 HIPS 的银纹的生长，在银纹萌生后，由于微纤及空穴直径变化很小，本书认为其保持不变。在银纹增长的过程中，活性区中的分子链不断解缠，从而使微纤、空穴长度不断增加，形成银纹面。其中这一过程中，银纹的法向位移 Δ_n^c 不断增加，Tijssens 等[30,31]采用银纹面应力－界面位移的关系，如图 2.39 所示，在银纹萌生前（图中（1）段），只有很小的法向位移 Δ_n^c，银纹萌生后，（图中（2）段），银纹区应力略有升高或降低，（图中（2a）和（2b）段），然后保持常量，当法向位移 Δ_n^c 达到一个临界值 $\Delta_n^{c,cr}$ 时（图中（3）段），即当 $\Delta_n^c \geqslant \Delta_n^{c,cr}$ 时，银纹开始断裂，界面应力迅速降为零，最终表现为宏观条件下的裂纹。图 2.39 中（2a）和（2b）段分别对应材料的应变硬化和应变软化两种情况。在这一过程中银纹的法向、切向变形率[32,33]分别为：

$$\begin{cases} \dot{\Delta}_n^c = \dot{\Delta}_0 \exp\left[-\frac{A\sigma_c}{T}\left(1 - \frac{\sigma_n}{\sigma_c}\right)\right] & (2.29) \\[3mm] \dot{\Delta}_t^c = \dot{\Gamma}_0\left\{\exp\left[-\frac{A\tau_c}{T}\left(1 - \frac{\sigma_t}{\sigma_c}\right)\right] - \exp\left[-\frac{A\tau_c}{T}\left(1 + \frac{\sigma_t}{\sigma_c}\right)\right]\right\} & (2.30) \end{cases}$$

式中，$\dot{\Delta}_n^c$、$\dot{\Delta}_t^c$ 分别为法向、切向的变形率；$\dot{\Delta}_0$、$\dot{\Gamma}_0$、A、σ_c 和 τ_c 为材料的常数，σ_n、σ_t 分别为法向、切向应力，T 为绝对温度。

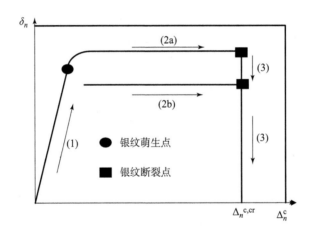

图 2.39 银纹应力－界面位移关系图

银纹引发和生长的过程，能量吸收率为：

$$G_c = \int_0^{\Delta_n^{c,cr}} \sigma_n(\dot{\Delta}_n^c)\, \mathrm{d}\Delta_n \qquad (2.31)$$

式中，G_c 为银纹的能量吸收率；σ_n 为法向应力；$\dot{\Delta}_n^c$ 为法向变形率。G_c 越大说明银纹消耗的载荷能量越大，材料的韧性越好；反之，材料越容易断裂。

2.2.1.3 细观力学模型

假定增韧 HIPS 中，HIPS 为均一材料，弹性体 SEBS 颗粒在基体材料中均匀分布。采用六棱柱胞元结构模型表征弹性体颗粒的细观结构[34]，由于其结构对称，本节采用简化的二维模型。如图 2.40 （a） 为 SEBS – HIPS 剖面图，其中白色区域为弹性体颗粒。与文献不同的是，增韧 HIPS 中虽然弹性体颗粒的弹性模量远远低于基体材料，但由于 SEBS 中 S 段与 HIPS 中 S 段相同，因此 SEBS 中部分 S 段嵌入 HIPS 中，使其与 HIPS 互相贯穿，在受到应力作用时，其不会与基材脱离，而是与基体一同发生应变，故本节中仍将弹性体颗粒作为独立的一相存在于基材中。

取图 2.40 （a） 黑色区域作为独立的研究单元，如图 2.40 （b） 所示，利用有限元法，将弹性体、基体进行网格划分，其中弹性体总体积含量为 10%，弹性体颗粒粒径为 $R_0 = 1$ μm，粒子间距尺寸 $2L = D_0 = 4$ μm。基体 HIPS 的弹性模量为 $E = 2.2$ GPa，泊松比为 $\upsilon = 0.32$；弹性体颗粒为 SEBS，弹性模量为 $E = 1.1$ GPa，泊松比为 $\upsilon = 0.49$。由文献[35]可知，银纹不会产生于弹性体内部，而首先发生在弹性体赤道面上，当银纹萌生后，在应力或应变的作用下，银纹开始生长并向基材的其他部位扩展，最终形成大量的银纹。其中银纹面是由银纹质和空穴组成的，银纹质[36]是高度取向的微纤束 （图 2.41），其直径为 10 ~ 40 nm，空穴直径 10 ~ 20 nm。在冲击应力或拉伸应力作用下，银纹微纤增长，从而使银纹的长度和宽度不断增加。

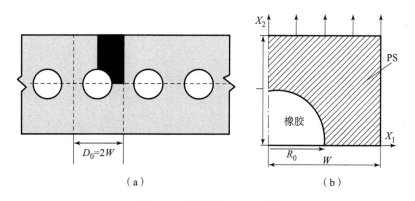

（a）　　　　　　　　　　　　　（b）

图 2.40　弹性体粒子切面结构

（a） SEBS – HIPS 剖面图；（b） 单独的一个细胞单元结构

在 HIPS 增韧体系中，当应变变化为 1% 时，银纹已开始引发，说明在基体局部应力满足了应力判据要求。本节主要研究了应变变化 1% 时，银纹引发后各部位银纹变化情况。同时银纹单元的嵌入方式参照了文献 [37] 的方法，与文献不同的是银纹质按实际尺寸嵌入，在银纹萌生初期，其空穴结构为圆形微孔 （二维），当载荷进一步增加时，由于空穴的存在，微纤长度不断增加

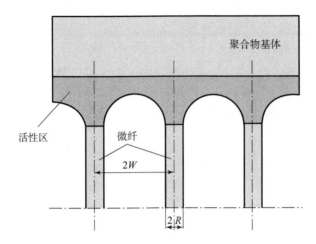

图 2.41　银纹面的几何构型

（图 2.42），并向基材其他区域扩展。同时本文中空穴的嵌入直径为 20 nm，微纤厚度为 40 nm，在弹性体颗粒赤道、轴向 45°、弹性体颗粒上方等位置分别嵌入空穴带（作为银纹引发初期的结构），解决了文献［37］中更为细观的弹性体赤道及空穴周围的应力、应变变化问题。其模型如图 2.42（a）所示，采用有限元法进行网格划分如图 2.42（b）所示。

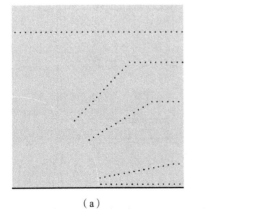

（a）

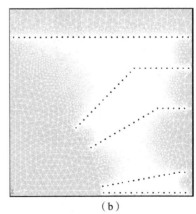

（b）

图 2.42　计算模型

（a）银纹引发后的模型；（b）利用有限元划分法对银纹引发后的模型进行网格划分

上述结构的载荷及边界条件为：

$$\begin{cases} x = 0, \Delta_x = 0 \\ y = 0, \Delta_y = 0 \\ y = L, \Delta_y = \Delta_0 \end{cases}$$

式中，Δ_x 与 Δ_y 分别为 x 轴和 y 轴方向上的位移；Δ_0 为所施加的位移载荷，在计算中，对计算模型的下边界、左边界、右边界各点进行对称约束。进行 Ansys 仿真处理。

2.2.2 有卤阻燃材料增韧增强改性

2.2.2.1 增强剂的选择

1）增强剂种类对 HIPS 的力学性能影响

为了提高 HIPS 的强度，采用玻璃纤维、PPO、纳米碳酸钙对材料进行增强改性研究。

由表 2.11 可以看出，PPO 是一种良好的增强剂，这是因为 PPO 的拉伸强度比 HIPS 的高得多，并且与 HIPS 能够以任意比混合，具有良好的相容性，因此材料的拉伸强度明显提高，同时 PPO 本身也具有一定的柔性，它的加入不会对材料的冲击强度带来不利影响，反而材料的冲击强度还有所上升。

表 2.11　不同增强剂对材料力学性能的影响

编号	PS /%	DBDPE /%	Sb$_2$O$_3$ /%	PPO /%	玻璃纤维 /%	纳米碳酸钙 /%	拉伸强度 /MPa	缺口冲击强度 / (kJ·cm^{-2})
0#	84	12	4	0	0	0	19.75	8.57
1#	74	12	4	10	0	0	23.42	8.72
2#	74	12	4	0	10	0	20.21	4.35
3#	74	12	4	0	0	10	21.42	8.97

与相同含量的 PPO 增强体系相比较，加入玻纤的阻燃材料冲击强度急剧下降，而玻纤的加入并没有明显提高拉伸强度，可能是由于玻璃纤维与聚苯乙烯同为刚性结构材料，苯环结构与无机硅酸盐结构相差较大，同时玻纤为结晶物质，而 HIPS 为非结晶聚合物，共混时在玻纤和 HIPS 间不能形成很好的界面黏结力，纤维不能有效地阻止裂纹的扩展，而是随着裂纹的扩展产生脱黏和拔出，当 HIPS 受到拉伸应力发生断裂时，传递到玻璃纤维上的应力很少，玻璃纤维不能很好地起到增强的作用，此外玻璃纤维在基材中取向杂

乱无章，无法很好地缓冲和吸收能量，这使材料的冲击强度下降。

用纳米 $CaCO_3$ 增强的阻燃 HIPS 体系的冲击强度有一定的提高，这主要是由于刚性碳酸钙加入后，碳酸钙在 HIPS 基体形成不熔的断续的粒子相态，会引起 HIPS 和碳酸钙界面脱黏，并导致基体应力集中，导致 PS 基体产生较大的塑性形变和局部区域微观塑性牵伸，使 HIPS 基体材料在产生屈服时能够吸收较多的能量。拉伸强度也有一定的提高，这是因为纳米 $CaCO_3$ 粒子表面活性中心多，可以与 HIPS 基体紧密结合，相容性较好，当受到外力时，纳米 $CaCO_3$ 粒子不易与基体脱离，这就决定了其能较好地传递所承受的外应力，从而达到增强的作用。

综合考虑材料的力学性能，向阻燃体系中加入相同含量的 PPO、纳米 $CaCO_3$ 和玻璃纤维对其进行增强改性，PPO 增强体系的综合性能最优。

2）增强剂含量对 HIPS 力学性能的影响

从图 2.43 可以看出，随着 PPO 含量的增加，材料的力学性能提高，根据混合法则（冲击强度除外），$\sigma = \sigma_p m_p + \sigma_r m_r$（其中 σ 为混合物的力学性能，σ_p、m_p 为 HIPS 的力学性能及其在共混物中的质量分数，σ_r、m_r 为增强剂的力学性能及其在共混物中的质量分数）。随着 m_r 的增加，m_p 的减小，σ 必将向 σ_r 趋近，因此复合材料的拉伸强度增加。其增强机理为 PPO 与 HIPS 之间互相黏结，同时体系的黏度增大，从而增大了内摩擦。当材料受到外力作用时，材料内摩擦吸收一定的能量，增强抗拉性能，从而避免材料受到破坏。而当 PPO 含量达到 20% 以上时，材料的力学性能的增幅明显减小，这是由于 PPO 中含有氧基团，随着含量的进一步增加，氧基团增加，这在一定程度上降低了 PPO 与 HIPS 的界面黏结力，因此材料的力学性能增幅降低。

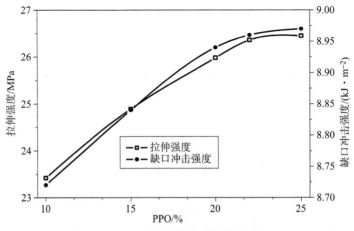

图 2.43　PPO 含量对材料力学性能的影响

由于 PPO 具有一定的成炭能力，它的加入与有卤阻燃体系共同作用，在凝聚相形成炭层结构，促进材料的凝聚相成炭，阻隔了材料与空气的接触，达到阻燃的效果。

　　由表 2.12 可知，PPO 的添加，明显改善了材料的阻燃性能，这是由于聚苯醚中含有氧基团，在其燃烧的过程中，易发生 Fiels 重排，形成炭层结构，促进聚合物的凝聚相成炭。当阻燃剂含量为 DBDPE/Sb$_2$O$_3$ = 10.5/3.5 时，阻燃剂含量最小且材料的阻燃性能达到 UL94V - 0 级。编号 1 - 4 样品与编号 1 - 5 样品相比，说明当 DBDPE 与 Sb$_2$O$_3$ 达到 3∶1 时，DBDPE 与 Sb$_2$O$_3$ 协同效果最佳。此时材料的拉伸性能达到 26.42 MPa，缺口冲击强度达到 9.87 kJ·m^{-2}，材料的力学性能明显改善。

表 2.12　达到 UL94V - 0 级阻燃剂最优含量的确定

编号	HIPS	DBDPE/Sb$_2$O$_3$	PPO	LOI/%	UL94
1 - 1	62	12/4	22	29.6	V - 0
1 - 2	63	11.5/3.5	22	28.7	V - 0
1 - 3	63.5	11/3.5	22	28.2	V - 0
1 - 4	64	10.5/3.5	22	27.8	V - 0
1 - 5	64.5	11/3	22	27.3	V - 1
1 - 6	64.5	10/3.5	22	26.9	V - 2

　　为了解决添加阻燃剂带来的材料力学性能的损失，对阻燃材料进行了增韧改性研究。采用了不同的弹性体对阻燃材料进行了增韧改性，使阻燃剂含量保持不变，对材料进行增韧改性研究。

2.2.2.2　增韧剂的选择

1）增韧剂种类对 HIPS 的力学性能影响

　　为了比较不同增韧剂对材料力学性能的影响，将增韧剂含量固定，改变增韧剂种类，经过实验研究，对数据进行了整理。

　　由图 2.44 可知，SEBS、SBS 增韧体系较其他增韧体系改性后的效果明显，是因为 SEBS、SBS 的 S 嵌段部分与 HIPS 具有良好的相容性，它们同 HIPS 中 S 相形成一相，而 B、EB 部分同 S 段则以化学键、范德华力相连接，并与 HIPS 中的 B 段结构相同，具有良好的相容性，因此，SBS、SEBS 中 B、EB 段与 HIPS 界面黏结，它们被牢固地锚在基材中，当样品受到外力冲击时，B、EB 段易引发 HIPS 产生银纹，同时 B、EB 段及 HIPS 中的 B 段本身能产生弹性形变，使得外界作用能在体系中得到较好的传递和分散，并且 EB 和 B 部分本身的弹性形变也会吸收一定的能量。

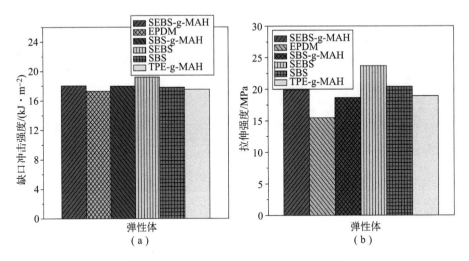

图 2.44　PPO 含量对材料力学性能的影响

而 EPDM 的分子结构与 HIPS 的分子结构差别较大，因此 EPDM 与 HIPS 的相容性较差，在 EPDM 增韧的复合材料中，分散相粒子与基材间无化学交联点，在两相接触处无中间相存在，仅靠物理连接以及微弱的范德华力，界面黏结性能很差，所以用 EPDM 增韧的复合材料的冲击强度较差。同时由于 EPDM 中材料的结构刚性较小，因此材料的拉伸性能最低。

TPE 与 HIPS 的相容性较差，而且 TPE 密度较小，在双螺杆挤出机共混的过程中易浮在上面不能和基体及其他填料很好地混合，从而分布不均匀，不能充分起到增韧的作用，因此 TPE 增韧的复合材料性能较 SEBS 和 SBS 增韧的差。

理论上接枝后的 SEBS 的增韧效果应优于未接枝的，但实验结果表明未接枝的效果更优，这与橡胶的粒径有关。因为橡胶粒子发生形变并诱发基质产生多种形式的塑性形变，由于 SEBS 橡胶粒子粒径接近 1.0 μm，单位体积内用以吸收冲击能的橡胶粒子成倍增加，根据 Cigna 等[38]的研究，HIPS 增韧效果在分散相粒子粒径接近 1.0 μm 时增韧效果最佳，而当弹性体小于临界尺寸 0.29 μm 时则无增韧效果；当其尺寸大于 5 μm 时，易产生空隙，导致材料断裂。SEBS 材料的粒径接近 1.0 μm，明显低于 SEBS - g - MAH 的颗粒，因此 SEBS - g - MAH 增韧效果不佳。同时接枝材料虽然增加了其与阻燃剂的相容性，但是降低了它与基体的相容性，因此材料的性能较弱。此外由于 SEBS 颗粒粒径较小，SEBS 在 HIPS 分散均匀，形成互相贯穿的空间网状结构，因此其对材料的力学性能改性优于其他弹性体。

为了进一步比较 SBS 与 SEBS 对材料性能的影响，本研究保持 HIPS、阻燃剂含量不变，改变弹性体及 PPO 的比例，其总量保持不变，进一步对材料进行力学性能研究。

2）增韧剂含量对材料力学性能的影响

（1）SBS 对材料力学性能的影响。

从图 2.45 可知，随着 SBS 含量的增加，材料的冲击强度先增大后减小，在 SBS 含量为 13% 时材料的冲击强度达到 16.4 k·m^{-2}，较未增韧的 HIPS 提高了近一倍；同时材料的拉伸强度也先增加后逐渐减小，其变化趋势并不满足混合法则，这是因为弹性体的加入促进了材料拉伸过程中银纹 – 剪切带的生成，这些银纹 – 剪切带吸收了大量的能量，从而提高了材料的拉伸性能；但随着弹性体含量的进一步增加，此时虽然仍有银纹产生，但是由于 SBS 的拉伸强度较低，以及 PPO 含量的下降，材料的拉伸强度仍下降。

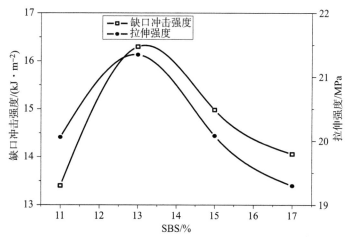

图 2.45　SBS 含量对材料力学性能的影响

由图 2.46 可知，随着 SBS 含量的增加，PPO 含量的减少，在较低的温度下，SBS 含量较大的材料释放的热量明显增加，这是因为在 SBS 弹性体中，含有大量的不饱和双键，在较低温度下，阻燃剂释放出溴自由基极易与双键发生加成反应，吸收一定的热量，同时 PPO 由于易成炭，其含量较大，形成的炭层较多，起到隔热的作用，因此 13% SBS 材料由于 PPO 含量较大，吸放热明显低于 15% SBS 材料。

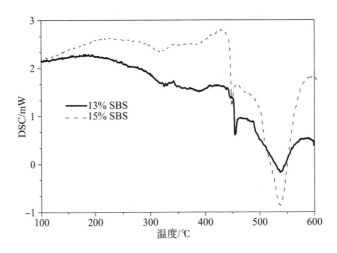

图2.46　不同含量 SBS 的 DSC 曲线图

　　从图 2.47 SBS 含量为 13% 的材料热降解曲线可以看出，SBS、PPO 增韧增强的阻燃高抗冲聚苯乙烯复合材料，其热降解分为三阶段。第一阶段（280.6 ~ 405.5 ℃），主要为阻燃剂的热降解阶段。第二阶段（405.5 ~ 452.0 ℃），为 HIPS 自由基的链式断裂反应。从图中 DSC 曲线可以看出，此阶段的热降解反应先吸收热量后放热，这是因为在自由基引发高抗冲聚苯乙烯热降解的反应初期，自由基进攻聚合物需吸收大量的热量，同时三氧化二锑的进一步降解也需吸收一定的热量；而随着反应的进一步进行，大量的聚合物大分子开始降解，从而释放出大量的热。第三阶段（452.0 ~ 442.0 ℃）是 PPO 的分解阶段及 HIPS 进一步降解，此阶段初始时发生降解反应，从而吸收一定的热量，而在较高的温度下，聚苯醚及低聚物进一步降解产生小分子化合物，从而产生大量的热，因此在 544 ℃ 左右时产生较大的放热峰。从热降解曲线可知，在 HIPS 分解之前溴阻燃剂已经开始分解，这样溴阻燃剂分解释放出的 Br· 能发挥捕捉聚合物自由基作用，终止链式反应，从而达到阻燃的目的。而在气相方面，三氧化二锑能与 HBr 反应，生成难燃气体，进一步增强了材料的阻燃效果。

　　（2）SEBS 对材料力学性能的影响。

　　从图 2.48 可以看出当 SEBS 含量小于 15% 时，材料的冲击强度随着 SEBS 用量的增加而迅速增大，当含量为 15% 时，复合材料冲击强度达到 23.02 kJ·m^{-2}，比未加弹性体材料的冲击强度增加了 2 倍；超过 15% 后材料的冲击强度随着 SEBS 含量的增加而增幅明显下降。由银纹 - 剪切带原理可知，粒子大小适合的弹性体粒子越多，韧性效果越强。首先随着粒子数目增多，粒子间的距离变

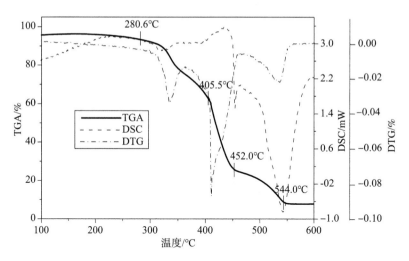

图 2.47　含量 13% SBS 增韧 HIPS 的 TGA – DTG – DSC 曲线

短，使银纹与胶粒相遇的机会增多，银纹容易终止或只形成短银纹。其次，粒子间相隔越近，越容易发生应力场的相互作用，更有利于银纹的引发。然而，当弹性体粒子数目超过临界值后，由于相邻粒子靠得太近，反而会阻碍基体银纹及剪切带的发生，因此材料的增韧效果变缓。而对于材料的拉伸强度先增加后减小，其原因与 SBS 增韧 HIPS 相似，这里不再赘述。

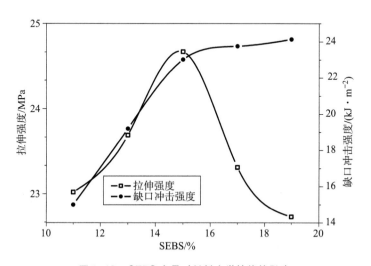

图 2.48　SEBS 含量对材料力学性能的影响

由图 2.49 可知，增韧阻燃 HIPS 材料与阻燃 HIPS 材料的热降解趋势没有太大的差别，其热失重也分为两个阶段，第一阶段为阻燃剂的分解阶段；第二阶段为 HIPS、PPO、SEBS 的分解阶段。在较低温度下，17% 的弹性体热失重明显高于 15% 的热失重，这是因为 SEBS 中仍存在少量的不饱和双键，在阻燃剂的引发下，部分双键首先断裂，促进材料的热降解。随着温度的升高，弹性体含量较大的复合材料，最大热降解速率明显向低温方向偏移，这是因为一方面随着 SEBS 含量的增加和 PPO 含量的降低，与 PPO 相比 SEBS 热稳定较差，另一方面，由于 SEBS 中存在少量的双键结构，能够在较低的温度下发生分解，进而促进阻燃剂的链式降解反应，因此材料的热降解随着 SEBS 含量的增加向低温方向偏移。而随着温度的进一步提高，在450 ℃以后，17% 的弹性体复合材料的热失重较小，可能是由于双键的存在，促使材料形成的溴化聚合物进一步降解，并发生缩聚反应，形成稠环，进而增加了材料的成炭能力。同时添加 SEBS，材料的阻燃性能变化不大，仍能达到 UL94 V – 0 级。

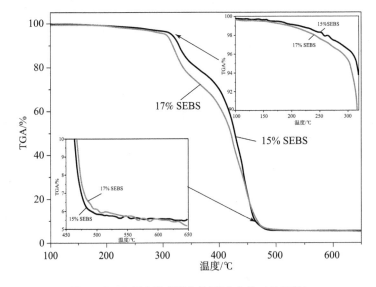

图 2.49　不同含量 SEBS 的 TGA 曲线（见彩插）

2.2.2.3　有卤阻燃增韧 HIPS 的微观结构分析

图 2.50（a）所示为未加弹性体、表面改性的高抗冲聚苯乙烯冲击断口，材料中的阻燃剂与基材的界面非常明显，这是因为未经表面改性的阻燃剂与基体材料的相容性较差，同时阻燃剂本身的团聚也比较严重，易在粒径较大的阻燃剂颗粒处发生应力集中，因此材料的力学性能较差。而图（b）中，阻燃剂均匀地分散于基体材料中，这是因为一方面阻燃剂进行了表面处理，促进了其与基材的相容性，阻燃剂与基材的界面模糊，没有明显的界面，提高材料的力

学性能；另一方面表面处理的阻燃剂，没有明显的团聚，因此材料的力学性能较优。而弹性体SEBS作为增韧剂，其S段与HIPS能够很好地相容，因此其与基材间没有明显的界面存在，从而材料的力学性能提高。从图（c）、（d）可以看出，在材料表面呈现出大量的银纹，这些银纹有助于拉伸及冲击过程中能量的吸收，从而提高材料的力学性能。

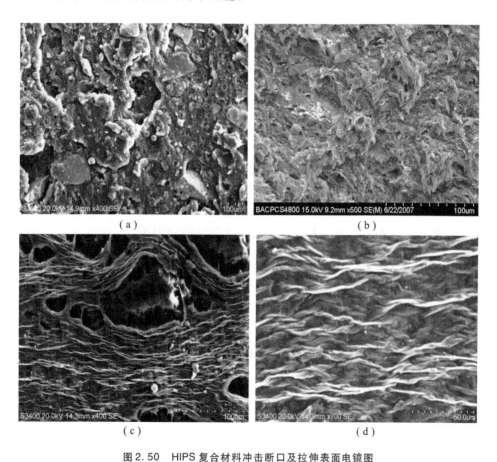

图2.50　HIPS复合材料冲击断口及拉伸表面电镜图

（a）—未加弹性体、表面改性的阻燃HIPS冲击断口；（b）—加弹性体、表面改性的阻燃HIPS冲击断口；（c），（d）—拉伸面的微观结构

2.2.3　无卤阻燃材料增韧增强改性

2.2.3.1　不同弹性体对材料性能的影响

从图2.51可以看出，SEBS增韧的材料体系性能较其他弹性体改性后的效

果更优，其增韧机理与有卤体系一致。

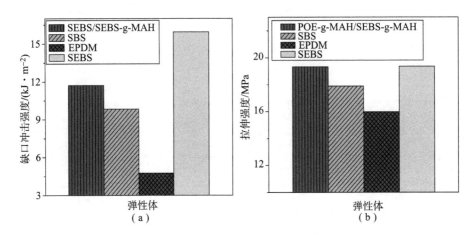

图2.51　不同弹性体对材料力学性能的影响

（a）不同弹性体对材料冲击强度的影响；（b）不同弹性体对材料拉伸强度的影响

2.2.3.2　不同含量 SEBS 对材料力学性能的影响

由图2.52可以看出，随着 SEBS 含量的增加，材料冲击性能有了大幅提高，但随着含量达到15%以上后，材料的冲击性能增长缓慢，可能由于随着弹性体含量的增加，基体中的弹性体颗粒不断增加，导致粒子间间距小于临界值，从而导致增韧剂的增韧效果不佳。而对于材料的拉伸强度先增加后减小，其原因与有卤增韧 HIPS 相似，这里不再赘述。

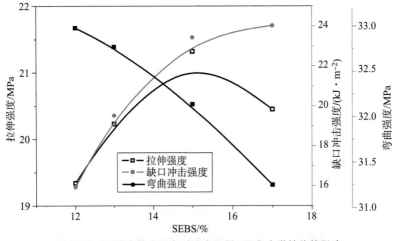

图2.52　不同含量 SEBS 对无卤阻燃 HIPS 力学性能的影响

由图 2.53 可知，与纯 HIPS 相比，增韧改性的阻燃 HIPS 的损耗模量明显提高，损耗模量 E'' 与试样在每周期中以热的形式消耗的能量成正比，反映材料黏弹性中的黏性成分，预示材料的冲击强度（材料的韧性）[39]。由图可知，在 $-40\ ℃ \sim 75\ ℃$ 范围内，增韧改性材料的损耗模量 E'' 远高于纯 HIPS，说明在此温度范围内改性材料的冲击强度高于纯 HIPS，主要是由于弹性体玻璃化转变温度较低，在低温区域，高分子主键断裂处于坚硬的玻璃态，自由运动处于被"冻结"的状态，分子间链段的滑移极少，外力作用于高分子材料上，只引起键长和键角的改变，但同时材料内部弹性体等小链段的小运动单元具有运动能力，在外力作用下，由于 SEBS 的黏度较大，它的添加增加了体系的黏度，从而导致柔性分子链段与基材间缠结，当受到外力作用时，链段运动受到很大的摩擦阻力，增加了体系的内耗，消耗冲击能使体系冲击强度提高。增韧阻燃的 HIPS 体系低温下的冲击断面也呈现典型的韧性断裂，说明 SEBS 对 HIPS 的低温增韧效果良好。

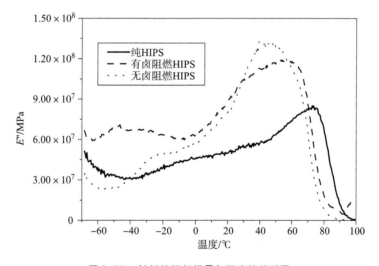

图 2.53　材料的损耗模量与温度的关系图

图 2.54 是损耗因子 - 温度关系图，纯 HIPS、有卤阻燃 HIPS、无卤阻燃 HIPS 在 $70 \sim 80\ ℃$ 有明显的内耗峰 $\tan\delta_1$（T_{g1}），对应的内耗峰相当于硬段 PS 非晶部分的松弛贡献[40]，其玻璃化转变温度 T_{g1} 分别为 $80.7\ ℃$，$69.8\ ℃$，$70.8\ ℃$。增韧阻燃的 HIPS 材料的硬段 PS 玻璃化转变温度明显降低，这主要由于相界面处，SEBS 导致 PS 主链段可在较大的自由体积孔内运动，增大了界面体积，相间的相互作用增强，从而在玻璃化转变温度下参与热转变的分子链数目增加，材料的 T_{g1} 下降。加入弹性体 SEBS 的阻燃材料，出现了低温内耗峰

$\tan\delta_2$ (T_{g2})，其中有卤阻燃 HIPS、无卤阻燃 HIPS 分别为 - 48.6 ℃， - 23.8 ℃，纯 HIPS 在此区域较为平坦，并且内耗峰 $\tan\delta_2$ 的峰较宽，说明 SEBS 嵌入的弹性体链段与 HIPS 具有很好的相容性，同时由于 SEBS 在较低的温度下仍具有良好的分子柔性，在较低温下，PS 主链段处于被"冻结"的状态，而 SEBS 的柔性分子链段仍具有较强的分子运动活性，使得相间充分缠结，从而增加材料的内摩擦，增加体系的内耗，从而导致内耗峰 $\tan\delta_2$ 峰值变宽、变强。

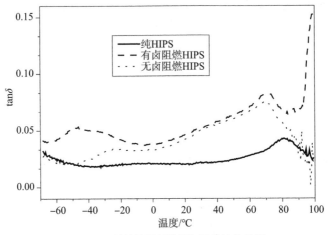

图 2.54　材料的损耗因子与温度的关系图

总之，通过采用 Ansys 仿真，对材料的细观力学性能进行了研究。之后研究了不同粒径三氧化二锑对材料力学性能的影响，实验表明，当三氧化二锑粒径为 500nm 时材料的性能较优。偶联剂对无机填料的改性具有良好的效果，且当其含量占阻燃剂含量的 2% ~ 3% 时对材料的表面改性达到最优。同时研究了不同增强剂对有卤阻燃 HIPS 的增强改性研究，结果表明，PPO 对其具有良好的增强效果，可与 HIPS 任意比例互熔，同时由于 PPO 具有良好的成炭性能，在达到 UL94V - 0 级的情况下，可降低阻燃剂的含量；SEBS 增韧的材料性能较其他弹性体改性后的效果更优，同时使体系冲击强度提高。

2.3　复合材料的抗静电改性研究

2.3.1　抗静电剂的选择

为了改善 HIPS 表面静电性能，本研究采用了不同种类的抗静电剂对材料进行了抗静电改性研究。

　　将各类抗静电剂加在 HIPS 中，经挤出注塑成试样后，在确定的时间间隔内测试此时其表面电阻率的变化，时间间隔为注塑 48 h 后、一周后、半月后、一个月后，通过表面电阻值的变化来分析这几种抗静电剂在 HIPS 中的应用特点和抗静电效果。

2.3.1.1　不同抗静电剂对材料性能的影响

　　本试验采用不同抗静电剂对纯 HIPS 进行了抗静电改性研究，由图 2.55 可知，抗静电剂对材料的力学性能影响不大，复合型抗静电剂 ASA－51 由聚氧乙烯化合物、多元醇脂肪酸酯两种非离子表面活性剂复合而成，主要成分的分子结构式为

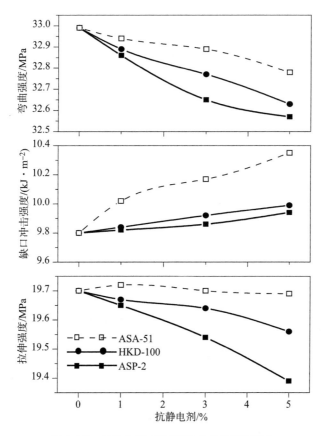

图 2.55　抗静电剂对纯 HIPS 力学性能的影响

$$R_1 - N \begin{cases} (CH_2CH_2O)_nH \\ CH_2OCOR_2 \\ (CHOH)_n \\ CH_2OH \end{cases}$$

此种抗静电剂由于聚氧乙烯化合物、多元醇脂肪酸酯结构中含有大量的烷基结构，与 HIPS 具有良好的相容性，并且这种抗静电剂本身熔点较低，在较低的温度下即能熔化，能一定程度地促进其他填料与 HIPS 的相容。而 HKD – 100 抗静电剂是一种非离子型抗静电剂，它的结构组成是羟乙基脂肪胺与配合剂复合，其结构为

$$\begin{bmatrix} CH_2ONHR \\ CHOH \\ CH_2OH \end{bmatrix}_m$$

由于其结构中含有较多的羟基结构，极性较大，与 HIPS 的相容性较差，因此，经其改性的材料力学性能较低。两性型离子抗静电剂 ASP – 2 则是一种含有十二烷基的丙烯酰胺共聚物，分子结构式为

$$\begin{array}{c} K \quad CH_3 \\ \overset{\oplus}{N} \\ CH_3 \quad CH_2COO^{\ominus} \end{array}$$

K 为 —$C_{12}H_{25}$，其虽然无羟基结构，但是与 ASA – 51 相比，与 HIPS 的相容性仍较差，因此材料的力学性能仍不如 ASA – 51 改性材料的力学性能。

由表 2.13 可知，随着抗静电剂含量的增加，材料的表面电阻率降低，与纯 HIPS（10^{14} Ω 以上）相比，材料的表面电阻率大大改善。其中这三种抗静电剂改性的材料，在 48 h 后材料的抗静电效果基本相同，无太大差别。

表 2.13　不同抗静电剂改性材料 48h 后材料的表面电阻率

材料	抗静电剂含量/%	表面电阻率/Ω
纯 HIPS	0	超量程
ASP – 2	1	超量程
	3	1.25×10^{12}
	5	2.23×10^{11}

材料	抗静电剂含量/%	表面电阻率/Ω
HKD - 100	1	6.49×10^{12}
	3	9.13×10^{11}
	5	5.54×10^{10}
ASA - 51	1	7.35×10^{12}
	3	2.76×10^{11}
	5	1.45×10^{10}

综上所述，抗静电剂 ASA - 51 与 HIPS 的相容性较好，在其含量在 3% 时，材料的表面电阻率达到 10^{11} 量级，满足了军用包装材料对材料表面电阻率的要求。

2.3.1.2　抗静电剂含量对阻燃 HIPS 性能的影响

在上述研究的基础上，对阻燃 HIPS 进行了抗静电改性研究，其中 ASA - 51 采用 3% 含量，对两种阻燃 HIPS 进行抗静电改性研究。其中阻燃 HIPS 中 HIPS 含量降低 3%，其他各配方保持不变。抗静电剂对材料性能影响如表 2.14 所示。

表 2.14　ASA - 51 对材料性能的影响

名称	拉伸强度 /MPa	缺口冲击强度 /（kJ·m^{-2}）	弯曲强度 /MPa	氧指数 /%	垂直燃烧
有卤阻燃 HIPS	24.07	23.85	34.15	27.6	UL94 V - 0
无卤阻燃 HIPS	20.72	23.73	32.12	28.5	UL94 V - 0

由表 2.14 可以看出，抗静电剂对材料的力学性能影响不大，材料的性能能够达到军用包装材料的应用要求。

2.3.1.3　抗静电剂在阻燃 HIPS 中抗静电性能随放置时间的变化

良好的抗静电剂通常取决于抗静电剂迁移到聚合物表面、吸引结合水分子的能力。将抗静电剂 ASA - 51 以 3% 含量加入阻燃 HIPS 中，制成样片测试，分别在 48 h、一周、半个月、一个月、两个月跟踪测试表面电阻率，如图 2.56 所示，随着时间的增加，两种阻燃材料的表面电阻率呈下降趋势，在半个月内表面电阻率达到 10^{10} 左右，半个月后表面电阻率值比较稳定，维持在较低的状态。这是因为抗静电剂迁移到 HIPS 表面，抗静电剂中的亲水基团的表面能较大，在样品表面往往相互团聚，降低了样品的表面能，形成宏观均匀、微观孤立的一个个"小岛"；分子中吸水基团吸附环境的水分后，形成以"小岛"为中心的小液膜，这些小液膜相互连通，导致表面电阻率的下降。由于液膜的形成需要一定的时间，因此在起初，材料的表面电阻率下降，随着时间的进一步推移，液膜形成，因此，此后材料的表面电阻率变化不大。

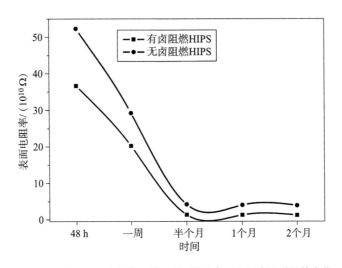

图 2.56　ASA-51 改性的两种阻燃 HIPS 表面电阻率随时间的变化

2.3.2　抗静电机理研究

抗静电剂 ASA-51 的结构式可简化为 R—Y—X，其中 R 为烷基结构，亲油基团，与树脂材料具有良好的相容性；X 为羟基、羧基等亲水基团，其迁移到聚合物表面时，增强表面的吸水性；Y 为连接基。通过熔融共混，将 ASA-51 均匀混于阻燃 HIPS 中。其作用机理[41]为：由于聚合物本身的缺陷，以及抗静电剂与聚合物材料结构存在的差异，导致内部 ASA-51 向材料的表面迁移，而其亲水基团 X 朝向空气一侧排列（图 2.57），空气中的水分子被亲水基团 X 吸附形成单分子导电膜，从而提高材料的表面电阻率。当由摩擦、洗涤等原因导致阻燃 HIPS 表面抗静电剂单分子层的缺损，使抗静电性能降低时，由于材料内部的抗静电剂分子不断向表面迁移，经过一段时间后，表面缺损的单分子层从内部得到补充，如图 2.58 所示[42]。其中阻燃 HIPS 表面的抗静电性能恢复所需的时间，取决于 ASA-51 在材料中的迁移速度和添加量，同时 ASA-51 的迁移速度又与树脂材料的玻璃化温度、树脂的相容性及抗静电剂的相对分子质量大小有关。

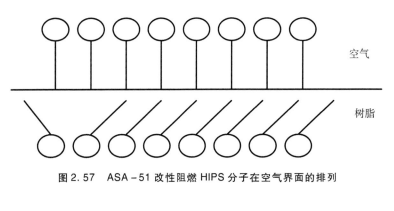

图 2.57　ASA−51 改性阻燃 HIPS 分子在空气界面的排列

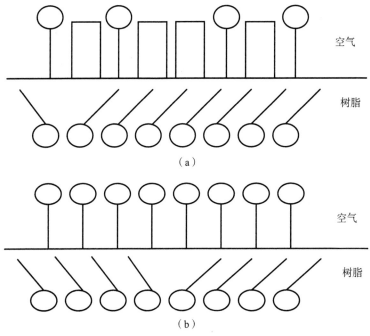

（a）

（b）

图 2.58　ASA−51 改性阻燃 HIPS 分子的缺损与补充

（a）由于摩擦等原因导致树脂表面抗静电剂单分子层缺损；

（b）经过迁移单分子从内部得到补充

○—抗静电剂分子；□—由于摩擦等导致的缺损

|2.4 复合材料的抗老化改性|

2.4.1 热氧老化研究

2.4.1.1 热氧老化剂选择

多酚抗氧剂 1010 是当今国内外塑料抗氧剂主导产品，由于其分子量较高、与塑料的相容性好、抗氧化效果明显，因此本试验中采用 1010 作为主抗氧剂。同时选用辅助抗氧剂 168 对材料进行热老化性能研究，1010 与辅助抗氧剂具有良好的协同效应，能够大大改善材料的抗老化性能。本试验分别采用单一的 1010、1010/168 抗氧剂组分对抗静电阻燃 HIPS 进行热老化性能研究，其中抗氧剂含量分别采用 0.4%、0.2%/0.2%，对材料进行抗氧老化研究。

表 2.15 数据说明，在 90 ℃ 热老化箱中：抗老化剂可明显改善两种阻燃 HIPS 的耐热性能，与空白样相比，添加抗老化剂的材料，力学性能降低程度明显减小，说明在热氧老化过程中，抗老化剂 1010、1010/168 在一定程度上阻止了 HIPS 链上氢过氧化物、乙酰苯基团的产生，从而减缓了材料力学性能的降低。其中，抗氧剂 1010/168 的复配体系明显优于单纯 1010，说明复配的抗氧剂具有良好的协同性。添加抗氧剂初期，拉伸性能都有不同程度的提高，可能是由于在较高的温度下，内部的偶联剂、抗静电剂等在较低温度下易熔化，首先在材料内部向材料中缺陷部位迁移，从而促使阻燃剂与材料更好地相容，这在一定程度上增强了阻燃剂与基体的相容性，因此在材料受到外力作用时，应力集中现象被削弱，材料拉伸强度有所提高，而随着时间的进一步推移，聚合物不同程度地发生热降解。而热氧老化对缺口比较敏感，材料的缺口冲击强度降低幅度较大，但 1010/168 改性的阻燃 HIPS，材料缺口冲击强度保持率在 80% 以上，能够满足军用包装材料的应用要求。

表 2.15　不同抗老化剂力学性能与时间的关系

种类	抗氧剂试样	力学性能	90 ℃老化时间				
			初始	5 天	10 天	15 天	30 天
抗静电有卤阻燃HIPS	空白	拉伸强度/MPa	24.07	25.13	23.95	20.02	17.15
		缺口冲击强度/（kJ·m⁻²）	23.85	19.52	14.37	12.35	11.43
	1010	拉伸强度/MPa	24.04	24.46	23.93	23.05	22.68
		缺口冲击强度/（kJ·m⁻²）	23.85	22.75	21.32	20.07	18.93
	1010/168	拉伸强度/MPa	24.10	24.34	24.07	23.54	22.95
		缺口冲击强度/（kJ·m⁻²）	23.89	23.32	22.14	21.26	20.05
抗静电无卤阻燃HIPS	空白	拉伸强度/MPa	20.72	22.32	20.31	17.62	14.36
		缺口冲击强度/（kJ·m⁻²）	23.73	19.21	13.96	12.13	11.06
	1010	拉伸强度/MPa	20.63	21.27	20.57	19.69	18.20
		缺口冲击强度/（kJ·m⁻²）	23.70	23.09	21.94	19.77	18.61
	1010/168	拉伸强度/MPa	20.72	21.08	20.67	19.93	19.06
		缺口冲击强度/（kJ·m⁻²）	23.69	22.89	21.92	21.03	19.86

2.4.1.2　热氧老化机理研究

HIPS 未加抗老剂时，发生的自动氧化反应机理包括：初级自由基的链引发、氧化产物的链增长和链歧化反应以及整个体系消除链终止的终止反应，其反应的一般机理如下：

链引发：

$$PH \xrightarrow{\triangle} P^· + H^·$$

$$PH + O_2 \xrightarrow{\triangle} P^· + HO_2^·$$

$$阻燃剂 \xrightarrow{\triangle} 自由基$$

链增长：

$$P^· + O_2 \xrightarrow{\triangle} P^· + PO_2^·$$

$$PO_2^· + PH \xrightarrow{\triangle} POOH + P^·$$

链支化：

$$POOH \xrightarrow{\triangle} HO^· + PO^·$$

$$POOH + PH \xrightarrow{\triangle} PO^· + P^· + H_2O$$

$$2POOH \xrightarrow{\triangle} PO^{\bullet} + POO^{\bullet} + H_2O$$

$$PO^{\bullet} + PH \xrightarrow{\triangle} POH + P^{\bullet}$$

链终止：

$$HO^{\bullet} + PH \rightarrow H_2O + P^{\bullet}$$

$$PO_2^{\bullet} \rightarrow POOP + O_2$$

$$PO_2^{\bullet} \rightarrow PO^{\bullet} + PO^{\bullet} + O_2$$

$$PO_2^{\bullet} \rightarrow 非反应性产物$$

$$P^{\bullet} + PO_2^{\bullet} \rightarrow POOP$$

$$2P^{\bullet} \rightarrow P—P$$

抗氧剂 1010 为四元酚抗氧剂，主要作用于以氧原子为中心的自由基，如烷基过氧化物自由基、烷基氧自由基和羟基氧自由基，其中以前者为主[43]，因为烷基氧和羟基自由基寿命短且活性高，很快从聚合物链上抽提一个氢原子，形成烷基自由基，而在富氧条件下，烷基自由基很快转变成氢过氧化物自由基。其中主要是过氧化物自由基从 1010 上夺取氢生成强过氧化物和苯氧基自由基，其基本反应为：

$$PO_2^{\bullet} + \left[HO - \!\!\bigcirc\!\! - CH_2CH_2COOCH_2 \right]_4 C \rightarrow$$

$$POOH + {}^{\bullet}O - \!\!\bigcirc\!\! - CH_2CH_2COOCH_2C \left[H_2COOCH_2CH_2C - \!\!\bigcirc\!\! - OH \right]_4$$

$$O = \!\!\bigcirc\!\! - CH_2CH_2COOCH_2C\, H_2COOCH_2CH_2C - \!\!\bigcirc\!\! - OH \right]_4$$

$$\Big\downarrow + PO_2^{\bullet}$$

$$O = \!\!\bigcirc\!\! \underset{OOP}{-} CH_2CH_2COOCH_2 \left[H_2COOCH_2CH_2C - \!\!\bigcirc\!\! - OH \right]_4$$

辅助抗氧剂 168 为亚磷酸三（2,4 - 叔丁基苯酯），主要是分解氢过氧化物而不生成自由基，将过氧化物还原成相应的醇，自身转化为磷酸酯，从而减少自由基的生成，防止老化过程自由基的链增长反应。其机理为：

$$\left(\underset{3}{\underset{}{\bigcirc}}-O\right)P+POOH \longrightarrow POH + \left(\underset{3}{\underset{}{\bigcirc}}-O\right)P=O$$

这类抗老化剂与 1010 共同作用，具有良好的协同作用，其中抗氧剂 168 降低链引发速率，而 1010 进一步终止自由基反应，二者互相作用，提高材料的热氧老化性能。

2.4.2 光氧老化研究

2.4.2.1 光稳定剂选择

由于聚合物的键能通常为 $290 \sim 400 \ kJ \cdot m^{-2}$，很容易被紫外线破坏，因为紫外线的波长短、能量高，足以使聚合物分子成为激发态或破坏化学键引起自由基链式反应，并同时与氧相伴发生氧老化。对于 HIPS，由于聚丁二烯存在，其受热产生的氢过氧化物是引起 HIPS 光氧化降解的主要原因。光稳定剂 UV327 为 2 − （3′,5′ − 二叔丁基 − 2 − 羟基苯基） − 5 − 氯苯并三唑，能够强烈吸收波长为 $270 \sim 300 \ nm$ 的紫外线，化学稳定性好，与 HIPS 的敏感波长一致，近来人们发现，甚至在较长波长（大于 360 nm）的辐射下其也能引发 HIPS 发生降解[44]，为了进一步提高材料的光稳定性能，本试验采用了受阻胺类光稳定剂 LS − 770 双（2,2,6,6 − 四甲基 − 4 − 哌啶基）癸二酸酯作为自由基俘获剂，以清除自由基、切断自动氧化链式反应的方式实现光稳定。本试验在上述试验的基础上对材料进行了抗光氧老化性能的改性研究，其中 UV327/LS − 770 为 0.2%/0.2%，其他组分不变。在光氙老化箱中，测试不同时间的力学性能数据，如图 2.59 所示。

由图 2.59 可知，随着老化时间的变化，材料拉伸强度先增加后减小再增加，可能是在初期，在光辐射的作用下，内部的应力得到了释放，使材料部分非晶态结构转变为晶态结构，从而材料的拉伸强度增加；随着老化时间的进一步推移，内部的过氧化物开始在光的作用下发生自由基降解反应，从而导致材料内部部分分子链发生破坏，导致材料的拉伸强度降低，但同时一部分柔性小分子材料在一定程度上可提高材料冲击强度，因此材料的冲击强度有不同程度的提高，而随着老化时间的进一步增加，材料中的 PS、SEBS、PPO 光氧老化

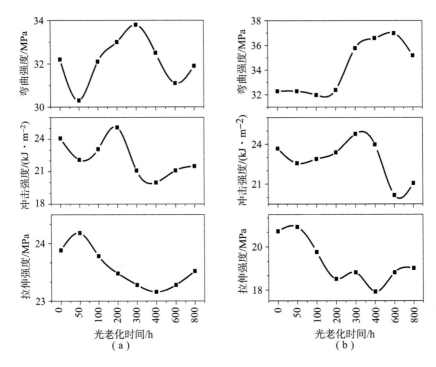

图 2.59 阻燃 HIPS 复合材料力学性能随时间的变化

（a）—有卤阻燃 HIPS 复合材料；（b）—无卤阻燃 HIPS 复合材料

的进一步加强，材料刚性也有所提高，从而材料的力学性能有小幅度提高，但总的趋势是材料的力学性能下降，这主要是由于材料向脆性断裂趋势发展，韧性有所下降。而材料的弯曲强度有明显的提高，可能是由于材料光氧老化，材料的刚性提高所致。

2.4.2.2 光老化机理研究

HIPS 复合材料的光降解，主要是由其中的催化剂残留物、氢过氧化物以及羰基化合物引发的，这些物质主要是在 HIPS 的制造、改性加工和存贮过程中带入的。当 HIPS 被引发后，生成的氢过氧化物在光辐射作用下，分解生成醇、酮和水。其中 PS 段发生光老化反应机理为：

PPO 的光氧老化主要是由直接光解、光敏化分解产生氢过氧化物引起的，PPO 吸收紫外光后，一个激发态的聚合物重复单元与相邻的单元进行电子转移，生成一个自由基阳离子 – 自由基阴离子对，随后一个氧分子迅速与自由基阴离子反应，生成超氧化物，超氧化物与自由基阳离子结合成为不稳定的桥过氧化物，之后不稳定的桥过氧化物进一步形成氧化物。其反应方程如下：

$$Ar \xrightarrow{h\nu} Ar^{\bullet}$$
$$Ar^{\bullet} + Ar \rightarrow Ar^{+\bullet} + Ar^{-\bullet}$$
$$Ar^{-\bullet} + O_2 \rightarrow Ar + O_2^{-\bullet}$$
$$O_2^{-\bullet} + Ar^{+\bullet} \rightarrow ArO_2$$

其中，

在光辐射的作用下，ArO_2 进一步反应生成氧化物，其主要反应方程式为：

（化学反应图示）

复合材料中的其他原料在光氧作用下，也会发生降解，这里不再一一介绍。添加光稳定剂 UV327 的复合材料，能吸收高能量的紫外线，并以能量的形式将其以热或无害的低辐射释放出来或消耗掉，从而防止聚合物的发色基团吸收紫外线能量随之发生激发。其作用机理为：UV327 吸收一个光子后，激发态的质子携带能量，引发分子内部发生大振幅运动，从而将辐射产生的能量以运动摩擦生热的方式消耗或分散至周围介质中，从而达到稳定聚合物的作用。对于光稳定剂 LS–770，在聚合物中主要起到捕获烷基自由基、终止自由基降解反应的作用，从而提高聚合物的光稳定性能。其作用机理为：

（化学反应机理图示）

｜参考文献｜

［1］ 李建军，黄险波，蔡彤旻. 聚苯乙烯系塑料 ［M］. 北京：科学出版社，2003.

［2］ Todd M. Kruse，Oh Sang Woo，His－Wu Wong，et al. Mechanistic modeling of polymer deradation：a comprehensive study of Polystyrene ［J］. Macromolecules. 2002，35（20）：7830－7844.

［3］ Salin I M，Seferris J C. Kinetic analysis of high－resolution TGA variable heating rate data ［J］. J Appl Poly Sci，1993，47：847－856.

［4］ Gao Z M，Kaneko T S，Amasaki I，et al. A kinetic study of thermal degradation of polypropylene ［J］. Polymer Degradation and Stability，2003，80：267－274.

［5］ Oh S C，Han D I，Kwak H，et al. Kinetics of the degradation of polysty－rene in supercritical acetone ［J］. Polymer Degradation and Stability，2007，92：1622－1625.

［6］ Coats A W，Redfern J P. Kinetic anlaysis of high－resolution TGA variable heating rate data ［J］. J Appl Poly Sci，1993，47：847－856.

［7］ 曾文茹，周芸基，霍然，等. 非等温动力学积分－微分法研究聚苯乙烯热降解反应机理及动力学参数 ［J］. 高分子材料科学与工程，2006，22（5）：162－165.

［8］ Senum G I，Yang R T. Rational approximations of the integral of the arrhenius Function ［J］ J Thern Anal，1977，11：445－447.

［9］ Flynn J H. The 'temperature integral' — its use and abuse ［J］. Thermochim Acta，1997，300：83－92.

［10］ Lee Y F，Dollimore D. The identification of the reaction mechanism in rising temperature kinetic studies based on the shape of the DTG curve ［J］. Thermochim Acta，1998，323：75－81.

［11］ Todd M. ，Woo O S，Wong H W，et al. Mechanistic modeling of polymer degradation：A comprehensive study of polystyrene ［J］. Macromolecules，2002，35（20）：7830－7844.

［12］ Pladis P，Kiparissides C. A comprehensive model for the calculation of molecular weight – long – chain branching distribution in free – radical polymerizations [J]. Chem. Eng. Sci, 1998, 53: 3315 – 3333.

[13] K. H. Ebert, H. J. Ederer, U. K. O. Schroeder, et al. On the kinetics and mechanism of thermal degradation of polystyrene [J]. Makroml. Chem, 1982, 183 (2): 1207 – 1218.

[14] 朱新生, 戴建平, 李引擎, 等. 聚苯乙烯热降解动力学参数与降解反应机理关系 [J]. 火灾化学, 2001, 10 (1): 24 – 28.

[15] Wong H W, Linda J. Broadbelt. Tertiary resource recovery from polymers via pyrolysis: neat and binary mixture reactions of polypropylene and polystyrene [J]. Applied Chemistry, 2001, 40: 4716 – 4723.

[16] 马玫, 刘冠文, 谢春灼, 等. 环保型阻燃低烟高抗冲聚苯乙烯合金 [J]. 合成材料老化与应用, 2005, 34 (3): 11 – 16.

[17] 张祥福, 张隐西, 顾方明. 高韧性、高流动性轿车用聚丙烯保险杆材料的研究 [J]. 中国塑料, 1998, 12 (5): 26 – 30.

[18] Murashko E A, Levchik G F, Levchik S V, et al. Fire retardant action of resorcinol bis (Diphenyl Phosphate) in a PC/ABS blend. I. combustion performance and thermal decomposition behavior [J]. J. Appl. Polym, 1999, 77: 1863 – 1872.

[19] Martel B. Chrring processes in thermoplastic polymesers: effect of condensed phase oxidation on the formation of chars in pure polymers [J]. Journal of Applied Polnce. polymer Science, 1988 (35): 1212 – 1226.

[20] 李慧勇, 蔡长庚, 贾德民. 苯乙烯类聚合物的成炭及其在空气中的作用 [J]. 绝缘材料, 2005, 4: 59 – 64.

[21] Camino G, Lomakin S. Intumescent Materials, In: Grand A R, Wikie C A. Fire retardancy Materials [M]. New York: Marcel Dekker, 2000.

[22] 周健. 无卤阻燃高抗冲聚苯乙烯的研制 [J]. 工程塑料应用, 2005, 33 (4): 19 – 21.

[23] 李昕. 双环龙状磷酸酯阻燃剂的合成、应用及阻燃机理研究 [D]. 北京: 北京理工大学, 2001.

[24] 朱新生, 李引擎, 闻荻江, 等. 聚苯乙烯热降解过程中的表面炭化层的形成及其作用 [J]. 高分子材料科学与工程, 2001, 4: 169 – 171.

[25] 李慧勇, 蔡长庚, 贾德民. 苯乙烯类聚合物的成炭及其在阻燃中的作用 [J]. 绝缘材料, 2005, 4: 59 – 64.

[26] Zhu X S, Matti E, Franciska S, et al. Infrared and thermogravimetric studies

of thermal degradation of polystyrene in the presence of ammonium sulfate [J]. Polymer Degradation and Stability, 1998 (62): 487 – 494.

[27] 王建国, 张伟旭, 王铁军. 玻璃台聚合物银纹化过程的数值模拟 [J]. 应用力学学报, 2004, 21 (4): 118 – 121.

[28] Tijssens M G A, van der Giessen E, Sluys L J. Modeling of crazing using a cohesive surface methodology [J]. Mechanics of Materials, 2000, 32: 19 – 35.

[29] Socrate S, Boyce M C, Lazzeri A. A micromechanical model for multiple crazing in high impact polystyrene [J]. Mechanics of Materials, 2001, 33: 155 – 175.

[30] Tijssens M G A, van der Giessen E, Sluys L J. Modeling of crazing using a cohesire surface methodology. Mechanics of Materials, 2000, 32: 19 – 35.

[31] 王铁军, 尹征南, 王建国. 玻璃态高分子材料银纹力学研究进展 [J]. 力学进展, 2007, 37 (1): 48 – 66.

[32] Gouider N S, Estevez R, Olagnon C, et al. Calibration of viscoplastic cohesive zone for crazing in PMMA [J]. Engineering Fracture Mechanics, 2006, 73: 2503 – 2522.

[33] 王铁军, 尹征南, 王建国. 玻璃态高分子材料银纹力学研究进展 [J]. 力学进展, 2007, 37 (1): 48 – 66.

[34] Tvergaard V. On localization in ductile metals containing spherical voids [J]. Int. J. Fract, 1982, 18: 237 – 252.

[35] Kausch H H. Polymer fracyure [M]. 2nd ed. Springer – Verlag, 1987.

[36] 金日光, 华幼卿. 高分子物理 [M]. 北京: 化学工业出版社, 2007.

[37] Tijssens M G A, van der Giessen E, Sluys L J. Simulation of mode I crack growth in polymers by crazing [J] International Journal of Solids and Structures, 2000, 37: 7307 – 7327.

[38] Cigna G, Lomeline P, Merlotti M. Impact thermolplatic: Combined role of rubbery phase volume and particle size on toughening efficiecy [J]. Journal of Applied polymer Science, 1989, 37 (6 – 7): 1527 – 1540.

[39] 秦亚萍, 刘子如, 孔扬辉, 等. 高聚物的低温动态力学性能 [J]. 火炸药学报, 1999, 2: 47 – 49.

[40] 赵海燕, 王苓, 丁锐. PP/POE 共混得动态力学热分析 [J]. 塑料工业, 2008, 36 (1): 46 – 48.

[41] 薛书凯. 高分子材料抗静电技术与应用 [J]. 化学推进剂与高分子材料,

2005，3（6）：18－26.

［42］张景昌，杨凤昌，张高潮. 聚氯乙烯永久性抗静电涂塑技术［J］. 郑州纺织工学院学报，1998，9（1）：27－31.

［43］周大纲，谢鸽成. 塑料老化与防老化技术［M］. 北京：中国轻工业出版社，1998.

［44］Kuzina S I，Mikhailov A I. The photo－oxidation of polymers－1 initiation of polysty－rene photooxidation［J］. Europe Polymer Journal，1993，3：1589－1594.

电磁屏蔽功能防护薄膜材料

|3.1 电磁屏蔽原理|

电磁波是通过适当的振源产生，并以变化磁场激发涡旋电场，变化电场激发涡旋磁场的方式使电磁振荡在空间和物质中传播的一种波。它是一种电磁能量的传递过程，是一种横波，其传播形式与光相类似。当遇到屏蔽材料时，就会产生反射、吸收和透射。

3.1.1 平面电磁波与电磁屏蔽机理

3.1.1.1 平面电磁波基本原理

一般所讨论的都是远场平面波，其他类型的电磁波都可以由平面波叠加而成。随着电磁波频率增高，电磁波辐射能力增强，产生辐射电磁场，并趋向于远场辐射。在 1 MHz 以上频段和远场条件下，无论干扰源本身特性如何，均可看作平面电磁波。

平面电磁波的场矢量的等相位面是与电磁波传播方向垂直的无限大平面，在材料中的传播特征用 Maxwell 方程表示：

$$\begin{cases} -\dfrac{\partial H_y}{\partial Z} = \sigma E_x + \varepsilon \dfrac{\partial E_x}{\partial t} & (3.1) \\[3mm] \dfrac{\partial E_x}{\partial Z} = -\mu \dfrac{\partial H_y}{\partial Z} & (3.2) \end{cases}$$

当电场为正弦信号 $E_x = E_0 e^{j\omega t}$，代入式（3.1），得到：

$$-\frac{\partial H_y}{\partial Z} = (\sigma + j\omega\varepsilon) E_x \tag{3.3}$$

式中，σ 是材料电导率，反映了自由电子的传导电流；ω 为电磁波角频率，ε 为材料介电常数，$j\omega\varepsilon$ 反映了极化电荷的位移电流。

由式（3.2）和式（3.3）可得 E_x 的二阶微分方程：

$$\frac{\partial^2 E_x}{\partial Z^2} - \gamma^2 E_x = 0 \tag{3.4}$$

式中，$\gamma^2 = j\omega\mu(\sigma + j\omega\varepsilon) = j\omega\mu\sigma - \omega^2\mu\varepsilon$，代入式（3.4），得到：

$$E_x = E_0 e^{-\gamma z} e^{j\omega t} \tag{3.5}$$

式中，t 为时间，z 为在传输方向上的位移，γ 为传播常数。同理，由式（3.1）、式（3.2）和式（3.5）得到 H_y 的计算式：

$$H_y = \frac{E_0}{|Z(\omega)|} e^{-\gamma z} e^{j(\omega t - \phi)} = H_0 e^{-\gamma z} e^{j(\omega t - \phi)} \tag{3.6}$$

式中，$Z(\omega)$ 为材料波阻抗，平面波的波阻抗为常数。因此，平面波在任意材料中传播时，电场分量和磁场分量的表示式为式（3.7），即为平面波传播方程：

$$H_y = \frac{E_0}{|Z(\omega)|} e^{-\gamma z} e^{j(\omega t - \phi)} = H_0 e^{-\gamma z} e^{j(\omega t - \phi)} \tag{3.7}$$

材料可分为导体和电介质，电磁波从空气中传播到导体和电介质中，具有反射、吸收和多次反射三种效应，可以用波阻抗 Z 来描述这三种效应：将式（3.5）和式（3.6）代入式（3.2），得：

$$E_0(-\gamma) e^{-\gamma z} e^{j\omega t} = -\mu H_0 e^{-\gamma z} e^{j(\omega t - \phi)} j\omega \tag{3.8}$$

由式（3.8）可以得到波阻抗 Z 在任意介质中的一般形式：

$$Z = \frac{E_x}{H_y} = \frac{j\omega\mu}{\gamma(\omega)} \tag{3.9}$$

式中，$\gamma = \alpha + j\beta$，其中 γ 的实部 α 和虚部 β 分别称作衰减系数和相位系数，分别表示电磁波在介质中传播时幅度的衰减程度和相位的变化程度，分别表示为：

$$\alpha = \omega\sqrt{\frac{\mu\varepsilon}{2}} = \sqrt{\sqrt{1 + \left(\frac{\sigma_2}{\omega\varepsilon}\right)} - 1} \tag{3.10}$$

$$\beta = \omega\sqrt{\frac{\mu\varepsilon}{2}} = \sqrt{\sqrt{1 + \left(\frac{\sigma_2}{\omega\varepsilon}\right)} + 1} \tag{3.11}$$

$$\gamma = \alpha + j\beta = \sqrt{\omega\mu(j\sigma - \omega\varepsilon)} \tag{3.12}$$

对于导体屏蔽材料（$\sigma > 100\omega\varepsilon$），传播常数表示为 $\gamma \approx \sqrt{j\omega\mu\sigma}$；对于电介质（$\sigma < 0.01\omega\varepsilon$）$\gamma \approx \sqrt{-\omega^2\mu\varepsilon} = \pm j\omega\sqrt{\varepsilon\mu}$，则电磁波分别在导体和电介质材料中传播的波阻抗可表示为：

$$Z \approx \frac{1+j}{\sigma\delta}（导体中，\sigma > 100\omega\varepsilon） \tag{3.13}$$

$$Z \approx \sqrt{\frac{\mu}{\varepsilon}}（电介质中，\sigma < 0.01\omega\varepsilon） \tag{3.14}$$

式中，σ、μ、ε 分别为屏蔽材料的电导率、磁导率和介电常数，其中趋肤深度 δ 的表达式为：$\delta = \sqrt{\dfrac{2}{\omega\mu\sigma}}$。

由波阻抗可知，金属等良导体的 $Z(\omega)$ 和空气的 Z_0 相差很大，远小于空气波阻抗 377 Ω，电磁波在其表面被反射，反射的大小取决于材料的 σ、μ 和 ω，σ 越高，μ 和 ω 越低，Z 越小。而对于电介质，反射的大小取决于材料的 μ 和 ε。下面分别进行分析。

3.1.1.2　影响屏蔽效果的因素

1）电导率的影响

导电材料能屏蔽电磁波是因为导电材料体内存在自由电荷。金属导电材料的自由电子通常在点阵的粒子间无规律地运动着，在外加电场的作用下，这些自由电子发生定向运动而产生电流；非金属材料的电导是电子由价带跃迁到导带引起的，禁带越窄，这种导电电子的数目越多，如图 3.1、图 3.2 所示。

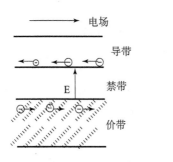

图 3.1　电子和空穴的导电

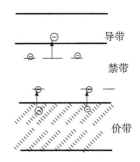

图 3.2　杂质能级的激发

导电材料体内存在自由电子，在外电场作用下，自由电子产生定向移动而形成传导电流，电流密度正比于电场强度，比例常数为电导率（σ）。

电导率表征材料中的自由电子在外电场作用下定向流动的能力，是表示材料导电能力的大小的物理量，单位为 S/cm，一般也常用电阻率来表征导电能力，电阻率在数值上是电导率的倒数，单位为 $\Omega \cdot cm$。电导率与材料的本性有关，高电导率屏蔽材料称为导电材料。电导率对屏蔽效能的影响，实质上表现了导电材料与电磁波的交互作用。

2）介电常数的影响

介电材料是指除导电材料外的一切材料，一般指电阻率在 $10^5 \sim 10^{16}\ \Omega \cdot m$，同电子的移动不同，介电材料在电场中不会分裂出电子，而是极化为正电荷端和负电荷端，正负电荷重心的不重合产生极化。

当电磁波作用在屏蔽材料上时，电磁波电场分量会使屏蔽材料内部的电介质产生极化，这种极化反过来影响外加电磁波。

极化能力用介电常数 ε 表征，反映了体系与电磁波电场分量的储存与损耗，介电常数对屏蔽效能的影响实质上反映了材料在电磁波的电场分量作用下的极化效应对总屏蔽效能的贡献，通过介电常数可以分析屏蔽材料对电磁波的反射和吸收能力。

ε' 反映了材料的极化能力，反映了有功分量位移电流的大小。因为 ε' 与导电复合材料内部的涡流损耗有关，体系的导电性能越强，导电网络传导电子的能力越强，产生的涡流损耗越大，涡流在材料内部以焦耳热的形式消耗[1]，导致体系温度上升。

ε'' 反映了材料对电磁波的损耗能力，常称为损耗因子，ε'' 反映了无功分量传导电流的大小，当电磁频率固定时，ε'' 与电导率成正比。

但在实际应用中，常用 $\tan\delta_E$（损耗角正切）表示电介质的损耗，这是因为用它来研究损耗具有两个明显优点：可以直接测量；大小与试样的形状和大小无关，为介质的自身属性，对介质特性的变化较敏感。

3）磁导率的影响

磁导率对屏蔽效能的影响，实质上表现了磁质材料与电磁波的交互作用。$B - H$ 曲线的斜率为磁导率，它是鉴别物质磁性和磁化能力的物理量，单位为 $H \cdot m^{-1}$。一般用相对磁导率 μ_r，即物质与真空的磁导率的比值 μ/μ_0 来表示。

在交变电磁场作用下，铁磁质存在磁滞、涡流和剩余损耗机制，使磁感应强度 B 总落后交变场 H 一个相位，相对磁导率呈现复数形式，复磁导率的表达式说明了动态磁化过程中，铁磁体内既有磁能的存储（μ'_r），又有磁能的损耗（μ''_r）。

物质中带电粒子的运动形成物质的元磁矩，当物质中的各元磁矩取向有序时，物质表现磁性，成为磁介质。磁介质有强弱之分，弱磁质包括顺磁质和抗磁质，相对磁导率接近 1；强磁质的相对磁导率大于 1，主要指铁磁性或亚铁

磁性物质。

　　同顺磁质一样，铁磁质的每一个原子或分子都有磁矩，但不同的是铁磁质存在自发磁化和磁畴。自发磁化是靠物质内部自身力量，使任一小区域的所有原子磁矩按一定规则排列。在无外磁场时，由于自发磁化，这些电子自旋磁矩在一定范围内按能量最低原则"自发"排列成一个个小的自发磁化区（磁畴），由于小磁畴磁化方向混乱，对外不表现磁性；在外磁场中，自发磁化方向与外磁场方向接近的磁畴逐渐"吞并"邻近的与外磁场反向的磁畴，各磁畴磁化方向转向外磁场方向，直到所有磁畴按外磁场方向排列好，达到饱和态而形成强烈的磁化。当外磁场较小时，畴壁移可逆；外磁场较大时，畴壁移不可逆，出现磁滞现象。

　　磁滞现象在 $B-H$ 坐标中表现为磁滞回线，材料出现磁滞回线表明这种材料具有磁性。磁滞回线可以反映材料的许多磁特性，如磁导率、饱和磁化强度、剩余磁化强度、矫顽力等。

3.1.1.3　电磁屏蔽机理

　　电磁波干扰（EMI）是随着现代电子工业的高速发展和各类电子产品的普遍使用而产生的一种新公害。电磁波屏蔽就是用导电或导磁体的封闭面将内外两侧空间区域进行电磁性的隔离，以控制电场、磁场和电磁波由一个区域向另一个区域的感应和辐射，使从一侧空间传输到另一侧空间的电磁能量被抑制到极微量。电磁屏蔽是抑制电磁波干扰的重要手段。

　　屏蔽效能[1]（Shielding Effectiveness，SE）是定量描述材料屏蔽效果的物理量，它是指不存在屏蔽体时某处的电场强度、磁场强度或功率密度与存在屏蔽体时同一处的电场强度，或磁场强度或功率密度之比，单位是分贝（dB）。

　　屏蔽材料的性能与干扰源的频率、屏蔽体到干扰源的距离以及屏蔽体上可能存在的各种不连续因素有关。屏蔽效果评价如表 3.1 所示。

表 3.1　屏蔽效果评价

屏蔽效果/dB	评价
0 ~ 10	几乎无屏蔽效果
10 ~ 30	较小的屏蔽效果
30 ~ 60	中等的屏蔽效果
60 ~ 90	较好的屏蔽效果
90 以上	最佳屏蔽效果

　　一般在远离干扰源的情况下，单纯的电场和磁场是很少见的，通常所说的

电磁屏蔽是指对 10 kHz 以上交变电磁场的屏蔽。电磁屏蔽可分为电场屏蔽、磁场屏蔽和电磁场屏蔽三种。

当频率较低且位于干扰源附近时（近场），随干扰源不同，其电场分量和磁场分量有很大差别。高电压、低电流干扰源，近场以 E 为主；低电压、高电流干扰源，近场以 H 为主。

当频率较高时或在远离干扰源处（远场），电磁波以平面波为主。而一般对电磁波的屏蔽则主要考虑电磁场屏蔽。

电磁屏蔽机理有多种解释：涡流效应法、电磁场理论法、传输线理论法等。其中传输线理论法因其计算方便、容易理解、精度高成为广泛采用的分析方法，它将屏蔽体看作一段传输线，电磁波通过屏蔽体时，屏蔽体将对电磁波产生衰减，Schelkunoff 公式利用了传输线模型，是计算均匀屏蔽材料平面电磁波的电磁场屏蔽效能的经典公式，适用于平板性屏蔽材料。

如图 3.3 所示，电磁波通过屏蔽体时，屏蔽体对电磁波产生三种损耗[2]：吸收损耗 SE_A、反射损耗 SE_R 和内部多次反射损耗 SE_B，由式（3.15）表示：

$$SE = SE_A + SE_R + SE_B \qquad (3.15)$$

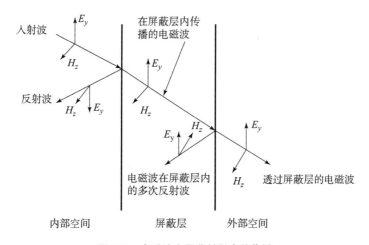

图 3.3　电磁波在屏蔽材料中的传播

1）吸收损耗

未被屏蔽材料外表面反射掉而进入材料内部的能量，在材料内向前传播的过程中被屏蔽材料所衰减，这种物理过程称为吸收。

$$SE_A = 20\lg | e^{\gamma L} | \approx 8.686L\gamma \qquad (3.16)$$

（1）屏蔽材料为导体：

$$SE_A \approx 131L \sqrt{\mu_r \sigma_r f} \qquad (3.17)$$

SE_A 和 L、$\sqrt{\mu_r}$、$\sqrt{\sigma_r}$ 成正比，且随着电磁波频率 f 的升高而增大。

电磁波在导体中的传播也可用导体的趋肤效应来说明，传播方程为：

$$E_x = E_0 e^{-\gamma z} e^{j\omega t} = E_0 e^{-\frac{z}{\delta}} e^{j\left(\omega t - \frac{z}{\delta}\right)} \qquad (3.18)$$

电磁波频率越高，σ 和 μ 越大，电磁波被衰减得越明显。

（2）电介质：

电介质又称为绝缘体，是一类电子材料，对于 $\mu_r \approx 1$ 的电介质，通常用基本参数 ε 和 σ 来表征。电介质内几乎不存在传导电流，对电磁波没有损耗。

纳米磁性金属等具有较大的磁导率，电磁波在其中传播的方程为：

$$E_x = E_0 e^{-\gamma z} e^{j\omega t} \qquad (3.19)$$

由于

$$\overline{S} = \frac{1}{2} E_0 \cdot H_0 \qquad (3.20)$$

电磁波能量与电场分量和磁场分量的振幅成正比，导电性差的磁介质使磁场分量振幅减小。

总之，SE_A 主要与材料的 σ 和 μ 有关，σ 反映了材料在电磁波作用下产生的感应涡电流激发的感应磁场对电磁波磁场分量的损耗，而且感应电流还通过热的形式消耗了电磁波的电场分量，μ 反映了材料通过低磁阻特性对电磁波磁场分量的屏蔽，由于 μ 随着频率的增大而减小，因此主要反映了材料对低频电磁波磁场分量的屏蔽。

2）反射损耗

当电磁波到达屏蔽体外表面时，由于空气与屏蔽体交界面上阻抗不连续，因此会对入射电磁波产生反射。

$$SE_R = 20\lg|p|^{-1} = 20\lg\left|\frac{(1+K)^2}{4K}\right| \qquad (3.21)$$

式中，$K = \dfrac{Z_1}{Z_2}$，Z 为波阻抗，对于单层均质屏蔽材料：$i = 1,2$，则 $Z_1 = Z_0 = 120\pi = 377\ \Omega$。

屏蔽材料的导电性较好时，SE_R 可以表示为：

$$SE_R \approx 168 + 10\lg\left(\frac{\sigma_r}{\mu_r f}\right) \qquad (3.22)$$

内部多次反射损耗：

$$SE_B = 20\lg|1 - q e^{-2\gamma L}| \approx 10\lg[1 + 10^{-0.2A} - 2 \times 10^{-0.1A}\cos(0.23A)] \qquad (3.23)$$

由上式发现 SE_B 为负值，对屏蔽材料的屏蔽效能起负影响，而且 SE_B 取决

于 SE_A，当 $SE_A > 10\ dB$，SE_B 可以忽略，可通过提高屏蔽材料的 SE_A 来降低或消除 SE_B 的负影响。

3）屏蔽效能

将吸收损耗、反射损耗和内部多次反射损耗综合，得到电磁屏蔽效能公式：

$$SE \approx 8.686L\gamma + 20\lg\left|\frac{(1+K)^2}{4K}\right| + 10\lg[1 + 10^{-0.24} - 2 \times 10^{-0.14}\cos(0.23A)]$$

(3.24)

由上式可知，屏蔽材料的 SE 与电磁波频率以及屏蔽材料的 σ、ε 和 μ 均有关。因此，电磁波在材料中传播时，受到材料特性参数 σ、μ 和 ε 的影响，金属等良导体 Z 远小于空气波阻抗 377Ω，电磁波在其表面被反射。

3.1.1.4　导电机理

大量试验结果表明，当复合体系中导电体的含量增加到某一个临界值时，体系的电阻率急剧降低，存在"渗滤"现象，填料的临界含量称为"渗滤阈值"（percolation threshold）[3,4]，可以认为在这一点开始形成导电网络，粒子间有直接的物理接触，如图 3.4 所示。

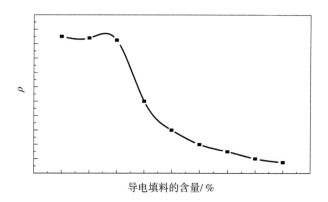

图 3.4　"渗滤"现象示意图

1957 年，Broadbent 和 Hammersley 提出一种简单的"点阵渗滤"理论模型。在该模型中，他们用流体流经静态的无规媒介物，然后应用几何和统计的方法来解决该过程中的渗滤现象。"点阵渗滤"又可分为两种：一种为点渗滤，这里的点可以是实的（如某种物质颗粒），也可以是空的（如在一张导电纸上扎孔）；另一种为键渗滤，这里的各个点是固定的，但连接点的各个键可以是存在的，也可以是不存在的。渗滤理论是解释复合体系"渗滤"现象的

主要理论，是处理强无序和随机几何结构的最好方法之一，能从宏观角度解释复合导电体系电阻率随导电填料浓度变化的关系，不涉及导电本质。科学界提出了许多理论来解释渗流理论，主要分为两大类，即导电通路如何形成的导电通路机理以及通路形成后如何导电的室温导电机理。

1）导电通路形成机理

导电通路机理研究导电功能体如何达到电接触，而在整体上自发形成导电通路这一宏观自组织过程。导电通路机理主要有四种模型，分别从不同角度描述了导电复合材料导电通道的形成[5]。

（1）统计渗滤模型：

Kirkptrick 等提出统计渗滤模型，将导电体粒子视为点阵上的随机分布点。

Guland 在此基础上提出"平均接触数"（m）的概念，m 在 1.35～1.50 范围内，复合物电导率突降。他将基体视为二维或三维点（或键）的有限规则阵列，将导电功能体视为点（或键）在阵列上随机分布，当点（或键）的占有概率达到某值时，相邻点（或键）簇将扩散至整个阵列，出现长程相关性。复合材料中形成导电网络的概率取决于每个导电粒子与周围粒子接触的统计平均数 m 和每个颗粒的空间容许最大接触数 Z。当 $m > 1$ 时，开始形成断续的导电网络；当 $1.3 \leqslant m \leqslant 1.5$ 时，形成连续导电网络，材料的电阻率急剧下降；当 $m > 2$，导电网络完全形成，电阻率不再随导电粒子的增多而降低[6]。

（2）热力学模型：

Miyasaka 等基于平衡热力学原理，强调了功能体和基体界面相互作用对导电通路形成的重要性，并且认为"渗滤"现象实际上是一种相变过程。他们认为，复合体系中导电通路的形成主要与高分子基体和导电填料间的界面效应有关。在复合体系的制备过程中，导电粒子的自由表面变成湿润的界面，形成聚合物——导电填料界面层，体系中界面能过剩，随着导电填料含量的增加，复合体系间的界面能过剩增大，导电填料的"渗滤阈值"是一个与体系界面能过剩有关的参数。当体系界面能过剩达到一个与聚合物种类无关的普适常数后，导电粒子间开始形成导电网络，宏观上表现为体系的电阻率突变。

Wessling 等提出"动态界面模型"，指出粒子移动的驱动力来自体系的界面自由能，导电通路实际上是被"冻结的耗散结构"。

（3）有效介质模型：由 Bruggeman 提出，是应用自洽条件处理球形颗粒组成的多相复合体系各组元的平均场理论。

（4）微结构模型：微结构模型的建立试图达到两个目的，描述各种不同结构复合材料的导电性，通过对材料结构的研究手段来设计聚合物基导电复合材料。

以上各理论从不同方面解释了复合导电体系的渗滤现象，但复合导电体系远离平衡态，各粒子间存在非线性耦合，具有复杂性和整体性。导电通路的形成往往是非平衡热力学、非线性动力学和分形结构共同作用的结果。

2）导电通路形成后的导电机理

复合体系具有导电性后，分布于高分子树脂中的导电体粒子的电子传输问题尤为重要，导电通路形成后，载流子迁移的微观过程主要有三种理论，复合导电体系的导电性能由这三种理论单独或综合构成[7,8]，如图3.5所示。

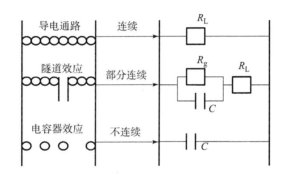

图3.5　导电复合高分子材料的接触导电、隧道导电和电容导电

（1）通道导电理论（接触导电）：

该理论将导电微粒看作彼此独立的颗粒，而且规则、均匀地分布于聚合物基体中。当导电微粒直接接触或间隙很小（<1 nm）时，在外电场作用下即可形成通道电流。可以解释导电功能体临界填充率处的"渗滤现象"，但导电微粒在复合材料中分布与该理论假设条件并不相符，如基体中导电粒子易于团聚，而且单个导电粒子间隙在10 nm以下时，有些导电粒子间便可以传导电子，所以该理论不能独立解释一些聚合物基导电复合材料，尤其是纳米导电粒子体系的导电现象。

（2）隧道效应理论（隧道导电）：

当导电粒子在聚合物基体中的含量很高时，微粒间直接接触而导电，可用通道导电理论解释，但另一部分则以孤立粒子或小聚集体形式分布于绝缘的聚合物基体中，当孤立粒子或小聚集体之间只被很薄的聚合物薄层（10 nm左右）隔开时，由热振动激活的电子就能越过聚合物薄层跃迁到邻近导电微粒上形成隧道电流，此即为量子力学中的隧道效应。隧道效应理论与许多实验结果相符。

（3）电场发射理论（电容导电）：

电场发射理论认为聚合物基导电复合材料导电机理除通道导电外，另一部分电流来自内部电场对隧道作用的结果。当电压增加到一定值时，导电粒子绝

缘层间的强电场促使电子越过势垒而产生场致发射电流。实际上电场发射理论也是一种隧道效应，只是激发源为电场。

上述几种理论对于某些具体的导电复合材料能够达到较好的阐述效果，但由于假设条件不同，它们的适用范围具有局限性。因此，必须对具体的渗滤过程进行具体分析。

3.1.2 电磁屏蔽性能测试

（1）微观结构测试：扫描电镜（SEM）用 SEM – 4800 冷场发射扫描电子显微镜对复合物内部微观分散性进行测试，薄膜样条用液氮脆断，将断面喷金，然后用双面胶将样品安在铝桩上，真空度为 $1.33 \times 10^{-8} \sim 1.32 \times 10^{-6}$ Pa，观察断层的显微结构；傅里叶红外光谱（FT – IR）：室温下用 NICOLET 6700 TGA – FT – IR 测试仪对 KH – 550 偶联前后的 MWNT/LDPE 进行测试，测量范围：$400 \sim 4\,000$ cm^{-1}；X 射线衍射仪（XRD）：室温，Cu Kα radiation，40 kV，40 mA，Dmax – 3A，Japan。

（2）介电常数用 4291 阻抗仪，交流电压 500 mV，试样厚度为 0.2 mm，直径为 15mm。

（3）参照《平面材料屏蔽效能测量方法》，将样品裁成 14 mm × 14 mm，放置在法兰同轴传输线中间并压紧，点频法测量 30 ~ 1 500 MHz 的屏蔽效能。

测试夹具特性阻抗：50 Ω；电压驻波比：< 1.2；传输损耗：< 1 dB；测量温度：19 ℃；相对湿度：17%。测试所用的主要仪器如表 3.2 所示。检测和试样尺寸如图 3.6 所示。

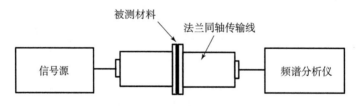

图 3.6　屏蔽效能检测和试样尺寸示意图

表 3.2　屏蔽效能测试所用的主要仪器

名称	型号	编号	指标
信号发生器	SML01	101527	9 kHz ~ 1 100 MHz
微波信号发生器	SMR20	101452	1 ~ 20 GHz
频谱分析仪	E4440A	MY44303216	3 Hz ~ 26.5 GHz
法兰同轴传输线	CT – 1	01	30 ~ 1 500 MHz

（4）体电阻率测试。

参照 GB/T 15662—1995《导电、防静电塑料体积电阻率测试方法》，采用四电极法，样品的长 l、宽 w、厚 t 分别为 20 mm，10 mm 和 0.2 mm。在温度（23±3）℃，湿度（50±5）% 的条件下静置后测试，取平均值。四电极法以欧姆定律为基础，ρ 用欧姆定律表示：

$$\rho = \frac{Vwt}{Il} \tag{3.25}$$

式中，V 是电压，I 是电流，w 和 t 分别表示样品的宽度和厚度，l 是两金属电极间的距离。测试方法如图 3.7 所示。

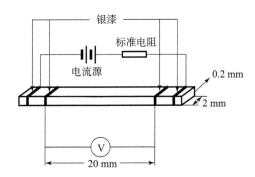

图 3.7　四电极法测量材料体电阻率示意图

3.1.3　不同填料电磁屏蔽复合薄膜分类

为解决屏蔽 EMI 问题，科研工作者已在许多方面进行了研究，并已取得了很大的进展，屏蔽材料可分为四大类[9-11]：

（1）有机导电涂层：包括银、镍、铜、石墨、合金等作为填料的有机涂层。该方法具有成本低、工艺简单、可对各种复杂形状施工等突出优点。

（2）表面导电材料（即金属化层）：在高分子材料表面形成一层具有电磁屏蔽功能的金属镀层，它的屏蔽性能好，但表面导电膜易脱落。

（3）本征导电高分子材料：即结构型导电高分子材料，它们本身具有一定的导电性能，具有重量轻、柔韧性好、可大面积成膜和电阻率可在大范围内调节等特点，但成型困难、导电稳定性差、成本高，无法进行广泛的应用。

（4）导电复合高分子材料：由高分子材料与导电填料复合，经混合、挤出、干燥、成型等工艺制成。兼具电磁屏蔽功能和高分子特点，性能稳定、易加工成型、质量小、成本低、适合大批量生产，是继表面导电材料之后发展起

来的新型电磁屏蔽材料，在电磁屏蔽领域具有广泛的应用前景。

1）传统填料

电磁屏蔽填料是实现高分子复合材料电磁屏蔽性能的关键。传统的电磁屏蔽填料选择导电性能良好的碳素和金属材料，如碳纤维、炭黑、石墨、金属纤维、镀金属碳纤维、镀金属玻璃纤维、金属粉末等[12]。

在聚乙烯基体方面，Bekaert 公司使用不锈钢纤维 SSF 与聚乙烯等高分子材料进行机械熔融共混，在 100～900 MHz 3 mm 厚的复合材料的屏蔽效能可以达到 40 dB，可用于抗静电和电磁屏蔽材料[13]，SSF 虽然具有良好的电磁屏蔽性能，但和聚乙烯等高分子树脂的相容性较差，并且对聚乙烯基体的力学性造成破坏，不适合制备厚度较小的薄膜。

Sang Woo Kim 等[14]将软磁合金粉 Fe－Si－Al 与聚乙烯、甲苯溶液等在玛瑙钵中研磨混合，滚压成 0.2～1.0 mm 的高密度的复合膜，研究了该软磁薄膜在近场和远场的电磁吸收性能，高密度和高厚度的膜的磁渗透性和导电性较好，从而决定了电磁吸收性能也较好，该薄膜在 0.1 GHz 可以作为电磁屏蔽体。

刘帅等[15]将不锈钢纤维、镍粉等加入 LDPE 中，制得了厚度为 100 μm 的聚乙烯薄膜，该薄膜在 0.3 MHz～20 GHz 的电磁屏蔽效能大于 25 dB。

这些传统的电磁屏蔽填料的优点是原料易得、导电性好、价格适中，但它们具有显著的缺陷：都属于粒径在微米级的无机材料，和聚乙烯基体的相容性差，这种不相容会影响复合材料的力学性能和导电性能，造成机械性能差[16]，不具有实用性。此外，双螺杆挤出和吹膜工艺对常规纤维状填料的长径比破坏极大，同样含量的复合材料用混炼机和挤出机得到截然不同的数值[17]。

2）纳米填料

美国、日本、德国等国自 20 世纪 90 年代就把纳米技术列入"政府关键技术"和本国 21 世纪优先开发项目。我国的纳米科技事业与世界先进国家同步，但纳米材料的应用研究滞后于理论和制备，目前突出的矛盾就是纳米材料在实际生产中的应用，因此，开发具有优良特性和实用价值的纳米复合材料是目前我国复合材料发展的关键。

由于小粒径分散相的表面缺陷相对较少，非配对原子多，纳米粒子的表面原子数与总原子数之比随其粒径的变小而急剧增大，表面原子的晶体场环境和结合能与内部原子截然不同，因而晶体场的微粒化和活性表面原子的增多使纳米填料都具有很大的化学活性，可以和聚乙烯等高分子基体紧密结合。和微米级的电磁功能填料不同，纳米填料的加入会赋予聚乙烯等高分子基体更高的韧性和强度，当复合材料受到外力时，纳米粒子不易与基体脱离，能较好地传递所承受的外应力，同时在应力场相互作用下，复合材料内部会产生更多的微裂纹和塑性变形，引发基体屈服（空化、银纹化、剪切带作用等），从而吸收一定的变形功，消耗大量的冲击能，达到同时增强、增韧的目的；此外，纳米粒子增加基体裂纹扩展阻力，钝化裂纹扩展效应，并能最终终止裂纹，不致在基体内部形成破坏性裂缝。

在纳米填料中，碳纳米管、纳米金属等都是屏蔽性能优良的填料，它们不仅具有碳素和金属良好的导电性，而且由于纳米级粒径，还具有特殊的纳米特性，如对高分子基体具有力学补强功能、纳米吸波性等。

3.1.4　宽频电磁屏蔽材料设计

为了提高 LDPE 电磁膜的屏蔽性能，拓宽屏蔽频段，依据电磁屏蔽理论和材料学，以 LDPE 为基体，以 MWNT、Ni – MWNT、MWNT/CF、nano – Fe 等为功能填料，利用 MWNT/CF 复合填料的协同导电和屏蔽性，在降低 MWNT 的用量和复合材料成本的同时，提高了屏蔽效果，制备了 LDPE 基电磁膜。为拓宽电磁屏蔽频段，提高屏蔽效果，在 LDPE 基电磁膜外面用真空蒸镀上一层铝，对这种双层屏蔽结构在 300 kHz ~ 20 GHz 的屏蔽性能进行了研究。

（1）针对 MWNT 易在基体中团聚的问题，将物理分散法（超声波振荡和熔融共混工艺）与化学分散法（酸化和偶联）相结合，对影响 MWNT 在 LDPE 中分散的各种因素，如酸化、偶联、超声波振荡（时间、温度、溶液用量）和熔融挤出等工艺等进行优化，得到了制备 MWNT/LDPE 复合材料的最佳熔融共混分散工艺，研究了 MWNT 的用量和各分散工艺对复合材料的屏蔽性能的影响，并对 MWNT/LDPE 复合材料的屏蔽机理进行了探讨。

（2）用化学镀镍的方法在 MWNT 表面镀上纳米镍层，利用纳米镍的良好导电性和铁磁性来提高复合材料的屏蔽性能和低频屏蔽效果，通过对比 MWNT 镀镍前后复合材料的体电阻率、介电常数、磁导率、磁滞回线和屏蔽效能，并结合 XRD、SEM、EDS 等微观测试手段，对镀镍复合体系的屏蔽性能提高的原因进行了分析，并探讨了镀镍复合体系的电磁屏蔽机理。

（3）为减少 MWNT 用量，降低复合材料成本，利用不同结构和形状的填料间的协同效应，将 CF 和 MWNT 一起复合填加到 LDPE 中，通过体电阻率测试，结合 SEM，建立导电模型，对复合填料体系的协同导电性进行了研究，并通过体电阻率、介电常数和屏蔽效能的测试结果，研究了复合填料体系的协同屏蔽性。此外，还研究了 CF 的表面处理和长径比对复合体系屏蔽性能的影响。

（4）为改善 MWNT/CF 复合填料体系的低频屏蔽效果，根据电磁屏蔽理论，选择向导电性能良好的"二次渗滤"体系 CF/MWNT/LDPE 中加入不同（体积分数）纳米羰基铁粉，通过对复合材料体电阻率、磁导率、磁滞回线和屏蔽效能的测试，结合 SEM 微观测试手段，研究了纳米羰基铁粉的加入对复合体系屏蔽性能的影响，并对屏蔽机理进行了分析。

（5）针对 MWNT、镀镍 MWNT 和 MWNT/CF 复合体系的屏蔽效能随填料体积含量增加而出现的"渗滤"现象，参照用于分析复合体系渗滤导电行为的 Kirkptrick 统计渗滤理论，分别得到各复合体系的"渗滤阈值"，采用"二次函数"模拟对填料含量在"渗滤阈值"以上的复合材料的 SE 进行了估算，得到能利用填料体积含量估算复合材料 SE 的公式。

（6）为了拓宽电磁屏蔽频段，提高屏蔽效果，同时提高薄膜的阻隔功能，本节选择上述四类复合薄膜材料（MWNT/LDPE、Ni – MWNT/LDPE、MWNT/CF/LDPE 和 nano – Fe/MWNT/CF/LDPE）中性能较好的样品，在薄膜外面用真空镀铝的方法镀上一层铝，对这种双层屏蔽结构在 300 kHz ~ 20 GHz 的屏蔽性能进行了研究。

技术路线如图 3.8、图 3.9 所示。

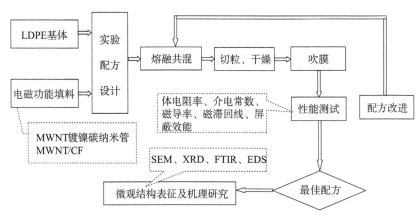

图 3.8　LDPE 基电磁膜的研究路线

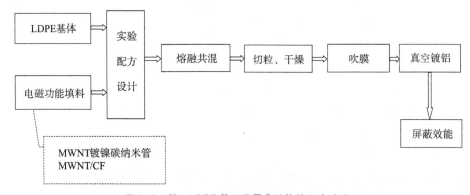

图 3.9　铝 – LDPE 基双层屏蔽结构的研究路线

|3.2 MWNT 电磁屏蔽性能复合薄膜特性|

3.2.1 MWNT 复合薄膜的屏蔽效能分析

图 3.10 为 MWNT/LDPE 在 1 500 MHz 时的介电损耗角正切。

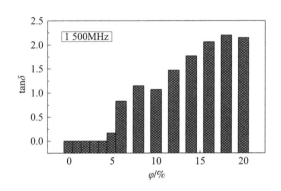

图 3.10 MWNT/LDPE 的介电损耗角正切

在电磁波场中，不仅存在电场，而且存在磁场，材料在电磁波中的损耗常用 $\tan\delta$ 来表征，$\tan\delta = \tan\delta_E + \tan\delta_M$，$\tan\delta_E$ 和 $\tan\delta_M$ 分别为介电损耗角正切和磁损耗角正切。

对于 CF、MWNT 等电屏蔽材料，$\tan\delta_M \approx 0$。由 $\tan\delta$ 的大小可以判断体系的屏蔽性能，当 $\tan\delta$ 大于 1 时，材料是良导体，ε 对 SE 的作用可以忽略，SE 主要与 σ 有关；当 $\tan\delta$ 远小于 1 时，材料导电性差，SE 主要与 μ 有关；当 $\tan\delta$ 接近于 1 时，材料的电性能介于导体和绝缘体之间，SE 与 σ 和 ε 均有关。

MWNT 含量的体积分数小于 50% 时，$\tan\delta$ 远小于 1，表明 MWNT/LDPE 表现 LDPE 的性质，导电性差，对电磁波没有屏蔽性。当 MWNT 含量的体积分数超过 5%，随着 MWNT 的增加，材料逐渐表现出导电性和介电性，在 1 500 MHz 的 $\tan\delta$ 逐渐增加到 2.2，表明 SE 与 σ 和 ε 有关。

为了进一步分析 SE 与 σ 和 ε 的关系，图 3.11（a）、（b）和（c）分别为 1 500 MHz 时 MWNT/LDPE 的 ε_r'、SE、$\lg\sigma$ 随 MWNT 体积分数的变化规律曲线。

在 MWNT 含量体积分数为 4% ~ 8% 时，由图（a）~（c）曲线发现，SE、σ 和 ε_r' 均随 MWNT 含量的增加迅速增加，当 MWNT 含量体积分数大于 8% 后，

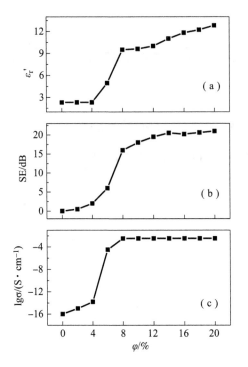

图 3.11　SE、lgσ、ε'_r与体积分数的关系

SE$-\varphi$ 的变化处于 $\sigma-\varphi$ 和 $\varepsilon'_r-\varphi$ 之间，三个曲线的变化趋势比较接近，说明 MWNT/LDPE 的 SE 与 σ 和 ε'_r 有关。

图 3.12 为 1 500 MHz 时 MWNT/LDPE 的 SE 与 lgσ 和 ε'_r 关系。

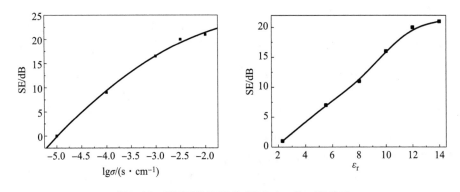

图 3.12　MWNT/LDPE 的 SE 与 lgσ 和 ε'_r 的关系

可知，SE 随电导率和介电常数的变化而变化，MWNT 含量较低时，SE 随

着 lgσ、ε_r' 显著增加，而后随着 MWNT 含量增加，SE 增加趋势减缓，进一步表明 MWNT/LDPE 的屏蔽性由传导电流和位移电流共同作用产生。

1 500 MHz 时反射效应 R 和吸收效应 A 随 MWNT 体积分数 φ 变化规律如图 3.13 所示。

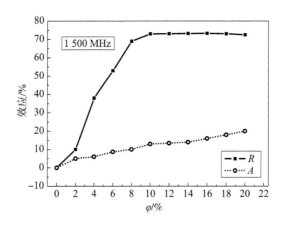

图 3.13   MWNT/LDPE 的 R 和 A

由图 3.13 可知，随着 MWNT 的体积分数从 0% 增加到 10%，MWNT/LDPE 的反射效应 R 和吸收效应 A 都提高，并且 R 增加的幅度明显，在 10% 之后，R 几乎不再增加，A 则随着 MWNT 增加而增加，即随着 MWNT 体积分数超过 10% 后，σ 和 ε_r' 对 A 的贡献超过了对 R 的贡献，材料的吸波性增强。

因此，MWNT/LDPE 的屏蔽性能由传导电流和位移电流共同作用，是反射机制为主的屏蔽体系，随着 MWNT 含量的增加，吸波屏蔽机制所占比例逐渐增大。

3.2.2   MWNT 含量对屏蔽效能的影响及屏蔽效能的估算

图 3.14 为 30 ~ 1 500 MHz 体积分数为 2% ~ 20% 的 MWNT/LDPE 的 SE 测试结果。

从图 3.14 可知，材料在 200 MHz 以下的低频屏蔽效果不理想，随着频率增大，SE 提高，分析认为这是由于 MWNT 没有铁磁性[18]导致低频电磁波的磁场分量屏蔽效果较差。此外，当填料的体积分数低于 6% 时，SE < 10 dB，随着填料从 6% 增加到 8%，SE 迅速增高到 10 dB 以上，随着填料体积分数的继续增加，SE 的增加趋势减缓，在 20% SE 达到 20 dB，SE 出现了和导电性相似的"渗滤现象"。

图 3.15 为 30 ~ 1 500 MHz 复合薄膜的 SE 随体积分数变化关系图。

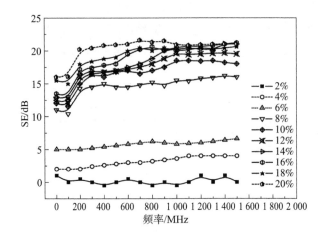

图 3.14　MWNT/LDPE 的 SE

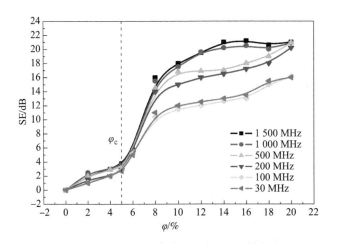

图 3.15　SE 与 MWNT 体积分数的关系

由图 3.15 可知，无论在低频还是较高频，SE 随 MWNT 体积分数的增加都出现了较明显的"渗滤现象"，而且，由图发现复合薄膜在 30～1 500 MHz 的"渗滤阈值"约为 5%（±0.02）。

Kirkptrick 等对"渗滤阈值"以上的导电复合材料的导电性能进行了统计学估算，提出了经典统计渗滤理论：$\sigma = \sigma_0(\varphi - \varphi_c)^t$，并用 $\lg\sigma - \lg(\varphi - \varphi_c)$ 作图，得到 t 值，由 t 不仅可以对导电粒子的分散性和导电网络的完善性进行评价，还可以由该式对"渗滤阈值"以上不同填料含量的复合材料的 σ 进行估算。本文参照 Kirkptrick 统计理论，对"渗滤阈值"5% 以上的 MWNT/LDPE

的 SE 进行了统计估算，如图 3.16 所示。

图 3.16 为"渗滤阈值"φ_c 以上 MWNT/LDPE 的 SE – lg（$\varphi - \varphi_c$）关系图，图中实线为用二项式（$y = A + B_1 x + B_2 x^2$）拟合的曲线，点为 SE 的测试值。

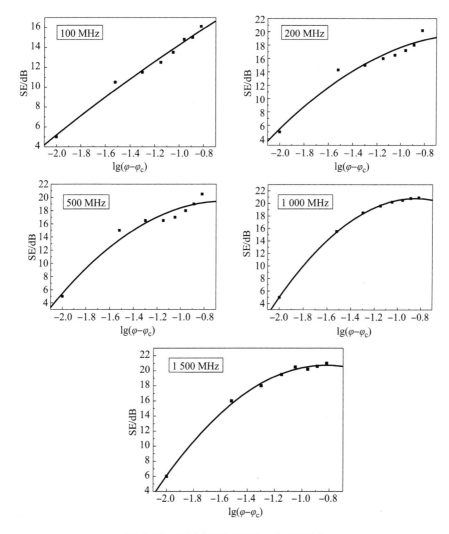

图 3.16　不同频率时 SE 的二次函数拟合

表 3.3 列出了 MWNT/LDPE 在 30 MHz、100 MHz、200 MHz、500 MHz、1 000 MHz 和 1 500 MHz 的二项式拟合曲线的相关参数 A、B_1、B_2 和相关因子 R。

表3.3 二项式拟合曲线的相关参数 A、B_1、B_2 和相关因子 R

频率	A	B_1	B_2	R
30 MHz	19.52	2.65	−2.26	0.988 9
100 MHz	21.76	6.73	−0.78	0.985 8
200 MHz	18.76	−4.49	−5.58	0.953 9
500 MHz	16.34	−9.66	−7.55	0.956 7
1 000 MHz	12.19	−20.22	−11.90	0.999 6
1 500 MHz	13.56	−17.43	−10.59	0.996 7

表3.3中，相关因子 R 均大于0.95，因此，在30 MHz、100 MHz、200 MHz、500 MHz、1 000 MHz 和 1 500 MHz，MWNT/LDPE 的 SE 与 MWNT 的体积分数之间存在式（3.26）所示的二次函数关系，在30～1 500 MHz 都可以用二次函数关系式（3.26）较为方便地计算材料的 SE，只是在不同的频率，A、B_1、B_2 的数值各不相同。

$$SE = A + B_1 \lg(\varphi - 0.05) + B_2 [\lg(\varphi - 0.05)]^2 \qquad (3.26)$$

3.3 镀镍碳纳米管复合薄膜屏蔽特性

3.3.1 镀镍 MWNT 对电磁性能的影响

3.3.1.1 镀镍 MWNT 对体电阻率的影响

图3.17为 Ni−MWNT/LDPE 和 MWNT/LDPE 在不同体积分数的体电阻率。

从图3.17可知，Ni−MWNT/LDPE 和 MWNT/LDPE 的体电阻率随填料体积分数的增加发生"渗滤现象"，"渗滤阈值"分别为5%和6.5%，当填料的含量大于"渗滤阈值"后，体电阻率急剧降低，当填料体积分数小于8%时，Ni−MWNT/LDPE 的导电性较低，随着填料体积分数增加到8%后，Ni−MWNT/LDPE 的导电性较好。

两复合体系的分散性应用公式 $\sigma = \sigma_0 (\varphi - \varphi_c)^t$ 对 MWNT/LDPE 和 Ni−MWNT/LDPE 的 $\lg\sigma - \lg(\varphi - \varphi_c)$ 作图，如图3.18所示，t 和 φ_c 的具体数值列于表3.4。

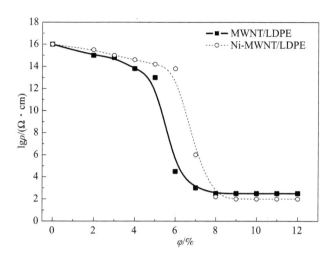

图 3.17　镀镍前后复合薄膜的体电阻率随体积分数的变化

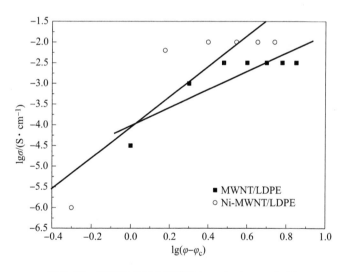

图 3.18　镀镍前后复合薄膜的 $\lg\sigma - \lg(\varphi - \varphi_c)$ 图

表 3.4　镀镍前后复合薄膜的渗滤阈值、临界指数和相关因子

复合薄膜	φ_c	T	R
Ni - MWNT/LDPE	6.5%	3.76	0.983
MWNT/LDPE	5%	1.65	0.990

由表 3.4 可知，Ni - MWNT/LDPE 的 t 值偏离 3D 刚性棒状导电网络体系的

理论值 2.0 较严重。这可能是因为 Ni－MWNT 在 LDPE 中的分散性和界面相容性均不如 MWNT/LDPE 造成的，Ni－MWNT 和 LDPE 的界面间存在许多微小空隙，且在 LDPE 中呈管状分布的 Ni－MWNT 数量较少，造成了填料体积分数小于 8% 时 Ni－MWNT 体系的导电性较差。当体积分数大于 8% 后，由于金属镍层的导电性高于 MWNT，增加的 Ni－MWNT 弥补了分散性和相容性差带来的不足，复合薄膜的导电性能高于 MWNT/LDPE。

3.3.1.2　镀镍 MWNT 对介电常数的影响

图 3.19 为填料体积分数为某一定值（10%）的镀镍前后 LDPE 基复合薄膜的 ε_r'' 与 ε_r' 比较。

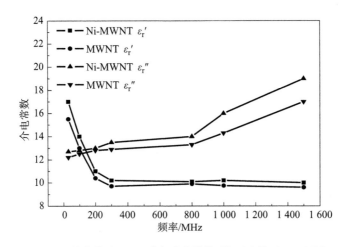

图 3.19　镀镍前后 LDPE 基复合薄膜的 ε_r'' 与 ε_r' 比较（φ = 10%）

由图可知，镀镍复合薄膜的 ε_r'' 与 ε_r' 都略有增加，表明对电磁波能量的储存和损耗能力都得到提高。

分析认为，当填料体积分数超过 8% 后，镀镍体系的导电性高于不镀镍体系，对电磁波的涡流损耗较大，并且纳米镍具有更高的表面，能吸附悬挂键产生高界面极化电偶极子，与电磁波作用引起晶格振动而损耗电磁波，此外，由于纳米金属的不连续能级分裂可以吸收微波段电磁波，因此，镀镍后复合薄膜对电磁波的吸波损耗增大。

3.3.1.3　镀镍 MWNT 对磁性能的影响

图 3.20 为填料体积分数为某一定值（10%）的 Ni－MWNT/LDPE 和 MWNT/LDPE 的 $H-B$ 磁滞回线。饱和磁化强度（M_s）、剩余磁化强度（M_r）

和矫顽力（H_c）的具体数值列于表 3.5。

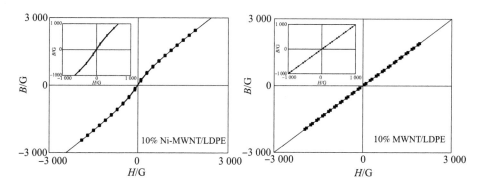

图 3.20　镀镍前后复合薄膜的磁滞回线（±3 000 G），内部图为 ±1 000 G 的磁滞回线

表 3.5　镀镍前后复合薄膜的矫顽力、饱和磁化强度和剩余磁化强度（±3 000 G）

复合薄膜	H_c/G	M_s/G	M_r/G
Ni – MWNT/LDPE	8.56	285.32	14.26
MWNT/LDPE	0.082	0.63	0.084

由图 3.20 和表 3.5 可知，MWNT/LDPE 几乎不显示铁磁性，不出现磁滞回线，M_s、M_r 和 H_c 均很小，化学镀镍后，磁滞回线面积增加，M_s、M_r 和 H_c 增加。

磁滞回线是铁磁质磁滞现象的表现，它可以反映磁特性，如矫顽力（H_c）、饱和磁化强度（M_s）、剩余磁化强度（M_r）等，H_c 是表征材料在磁化后保持磁化状态的能力，M_r 表示当外电磁场减小为 0 时，材料仍保存的磁化强度数值，M_s 是指随着外磁场的增加，磁化强度增大并趋于饱和，是铁磁体磁化能力的反映，磁滞损耗是磁性材料在不可逆越变的动态磁化中，克服各种阻尼作用而损耗的部分外磁场的能量，磁滞回线的大小在数值上等于磁化一周的磁滞损耗[19]。

磁滞回线面积、M_s、M_r 和 H_c 的测试结果表明 MWNT/LDPE 没有铁磁性，而 Ni – MWNT/LDPE 具有一定的铁磁性。

3.3.2　镀镍 MWNT 对屏蔽效能的影响

3.3.2.1　镀镍前后的屏蔽效能

镀镍前后的屏蔽效能对比如下：

图 3.21 是镀镍前后填料的体积分数分别为 10%、16% 和 20% 时的复合薄膜 SE。

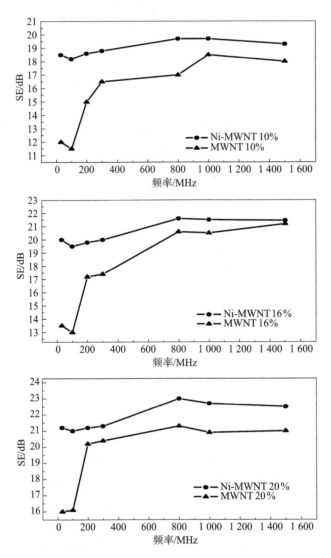

图 3.21　镀镍前后复合薄膜的屏蔽效能

通过比较发现，在相同填料含量，镀镍后复合薄膜的屏蔽效能较大，而且随着频率的降低，两种薄膜 SE 相差增大，在 1 500 MHz，两材料的 SE 相差 2 dB 左右，在 30 MHz 差值增大到 5.5 ~ 6.5 dB，说明 MWNT 镀镍后可提高 SE，尤其改善低频屏蔽效果。

分析认为，镀镍后 MWNT 的 σ、ε_r 较大，材料内部的传导电流和位移电流密度较大，和空气的波阻抗相差增大，反射损耗提高，并且由于导电性的提高使材料内部感应的电子涡流增大，涡流损耗电磁波能力增强，此外，由图可知，原始 MWNT 没有铁磁性，而 MWNT 镀镍后纳米镍的铁磁性使 Ni – MWNT/LDPE 对电磁波的低频磁场分量具有了一定的屏蔽能力，主要包括以下方式：①铁磁材料的低磁阻使主要的电磁波能量都通过这些铁磁通路却不扩散到周围空间；②纳米镍的内部磁场与电磁波场发生耦合引起磁共振而损耗电磁波；③磁纳米粒子都有独特的磁区结构，并具有较高的矫顽力，产生磁滞损耗和磁后效效应损耗电磁波；④根据能带理论，块状金属传递电子的能谱是准连续的，而纳米级的金属却不同，当金属尺寸到纳米级时，连续的能带分裂成不连续能级，分裂的能级间隔处于微波能量范围，可以吸收微波段的电磁波；⑤磁粒子在电磁波交变磁场中磁化，产生一定的磁通密度，磁通密度的变化引起磁感应电动势而产生涡流损耗。

正是由于 Ni – MWNT 的铁磁性和吸波性能，Ni – MWNT/LDPE 对电磁波的屏蔽能力得以提高，低频 SE 得到改善。

3.3.2.2 镀镍 MWNT 含量对屏蔽效能的影响以及屏蔽效能的估算

图 3.22 为 30 ~ 1 500 MHz 体积分数 4% ~ 24% 的复合薄膜的 SE 测试结果。

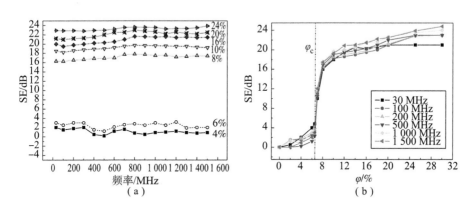

图 3.22 不同含量的 Ni – MWNT/LDPE 的 SE

（a）30 ~ 1 500 MHz；（b）SE - φ 曲线的"渗滤阈值"

从图（b）可知，复合薄膜的 SE 都随着 Ni – MWNT 体积分数的增加而增加，在 6% 左右，SE 显著提高，即当体积分数增加到 8% 后，SE 的增加幅度降低，表明 Ni – MWNT/LDPE 的 SE 随 Ni – MWNT 含量的增加而出现"渗滤现象"。由图（b）可知，在 30 ~ 1 500 MHz Ni – MWNT/LDPE 的"渗滤阈值"

为 6.5% （±0.02）。

Kirkptrick 等对"渗滤阈值"以上的复合材料的导电性能进行了统计学估算，提出了经典统计渗滤理论：$\sigma = \sigma_0(\varphi - \varphi_c)^t$，并用 $\lg\sigma - \lg(\varphi - \varphi_c)$ 作图，得到 t 值，由该式可以对"渗滤阈值"以上 σ 的进行估算。

参照经典统计学理论，对"渗滤阈值"6.5% 以上的 Ni－MWNT/LDPE 的 SE 进行统计学估算，研究发现，"渗滤阈值"以上的复合材料在不同含量的 SE 测试值和 Ni－MWNT 的体积分数之间存在较好的拟合关系，SE 与 $\lg(\varphi - \varphi_c)$ 之间符合二次多项式关系：$y = A + B_1x + B_2x^2$。根据 Ni－MWNT/LDPE 在 30 MHz、100 MHz、200 MHz、500 MHz、1 000 MHz 和 1 500 MHz 的 SE 测试值拟合得到"渗滤阈值"6.5% 以上的复合薄膜的 SE 与 $\lg(\varphi - \varphi_c)$ 的二次函数曲线，如图 3.23 所示。

图 3.23 中实线为二次函数（$y = A + B_1x + B_1x^2$）拟合的曲线，点为 SE 的测试值。

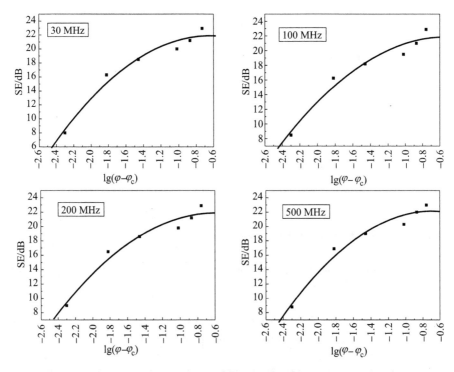

图 3.23　不同频率时 Ni－MWNT 复合薄膜屏蔽效能的二次函数拟合

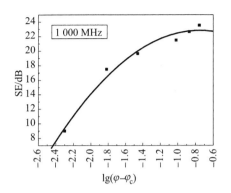 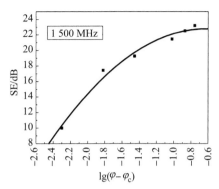

图 3.23　不同频率时 Ni – MWNT 复合薄膜屏蔽效能的二次函数拟合（续）

表3.6 列出了复合薄膜在 30 MHz、100 MHz、200 MHz、500 MHz、1 000 MHz 和 1 500 MHz 的二项式拟合曲线的相关参数 A、B_1、B_2 和相关因子 R。

表 3.6　Ni – MWNTs 复合薄膜二项式拟合曲线的相关参数和相关因子

复合薄膜	A	B_1	B_2	R
30 MHz	19.89	− 6.23	− 4.86	0.968 9
100 MHz	20.66	− 6.91	− 4.14	0.958 5
200 MHz	20.43	− 5.0	− 4.25	0.963 7
500 MHz	19.76	− 6.91	− 4.99	0.970 2
1 000 MHz	19.68	− 8.40	− 5.59	0.980 2
1 500 MHz	21.045	− 5.55	− 4.44	0.983 7

表 3.6 所列的相关因子均大于 0.95。在 30 MHz、100 MHz、200 MHz、1 000 MHz 和 1 500 MHz，复合薄膜的屏蔽效能 SE 与 Ni – MWNT 的体积分数之间存在式（3.27）所示的二次函数关系，在 30 ~ 1 500 MHz 都可以用二次函数关系式（3.27）进行计算，在不同的频率，A、B_1、B_2 的数值各不相同。

$$SE = A + B_1 \lg(\varphi - 0.065) + B_2 [\lg(\varphi - 0.065)]^2 \qquad (3.27)$$

3.3.2.3　镀镍 MWNT/LDPE 复合薄膜的电磁屏蔽机理

图 3.24 对比了 1 500 MHz 时 Ni – MWNT/LDPE 和 MWNT/LDPE 的 SE 随填料体积分数的变化。

由图可知，镀镍后复合薄膜的 SE 提高，而且两曲线的明显区别在于：当体积分数大于 8% 以后，MWNT/LDPE 的 SE 随体积分数的增加不再增大，而 Ni – MWNT/LDPE 的 SE 随体积分数的增加仍缓慢增大，增加趋势高于 MWNT/

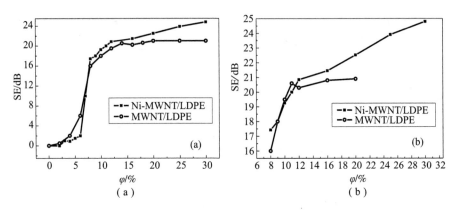

图 3.24　镀镍前后复合薄膜的屏蔽效能与填料体积分数的

关系（图（b）为图（a）在 8% 之后的放大图）

LDPE。通过第 2 章的分析，MWNT/LDPE 的屏蔽效果是由传导电流 σ 和位移电流 ε_r 共同作用产生的，属于电屏蔽材料，而通过图（a），（b）的比较，Ni – MWNT/LDPE 的屏蔽机理显然有别于 MWNT/LDPE。

图 3.25 为 1 500 MHz 时 Ni – MWNT/LDPE 的 $\tan\delta_E$ 和 $\tan\delta_M$ 与 Ni – MWNT 体积分数的关系图。

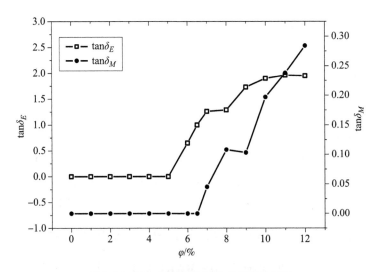

图 3.25　Ni – MWNT/LDPE 的损耗角正切

$\tan\delta$ 的大小反映了复合薄膜对电磁波的损耗程度，在电磁波场中，不仅存在电场，而且存在磁场 $\tan\delta = \tan\delta_E + \tan\delta_M$，镀镍后复合薄膜的铁磁性增加，磁损耗不能忽略。

由图 3.25 可知，当 Ni-MWNT 的体积分数低于 5% 时，$\tan\delta_E$ 和 $\tan\delta_M$ 均很小，当体积分数超过 5% 后，$\tan\delta_E$ 随着 Ni-MWNT 含量的增加而逐渐增加，当体积分数超过 6.5% 后，$\tan\delta_M$ 随着 Ni-MWNT 含量的增加而逐渐增加，增加到 10% 后，$\tan\delta_E$ 几乎不再显著增加，但 $\tan\delta_M$ 仍显著增加。

分析认为，当 Ni-MWNT 的体积含量低于 5% 时，复合材料基本表现 LDPE 的性质，几乎没有导电性和铁磁性，对电磁波没有吸收损耗。当 Ni-MWNT 的体积分数超过 5% 后，材料的介电损耗增大，超过 6.5% 后，材料的磁损耗增大，增加到 10% 后，材料内部的 Ni-MWNT 导电网络已经完善，介电损耗达到最大，但磁损耗则仍随着铁磁性粒子的增多而增加，说明材料的铁磁性随着体系中 Ni-MWNT 的增加而增加。

此外，根据 Holzheimer 的推断，可以用 $\tan\delta_E$ 的大小来判断体系的屏蔽性能影响因素，由图可知，$\tan\delta_E$ 从 0 逐渐增大到 2.0，说明复合材料的 SE 仍受到材料内部的传导电流和极化位移电流的影响。

图 3.26 分别为 1 500 MHz 时 Ni-MWNT/LDPE 的 SE、$\lg\sigma$、ε_r 随 Ni-MWNT 体积分数的变化规律。

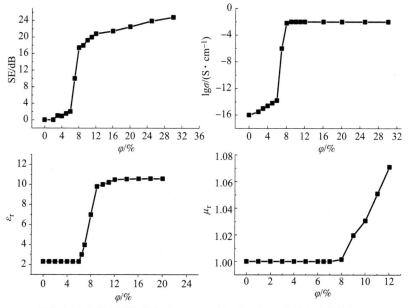

图 3.26　1 500 MHz SE、$\lg\sigma$、ε_r、μ_r 与 Ni-MWNT 体积分数的关系

通过对比图发现，SE、$\lg\sigma$、ε_r 随 Ni-MWNT 体积分数的增加都出现了"渗滤现象"，"渗滤阈值"分别是 6.5%、6.5% 和 6%，在 8% 后，$\lg\sigma$ 和 ε_r 随 Ni-MWNT 体积分数的增加几乎不再提高。

说明在导电网络形成后体系内部的传导电流和位移电流密度逐渐达到最大并趋于稳定，其对 SE 的影响逐渐稳定。但 SE 在 8% 后仍继续缓慢增加，这与 $\mu_r - \varphi$ 的变化趋势接近，说明随着复合材料中 Ni－MWNT 含量的逐渐增加，磁导率和磁损耗对屏蔽性能的贡献逐渐增加。

图 3.27 为 1 500 MHz 时 Ni－MWNT/LDPE 的 SE 与 lgσ 和 μ_r 的关系。

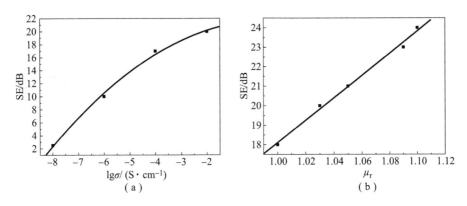

（a）　　　　　　　　　　　　　（b）

图 3.27　Ni－MWNT/LDPE 的 SE 与 lgσ 和 μ_r 的关系

由图可知，在 Ni－MWNT 含量较低时 SE 随 lgσ 显著增加，随着 Ni－MWNT 含量增高到 8% 后，SE 增加趋势减缓，SE－μ_r' 呈单一线性增加。

图说明，SE 和 lgσ、μ_r 均有依赖关系，在 Ni－MWNT 含量在导电网络完善之前，传导电流 σ 和位移电流 ε_r 随着 Ni－MWNT 含量的增加而显著增大，SE 也显著增加，随着 Ni－MWNT 含量逐渐增加，导电网络逐渐完善，σ 的增加趋势减缓，此时 SE 的缓慢增加主要源于 μ_r' 的增大。

SE 是 SE_R 和 SE_A 共同作用的结果，随着导电网络逐渐完善，σ 的迅速增加使材料的 SE_R 和 SE_A 增加，在导电网络完善后，σ 达到最大，SE_R 达到最大，但体系 μ_r' 的继续增加使 SE_A 的贡献逐渐增强，材料逐渐向磁性吸波材料转变。

3.4　MWNT/CF 电磁屏蔽复合薄膜的屏蔽特性

3.4.1　碳纤维的表面处理对屏蔽性能的影响

1）碳纤维的高温气相煅烧

CF 是成束供应，为防止纤维蓬乱，其表面附有有机物黏结剂，而且在加工运输过程中，CF 表面会黏附杂质和灰尘，而且 CF 表面很光滑，呈憎液性，与 LDPE 的界面结合性较差。针对上述问题，对 CF 进行高温煅烧，对不同温度和时间灼烧前后 CF 失重率大小进行分析，并参照 SEM，对 CF 的煅烧温度和煅烧时间进行了优化，得出 CF 最佳灼烧温度和时间。

表 3.7 为不同煅烧温度和时间的 CF 表面状态。

表 3.7 不同煅烧温度和时间的 CF 表面状态

温度＼时间	0.5 h	1.0 h	1.5 h	2.0 h
400 ℃	无明显变化	无明显变化	无明显变化	无明显变化
420 ℃	无明显变化	表面微小变化	明显变化	微量刻蚀
450 ℃	明显变化	微量刻蚀	微量刻蚀	明显刻蚀

由表 3.7 可知，温度对于高温煅烧的结果有显著影响。400 ℃时，加热 2 h 时，CF 表面均无明显变化；当温度升到 420 ℃时，随着氧化时间增长，CF 表面变化明显，加热到 1 h 后，如图 3.28 所示，CF 表面出现微量刻蚀，表明 CF 的表面积增大，粗糙度增加，效果较明显；当温度继续升到 450 ℃后，CF 表面已经产生大量刻蚀，表面刻蚀严重，局部甚至失去原形。

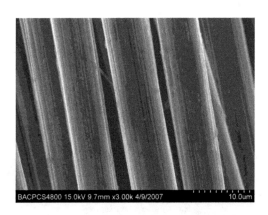

图 3.28 经空气氧化 420 ℃×1 h 后的 CF 表面（×3 000）

结果表明，当对 CF 进行高温煅烧时，一旦温度超过 420 ℃，氧化过程便不易控制，将造成氧化过度，产生烧损现象。

表 3.8 列出了 420 ℃高温煅烧处理后，CF 的失重率和体电阻率。由表可知，随着煅烧时间增加，CF 失重率增加，体电阻率先降低，当煅烧时间超过 1 h 后，体电阻率反而升高，说明导电性能下降。

表3.8　420℃高温煅烧处理后CF的各项性能

时间	10min	20min	30min	60min	90min
煅烧前质量/mg	21.1	22.5	24.3	25.7	25.7
煅烧后质量/mg	20.3	21.2	21.8	22.6	20.6
失重率/%	3.8	5.8	10	12	21
体电阻率/(Ω·cm)	1.6	0.5	0.1	0.01	10

CF进行高温煅烧可以去除其表面的胶状有机物和杂质等，煅烧温度太低，或煅烧时间太短，去除胶膜和杂质不完全，煅烧温度太高，或时间太长，则造成CF被过度氧化而质量损失严重，内部碳层结构的破坏使其导电性降低。

通过实验得到CF的最佳煅烧温度和时间为：420℃×1 h。

2）碳纤维的酸氧化和偶联处理

表3.9为母粒法制备的三种复合膜：s－CF/LDPE、c－CF/LDPE 和 p－CF/LDPE。用 s－CF/LDPE 和 c－CF/LDPE 的对比来分析酸氧化工艺的影响；通过 c－CF/LDPE 和 p－CF/LDPE 的对比来分析偶联工艺的影响。

表3.9　CF表面处理工艺

类型	表面处理工艺
s－CF/LDPE	煅烧、酸化氧化、偶联改性
c－CF/LDPE	煅烧、偶联改性
p－CF/LDPE	煅烧

3）微观结构

图3.29为原始CF经硝酸氧化前后的SEM图像，其中图（a）为原始CF，图（b）为硝酸处理后的CF。

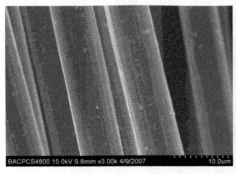
（a）

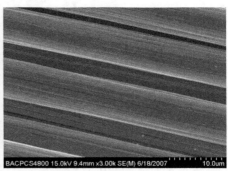
（b）

图3.29　CF的SEM图像

（a）原始CF；（b）硝酸处理后的CF（放大3 000倍）

对比图 3. 29（a）和（b）可以看到，经过硝酸酸化氧化后，CF 表面变得粗糙干净，这样有助于 CF 和 LDPE 界面的"锚固效应"，并可除去 CF 表面的弱界面层，改善 CF 和 LDPE 的界面结合性。

图 3. 30（a）和（b），（c）和（d），（e）、（f）和（g）分别为 CF 体积分数为 10% 时 p – CF/LDPE、c – CF/LDPE 和 s – CF/LDPE 的 SEM 图像。

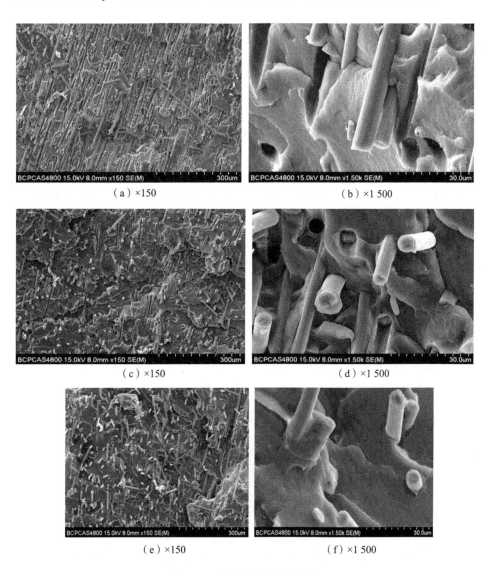

（a）×150

（b）×1 500

（c）×150

（d）×1 500

（e）×150

（f）×1 500

图 3.30　复合薄膜的 SEM 图像

（a）（b）p – CF/LDPE；（c），（d）c – CF/LDPE；（e），（f）s – CF/LDPE（$\varphi_{CF} = 10\%$）

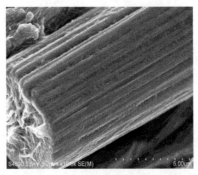

（g）×10 000

图 3.30　复合薄膜的 SEM 图像（续）

（g）s – CF/LDPE（$\varphi_{CF} = 10\%$）

从图（a）（b）可知，未经过表面处理的原始 CF 表面很光滑，基本上没有 LDPE 黏附，并且从图（a）可看到，在复合材料的断面上，有许多 CF 从 LDPE 基体中脱落，说明 p – CF 和 LDPE 的界面结合性较差。从图（d），（f），（g）中可以看到，c – CF 和 s – CF 的表面都黏附了一定的 LDPE，从图（c），（e）中可以看到，c – CF 和 s – CF 从基体中脱落的数量与 p – CF 相比明显减少，说明偶联剂 KH – 550 起到了偶联的作用，增强了 c – CF、s – CF 和 LDPE 基体的界面结合性。此外，对比图（c），（d）和（e），（f）发现，s – CF 的表面较 c – CF 粗糙，在断面上脱落的 s – CF 的数量较 c – CF 少，CF 和 LDPE 的界面相容性较好。此外，对比图（a）和（e），s – CF 在 LDPE 中呈同向分布，而 p – CF 在 LDPE 中基本上呈不规则 3D 分散，这样的分散有助于 CF 间相互搭连而形成导电网络。

图 3.31 为 CF 体积分数为 10% 时的 p – CF/LDPE、c – CF/LDPE 和 s – CF/LDPE 的 FT – IR。

图 3.31 中的 2 950 cm^{-1}，1 460 cm^{-1} 和 720 cm^{-1} 处的峰均是 C—H 的振动峰，在三种材料中这三个峰均很明显，表明 LDPE 的分子结构并未受到熔融成型过程的影响。1 750 cm^{-1} 的峰对应—COO—，1 260 cm^{-1} 和 3 500 cm^{-1} 对应 —N—H—，由于 c – CF/LDPE 和 s – CF/LDPE 中均用了 KH – 550 偶联剂，在曲线 2，3 中可看到这两个峰，而且在曲线 3 中，s – CF/LDPE 在 1 750 cm^{-1} 的—COO—的特征峰较明显，强度明显大于 c – CF/LDPE，说明硝酸酸化氧化处理后，CF 表面出现较多—COOH。

由 FT – IR 的测试结果可知，酸化氧化可使 CF 表面的—COOH 增多，有利于 KH – 550 偶联剂发挥"桥"连功能，从而提高 CF 和 LDPE 基体的界面结合

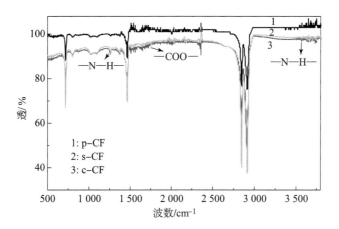

图 3.31　FT – IR（见彩插）

性，使复合材料的相容性提高。

4）酸氧化和偶联处理对复合薄膜的体电阻率的影响

图 3.32 是 p – CF/LDPE、c – CF/LDPE、s – CF/LDPE 的体电阻率随 CF 体积分数变化图。

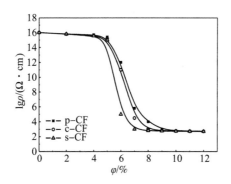

图 3.32　体电阻率与体积分数关系图

由图 3.32 可知，三种复合薄膜的 lgρ – φ 出现"渗滤现象"，"渗滤阈值"分别为 5.5%，5.5% 和 5%，导电性由大到小依次为：s – CF/LDPE > c – CF/LDPE > p – CF/LDPE。

说明 CF 酸化处理和偶联处理后，导电性提高。复合体系的导电性取决于导电粒子的本身导电能力、填料在基体中的分散性以及填料和基体的界面融合性三个因素。界面融合程度可以从 SEM（图 3.30）看到，经过表面处理后，CF 表面变粗糙和干净，几乎没有杂质，有助于 CF 和 LDPE 基体的界面结合，

并有助于 CF/LDPE 中电子的传导。

复合体系的分散情况[20]还可以从 t 看出。应用公式 $\sigma = \sigma_0 (\varphi - \varphi_c)^t$，图 3.33 为复合体系的 $\lg\sigma - \lg(\varphi - \varphi_c)$ 关系图，t 和 φ_c 的具体数值列于表 3.10。

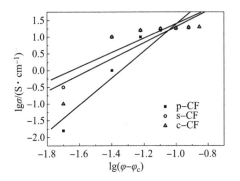

图 3.33 $\lg\sigma - \lg(\varphi - \varphi_c)$ 关系图

表 3.10   复合薄膜的渗滤阈值、临界指数和相关因子

复合薄膜	φ_c	t	R
p – CF/LDPE	5.5%	4.03	0.952
c – CF/LDPE	5.5%	3.35	0.955
s – CF/LDPE	5%	3.24	0.967

由表 3.10 可知，c – CF/LDPE 和 s – CF/LDPE 的 t 均接近理论值 2，其中 s – CF/LDPE 最为接近，而且相对于 c – CF/LDPE，s – CF/LDPE 的 t 更接近于 2。

实验结果表明，c – CF/LDPE、s – CF/LDPE 的 CF 分布较接近 3D 棒状刚性棒状结构，这是 KH – 550 偶联剂发挥了作用，对比这两个体系，s – CF/LDPE 的 t 更接近 2，说明酸氧化工艺有助于 CF 在 LDPE 中均匀分散，因为 CF 酸氧化后表面—COOH 增多使 KH – 550 的偶联效果增强，这一点可从图 3.30 SEM 图像中发现，s – CF 在 LDPE 中最接近无规则的 3D 分散，更容易相互接触导电，所以 s – CF/LDPE 的导电性最好。

5）酸氧化和偶联处理对复合薄膜与屏蔽效能的影响

表 3.11 为 CF 的体积分数为 10% 的 p – CF/LDPE、c – CF/LDPE 和 s – CF/LDPE 的屏蔽效能和复介电常数测试结果。

表 3.11　屏蔽效能和介电常数

频率	复合薄膜	SE/dB	ε_r'	$\tan\delta$
30 MHz	p – CF/LDPE	5	8	0.24
	c – CF/LDPE	8	10.5	0.4
	s – CF/LDPE	11.8	17.74	0.75
100 MHz	p – CF/LDPE	5	7.2	0.24
	c – CF/LDPE	7.8	10.3	0.49
	s – CF/LDPE	11.2	17.73	0.87
500 MHz	p – CF/LDPE	5.5	6.9	0.69
	c – CF/LDPE	8.2	9.8	1.02
	s – CF/LDPE	15.5	14.6	1.98

由表可知，s – CF/LDPE 的 SE、ε_r' 和 $\tan\delta$ 较大，SE 提高了 6~10 dB。

测试结果表明，对 CF 进行酸氧化、偶联处理，有助于提高复合材料的屏蔽效果，s – CF/LDPE 的体电阻率最低，导电性能最好，SE_R 最大，ε_r' 和 $\tan\delta$ 最大，表明导电网络产生的电子涡流最强，SE_A 较大，电磁屏蔽性能较好。

3.4.2　MWNT/CF "二次渗滤" 复合填料体系的电磁屏蔽性能

根据碳纤维表面处理和长径比的测试和分析结果，选择 3 mm 短切碳纤维作为 MWNT 的复合填料，研究了 MWNT/CF/LDPE 的电磁屏蔽性能，并对复合材料的导电机理和电磁屏蔽机理进行了分析。

3.4.2.1　复合填料体系的体电阻率

图 3.34 为 CF/LDPE 复合体系的体电阻率随 CF 体积分数变化关系图。

由图可知，CF/LDPE 的体电阻率随 CF 体积分数的增加出现 "渗滤现象"，"渗滤阈值" φ_c 为 5%。在渗滤曲线中存在三个区域：

1 区（平台区），在此区 CF 体积分数的增加对体系导电性能的提高没有改善；

2 区（渗滤区），在此区 CF 体积分数的细微增加会引起体系电阻率的显著提高；

3 区（稳定区），在此区体系的体电阻率随 CF 体积分数的增加不再提高。

为了全面分析复合填料的导电，针对 CF/LDPE 渗流导电体系的这三个区域，选取三个点，其中 CF 的体积分数分别为：2%、5% 和 7%，分别向这三个体系中加入相同体积分数的 CF 和 MWNT 来研究协同导电效应。

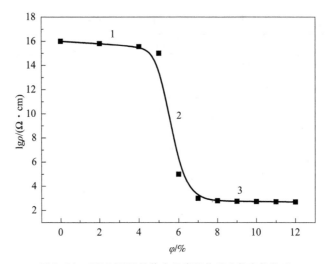

图 3.34　CF/LDPE 的体电阻率随体积分数变化关系

　　图 3.35 表示向 2% CF/LDPE 的复合体系中分别加入相同体积分数的 CF 和 MWNT，对比 CF/LDPE、MWNT/LDPE 和 MWNT/2% CF/LDPE 复合体系的导电性，用来分析该阶段中 MWNT/CF 有无协同导电效应。

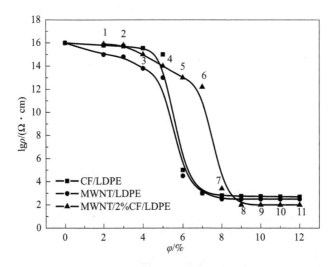

图 3.35　CF/LDPE、MWNT/LDPE 和 MWNT/2% CF/LDPE

复合体系的体电阻率随填料体积分数变化图

（图中各数字分别表示：1：2% CF +0% MWNT，2：2% CF +1% MWNT，3：2% CF + 2% MWNT，4：2% CF +3% MWNT，5：2% CF +4% MWNT，6：2% CF +5% MWNT，7：2% CF +6% MWNT，8：2% CF +7% MWNT，9：2% CF +8% MWNT，10：2% CF +9% MWNT，11：2% CF +10% MWNT）

由图 3.35 可知，向 2% CF/LDPE 体系中加入相同体积分数的 CF 和 MWNT 时，当 φ 高于 8.7% 时，MWNT/2% CF/LDPE 复合体系的体电阻率略低于 CF/LDPE 和 MWNT/LDPE 复合体系，表现出协同导电效应。MWNT/2% CF/LDPE 复合体系的"渗滤阈值"为 7.5%，大于 CF/LDPE 和 MWNT/LDPE 的"渗滤阈值"5%。而且通过比较 MWNT/LDPE 和 MWNT/2% CF/LDPE 复合体系的体电阻率可以发现，两个体系的渗流曲线变化趋势接近，平台区曲线变化较陡，说明在 MWNT/2% CF/LDPE 复合体系中，MWNT 的导电行为对该体系影响较大。

图 3.36 表示向 5% CF/LDPE 的复合体系中分别加入相同体积分数的 CF 和 MWNT，对比 CF/LDPE、MWNT/LDPE 和 MWNT/5% CF/LDPE 复合体系的导电性，用来分析该阶段中 MWNT/CF 有无协同导电效应。

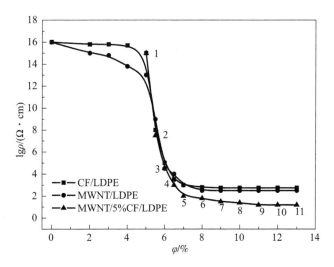

图 3.36 CF/LDPE、MWNT/LDPE 和 MWNT/5% CF/LDPE
复合体系的体电阻率随体积分数变化比较图

（图中各数字分别表示：1：5% CF，2：5% CF + 0.5% MWNT，3：5% CF + 1% MWNT，
4：5% CF + 1.5% MWNT，5：5% CF + 2% MWNT，6：5% CF + 3% MWNT，
7：5% CF + 4% MWNT，8：5% CF + 5% MWNT，9：5% CF + 6% MWNT，
10：5% CF + 7% MWNT，11：5% CF + 8% MWNT）

由图 3.36 可知，向 5% CF/LDPE 体系中加入相同体积分数的 CF 和 MWNT 时，MWNT 使 CF/LDPE 体系的体电阻率降低的程度大于同量的 CF，且随着 MWNT 体积分数增加，体电阻率降低程度越大。相对于 MWNT/LDPE，MWNT/5% CF/LDPE 复合体系的导电性较好，表明 MWNT/5% CF 复合填料出

现协同导电效应。

图 3.37 表示向 7% CF/LDPE 的复合体系中分别加入相同体积分数的 CF 和 MWNT，对比 CF/LDPE 复合体系和 MWNT/7% CF/LDPE 复合体系的导电性，用来分析该阶段中 MWNT/CF 复合填料对复合体系有无协同导电效应。

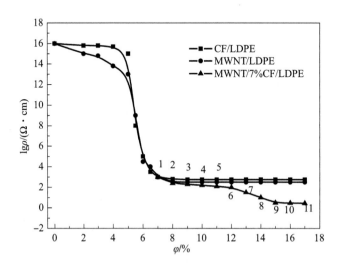

图 3.37　CF/LDPE、MWNT/LDPE 和 MWNT/7% CF/LDPE
复合体系的体电阻率随填料体积分数变化图

（图中各数字分别表示：1：7% CF，2：7% CF + 1% MWNT，3：7% CF + 2% MWNT，4：7% CF + 3% MWNT，5：7% CF + 4% MWNT，6：7% CF + 5% MWNT，7：7% CF + 6% MWNT，8：7% CF + 7% MWNT，9：7% CF + 8% MWNT，10：7% CF + 9% MWNT，11：7% CF + 10% MWNT。）

由图 3.37 可知，当 CF/LDPE 复合体系中 φ_{CF} 到达 7% 后，继续添加相同体积分数的 CF 或 MWNT，渗滤曲线将呈现不同走向。若继续加入 CF，则复合体系的体电阻率随 φ_{CF} 的增加不再降低；若继续加入 MWNT，则随着 MWNT 体积分数增加，体电阻率出现渗滤现象，称为"二次渗滤"。"二次渗滤"使复合体系的电阻率降低了 2 个数量级，表明 MWNT 的加入改善了 CF/LDPE 复合体系的导电性能。而且从图中也可发现 MWNT/7% CF 复合体系的导电性也好于 MWNT/LDPE 体系，表明 MWNT/7% CF 填料存在协同导电效应。此外，和 CF/LDPE 体系的渗滤相比（"第一次渗滤"），"二次渗滤"使体电阻率降低的程度较小。

由图 3.34 至图 3.37 可知，当 CF 体积分数小于 CF/LDPE 复合体系的"渗

滤阈值"时，复合填料在一定配比时才存在协同效应，而当 CF 的含量达到
"渗滤阈值"以后，复合填料存在较明显的协同导电效应，出现"二次渗滤"，
体系的导电性有较大提高。

3.4.2.2　复合填料体系的导电机理

为了研究复合协同导电体系的导电机理，用经典统计学"渗滤理论"公式 $\sigma = \sigma_0(\varphi - \varphi_c)^t$ 对 MWNTs/7% CF/LDPE "二次渗滤"体系内部分散性进行了分析。将 $\lg\sigma - \lg(\varphi - \varphi_c)$ 作图，如图 3.38 所示，φ_c、t 和 R 数值列于表 3.12 中。

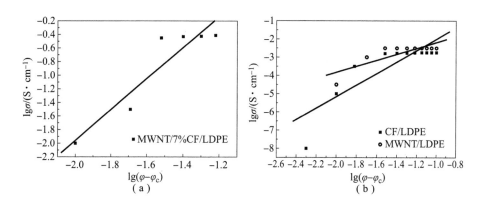

图 3.38　复合薄膜的 $\lg\sigma - \lg(\varphi - \varphi_c)$ 关系图

（a）MWNT/7% CF/LDPE；（b）CF/LDPE 和 MWNT/LDPE

表 3.12　渗滤阈值、临界指数和相关因子

复合薄膜	φ_c	t	R
MWNT/LDPE	5%	1.65	0.990
CF/LDPE	5%	3.24	0.967
MWNT/7% CF/LDPE	5% MWNT	2.28	0.953

由表 3.12 可知，CF/LDPE、MWNT/LDPE 和 MWNT/7% CF/LDPE 的 t 分别为 3.24、1.65 和 2.28，相对于单一填料体系 CF/LDPE 和 MWNT/LDPE，"二次渗滤"体系 MWNT/7% CF/LDPE 的 t 更接近 3D 刚性棒状导电网络的理论值（$t_0 = 2$），说明 MWNT/7% CF 复合填料在 LDPE 中的分散最好。

图 3.39 MWNT/CF/LDPE 复合体系的 SEM 图像，其中图（a）、（b）、（c）和（d）中 CF 的体积分数为 2%、3%、5%、7%，MWNT 的体积分数为 5%，图（e）、（f）为分布在 CF 之间的 MWNT。

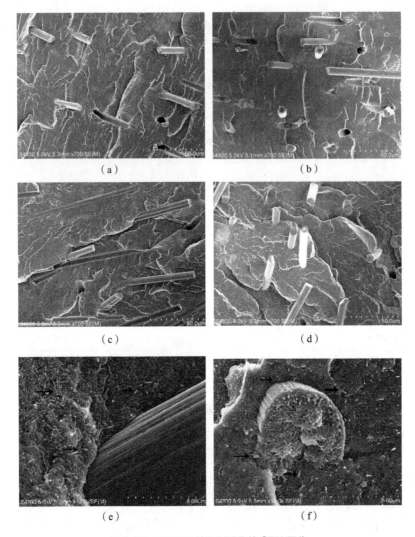

图3.39 MWNT/CF/LDPE 的 SEM 图像

（a）$\varphi_{CF}=2\%$，$\varphi_{MWNT}=5\%$；（b）$\varphi_{CF}=3\%$，$\varphi_{MWNT}=5\%$；

（c）$\varphi_{CF}=5\%$，$\varphi_{MWNT}=5\%$；（d）$\varphi_{CF}=7\%$，$\varphi_{MWNT}=5\%$；

（e），（f）分布在 CF 之间的 MWNT，$\varphi_{CF}=5\%$，$\varphi_{MWNT}=5\%$（箭头指示的为单根 MWNT）

　　CF 和 MWNT 分布在 LDPE 基体中，随着 CF 含量增加，CF 之间可以相互接触，由于 CF 和 MWNT 的粒径相差很大，MWNT 分散在 CF 构架中。

　　为了分析复合填料的协同导电性的原因，根据 MWNT/CF/LDPE 复合体系的体电阻率随 MWNT 和 CF 体积分数变化规律、临界指数 t 数值，并结合 SEM，得出 MWNT/CF/LDPE 复合体系的导电网络假想图，如图 3.40 所示。

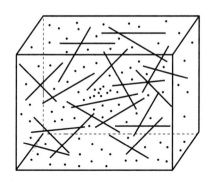

图 3.40 MWNT/CF/LDPE 复合导电网络假想图

图 3.40 中"线段"代表 CF，"点"代表 MWNT 纳米粒子。由于 CF 和 MWNT 具有不同的结构和粒径，CF 之间以及 MWNT 之间可形成各自的导电网络。且根据图 3.40 和图 3.41，MWNT 的"二次渗滤"导电行为对复合体系导电性能的提高程度明显低于 CF 的"第一次渗滤"，因此，在 MWNT/CF 导电网络中，CF 互相搭连而形成导电主体构架，纳米级的 MWNT 分散在 CF 主体构架之间形成导电辅助通路，MWNT/CF 复合填料的这种 3D 刚性棒状导电网络比单一填料体系的 3D 刚性棒状导电网络更加立体和完善。

通过图 3.40，结合 MWNT 的特殊导电机制，认为 MWNT/CF 复合填料体系导电性改善的原因有两点：

（1）特殊的立体导电结构。MWNT 的纳米粒径使其分散在 CF 的空隙，单位体积内的导电粒子量增加，导电网络更立体。

（2）MWNT 独特的电性能。MWNT 具有场致导电性，能使自由电子通过隧道效应传递，它的加入使单位体积的复合材料内部有更多的场发射点，这些场发射点在一定的场强下可以发射电子；MWNT 的螺旋管状结构可以在交变电场下进行电容导电；此外，MWNT 的纳米粒径使其比表面大，并由于晶面与内部结构不同，在 MWNT 的表面，微观粒子的周期排列、长程有序、电位周期性均被截断，形成表面能级层，电子的授受大部分发生在表面能基层，这相当于在相互接触的两个表面间"插进"一个薄金属板，MWNT 的表面能级层的存在，使其对周围自由电子的吸引力增大，CF 自由电子受到 MWNT 表面层的吸引而流动，MWNT 像"桥"一样使电流在没有接触的 CF 之间传递，提高了导电效率。

复合体系具有导电性后，分布于基体中的导电体粒子的电子传输问题尤为重要，导电通路形成后，载流子迁移的微观过程，主要有以下三种方式，复合

导电体系的导电性由这三种方式单独或综合构成[21,22]。

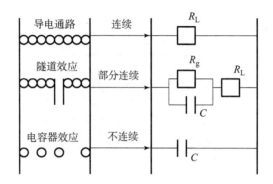

图 3.41　导电复合材料的接触导电、隧道导电和电容导电

　　通过 MWNT/2% CF/LDPE、MWNT/5% CF/LDPE 和 MWNT/7% CF/LDPE 导电复合体系的渗滤曲线分析发现，当 CF 的含量不同时，渗滤曲线呈现不同走向，因此可以用不同含量的 CF 将 MWNT/CF/LDPE 体系的导电性分为三个阶段：①CF 导电主构未形成阶段；②CF 导电主构正在形成阶段；③CF 导电主构已经完善阶段。在这三个阶段，导电网络的构成和电子传导方式各不相同。

　　借助等效电路模型，对复合填料体系的渗滤导电进行具体分析：

　　（1）当 $\varphi_{CF} < 5\%$ 时，CF 的含量少，在 LDPE 中 CF 导电主体构架还未形成，MWNT 的导电行为起主导作用，当 MWNT 含量很低不足以形成 MWNT - CF 导电网络时，体系微弱的电性能来自 MWNT 的电容导电；随着 MWNT 增加，MWNT 和 CF 通过间断回路的隧道导电形式传导电子，此体系的导电性仍较差，没有协同导电效应；当 MWNT 含量继续增加而形成 MWNT - CF 接触回路后，复合填料体系的导电性才略高于 CF、MWNT 单一填料体系，产生协同效应。等效电路如图 3.42a 所示。

　　（2）当 $5\% < \varphi_{CF} \leqslant 7\%$ 时，体系中 CF 导电主构即将形成，继续增加 CF 和 MWNT 都会使体系体电阻急降。当 MWNT 的体积分数从 0 增加到 2% 时，MWNT 的含量较少，CF 在 LDPE 中形成间断回路；当 MWNT 增加到 2% 以上，MWNT 足够多，和 CF 形成接触导电回路。由于 MWNT 的特殊导电性和 MWNT/CF 立体导电结构，复合填料体系的导电性更好，MWNT/CF 出现协同导电效应。等效电路如图 3.42b 所示。

　　（3）当 $\varphi_{CF} > 7\%$ 时，CF 的主体构架已经完善，继续增加 CF 不会使 CF 主体构架更加完善，但此时若向体系中加入 MWNT，复合体系将出现"二次渗

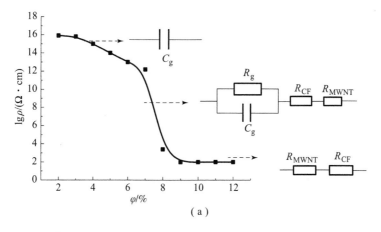

（a）

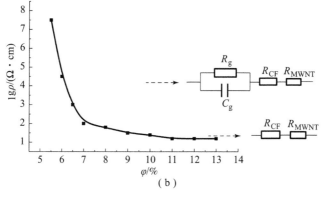

（b）

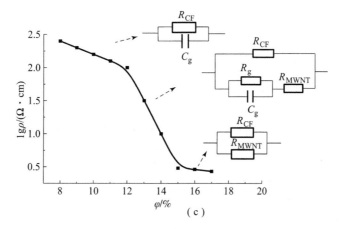

（c）

图 3.42　MWNT/CF 复合填料在 LDPE 基体中的等效电路

（a）$\varphi_{CF} < 5\%$；（b）$5\% < \varphi_{CF} < 7\%$；（c）$\varphi_{CF} > 7\%$

滤"。由于 CF 主体构架已经完善,"二次渗滤"体系增强的导电性主要来自 MWNT 辅助通路,而且,经过分析认为,MWNT 辅助通路和 CF 导电主构之间是并联电路,此时的等效电路用图 3.42c 表示。

由于复合填料导电网络更加立体和完善,而且 MWNT 独特的电性能,使其导电机理不同于单一填料体系,存在协同导电效应。此外,由于"二次渗滤"对复合体系导电性提高主要源于 MWNT 的渗滤导电行为,增加的电流通过 MWNT 辅助导电通路传导,而由于 MWNT 只能分散在有限的 CF 主体构架间隙中,受到间隙的体积和形状限制,MWNT 的辅助导电通路中电子的传导能力较弱,因此同"第一次渗滤"(CF/LDPE 的渗滤行为)导电相比,"二次渗滤"对体系导电性的提高程度较小。

3.4.2.3 MWNT/CF "二次渗滤" 体系的屏蔽效能及其估算

图 3.43 为 30 ~ 1 500 MHz 频段 MWNT/7% CF/LDPE 的屏蔽效能测试结果。

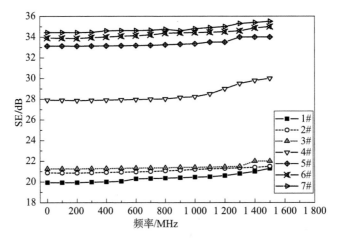

图 3.43 MWNT/7% CF/LDPE 的 SE 与填料体积分数关系
(图中各数字分别表示:1#:7% CF + 1% MWNT;2#:7% CF + 3% MWNT;
3#:7% CF + 5% MWNT;4#:7% CF + 7% MWNT;5#:7% CF + 9% MWNT;
6#:7% CF + 11% MWNT;7#:7% CF + 13% MWNT)

由图可知,在 30 ~ 1 500 MHz 频段,复合体系的 SE 随着频率的增加而增加。而且随着复合材料填料体积分数的增加,SE 逐渐增加并出现和体电阻率相似的"渗滤现象",即当体积分数增加到一定程度,SE 几乎不再显著增加。

图 3.44 为 30 ~ 1 500 MHz 复合薄膜的 SE 随体积分数变化关系图。

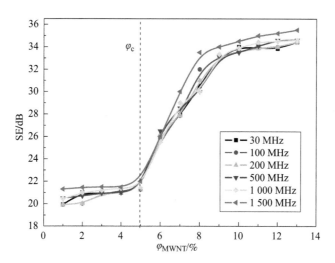

图 3.44 MWNT/7% CF/LDPE 的 SE 与 MWNT 体积分数的关系

φ_{MWNT}：MWNT 体积分数

由图可知，对于 MWNT/7% CF/LDPE，无论在低频还是较高频，SE 随 MWNT 体积分数增加都出现了"渗滤现象"，"渗滤阈值"在 φ_{MWNT} = 5%（±0.02）。参考导电复合材料的经典统计渗滤理论，在"渗滤阈值"以上（当 φ_{MWNT} > 5%），对复合体系的 SE 进行估算。

图 3.45 为 30 ~ 1 500 MHz 时二次渗滤曲线的"渗滤阈值" φ_c 以上的 SE – lg（$\varphi - \varphi_c$）关系，图中实线为用二项式（$y = A + B_1 x + B_2 x^2$）拟合的曲线，点为 SE 的测试值。

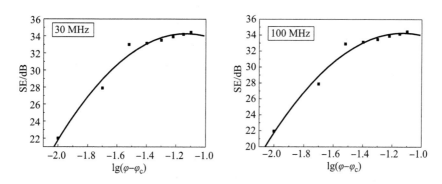

图 3.45 SE 与 MWNT 体积分数的关系

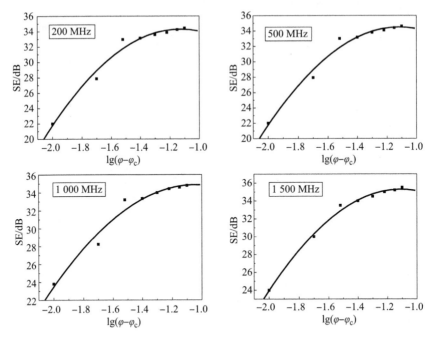

图3.45 SE 与 MWNT 体积分数的关系（续）

表 3.13 列出了 MWNT/7% CF/LDPE "二次渗滤" 体系在 30 MHz、100 MHz、200 MHz、500 MHz、1 000 MHz 和 1 500 MHz 的二项式拟合曲线的相关参数 A、B_1、B_2 和相关因子 R。

表 3.13 二项式拟合曲线的相关参数 A、B_1、B_2 和相关因子 R

复合薄膜	A	B_1	B_2	R
30 MHz	13.04	−37.52	−16.57	0.979 2
100 MHz	13.27	−37.19	−16.47	0.980 7
200 MHz	13.32	−37.18	−16.48	0.979 9
500 MHz	14.20	−36.35	−16.28	0.981 7
1 000 MHz	21.44	−25.80	−12.89	0.971 7
1 500 MHz	17.71	−31.69	−14.28	0.994 3

表 3.13 所列的相关因子均大于 0.95，因此在 30 MHz、100 MHz、200 MHz、500 MHz、1 000 MHz 和 1 500 MHz，"二次渗滤" 体系 MWNT/7% CF/LDPE 的屏蔽效能与 MWNT 的体积分数（其中 MWNT 的体积分数在 "二次渗滤" 体系的 "渗滤阈值" 以上）之间存在式（3.28）所示的二次函数关系：

$$SE = A + B_1 \lg(\varphi - 90.05) + B_2 [\lg(\varphi - 0.05)]^2 \qquad (3.28)$$

在不同的频率，A、B_1、B_2 的数值各不相同，根据二次函数关系式 (3.28) 可以方便地计算 MWNT/7% CF/LDPE 的屏蔽效能。

3.4.2.4 MWNT/CF "二次渗滤" 体系的协同屏蔽机理

表 3.14 为 30~1 500 MHz CF、MWNT 和 "二次渗滤" 复合体系的屏蔽效能测试结果比较。

表 3.14　屏蔽效能比较

复合薄膜	SE/dB				$\lg\sigma$
	30 MHz	100 MHz	1 000 MHz	1 500 MHz	
7% CF + 1% MWNT	19.9	19.9	20.5	21.3	2.6
8% CF	10.0	10.1	14.8	14.9	2.9
8% MWNT	11.0	10.4	15.5	16.0	2.9
7% CF + 3% MWNT	20.9	20.9	21.2	21.5	2.1
10% CF	11.8	11.2	15.4	15.5	2.9
10% MWNT	12.0	11.5	18.5	18.0	2.8
7% CF + 5% MWNT	21.3	21.3	21.4	22.0	1.9
12% CF	12.0	11.8	18.0	18.5	2.9
12% MWNT	12.5	12.0	19.6	19.5	2.8
7% CF + 7% MWNT	27.9	27.9	28.2	30.0	1.6
14% CF	12.1	12.0	19.5	20.0	2.9
14% MWNT	13.0	12.6	20.2	21.0	2.8
7% CF + 9% MWNT	33.1	33.1	33.4	34.0	0.5
16% CF	13.2	13.0	20.0	20.3	2.9
16% MWNT	13.5	13.0	20.5	21.2	2.8

由表可知，在相同填料含量时，MWNT/CF 复合填料体系的屏蔽效能明显高于 CF、MWNT 单一填料体系，并且，随着复合填料中 MWNT 的体积分数从 1% 逐渐增加到 9%，复合填料体系 SE 的增加幅度从 10 dB 增大到 20 dB 左右，说明复合填料存在协同屏蔽效应。

根据电磁屏蔽理论，材料的 SE 源于反射损耗 SE_R、吸收损耗 SE_A 和内部多次反射损耗 SE_B。由于 SE_B 是负值，忽略它对 SE 的贡献，A 和 R 随 MWNT 体积分数变化规律，如图 3.46 所示。

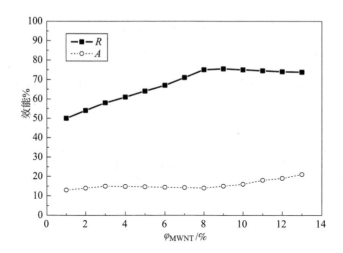

图 3.46　复合填料体系的反射损耗和吸收损耗

随着 MWNT 体积分数增加到 8%，R 和 A 都提高，其中 R 增加幅度明显，R 远大于 A，说明复合体系是反射屏蔽机制。随着 MWNT 体积分数增加到 8%，R 达到最大值，R 随着 MWNT 含量的继续增加不再增加，此时 A 则随着 MWNT 含量增加的增加幅度略增大，说明当 MWNT 含量较大后，材料的吸波性增强。

图 3.47 为 MWNT/7% CF/LDPE 复合体系在 30 MHz、100 MHz、1 000 MHz、1 500 MHz 时的介电损耗角正切与 MWNT 的体积分数的关系。

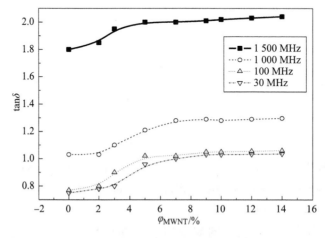

图 3.47　MWNT/7% CF/LDPE 复合填料体系的介电损耗角正切

由图看到，在 30 ~ 1 500 MHz MWNT/7% CF/LDPE "二次渗滤"体系的 $\tan\delta$ 在 0.8 ~ 2.0 之间。

理论证实，用介电损耗角正切可以判断材料内部传导电流、位移电流对屏蔽效能的贡献，当 $\tan\delta$ 远大于 1 时，屏蔽效能主要取决于材料的电导率，当 $\tan\delta$ 远小于 1 时，屏蔽效能主要取决于材料的磁导率，当 $\tan\delta$ 接近 1 时，屏蔽效能和材料的电导率和介电常数有关。根据 Holzheimer 的理论，无论低频还是较高频段，"二次渗滤"体系的屏蔽性与体系的 σ 和 ε 都有关。

图 3.48 为 1 500 MHz MWNT/7% CF/LDPE "二次渗滤"体系的 $SE-\varphi$、$\lg\sigma-\varphi$、$\varepsilon_r-\varphi$ 和 $\tan\delta-\varphi$ 曲线的变化趋势对比。

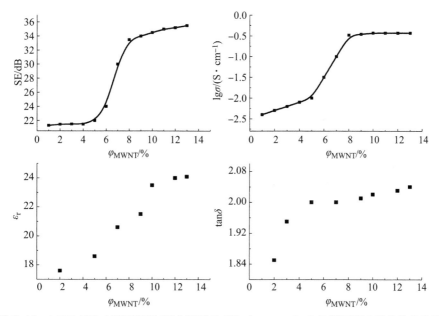

图 3.48　1 500 MHz MWNT/7% CF/LDPE 的 SE，$\lg\sigma$，ε_r，$\tan\delta$ 与 MWNT 体积分数的关系

由图 3.48 可知，SE、$\lg\sigma$、ε_r 和 $\tan\delta$ 随着 MWNT 体积分数的增加都出现了渗滤现象，变化趋势较接近，当 MWNT 的体积分数在 8% 前，$SE-\varphi$、$\lg\sigma-\varphi$、$\varepsilon_r-\varphi$ 和 $\tan\delta-\varphi$ 曲线的变化趋势接近，都迅速增大，达到 8% 以后，电导率几乎不再增加，但 SE 仍缓慢增大，增加趋势和 ε_r、$\tan\delta$ 接近。

曲线的变化说明，体系的 SE 与 σ、ε 有关。对比"二次渗滤体系"和 CF 单一体系的体电阻率和 SE 发现，随着 MWNT 体积分数从 1% 增加到 9%，"二次渗滤"体系体电阻率降低了 2 个数量级，SE 增加了 20 dB，导电性的细微增强便引起了 SE 的大幅增加，说明 SE 与 σ 有较强依赖关系。

图 3.49 是 $SE-\lg\sigma$ 关系图。

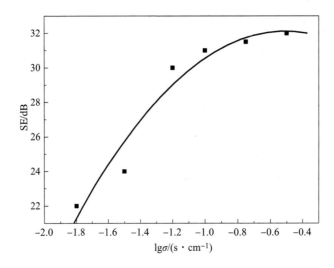

图 3.49　1 500 MHz MWNT/7％CF/LDPE "二次渗滤"体系的 SE 与 lgσ 的关系

由图 3.49 发现，SE 随着 σ 的增加而增加，说明 SE 与 σ 有较好的依赖关系，体系屏蔽性能的增加与 σ 的增大有关。

随着 MWNT 含量增加，MWNT/CF 复合导电网络逐渐形成并完善，当 MWNT 体积分数增加到 8％后，导电网络中的传导电流达到饱和，σ 对 SE 的贡献不再增加，而位移电流继续随着 MWNT 数量的增加而增大，位移电流对电磁波的损耗使 SE 在 8％后缓慢增加。分析认为，位移电流对电磁波的损耗包括 MWNT 和 CF 的 C 链上的 π 电子极化损耗、MWNT 高界面极化和多重散射损耗、纳米能级分裂吸波，但位移电流对电磁波的损耗相对于涡流损耗来说较弱，对 SE 的增加程度不大，因此当 MWNT 体积分数达到 8％后，SE 的增加趋势减缓。

总之，复合填料体系的屏蔽性由传导电流和位移电流共同作用，主要取决于体系的电性能，由于 MWNT/CF 导电网络的特殊性，使"二次渗滤"体系表现协同导电效应，从而使屏蔽性能也呈现协同性。

3.5　纳米羰基铁电磁屏蔽复合薄膜的屏蔽特性

3.5.1　nano－Fe 对体电阻率的影响

图 3.50 是 nano－Fe/9％MWNT/7％CF/LDPE 的体电阻率（lgρ）随 nano－

Fe 的体积分数增加到 2.5% 的变化曲线。

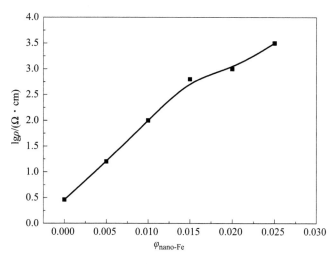

图 3.50 lgρ 与 nano – Fe 含量的关系

从图可知，随着体系中 nano – Fe 含量的增加，lgρ 从 0.5 Ω · cm 提高到 3.5 Ω · cm，nano – Fe 的加入使复合体系的导电性降低。

nano – Fe 是从高温熔融状态经过快速冷却而制得的材料，缺少一般金属晶体材料的长程原子有序结构，内部原子的大量无序状态破坏了原子系统排列的周期性和平移对称性，形成了一种有缺陷的、不完整的有序结构，直接参与导电的自由电子数目较少，nano – Fe 的导电性不如一般金属；而且纳米材料有很大比例的原子处于晶界环境，而晶界对参与导电的外层电子的运动有强烈的散射作用，使电子在电场加速作用下产生的定向运动受到较大程度减弱，从而构成了纳米材料的高电阻效应。

3.5.2 nano – Fe 对磁性能的影响

图 3.51 为在 – 3 000 ~ 3 000 GHz 的磁场强度下，1# ~ 6# nano – Fe/9% MWNT/7% CF/LDPE 样品在室温下的磁滞回线。

由图可知，随着 nano – Fe 的加入，复合体系出现磁滞现象，磁滞回线面积随 nano – Fe 含量的增加而略有增加，表明复合材料由磁损耗机制吸收电磁波的能力提高。

由图中 μ'_r 随着频率的变化曲线发现，μ'_r 随着频率的增加而降低，出现频散现象。

频散现象表明体系存在磁后效对电磁波的损耗[23]，斯诺克认为羰基铁的

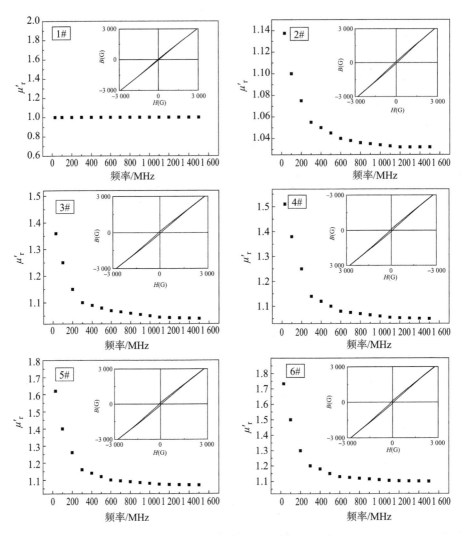

图 3.51 nano－Fe/9％MWNT/7％CF 复合体系的磁滞回线

Frequency：频率

磁后效损耗的弛豫机理是碳和氮杂原子在晶格间隙中的扩散。纳米羰基铁属于 α－铁的体心立方晶体，在晶格中有三种间隙，都是八面体间隙，分别位于三个主晶轴 x、y、z 方向的中点或面的中心，碳氮等杂原子就位于这些间隙中，由于碳氮等杂原子位于这种位置时，晶格点阵将分别沿 x、y、z 方向伸长，当铁的晶格无形变时，杂原子处于 x、y、z 三种间隙位置的能量都相等，杂原子均匀分布于三种位置上，但如果铁晶体在某一方向磁化，将使某一方向相位拉长，在磁化方向便会占据较多的杂原子，由于晶体形变，从原平衡态转变到新态需要一定的弛豫时间，产生磁性后效。

因此 nano – Fe 的加入使二次渗滤体系的铁磁性增大，对电磁波的磁损耗增强。复合薄膜的起始磁导率（μ_r）、H_c、M_s 和 M_r 的具体数值列于表 3.15 中。

表 3.15 起始磁导率、矫顽力、饱和磁化强度和剩余磁化强度

复合薄膜	μ_r	H_c/G	M_s/G	M_r/G
1#	1.00	0.081	0.63	0.084
2#	1.13	8.980	194.05	27.540
3#	1.36	10.220	209.52	53.990
4#	1.52	14.360	234.15	72.080
5#	1.62	16.750	259.74	83.210
6#	1.74	18.590	290.93	110.480

由表 3.15 可知，μ_r、H_c、M_s 和 M_r 均随着 nano – Fe 含量的增加而增大，H_c 从 0.081 提高到 18.590，M_s 由 0.63 增加到 290.93，M_r 由 0.084 增加到 110.480，表明材料的铁磁性增加。

3.5.3 nano – Fe 对屏蔽效能的影响

图 3.52 为 30 ~ 1 500 MHz nano – Fe/MWNT/CF/LDPE 的 SE 随 nano – Fe 体积分数的变化曲线。

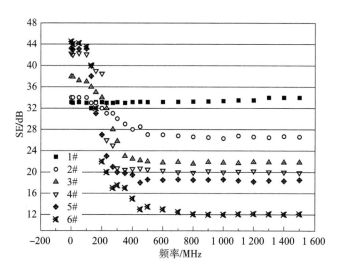

图 3.52 nano – Fe/MWNT/CF 复合体系的屏蔽效能

由图可知，在 100 MHz 以内，SE 随着 nano – Fe 体积分数逐渐增加而显著提高，比 9% MWNT/7% CF/LDPE 的 SE 增加 1 ~ 11 dB，2% nano – Fe/9% MWNT/7% CF/LDPE 的 SE 达到 43 dB 左右，；电磁波频率超过 200 MHz 后，随着 nano – Fe 体积分数增加，比 9% MWNT/7% CF/LDPE 的 SE 降低 7 ~ 12 dB，2% nano – Fe/9% MWNT/7% CF/LDPE 的 SE 降低到了 20 dB 左右。因此随着 nano – Fe 增多，体系的低频屏蔽性能提高，高频屏蔽性能减弱。

图 3.53 是 30 ~ 1 500 MHz 填料含量相同的 2% nano – Fe/9% MWNT/7% CF/LDPE、11% MWNT/7% CF/LDPE、MWNT/LDPE、Ni – MWNT/LDPE 的 SE 比较。

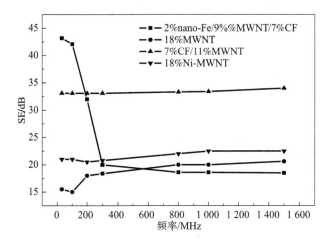

图 3.53　填料体积分数为 18% 的复合薄膜屏蔽效能比较

由图可知，加入 nano – Fe 后，复合薄膜的 100 MHz 以内的低频电磁屏蔽效果明显好于其他几种复合薄膜，高于其他复合体系 10 ~ 25 dB，但 200 MHz 以上频段的屏蔽性能显著减弱，降低了 2 ~ 16 dB。

为了研究 nano – Fe/CF/MWNT/LDPE 的屏蔽机理，利用 Holzheimer T 的推论，由 $\tan\delta_E$ 判断体系屏蔽性能的主要影响因素。图 3.54 是 30 MHz 和 1 500 MHz nano – Fe/MWNT/CF/LDPE 的 $\tan\delta_E$ 与体积分数的关系。

由图可知，在 1 500 MHz，随着 nano – Fe 含量增加，$\tan\delta_E$ 降低并趋于 1，表明材料的屏蔽性是由 σ 和 ε 共同作用产生的，由于 σ 和 ε 随着 nano – Fe 的增加而减小，材料对电磁波的电损耗能力降低，材料的导电和极化能力降低。在 30 MHz，随着 nano – Fe 的加入，$\tan\delta_E$ 逐渐低于 1，说明在较低频率，随着 nano – Fe 的加入，材料的电性能逐渐减弱，此时 σ 和 ε 对材料 SE 的贡献逐渐减小。

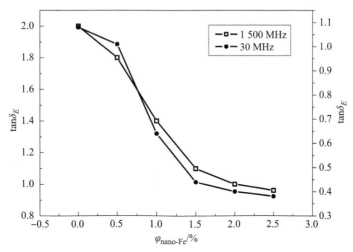

图 3.54 nano‑Fe/MWNT/CF/LDPE 的介电损耗角正切与 nano‑Fe 体积分数

为了进一步证实该结论，对比 nano‑Fe 体积分数为 0.5% ~ 2.5% 材料的 SE‑φ、μ_r‑φ、lgσ‑φ 关系，如图 3.55 所示。

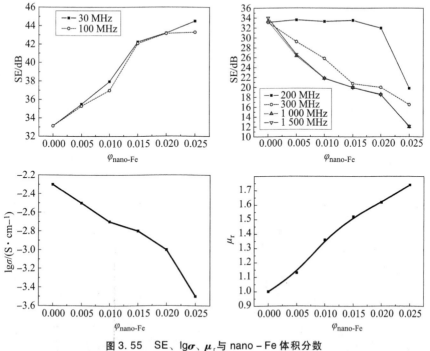

图 3.55 SE、lgσ、μ_r 与 nano‑Fe 体积分数

由图可知，在 30 ~ 100 MHz，随着 nano‑Fe 体积分数为 0.5% 增加到

2.5% 材料的 SE 的变化趋势和 μ_r 一样，呈逐渐增加趋势，而 lgσ 随着 nano – Fe 体积分数的增加而逐渐降低，说明在 30 ~ 100 MHz，SE 主要取决于体系的铁磁性，是磁屏蔽为主的机制。结合图 3.58 发现在 200 ~ 1 500 MHz，随着 nano – Fe 体积分数由 0.5% 增加到 2.5% 材料的 SE 的变化趋势和 lgσ、ε_r 一样，呈逐渐降低的趋势，与 μ_r – φ 的变化趋势相反，这说明在 200 ~ 1 500 MHz SE 主要取决于体系的电性能，即是由传导电流 σ 和极化电流 ε 共同决定的电屏蔽机制。

图 3.56 为 nano – Fe/MWNT/CF/LDPE 的 SEM 图像。

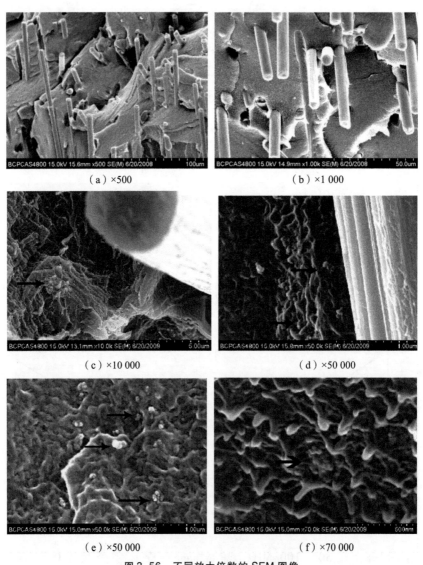

图 3.56　不同放大倍数的 SEM 图像

由 SEM 可以看到，由于 nano-Fe 的高表面活性，nano-Fe 之间团聚成簇分布在 CF 的间隙中，nano-Fe 团簇的大小在 400 nm 左右（如图 f 中），因此 nano-Fe 在材料内部以"团簇"形式存在。

由于 nano-Fe"团簇"的高磁导率，能通过磁阻效应[3]，使电磁波的大部分磁场分量通过磁阻小的 nano-Fe"团簇"而不扩散到周围空间，从而达到对磁场分量的屏蔽，磁阻与磁导率成反比，磁导率越大，磁阻越小，nano-Fe 对电磁波磁场分量的屏蔽效果越好，因此，随着 nano-Fe 含量的增加，nano-Fe"团簇"逐渐增大增多，材料的磁导率增加，在 100 MHz 以下低频段的屏蔽能力提高。而且，nano-Fe"团簇"还能通过涡流损耗、磁滞损耗和磁后效损耗等方式吸收低频电磁波中的磁场能量。此外，由 SEM 图像可知，nano-Fe"团簇"和 CF 的尺寸相差较大，分布在 CF 之间，能够增大填料粒子之间的堆积密度，降低材料内部的电磁泄漏点，从而提高对电磁波的屏蔽效果。

nano-Fe 的加入使体系 30～100 MHz 的低频屏蔽性能提高的原因总结三点：①nano-Fe"团簇"的铁磁性；②nano-Fe 具有和 CF、MWNT 不同的结构和形状，可以填充到 CF 和 MWNT 无法有效填充的空间，从而提高单位体积内的填料密度，降低材料内部的电磁泄漏点；③nano-Fe 是由纳米晶粒和非晶界面相组成的复合结构，这两相的饱和磁化强度的差值很小，在平面电磁波的磁化作用下，两相间耦合效应得到加强，增大了对平面电磁波的屏蔽作用。

对于 200 MHz 以上的较高频率电磁波，频率增加使材料对电磁波的磁损耗显著增大，产生的较高热量使材料温度升高，磁导率下降，从而使屏蔽效果变差，而且由于 nano-Fe 导电性差，nano-Fe"团簇"还阻断部分导电网络中电子的传导，使体系的导电性能降低，屏蔽性能降低。

3.6　铝/电磁屏蔽膜双层结构的电磁屏蔽性能

3.6.1　双层结构设计原理

采用双层屏蔽结构，在 LDPE 基电磁薄膜外面镀一层金属铝，以提高和拓宽原薄膜的电磁波屏蔽频段和屏蔽效能，如图 3.57 所示。

基于 Schelkunoff 双层平板材料屏蔽理论公式，对该双层结构的屏蔽效能进行理论分析：

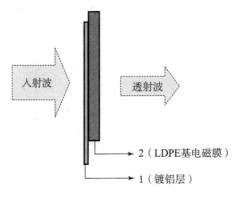

$\qquad$ 2（LDPE基电磁膜）

$\qquad$ 1（镀铝层）

图 3.57　双层屏蔽结构示意图

$$SE = 20\lg \mid e^{\gamma_1 l_1 + \gamma_2 l_2} \mid + 20\lg \left| \frac{(Z_0 + Z_1)(Z_1 + Z_2)(Z_2 + Z_0)}{8Z_0 Z_1 Z_2} \right| +$$

$$20\lg \mid (1 - q_1 e^{-2\gamma_1 l_1})(1 - q_2 e^{-2\gamma_2 l_2}) \mid \qquad (3.29)$$

其中，反射损耗 SE_R、吸收损耗 SE_A 和内部多次反射损耗 SE_B 的表达式分别为：

$$SE_R = 20\lg \left| \frac{(Z_0 + Z_1)(Z_1 + Z_2)(Z_2 + Z_0)}{8Z_0 Z_1 Z_2} \right| \qquad (3.30)$$

$$SE_A = 20\lg \mid e^{\gamma_1 l_1 + \gamma_2 l_2} \mid \qquad (3.31)$$

$$SE_B = 20\lg \mid (1 - q_1 e^{-2\gamma_1 l_1})(1 - q_2 e^{-2\gamma_2 l_2}) \mid \qquad (3.32)$$

式中，Z_0、Z_1 和 Z_2 分别为空气、镀铝层和 LDPE 基电磁膜的波阻抗；γ_1、γ_2 分别为镀铝层和 LDPE 电磁膜的传播常数；其中 q_1 和 q_2 的计算式如下所示：

$$q_1 = \frac{(Z_0 - Z_1)(Z_2 - Z_1)}{(Z_0 + Z_1)(Z_2 + Z_1)} \qquad (3.33)$$

$$q_2 = \frac{(Z_1 - Z_2)(Z_0 - Z_2)}{(Z_1 + Z_2)(Z_2 + Z_0)} \qquad (3.34)$$

为与单层屏蔽材料比较，将单层铝的 SE'、SE'_R、SE'_A 和 SE'_B 列于式（3.35）至式（3.39）中：

$$SE' = 20\lg \mid e^{\gamma l} \mid + 20\lg \left| \frac{\left(1 + \dfrac{Z_0}{Z_1}\right)^2}{4\dfrac{Z_0}{Z_1}} \right| + 20\lg \mid 1 - q e^{-2\gamma l} \mid \qquad (3.35)$$

$$SE'_R = 20\lg \left| \frac{\left(1 + \dfrac{Z_0}{Z_1}\right)^2}{4\dfrac{Z_0}{Z_1}} \right| \qquad (3.36)$$

$$SE_A' = 20\lg | \, e^{\gamma l} \, | \tag{3.37}$$

$$SE_B' = 20\lg | \, 1 - qe^{-2\gamma l} \, | \tag{3.38}$$

其中 q 的表达式如下式所示：

$$q = \frac{\left(\dfrac{Z_0}{Z_1} - 1\right)^2}{\left(\dfrac{Z_0}{Z_1} + 1\right)^2} \tag{3.39}$$

将双层屏蔽公式（3.29）至式（3.34）与单层屏蔽公式（3.35）至式（3.39）进行对比：

（1）单、双层屏蔽材料的反射损耗比较。

单层铝层的反射损耗为 $SE_R' = 20\lg \left| \dfrac{\left(1 + \dfrac{Z_0}{Z_1}\right)^2}{4\dfrac{Z_0}{Z_1}} \right|$，由于金属的波阻抗 Z_1 远小

于空气波阻抗 Z_0，因此，单层铝层的反射损耗 SE_R' 的表达式为：

$$SE_R' \approx 20\lg \left| \frac{Z_0}{4Z_1} \right| \tag{3.40}$$

双层屏蔽材料的反射损耗为 $SE_R = 20\lg \left| \dfrac{(Z_0 + Z_1)(Z_1 + Z_2)(Z_2 + Z_0)}{8Z_0 Z_1 Z_2} \right|$，

式中 $Z_1 \ll Z_0$，根据 Z_2 的大小，在不同情况 SE_R 的表达式不同：

①当 $Z_2 \approx Z_0$ 时，即 LDPE 基电磁膜的波阻抗与空气接近时，由于 $Z_2 \approx Z_0 \gg Z_1$，此时单层铝层与双层屏蔽结构的反射损耗相同，如下式所示：

$$SE_R = 20\lg \left| \frac{Z_0}{4Z_1} \right| = SE_R' \tag{3.41}$$

②当 $Z_2 \approx Z_1$ 时，即 LDPE 基电磁膜的波阻抗与高导电铝层的波阻抗接近时，由于 $Z_1 \approx Z_2 \ll Z_0$，此时反射损耗仍为式（3.42）。

③当 $Z_0 > Z_2 > Z_1$ 时，即 LDPE 基电磁膜的波阻抗处于空气波阻抗和铝层的波阻抗之间时，如下式所示：

$$SE_R = 20\lg \left| \frac{Z_0}{8Z_1} \right| \tag{3.42}$$

此时单层铝层比双层屏蔽材料的反射损耗大，最大差值为 $SE_R - SE_R' \approx 20\lg2$。

（2）单、双层屏蔽材料的吸收损耗比较。

单层铝层的吸收损耗为 $SE_A' = 20\lg | \, e^{\gamma l} \, |$，双层屏蔽材料的吸收损耗为 $SE_A = 20\lg | \, e^{\gamma_1 l_1 + \gamma_2 l_2} \, |$，两者的差值为：

$$\Delta SE_A = 20\lg | \, e^{\gamma_2 l_2} \, | \tag{3.43}$$

其中，LDPE 基电磁膜的传播常数 γ_2 为：

$$\gamma_2 = \alpha + \mathrm{j}\beta = \sqrt{\omega\mu(\mathrm{j}\sigma - \omega\varepsilon)}, \alpha = \omega\sqrt{\frac{\mu\varepsilon}{2}}\sqrt{\sqrt{1 + \left(\frac{\sigma}{\omega\varepsilon}\right)^2} - 1},$$

$$\beta = \omega\sqrt{\frac{\mu\varepsilon}{2}}\sqrt{\sqrt{1 + \left(\frac{\sigma}{\omega\varepsilon}\right)^2} + 1}$$

由 γ_2 的表达式可以发现：

①当 LDPE 基电磁膜的电导率 σ_2 远大于 $\omega\varepsilon_2$ 时，表明 LDPE 基电磁膜导电性好，电磁波在其中传播的波幅 $|\gamma|$ 为式（3.45）：

$$\gamma = \pm(1 + \mathrm{j})\sqrt{\frac{\omega\mu\sigma}{2}} \tag{3.44}$$

$$|\gamma| = \sqrt{\frac{\omega\mu\sigma}{2}} \tag{3.45}$$

上式说明，当 LDPE 基电磁膜的导电性接近导体时，双层屏蔽结构的电磁波吸收程度与 LDPE 基电磁膜的磁导率和电导率的有关，磁导率和电导率越大，吸收电磁波的能力越强，并且吸收程度随着电磁波频率的增加而增加。将式（3.45）代入式（3.43）中，得到此时的双层屏蔽结构比单层铝的吸收损耗增加程度的表达式（3.46）：

$$\Delta SE_A = 20\lg|e^{\gamma_2 l_2}| = 20\lg\left|e^{l_2\sqrt{\frac{\omega\mu_2\sigma_2}{2}}}\right| \tag{3.46}$$

上式表明，当 LDPE 基电磁膜的 σ_2 远大于 $\omega\varepsilon_2$ 时，双层屏蔽结构比单层铝对电磁波的吸收损耗大，在电磁波频率和 LDPE 基电磁膜的厚度一定时，LDPE 基电磁膜的磁导率和电导率越大，双层屏蔽结构对电磁波吸收程度越大。

②当 LDPE 基电磁膜的电导率 σ_2 远小于 $\omega\varepsilon_2$ 时，即 LDPE 基电磁膜的导电性差，此时电磁波在其中的传播常数为式（3.47）：

$$\gamma_2 = \pm \mathrm{j}\omega\sqrt{\mu_2\varepsilon} \tag{3.47}$$

上式 γ_2 为纯虚数，电磁波在 LDPE 基电磁膜中传播时的波幅不变，只有相位的变化，即电磁波在 LDPE 基电磁膜中没有吸收，只是传播的相位发生了改变，此时单层铝和双层屏蔽结构的吸收损耗相同。

③当 LDPE 基电磁膜的电导率 $\sigma_2 \approx \omega\varepsilon_2$ 时，即 LDPE 基电磁膜内部同时具有传导电流 σ 和位移电流 ε，此时 γ_2 可用式（3.48）或式（3.49）表达：

$$|\gamma_2| = \sqrt{\frac{\omega\mu_2}{2}}\sqrt{\sqrt{(\omega\varepsilon_2)^2 + \sigma_2^2} - \omega\varepsilon_2} = \sqrt{\frac{(\sqrt{2} - 1)\omega\mu_2\sigma_2}{2}} \tag{3.48}$$

或

$$|\gamma_2| = \sqrt{\frac{(\sqrt{2} - 1)\omega^2\mu_2\varepsilon_2}{2}} \tag{3.49}$$

将式（3.48）或式（3.49）代入式（3.46），得到双层屏蔽结构吸收损耗比单层铝的吸收损耗的增加值：

$$\Delta SE_A = 20 lg \left| e^{l_1 \sqrt{\frac{(\sqrt{2}-1)\omega^2 \mu_2 \varepsilon_2}{2}}} \right| \tag{3.50}$$

或

$$\Delta SE_A = 20 lg \left| e^{l_1 \sqrt{\frac{(\sqrt{2}-1)\omega \mu_2 \sigma_2}{2}}} \right| \tag{3.51}$$

由式（3.50）和式（3.51）可以看出，当 LDPE 基电磁膜的电导率 $\sigma_2 \approx \omega \varepsilon_2$ 时，双层屏蔽结构比单层铝对电磁波的吸收损耗大，若电磁波频率和 LDPE 基电磁膜厚度固定后，SE_A 随着 LDPE 基电磁膜的电导率（或介电常数）和磁导率的增加而增加。

（3）单、双层屏蔽材料的内部多次反射损耗比较。

单层铝层的内部多次反射损耗为 $SE_B' = 20 lg | (1 - q e^{-2\gamma l}) |$，双层屏蔽材料的内部多次反射损耗为 $SE_B = 20 lg | (1 - q_1 e^{2\gamma_1 l_1}) (1 - q_2 e^{2\gamma_2 l_2}) |$，两者的差值为：

$$\Delta SE_B = 20 lg | (1 - q e^{-2\gamma_2 l_2}) | \tag{3.52}$$

由上式可知，双层结构内部的内部多次反射损耗比单层铝增加的部分是 LDPE 基电磁膜的内部多次反射损耗，当 $A_2 > 10$ dB，ΔB 可以忽略。

总之，从上面的计算结果可以发现，双层屏蔽结构比铝等单层导电材料吸收损耗效果好，而反射损耗则比单层导电材料低，最大差值约为 6 dB。当镀铝层的厚度和电磁波频率固定后，提高双层屏蔽结构的屏蔽效果的关键是提高 LDPE 基电磁膜的吸收损耗 SE_A。

3.6.2　镀铝层的屏蔽效能计算和实测分析

本实验在 LDPE 基电磁膜上镀一层 1.5 μm 的铝。铝的 σ_r 为 0.67，μ_r 为 1，属于良导体，由于镀铝层的厚度小，根据 Schelkunoff 公式，铝是反射电磁波屏蔽机制，根据 SE 测试方法，对样品进行 300 kHz ~ 20 GHz 的电磁屏蔽效能测试，并根据式（3.35）对 1.5 μm 铝层的 SE 进行计算，将计算值和实测值进行比较，如图 3.58 所示。

由图 3.58 发现，铝层屏蔽效能的计算值较测试值偏大，且随着频率的增大，测试值和计算值的变化趋势逐渐接近，都随着频率的增大而增加，而且，在 500 MHz 以下的较低频段，单层铝的 SE 降低到 40 dB 以下。

为了分析原因，表 3.16 列出了 300 kHz ~ 20 GHz 1.5 μm 铝层的吸收损耗 SE_A、反射损耗 SE_R 和内部多次反射损耗 SE_B。

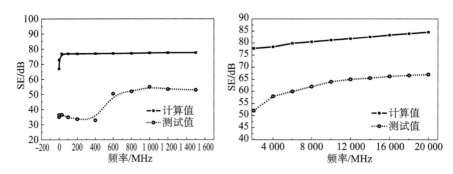

图 3.58　1.5 μm 镀铝层的屏蔽效能测试值与计算值（300 kHz ~ 20 GHz）

表 3.16　镀铝层的 SE_A、SE_R 和 SE_B

f/Hz	3×10^6	3×10^7	10^8	10^9	4×10^9	6×10^9	8×10^9	10^{10}	20×10^{10}
SE_R/dB	101	89.02	85.85	75.87	70.7	67.8	66.5	65.1	62.2
SE_A/dB	0	0.84	1.53	4.89	9.63	11.82	13.66	15.35	21.7
SE_B/dB	-34.31	-15.04	-10.54	-3.3	-1.01	0	0	0	0

由表 3.16 可知，铝层的 SE_A 随着频率的降低而降低，在频率低于 4 GHz 后，镀铝层的 SE_A 低于 10 dB，并且随着频率的降低 SE_A 减小，又因为内部多次反射损耗的大小与吸收损耗密切相关：

$$SE_B = 20\lg(1 - 10^{-0.14}) \tag{3.53}$$

所以，随着 SE_A 逐渐减小并低于 10 dB 后，SE_B 的负影响逐渐增大，使镀铝层的总的 SE 在低频率时较小，因此，通过实验发现单层金属镀层在 500 MHz 以上具有较好的屏蔽能力，但 500 MHz 以下的低频屏蔽效果不理想。

此外，由图 3.58 还发现，铝层屏蔽效能的计算值较测试值明显偏大，主要有以下原因：①实际条件的复杂性以及实际电磁波的非理想化使实验值往往小于理论值；②当单一金属镀层的厚度 $l \leqslant 0.1/\sqrt{f}$ 时，吸收损耗降低到 10 dB 以下，此时内部多次反射损耗的负面影响增大，屏蔽机理变得更加复杂；③由于趋肤效应，在 30 MHz 以内的电磁频段，导电性好的金属的趋肤深度都在几十个微米，当金属镀层的厚度小于趋肤深度时，较薄的金属反射层会被电磁波能穿透，造成金属反射层的电磁波渗透，无法达到较好实际屏蔽效果[24]；④当电磁频率很高后，电磁波的波长减小，波的周期非常短，逐渐可以与金属内电子移动与碰撞的平均时间相比，导体的电导率逐渐成为复数，电磁波的穿透能力增强，理论值与实际测试值产生偏离。

通过实验发现，虽然单层金属镀层对电磁波具有一定的屏蔽效果，但由于实际电磁环境的复杂性，以及军事电磁环境的全方位、高强度和宽频段，单层金属镀层包装材料往往难以满足军用物资的电磁防护要求。

3.6.3 LDPE 基电磁膜对双层屏蔽结构屏蔽性能的影响

通过前面分析，1.5 μm 的单层铝镀层在 500 MHz 以下的实际屏蔽效果较差，而前面制备的填料质量分数为 16% 的四类单层 LDPE 基电磁膜在 30 ~ 1 500 MHz 的电磁屏蔽性能测试结果如表 3.17 所示，SE 在 13 ~ 43 dB。

表 3.17　单层 LDPE 基电磁膜的屏蔽效能测试结果（单位：dB）

LDPE 基复合材料	30 MHz	100 MHz	500 MHz	1 000 MHz	1 500 MHz
16% MWNT	13.5	13.0	19.5	20.5	21.2
16% Ni – MWNT	20.0	19.5	20.5	21.5	21.5
9% MWNT/7% CF	33.0	33.0	33.2	33.4	34.0
2% nano – Fe/9% MWNT/7% CF	43.2	43.2	18.6	18.6	18.5

考虑到军事电磁环境对军品电磁防护包装的高要求，选择屏蔽效果较好的厚度 0.2 mm 的四类复合膜，在 LDPE 基电磁膜表面真空蒸镀上 1.5 μm 的铝，试样编号和性能参数列于表 3.18，测试这种双层屏蔽结构的在 300 kHz ~ 20 GHz 的屏蔽效能。

表 3.18　双层屏蔽结构配方和电磁参数

编号	LDPE 基电磁膜	电磁参数			样品结构
		lgσ	ε_r	μ_r	
1#	—				1.5 μm 镀铝层
2#	16% MWNT	2.8	15.5	1.0	1.5 μm 镀铝层/电磁膜
3#	16% Ni – MWNT	2.2	17.0	1.1	同上
4#	7% CF + 9% MWNT	0.5	29.0	1.0	同上
5#	7% CF + 9% MWNT + 2% nano – Fe	2.8	20.0	1.6	同上

图 3.59 为双层结构在 300 kHz ~ 20 GHz 的 SE 测试结果与频率关系图。

由图 3.59 可知，2# ~ 5# 都较 1# 单铝层的屏蔽效果有较大幅度的提高，提高了 10 ~ 50 dB。1# 在 300 kHz ~ 500 MHz 的低频屏蔽效果较差，2# ~ 5# 样品均有所提高，尤其是含有铁磁性 Ni – MWNT 的 3# 样品和 nano – Fe 的 5# 样品在 300 kHz ~ 100 MHz 的低频段具有较好的屏蔽效果，比单层铝的屏蔽效能分别提高了 27 ~ 55 dB。

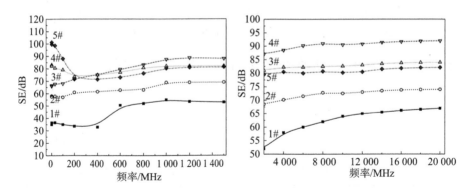

图 3.59 双层结构在 300 kHz ~ 20 GHz 的屏蔽效能测试结果

根据 LDPE 电磁膜的电导率和介电常数测试结果，当 LDPE 电磁膜的 $\sigma \approx \omega\varepsilon$ 时，材料内部同时具有传导电流和位移电流，如式（3.51）所示，电磁波在双层结构中传播时由于受到传导电流和位移电流的共同作用，对电磁波的吸收损耗较单一铝层有所增加，并且随着 LDPE 基电磁膜的电导率（或介电常数）和磁导率的增加，双层屏蔽结构的屏蔽性能增强。此外，式（3.43）可知，双层结构的反射损耗较单层铝有所降低，因此，可以认为双层结构 SE 提高的主要原因是 LDPE 基电磁膜的吸收损耗，这也可从实验结果看出，2# ~ 5#中分别含有吸波性的 MWNT、Ni - MWNT 和 nano - Fe，而且由于 Ni - MWNT 和 nano - Fe 具有铁磁性，3#和5#在 300 kHz ~ 100 MHz 的较低频段的 SE 比 1#提高了 30 ~ 50 dB，但由于频率的增加，nano - Fe 的磁损耗带来的热效应使 5#的 μ_r 显著降低，5#体系逐渐由磁屏蔽材料变为电屏蔽材料，屏蔽效果降低。

3.6.4 填料的含量对双层结构电磁膜屏蔽性能的影响

为了研究填料含量对双层结构电磁膜屏蔽性能的影响，按表 3.19 制备样品。

表 3.19 不同填料含量的双层屏蔽结构试样

编号	LDPE 基电磁膜配方	样品结构
1#		1.5 μm 镀铝层
2 - 1#	5% MWNT	
2 - 2#	7% MWNT	1.5 μm 铝层 + 0.2 mm LDPE 基电磁膜
2 - 3#	10% MWNT	
2 - 4#	12% MWNT	

续表

编号	LDPE 基电磁膜配方	样品结构
3 – 1#	5% Ni – MWNT	1.5 μm 铝层 + 0.2 mm LDPE 基电磁膜
3 – 2#	7% Ni – MWNT	
3 – 3#	10% Ni – MWNT	
3 – 4#	12% Ni – MWNT	
4 – 1#	7% CF/2% MWNT	1.5 μm 铝层 + 0.2 mm LDPE 基电磁膜
4 – 2#	7% CF/5% MWNT	
4 – 3#	7% CF/7% MWNT	
4 – 4#	7% CF/9% MWNT	
5 – 1#	7% CF + 9% MWNT + 1% nano – Fe	1.5 μm 铝层 + 0.2 mm LDPE 基电磁膜
5 – 2#	7% CF + 9% MWNT + 1.5% nano – Fe	
5 – 3#	7% CF + 9% MWNT + 2% nano – Fe	
5 – 4#	7% CF + 9% MWNT + 2.5% nano – Fe	

　　图 3.60 至图 3.63 分别为 300 kHz ~ 20 GHz 电磁频段内，不同填料含量时 2# ~ 5# 样品的屏蔽效能测试结果与频率关系图，具体数据列于表 3.19。

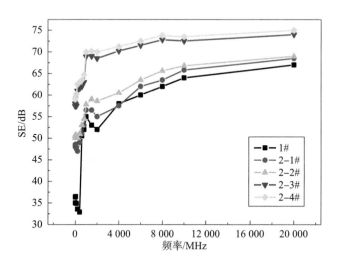

图 3.60　MWNT/LDPE – 铝

　　图 3.60 为 300 kHz ~ 20 GHz 5% ~ 12% MWNT/LDPE – 铝双层屏蔽结构的 SE 测试结果。由图 3.60 可知，2# 样品的 SE 比单层铝有所提高，而且随着 LDPE 基电磁膜中电磁功能填料含量的增加出现了明显的"渗滤现象"；2# 样

品在 MWNT 含量达到"渗滤阈值"后，SE 不再显著增加；2#样品的 SE 随频率的变化趋势和单层铝相似，随着频率的增加显著增加，在 100 MHz 以内的低频屏蔽效果不如较高频率时的屏蔽效果。

图 3.61 为 300 kHz ~ 20 GHz 5% ~ 12% Ni – MWNT/LDPE – 铝双层屏蔽结构的 SE 测试结果。由图 3.61 可知，3#样品的 SE 比单层铝提高，而且随着 LDPE 基电磁膜中电磁功能填料含量的增加出现了"渗滤现象"；在 Ni – MWNT 含量达到"渗滤阈值"后，3#样品的 SE 仍缓慢增加；3#样品在 100 MHz 以内的低频段的屏蔽效果较好。

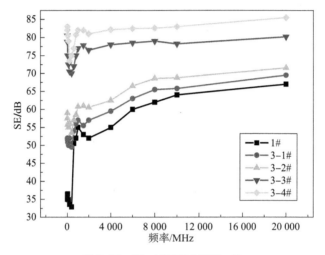

图 3.61　Ni – MWNT/LDPE – 铝

图 3.62 为 300 kHz ~ 20 GHz 5% ~ 12% Ni – MWNT/LDPE – 铝双层屏蔽结构的 SE 测试结果。由图 3.62 可知，4#样品的 SE 比单层铝提高，而且随着 LDPE 基电磁膜中电磁功能填料含量的增加出现了明显的"渗滤现象"；4#样品在 MWNT/CF 含量达到"渗滤阈值"后，SE 几乎不再继续增加；4#样品的 SE 随频率的变化趋势和单层铝相似，随着频率的增加显著增加；4#样品在 100 MHz 以内的低频段的屏蔽效果较差。

图 3.63 为 300 kHz ~ 20 GHz 5% ~ 12% MWNT/CF/nano – Fe/LDPE – 铝双层屏蔽结构的 SE 测试结果。由图 3.63 可知，5#样品的 SE 比单层铝提高；随着 LDPE 基电磁膜中 nano – Fe 含量的增加，5#样品的 SE 没有出现"渗滤现象"；5#样品在 200 MHz ~ 20 GHz 时的 SE 随着 LDPE 基电磁膜中电磁功能填料含量的增加而降低；5#样品在 300 kHz ~ 100 MHz 的低频段的屏蔽效果很好，而且在 300 kHz ~ 100 MHz 时的 SE 随着 LDPE 基电磁膜中电磁功能填料含量的增加而显著增加。

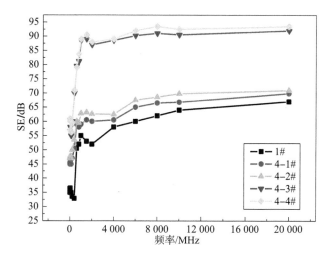

图 3.62　MWNT/CF/LDPE – 铝

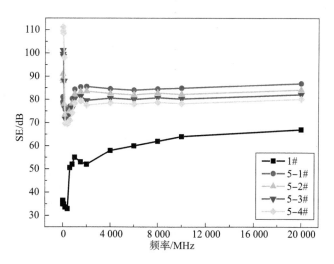

图 3.63　MWNT/CF/nano – Fe/LDPE – 铝

具体测试数据见表 3.20。

表 3.20　不同填料含量的双层结构屏蔽效能测试结果（单位：dB）

编号	300 kHz	1 MHz	100 MHz	1 000 MHz	10 GHz	20 GHz
1#	46.0	46.4	45.0	55.0	64.0	67.0
2 – 1#	48.0	48.5	47.5	56.5	65.8	68.5

续表

编号	300 kHz	1 MHz	100 MHz	1 000 MHz	10 GHz	20 GHz
2－2#	50.0	50.5	50.8	57.8	66.8	69.0
2－3#	58.0	57.5	57.0	69.0	72.5	74.0
2－4#	59.0	59.0	59.5	70.0	73.5	75.0
3－1#	52.0	51.5	50.0	59.0	65.8	69.5
3－2#	59.0	57.5	55.8	60.8	68.8	70.0
3－3#	80.5	78.5	75.0	77.0	78.2	80.2
3－4#	83.0	82.0	80.5	82.0	83.0	85.5
4－1#	45.0	45.4	45.0	59.0	66.8	70.0
4－2#	47.0	47.5	47.0	62.8	69.8	71.0
4－3#	60.5	56.5	55.0	88.5	90.5	92.0
4－4#	61	56.5	56.2	89.0	92.5	93.5
5－1#	81.0	79.0	78.0	84.3	84.8	86.9
5－2#	91.0	89.0	88.0	82.3	82.2	84.1
5－3#	101.2	99.5	98.5	80.3	80.2	82.1
5－4#	111.2	109.5	108.5	78.3	78.2	80.1

比较图 3.60 至图 3.63 发现，2~4#样品的 SE 随着填料含量增加都出现了渗滤现象，而且具体的渗滤行为出现不同的变化规律。当电磁频率固定时，2#和 4#样品在填料含量达到"渗滤阈值"后，SE 几乎不再增加，而 3#样品在填料含量达到"渗滤阈值"后，SE 仍继续增加。分析认为，2#和 4#样品不含有铁磁性填料，LDPE 基电磁膜 $\mu_r \approx 1$ 不具有铁磁性，吸收损耗随 LDPE 基电磁膜的 σ_r、ε_r 的增加而增加，但由于导电渗滤行为，在导电网络形成和完善后 σ_r 便不再继续增加，双层屏蔽结构的涡流损耗也不再增加，而 3#样品含有铁磁性填料 Ni－MWNT，LDPE 基电磁膜 $\mu_r > 1$ 具有铁磁性，吸收损耗随 LDPE 基电磁膜的 σ_r 和 μ_r 的增加而增大，当导电网络形成和完善 σ_r 达到稳定后，铁磁性粒子数量增加使 μ_r 仍增加，SE 继续增加，低频屏蔽效果显著。

5#样品具有和 2~4#样品不同的变化规律，5#和 3#样品一样含有铁磁物质，但 nano－Fe 和 Ni－MWNT 的不同处在于 nano－Fe 的导电性能差，随着 nano－Fe 含量增加，磁导率增加，LDPE 电磁膜的磁阻降低，对于 100 MHz 以内的低频电磁波的屏蔽效果显著改善。体系内部的导电网络传导的电子被 nano－Fe 阻挡，传导电流和位移电流都减弱，对电磁波的吸收损耗降低，因此，随着 nano－Fe 数量增加，双层结构对于 200 MHz 以上的较高频段的电磁波的屏蔽

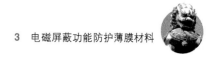

效果逐渐变差。

　　总之，双层屏蔽结构较单层铝的电磁屏蔽效能改善的原因在于 LDPE 基电磁膜对电磁波的吸收损耗，当电磁波频率固定后，吸收损耗主要受到 LDPE 基电磁膜的导电性（σ_r）、极化性（ε_r）和导磁性（μ_r）的影响。LDPE 基电磁膜的导电性具有渗滤行为，当填料含量达到一定的值（"渗滤阈值"）后，导电网络的完善使 LDPE 基电磁膜的 σ_r 不再随填料含量的增加而增加，而 μ_r 与内部铁磁性粒子的数量有关，能够损耗电磁波磁场分量的铁磁性粒子的数量越多，LDPE 基电磁膜的 μ_r 越强。因此，制备较高屏蔽效果的双层屏蔽结构的方法之一就是要提高 LDPE 基电磁膜的吸收损耗，此外，铁磁性填料对低频电磁波磁场分量的高损耗可以显著提高双层屏蔽结构的低频屏蔽效果，有助于拓宽电磁屏蔽波段。

参考文献

［1］张有纲，黄永杰，罗迪民．磁性材料［M］．成都：电子科技大学出版社，1988.

［2］李翰如．电介质物理导论［M］．成都：成都科技大学出版社，1990.

［3］He D，Ekere NN. Effect of particle size ratio on the conducting percolation threshold of granular conductive – insulatingcomposites［J］. Phys D：Appl Phys，2004，37：1848 – 1852.

［4］Lee M G，NhoY C. Electrical resistivity of carbon black filled high – density polyethylene（HDPE）composite containing radiation crosslinked HDPE particles［J］. Radiat Phys Chem，2001，61：75 – 79.

［5］张佐光．功能复合材料［M］．北京：化学工业出版社，2004.

［6］K Miyasaka. Conductive Mechanism of Conductive Polmer Composites［J］. International Polymer Science and Technology，1986，13（6）：41.

［7］吴行，陈家钊，涂铭旌．电磁屏蔽涂料镍填料的表面偶联处理研究［J］. 功能材料，2000，31（3）：263.

［8］刘东，王钧．碳纤维导电复合材料的研究与应用［J］．玻璃钢复合材料，2001，6：18 – 20.

［9］楼仁海，符果行，袁敬闳．电磁理论［M］．成都：电子科技大学出版社，1996.

［10］刘顺华，刘军民，董星龙．电磁波屏蔽及吸波材料［M］．北京：化学工

业出版社，2007.

[11] Holzheimer T. Abroad band materials measurements technique using the full frequency extent of the network analyzer [C]. 2002 Anten appl symp, 2002.

[12] Osawa Z, Kuwabara S. Thermal stability of the shielding effectiveness of composites to electromagnetic interference [J]. Polym Degrad Stab, 1992, 35: 33 – 43.

[13] Shielding for EMI and antistatic plastic resins with stainless steel fibres [J]. Plastics Additives & Compounding March, 2001: 23 – 27.

[14] Sang Woo Kim, Y. W. Yoon, S. J. Lee, et al. Electromagnetic shielding properties of soft magnetic powder – polymer composite films for the application to suppress noise in the radio frequency range [J]. Magnetism and Magnetic Materials, 2007, 316: 472 – 474.

[15] 刘帅，焦清介，臧充光，等. 金属填充 LDPE 薄膜电磁屏蔽性能研究 [J]. 北京理工大学学报，2007, 27 (5): 467.

[16] Zhi – fei Li, Guo – hua Luo, Fei Wei, et al. Microstructure of carbon nanotubes/PET conductive composites fibers and their properties [J]. Composites Science and Technolgy, 2006, 66: 1022 – 1029.

[17] Chi – Yuan Huang, Tay – Wen Chiou. The Effect of Reprocessing on the Shielding Effectiveness of Conductiveness of Conductive Reinforced ABS Composites [J]. European Polymer, 1998, 34 (1): 3743.

[18] 张增富，罗国华，范壮军，等. 不同结构碳纳米管的电磁波吸收性能研究 [J]. 物理化学学报，2006 (03): 296 – 300.

[19] 宛德福，马兴隆. 磁性物理学 [M]. 成都：电子科技大学出版社，1994.

[20] Lv R, Kang F, Gu J, et al. Synthesis, field emission and microwave absorption of carbon nanotubes filled with ferromagnetic nanowires [J]. Science China Technological Sciences, 2010, 53: 1453 – 1459.

[21] 司琼，董发勤. 掺石墨和羰基铁涂料的低频电磁屏蔽性能研究 [J]. 功能材料，2006, 37 (6): 883 – 886.

[22] 毛卫民，方鲲，吴其晔，等. 导电聚苯胺/羰基铁粉复合吸波材料 [J]. 复合材料学报，2005, 22 (1): 11 – 14.

[23] Joo J, Lee C Y. High frequency electromagnetic interference shielding response of mixtures and multilayer films based on conducting polymers [J]. J Appl Phys, 2000, 88 (1): 513 – 518.

[24] 杨士元. 电磁屏蔽理论与实践 [M]. 北京：国防工业出版社，2006.

4

吸波功能防护材料

|4.1 电磁波特性及吸波机理|

4.1.1 吸波反射损耗机理

4.1.1.1 复合材料的电磁特性

麦克斯韦方程组是英国物理学家 J. C. 麦克斯韦（1831—1879）于 1873 年建立的。方程组全面概况了此前电磁学实验和理论研究的全部成果，用数学的方法揭示了电场与磁场、场与场源以及场与媒质间的相互关系和变化规律，并且预言了电磁波的存在[1]。因此，麦克斯韦方程组是经典电磁理论的核心，是研究一切宏观电磁现象和工程电磁问题的理论基础。

若用 γ 表示三维空间位置矢量，t 表示时间变量，麦克斯韦方程组的微分形式为[1]：

$$\nabla \times \boldsymbol{H}(\boldsymbol{\gamma},t) = \boldsymbol{J}(\boldsymbol{\gamma},t) + \frac{\partial \boldsymbol{D}(\boldsymbol{\gamma},t)}{\partial T} \tag{4.1}$$

$$\nabla \times \boldsymbol{E}(\boldsymbol{\gamma},t) = -\frac{\partial \boldsymbol{B}(\boldsymbol{\gamma},t)}{\partial T} \tag{4.2}$$

$$\nabla \times \boldsymbol{B}(\boldsymbol{\gamma},t) = 0 \tag{4.3}$$

$$\nabla \times \boldsymbol{D}(\boldsymbol{\gamma},t) = \rho(\boldsymbol{\gamma},t) \tag{4.4}$$

式中，$\boldsymbol{E}(\boldsymbol{\gamma},t)$ 表示电场强度矢量，V/m；$\boldsymbol{H}(\boldsymbol{\gamma},t)$ 表示磁场强度矢量，A/m；$\boldsymbol{D}(\boldsymbol{\gamma},t)$ 为电位移矢量，C/m^2；$\boldsymbol{B}(\boldsymbol{\gamma},t)$ 代表磁感应强度矢量，T；$\boldsymbol{J}(\boldsymbol{\gamma},t)$

表示电流密度矢量，A/m^2；$\rho(\gamma,\ t)$ 表示电荷密度，C/m^2。

式（4.1）称作全电流安培定律，它揭示了磁场与其场源的关系。J 是自由电子在导电媒质中运动形成的传导电流或在真空、气体中运动形成的运流电流，换句话说，就是真实的带电粒子运动而形成的电流。式（4.2）称作电磁感应定律，是麦克斯韦对法拉第电磁感应定律进行推广而得出的，它反映了随时间变化的磁场可以产生电场的事实。式（4.3）称作磁通连续性原理，由此说明自然界不存在磁荷，磁力线必然是无头无尾的闭合线。式（4.4）称作高斯定律，它表明电荷是产生电场的场源之一。

吸波材料通常是指能通过自身特性吸收衰减入射电磁波，而反射、散射及透射作用相对较弱的功能材料。表征吸波材料电磁属性的参数主要有复介电常数、复磁导率和电磁损耗角正切值。

1）复介电常数

复介电常数是表征吸波材料电磁属性的基本参数之一，也是评价吸波材料优劣的主要依据。对复介电常数物理意义的理解有助于深入探讨吸波材料的吸波机理。

$$\varepsilon = \varepsilon' - \varepsilon'' \tag{4.5}$$

式（4.5）即为复介电常数的表达式。

复介电常数的物理意义，即实部代表储存能量的能力；虚部相当于在电容器上并联一个等效电阻，其标志着电介质损耗能量的能力。即吸波材料对电磁波的介电损耗可以通过复介电常数的虚部来表征，如图4.1所示。

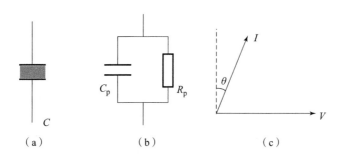

（a）   （b）   （c）

图4.1 充有介质的电容器示意图

（a）电容器示意图；（b）等效电路图；（c）电流 - 电压矢量图

2）复磁导率

同复介电常数一样，复磁导率也是吸波材料电磁特性的基本参数之一，是评价吸波材料优劣的重要依据。

交变磁场中磁介质内储存的能量密度与复磁导率的实部成正比，而能量的损耗由吸波材料的复磁导率的虚部决定。

3）电磁损耗角正切

电损耗角正切值和磁损耗角正切值是表征吸波材料电磁波吸收能力的重要参数，被广泛应用于研究和工程生产中。对于吸波材料的复介电常数及复磁导率的虚部分别与介电损耗、磁损耗相对应，因此，工程上采用其对应的虚部与实部的比值来定义电损耗角正切和磁损耗角的正切。

$$\tan\delta_\varepsilon = \frac{\varepsilon''}{\varepsilon'} \tag{4.6}$$

$$\tan\delta_\mu = \frac{\mu''}{\mu'} \tag{4.7}$$

损耗角的值越大，吸波材料的损耗能力越强。由式（4.6）和式（4.7）可以看出，复介电常数和复磁导率的虚部 ε''、μ'' 越大，吸波材料的吸收能力越强。但实际吸波材料的选择和材料的结构设计是紧密联系在一起的，在应用中常需要根据不同的结构设计方案来选用具有合适电磁参数的吸收剂。因此，只追求具有大的 ε'' 或 μ'' 的吸波材料的做法是不合理的。

4.1.1.2　复合材料的反射损耗机理

电磁波入射至任意形状的吸波体时，在电磁波的入射面或界面都会发生反射、透射和吸收[2]。图4.2所示为平面电磁波垂直入射到平板式吸波体上，电磁波在吸波体中的传输过程。根据传输线理论，当雷达波透过阻抗为 $Z_0(\mu_0/\varepsilon_0)^{1/2}$ 的自由空间入射到输入阻抗为 $Z_{in} = [\mu_r\mu_0/(\varepsilon_r\varepsilon_0)]^{1/2}$ 的界面上时，一部分电磁波被反射，另一部分进入吸波体。吸波体电压反射因数由下式决定：[3-5]

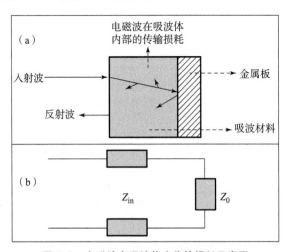

图4.2　电磁波在吸波体中传输损耗示意图

（a）电磁波垂直入射到吸波体上其内部的传输过程；（b）传输线的电路模拟

$$\Gamma = \frac{Z_{\text{in}} - Z_0}{Z_{\text{in}} + Z_0} \tag{4.8}$$

功率反射损耗 RL（dB）为

$$RL = 20\lg|\Gamma| = 20\lg\left|\frac{Z_{\text{in}} - Z_0}{Z_{\text{in}} + Z_0}\right| \tag{4.9}$$

吸波材料的反射损耗为负值，其绝对值越大，表明电磁波入射至吸波材料表面发生反射的部分越少，而通过各种机制被吸波材料吸收衰减掉的部分越多，材料相应的吸波性能越好。

吸波材料实现有效吸收电磁波是尽量多地将电磁波能量转换为热能或其他形式的能量而耗散掉。即材料需具备两个特性：波阻抗匹配特性和衰减特性。阻抗匹配特性是创造特殊的边界条件使入射电磁波在材料介质表面的反射因数最小（理想情况是 $\Gamma = 0$），从而使电磁波尽可能地从表面进入介质内部。即当 $Z_{\text{in}} = Z_0$ 时，则 $\mu_r = \varepsilon_r$，此时该材料与自由空间波阻抗达到了匹配。对某个特定波长而言，可设计厚度为 $\lambda/(4n)$、$\lambda/(2n)$ 的吸波层（称窄带谐振吸收层），此时介质上下表面反射的波干涉相消使 RL 最小。

衰减特性是将进入材料内部的电磁波因损耗而迅速地被吸收。损耗大小可用电损耗因子和磁损耗因子来表征，复介电常数虚部 ε'' 和复磁导率虚部 μ'' 越大，损耗越大，越有利于电磁波的吸收。根据材料的实际应用，通过调节材料的复介电常数虚部和复磁导率虚部的值，可获得电磁损耗强且尽可能匹配的吸波材料。

4.1.2 电磁波吸收性能表征测试

（1）微观结构及形貌测试：使用 X 射线衍射仪（XRD），室温，Cu Kα radiation，40 kV，40 mA，Dmax-3A，Japan。用 SEM-4800 冷场发射扫描电子显微镜对表面喷金铁氧体粉末内部微观形貌进行测试；将涂层样条用液氮脆断，断面喷金后固定在铝桩上，观察断层的显微结构。傅里叶红外光谱分析仪（Varian 640-IR）测试化学修饰对铁氧体前后的结构变化。

（2）热分析：物质在受热时发生化学变化，随之质量也发生变化，测定物质质量随温度的变化可研究其反应过程。热重分析法（TGA）是在程序控制温度下，测量物质质量与温度关系的一种技术。使用热分析（TGA）研究吸波体热分解及铁氧体颗粒的生长过程，使用设备为：NETZSCH STA 449F3，空气气氛下：60 mL/min，升温速率为：20 ℃/min。

（3）电磁性能测试：采用 Agilent E4991A 精密阻抗分析仪测复磁导率和复介电常数，测试频率：10 MHz ~ 1.5 GHz，如图 4.3 所示。

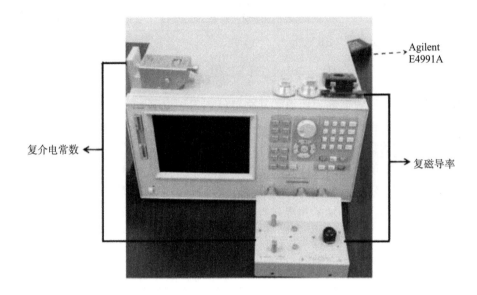

图4.3　复介电常数和复磁导率测试仪（Agilent E4991A）

（4）吸波性能测试：采用微波网络分析仪（Agilent E5062A）法兰同轴法测试铁氧体吸波涂层的微波反射损耗，测试频率：10 MHz~1.5 GHz。吸波性能测试所用仪器和试样形状示意图如图4.4所示。

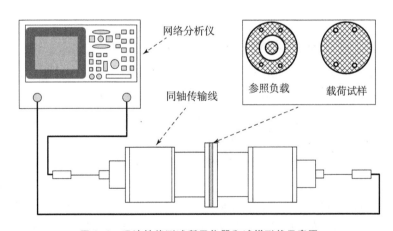

图4.4　吸波性能测试所用仪器和试样形状示意图

（5）表面和力学性能测试：显微镜加 VEECO 软件测试涂层表面的粗糙度；接触角测试仪测试化学修饰－铁氧体/环氧树脂复合物对水的润湿性；UMT 仪器测试摩擦性能。

4.1.3　纳米复合隐身涂层吸波剂设计

4.1.3.1　铁氧体复合材料低频电磁吸波剂选择

铁氧体材料是铁系金属的氧化物吸波材料，主要有纳米 Fe_2O_3、Fe_3O_4、Co_3O_4、NiO 等，是研究较多也是比较成熟的一种吸波材料。

铁氧体作为一种传统的磁损耗型电磁吸波材料，不仅具有一般介质材料的欧姆损耗、极化损耗、电子和离子共振损耗，还具有其本身特有的成本低、磁导率高、频段较宽等特点。铁氧体吸波材料吸收电磁波的主要机理是自然共振。自然共振是指在不加外加磁场的情况下，由入射交变磁场和晶体磁场的各向异性等效场共同作用产生共振。当交变磁场的角频率（ω）和晶体的磁性各向异性场（H_K）所决定的本征角频率（W_K）相等时，铁氧体吸波材料将会大量吸收电磁波能量。但其也存在高温特性差、密度大等缺点。

铁氧体吸波材料通常分为尖晶石型铁氧体、石榴石系铁氧体与六角晶系铁氧体3种类型。研究表明，尖晶石型铁氧体应用历史最长，最适合在低频段作为吸波材料应用。如图4.5所示，在尖晶石铁氧体（$MeFe_2O_4$）中，Me 代表不同的金属元素，其中，Me^{2+} 与 Fe^{3+} 分别占据氧四面体中心或氧八面体的中心分别称为 A 位和 B 位。由于掺杂的元素不同和掺杂量不同，其电磁性不同，进而影响吸波性能。

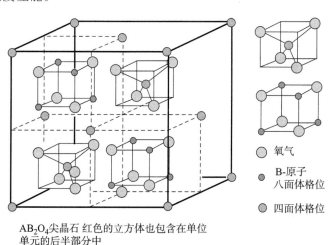

AB$_2$O$_4$尖晶石 红色的立方体也包含在单位
单元的后半部分中

○ 氧气

● B-原子
　八面体格位

○ 四面体格位

图 4.5　尖晶石型铁氧体的晶体图

铁氧体已广泛应用在电磁复合吸波材料领域，是优良的电磁吸波填料，极具应用发展潜力，但铁氧体作为环氧树脂的填料多集中在高频吸波材料的研究上，在低频段，作为环氧树脂涂层的吸波填料方面的报道很少，因此，低频铁氧体/环氧树脂复合吸波涂层有较高的研究价值。

4.1.3.2　铁氧体复合填料体系设计

不同填料由于结构和粒径不同而存在协同效应，而且单一的电磁功能填料往往只在某一电磁频率具有较好的屏蔽效果，而且需要较高的添加量，若将具有互补性质的电磁填料复合，使其发挥各自的优势，将产生协同效应。作为传统型吸波材料的铁氧体，因其吸波性能好且价廉易得，因而被广泛应用于隐身飞行器设计中，但由于其密度大，应用受到限制。碳纳米管可分为单壁碳纳米管（SWNT）与多壁碳纳米管（MWNT），如图4.6所示，其具有质轻、导电性可调、吸波频带宽和稳定性好的特点，是一种有发展前景的吸收剂。根据吸波材料的吸收机理，铁氧体为磁损耗型吸波材料，而碳纳米管属于电损耗型吸波材料。单一的电损耗型或磁损耗型吸波材料都存在吸波频带窄的特点。因而，获得电磁兼容的吸波材料是吸波材料发展的方向。

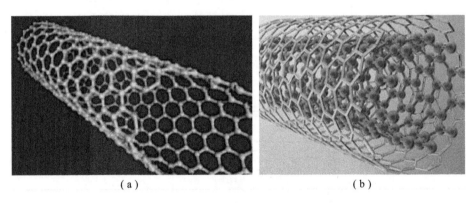

图4.6　SWNT 和 MWNT 结构模型
（a）SWNT；（b）MWNT

1）铁氧体/碳纳米管复合材料体系

碳纳米管具有很好的电磁吸波性能，由于其本身的纳米尺寸，比表面积较大，因而纳米颗粒表面的原子数比较多，悬挂的化学键较多，因而增大了材料的活性。其大量悬挂键的存在使得界面易极化，并且较高的比表面积可造成多重散射；量子尺寸效应的存在使得碳纳米管离子的电子能级分裂，分裂的能级间隔处于微波的能量范围（$10^{-4} \sim 10^{-2}$），这为碳纳米管的电磁吸收提供了新的通道[3]。在微波场辐射下，原子和电子的运动加剧，促使磁化，使大量的电子能转化为热能，从而增加了对电磁波的吸收；碳纳米管具有纳米粒子的高矫顽力，可引起大的磁滞损耗。此外，碳纳米管本身的结构决定了其具有吸收频段宽、兼容性好、厚度薄和重量轻等优点，与铁氧体复合恰可达到吸波材料的"薄、轻、宽、强"的吸波要求。

综上所述，将导磁性的填料与导电性的碳纳米管复合，可充分发挥两者的优势，有助于提供材料的吸波性能。

目前，掺杂半导体颜料除了晶格振动吸收和电子吸收这两种机制外，还存在着自由载流子（电子）的吸收机制，可有效地降低目标的温度或发射率来减小目标与背景之间红外辐射能量的差别从而达到隐身的目的[4]。马格林等[5]从红外隐身、雷达隐身原理及电磁波在半导体表面层的吸收和反射机理出发，从理论上分析了掺杂氧化物半导体材料同时具有红外和雷达隐身的可能性，指出 ZAO（掺铝氧化锌）作为红外和雷达隐身复合隐身材料是很有发展前景的。ZAO 为半导体，在微波场作用下，受到平行或垂直于其径向的磁场的作用，发生金属 – 绝缘体转变，呈现电响应特性；此外，由于受到外磁场的驱动，费米能级偏离零磁场时的能级态出现带隙变化，可吸收电磁能量。现阶段，将掺杂半导体颜料与导电碳纳米管、导磁性的铁氧体复合用于电磁吸波中的研究尚未见报道。

镀覆或填充磁性填料后的碳纳米管的导电性、磁性和吸波性能都有所提高，也有助于提高低频段的吸波性能。目前的研究都侧重于改性后的碳纳米管的电磁性，而对于改性后的碳纳米管与铁氧体复合涂层的吸波性能的研究还较少。

2）铁氧体/聚苯胺复合材料体系

聚苯胺是一种具有共轭电子结构的本征型导电高分子，是 1862 年由 Letheby 首次研究的，本征态的聚苯胺是绝缘体，经过质子酸掺杂或氧化可以使聚苯胺电导率提高近十个数量级[6]。聚苯胺的不同结构之间在一定条件下可以互相可逆地转化，这也就是聚苯胺独特的氧化还原可逆性。几种典型结构及它们之间的相互转化如图 4.7 所示。

聚苯胺重量轻而价格便宜，掺杂后表现出动态微波吸收特性。美国已研制出一种由聚苯胺复合而成的雷达吸波材料，具有光学透明性，可喷涂在飞机座舱盖、精确制导武器和巡航导弹的光学透明窗口上，以减弱目标的雷达回波。各国研究者已将聚苯胺与各种磁性铁氧体复合制备电磁复合吸波材料[7-9]。Abdullah 等[10]通过原位乳液聚合法合成了锰锌铁氧体/聚苯胺复合材料，该高磁性的复合材料具有典型的核 – 壳结构（如图 4.8 所示），结果发现，该纳米

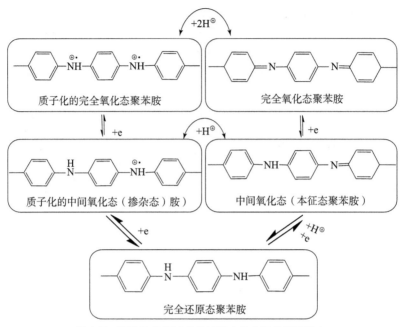

图 4.7　聚苯胺的不同结构以及它们之间的相互转变

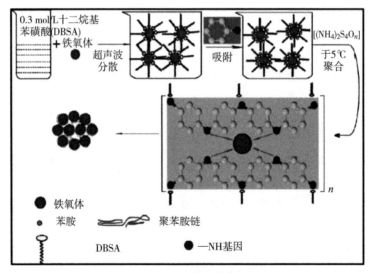

图 4.8　制备聚苯胺包覆锰锌铁氧体示意图

复合材料在 8.2~12.2 GHz 的最大屏蔽效能为 31.2 dB。Li 等[11]通过原位聚合法合成了聚苯胺包覆锶铁氧体的复合物、聚苯胺包覆碳纳米管的复合物以及碳纳米管－聚苯胺/聚苯胺－锶铁氧体的复合物，通过研究该类复合物的电磁损耗性，发现该类复合物的电磁损耗性在 2 ~ 9 GHz 主要取决于介电损耗，而在 9 ~ 18 GHz 主要取决于磁损耗（如图 4.9 所示）。虽然这些复合材料具有吸波性能和电磁屏蔽效能，但因铁氧体本身的纳米效应及磁性而易团聚，使它们的性能还远远不尽如人意。

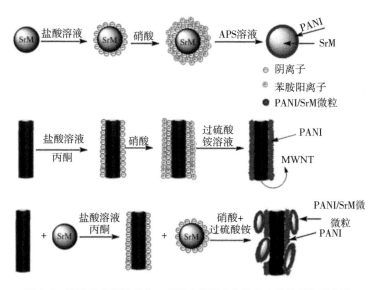

图 4.9 聚苯胺包覆铁氧体、碳纳米管及它们的复合物的制备示意图

目前，对于铁氧体自组装到聚苯胺纤维上，使铁氧体均匀分散性的复合吸波材料还未见有报道。

4.1.3.3 吸波复合材料设计

针对航空、地面装备的隐身作战以及军品的装卸、运输、储存和使用的防护需求，尤其以 1.5 GHz 以下的低频段电磁波对军用和民用电子设施的危害较大，且吸波机理复杂，难度较大，成为电磁吸波领域的研究难点和重点。以尖晶石型铁氧体吸波剂为基本研究对象，根据上述背景和前期研究基础，主要研究锰锌铁氧体基复合填料体系的制备及其作用机理，开展"薄、轻、宽、强"等更高性能要求的复合吸波涂层的制备与效能研究，深入探讨锰锌铁氧体基复合填料体系的组分与结构的关系，并对复合填料的电磁匹配性进行深入分析，为提高武器装备生存性，性能防护和战备物资的快速供给提供保障。因此，该研究在国防和社会生活各方面均具有重要的理论基础和实用价值。

（1）锰锌铁氧体吸波材料与吸波性能研究。

①以尖晶石型锰铁氧体、锌铁氧体、镍铁氧体、锰锌铁氧体和锌镍铁氧体

为原料，制备铁氧体/环氧树脂复合吸波涂层，利用阻抗分析仪考察其电磁属性和低频吸收性能。

②溶胶－凝胶法结合后期煅烧制备微纳米级锰锌铁氧体，并利用 X 射线衍射、扫描电镜以及阻抗分析仪、网络分析仪等手段对其微观结构和吸波性能进行研究。研究复合材料在 10 MHz ~ 1.5 GHz 范围内的电磁吸收特性，确定吸波性能最佳的锰锌铁氧体的化学计量比。研究 $Mn_{0.8}Zn_{0.2}Fe_2O_4$ 铁氧体含量的电磁属性和吸波性能，确定锰锌铁氧体在复合物中的最佳质量分数，涂层密度合适，吸波性能好，适合工业化生产。

③对材料成型及结构进行设计，图 4.10 所示为拟采用的复合材料成型方法。

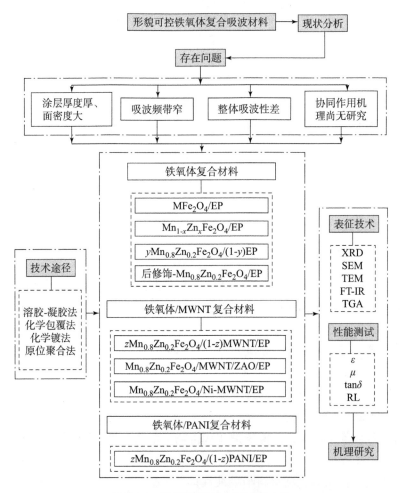

图 4.10 拟采用的复合材料成型方法

（2）锰锌铁氧体/MWNT 复合体吸波材料与吸波性能研究。

① 将 $Mn_{0.8}Zn_{0.2}Fe_2O_4$/MWNT 作为复合填料与环氧树脂复合制备吸波涂层，对复合填料的配比进行优化，研究其电磁属性及吸波性能。确定 $Mn_{0.8}Zn_{0.2}Fe_2O_4$ 与 MWNT 吸波性能最佳时的质量比。

②将借助溶胶－凝胶法合成的掺铝氧化锌半导体（ZAO）颜料添加到微波吸收填料中，研究添加半导体 ZAO 颜料后的吸波材料的反射损耗。

③用化学镀镍法制备 Ni－MWNT，研究 $Mn_{0.8}Zn_{0.2}Fe_2O_4$/Ni－MWNT/EP 复合吸波涂层的电磁属性和吸波性能。

（3）原位聚合法合成纳米铁氧体与聚苯胺纤维自组装复合体吸波材料与吸波性能研究。分析证明，铁氧体与氯苯胺纤维间的相互作用建立起了聚合物基铁氧体聚苯胺体系吸波机理模型。

|4.2 锰锌铁氧体隐身涂层|

铁氧体为氧化铁和其他掺杂金属氧化物组成的复合氧化物，由于其具有较高的磁导率且电阻也较大，故同时存在介电损耗和磁损耗两种作用，因此，是研究较早并较多的电磁吸波材料。

以尖晶石型铁氧体中的锰铁氧体、锌铁氧体、镍铁氧体、锰锌铁氧体和锌镍铁氧体为基本填料，在对所选尖晶石型铁氧体/环氧树脂复合材料的吸波性能进行研究的基础上，选择锰锌铁氧体做低频段吸波剂更适合；通过溶胶－凝胶法合成不同化学组分配比的锰锌铁氧体，研究锰锌铁氧体的含量对吸波性能的影响；研究铁氧体微观结构和化学组分配比对吸波性能的影响。使用热分析考察锰锌铁氧体颗粒的生长过程及其动力学分析、吸波性能机理。

4.2.1 锰锌铁氧体化学组成与结构分析

铁氧体的制备包括传统的固相反应法及新型的溶胶－凝胶法等液相反应工艺。在制备方面，传统的球磨煅烧法存在着化学不均匀性、易引入杂质等缺点，这使得实际所得铁氧体材料的低频吸波性能缺乏良好的工艺可重复性。针对这些问题，选用成本相对低廉的金属离子硝酸盐及氯化盐代替高纯氧化物作为实验原料，利用溶胶－凝胶工艺对前期反应体系的化学组分进行精确控制，并通过后期自蔓延燃烧处理促进溶胶－凝胶工艺所得的纳米级锰锌铁氧体颗粒生长为更大点颗粒。图 4.11 所示为溶胶－凝胶法制备锰锌铁氧体的工艺示意图。

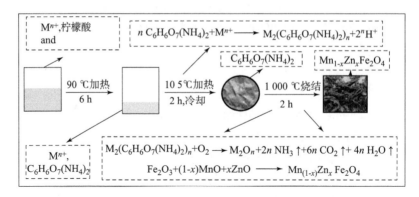

图 4.11 溶胶－凝胶法制备锰锌铁氧体的工艺示意图

图 4.12 所示为制备的三种锰锌铁氧体的 SEM 图像。从图（a）中可见 $Mn_{0.8}Zn_{0.2}Fe_2O_4$ 为粒径均匀的尖晶石型铁氧体，其平均粒径为 150～350 nm。图（b）为 $Mn_{0.5}Zn_{0.5}Fe_2O_4$ 的扫描电镜图，其形貌为类球形，平均粒径为 200～400 nm；图（c）为 $Mn_{0.2}Zn_{0.8}Fe_2O_4$ 的扫描电镜图，其粒径为 0.5～1.0 μm 的不规则棒状结构。由此可以看出，图（a）的晶形较好且晶粒大小比较均匀，图（b）跟图（c）为不规则的晶形，且所得铁氧体的粒径随锌掺杂量的增加而增大。

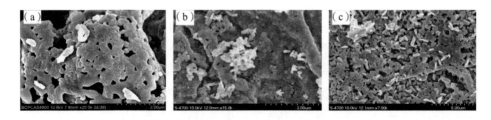

图 4.12 制备的三种锰锌铁氧体的 SEM 图像

（a）$Mn_{0.8}Zn_{0.2}Fe_2O_4$；（b）$Mn_{0.5}Zn_{0.5}Fe_2O_4$；（c）$Mn_{0.2}Zn_{0.8}Fe_2O_4$

图 4.13 所示为制备的三种锰锌铁氧体的 X 射线衍射图 [图（a）为 $Mn_{0.8}Zn_{0.2}Fe_2O_4$，图（b）为 $Mn_{0.5}Zn_{0.5}Fe_2O_4$，图（c）为 $Mn_{0.2}Zn_{0.8}Fe_2O_4$]。2θ 值为 35.44°、62.18°、29.44°、56.72°、42.94°时的特征峰分别对应于锰锌铁氧体的（311）晶面、（440）晶面、（220）晶面、（511）晶面和（113）晶面的衍射峰，与 JCPDS 卡片 [74－2042] 的数据对照表相应[12]；由图可以看出，试样（b）和（c）有更多的杂质峰——Fe_2O_3，其 2θ 值为 33.22°、49.60°、64.10°[13]。该分析表明，（a）$Mn_{0.8}Zn_{0.2}Fe_2O_4$ 铁氧体含杂质较少，

晶化比较完全，生成的晶体结构比较完整，这与 SEM 的结果相一致。

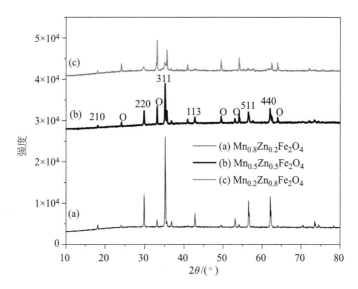

图 4.13　制备的三种锰锌铁氧体的 XRD 图

（a）$Mn_{0.8}Zn_{0.2}Fe_2O_4$；（b）$Mn_{0.5}Zn_{0.5}Fe_2O_4$；（c）$Mn_{0.2}Zn_{0.8}Fe_2O_4$

4.2.2　锰锌铁氧体吸波特性

4.2.2.1　锰锌铁氧体化学组分对介电常数的影响

图 4.14 所示为所制备的三种锰锌铁氧体/环氧树脂复合材料复介电常数实部随频率变化趋势图。由图可见，三种复合材料的复介电常数的实部值随频率的增加先缓慢降低，至 800 MHz 以后，基本稳定，其值降低得很少了。并且其值由大到小的顺序为：$Mn_{0.8}Zn_{0.2}Fe_2O_4$、$Mn_{0.5}Zn_{0.5}Fe_2O_4$、$Mn_{0.2}Zn_{0.8}Fe_2O_4$。由文献可知，材料复介电常数实部主要取决于界面极化，内部电偶极子的极化和空间电荷的极化。由于掺杂元素的含量不同，其极化大小不同。图 4.14 表明，随着锌掺杂量的增加，其复介电常数的值降低。这可能是因为锌的半径大于锰，空间位阻较大，故粒子之间的界面极化和空间电荷的极化要小于锰原子的。

图 4.15 所示为化学配比不同铁氧体/环氧树脂复合物的复介电常数的虚部随频率（10 MHz ~ 1.5 GHz）变化的曲线图。由图可见，三种铁氧体的复介电常数的虚部随频率的增大先快速降低，在 200 MHz 以后其值变化不大；与实部相比，虚部呈现更多的振动吸收峰。在整个测试波段内，三尖晶石型铁氧体

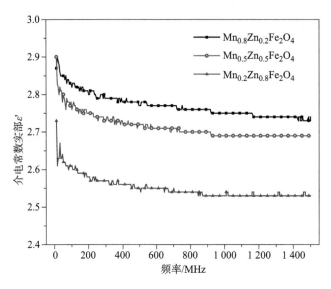

图 4.14　化学配比不同的铁氧体/环氧树脂复合材料复介电常数实部随频率变化图

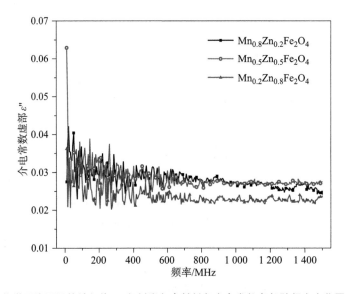

图 4.15　化学配比不同的铁氧体/环氧树脂复合材料复介电常数虚部随频率变化图（见彩插）

复介电常数的实部由大到小的顺序为：$Mn_{0.8}Zn_{0.2}Fe_2O_4$（$Mn_{0.5}Zn_{0.5}Fe_2O_4$）、$Mn_{0.2}Zn_{0.8}Fe_2O_4$。复介电常数的虚部反映了材料对入射电磁波介电损耗能力，即 $Mn_{0.8}Zn_{0.2}Fe_2O_4$ 和 $Mn_{0.5}Zn_{0.5}Fe_2O_4$ 对电磁波的介电损耗能力最大，$Mn_{0.2}Zn_{0.8}Fe_2O_4$ 对电磁波的损耗能力较弱。基于之前的研究，复介电常数的虚

部可以用以下公式来表示:

$$\varepsilon'' \approx \frac{\sigma_{dc}}{\omega \varepsilon_0} \qquad (4.10)$$

式中，σ_{dc} 为复合材料的电导率；ω 为角频率，正比于测试频率；ε_0 为真空介电常数。由图 4.15 可知，在低频段 50 MHz 以下，其复介电常数的虚部值随测试频率的增大而迅速降低；在 50 MHz 以上，复合材料的导电率起主导作用。复介电常数虚部的变化归因于自由离子、电子、偶极子的极化、空间电荷的极化、界面极化和多重散射，这些极化和多重散射都是重要的吸波机制。当锰的含量增大时，由于其半径较小，各种极化增多；比表面积增大使其粒子表面的多重散射增大，故其对电磁波的介电损耗增大。

如前所述，吸波材料的介电损耗功率由介电损耗角 $\tan\delta_\varepsilon = \varepsilon''/\varepsilon'$ 来表征。好的介电损耗材料应该具有较大的介电损耗角正切值。图 4.16 所示为三种化学配比不同的铁氧体/环氧树脂复合材料介电损耗角正切值随频率变化图。由图可见，介电损耗角正切在低频（200 MHz 以下）时，快速降低；当频率增大时为一稳定振动值。且介电损耗角正切值由大到小的变化顺序为：$Mn_{0.8}Zn_{0.2}Fe_2O_4$（$Mn_{0.5}Zn_{0.5}Fe_2O_4$）、$Mn_{0.2}Zn_{0.8}Fe_2O_4$。一般而言，介电损耗角正切值越大其损耗角越大，且与吸波材料相要求的频宽越大。

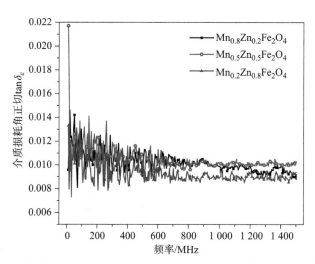

图 4.16 化学配比不同的铁氧体/环氧树脂复合材料复介电常数损耗角随频率变化图（见彩插）

因此，在所制备的化学配比不同的三种铁氧体中，$Mn_{0.8}Zn_{0.2}Fe_2O_4$ 和 $Mn_{0.5}Zn_{0.5}Fe_2O_4$ 的储存能量的能力和介电损耗能力最大。而 $Mn_{0.2}Zn_{0.8}Fe_2O_4$ 相对比较弱。

4.2.2.2　锰锌铁氧体化学组分配比对磁导率的影响

图 4.17 为三种化学配比不同的铁氧体/环氧树脂复合材料的复磁导率实部值随频率变化关系。由图可见，三种铁氧体的复磁导率的实部在 100 MHz 以下的振动比较强且值比较小，基本不显示铁磁性；之后增大明显，表现出铁磁性，尤以 $Mn_{0.8}Zn_{0.2}Fe_2O_4$ 增大趋势最为明显。三种尖晶石型铁氧体复合材料的复磁导率实部值由大到小的顺序为：$Mn_{0.8}Zn_{0.2}Fe_2O_4$、$Mn_{0.5}Zn_{0.5}Fe_2O_4$、$Mn_{0.2}Zn_{0.8}Fe_2O_4$。该磁导率实部值反映了材料对电磁波能量的储存能力，数值越大，表明对电磁波存储力越大，即 $Mn_{0.8}Zn_{0.2}Fe_2O_4$ 对电磁波存储能量的能力最大。

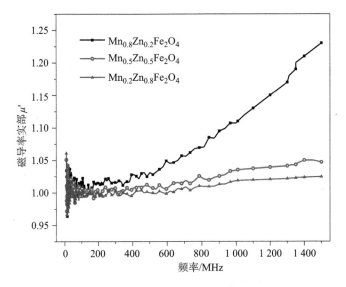

图 4.17　化学配比不同的锰锌铁氧体/环氧树脂复合材料的
复磁导率实部值随频率变化关系

复磁导率的虚部则反映了材料对电磁波能量的损耗能力，其值越大，表明材料对电磁波的消耗越大。图 4.18 为五种尖晶石型铁氧体/环氧树脂复合材料的复磁导率虚部值随频率变化关系。由图可见，在 100 MHz 以下，复磁导率虚部值由 0.12 迅速降低到 0.02 左右，而后基本保持稳定。在所制备的三种锰锌铁氧体/环氧树脂复合材料中，复磁导率虚部值由大到小的关系为：$Mn_{0.5}Zn_{0.5}Fe_2O_4$（$Mn_{0.8}Zn_{0.2}Fe_2O_4$）、$Mn_{0.2}Zn_{0.8}Fe_2O_4$。由粒子粒径和掺杂金属不同导致的筹壁共振和自旋共振不同，进而影响复磁导率不同。另外，锌的自旋磁矩为 0，而铁和锰的为 5 μB，所以，$Mn_{0.5}Zn_{0.5}Fe_2O_4$ 和 $Mn_{0.8}Zn_{0.2}Fe_2O_4$ 的复磁导率较大。当 Mn 的含量增大时（$x \geqslant 0.6$），在晶格中的电子和离子的相互作用增大而致磁性增强，所以 $Mn_{0.8}Zn_{0.2}Fe_2O_4$ 磁导率较大。

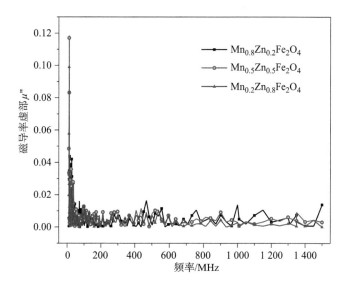

图 4.18　化学配比不同的锰锌铁氧体/环氧树脂复合材料的复磁导率实部值随频率变化关系（见彩插）

如前所述，吸波材料的磁损耗功率由磁损耗角正切 $\tan\delta_\mu = \mu''/\mu'$ 来表征。好的磁损耗材料应该具有较大的磁损耗角正切值。图 4.19 所示为化学计量比不同的三种铁氧体/环氧树脂复合材料磁损耗角正切值随频率变化图。由图可见，在 100 MHz 以下，三种铁氧体复合材料的磁损耗角正切迅速降低（由 0.12 降低到 0.01 左右）而后降低得很慢并保持上下振动；且 $Mn_{0.5}Zn_{0.5}Fe_2O_4$（$Mn_{0.8}Zn_{0.2}Fe_2O_4$）的磁损耗角正切值较大，而 $Mn_{0.2}Zn_{0.8}Fe_2O_4$ 最小。同样，磁损耗角正切值反映了磁导率实部与虚部之间的匹配关系，越大其损耗角越大，且与吸波材料相要求的频宽越大。

4.2.2.3　锰锌铁氧体化学组分配比对吸波性能的影响

图 4.20 为所制备的三种锰锌铁氧体复合材料的反射损耗图。由图可见，$Mn_{0.8}Zn_{0.2}Fe_2O_4$ 铁氧体的吸波性能最大，在测试波段范围内的反射损耗大于 5 dB 的带宽为 300 MHz ~ 1.5 GHz，其最大值约为 21 dB，出现在近 1 300 MHz 处。$Mn_{0.5}Zn_{0.5}Fe_2O_4$ 和 $Mn_{0.2}Zn_{0.8}Fe_2O_4$ 的吸波性能相差不大。对于尖晶石型铁氧体（$Mn_{1-x}Zn_xFe_2O_4$），其中的 Me^{2+} 与 Fe^{3+} 分别占据氧四面体或氧八面体的中心（分别称为 A 位和 B 位）。而此锰锌混合型尖晶石型铁氧体，在晶体结构

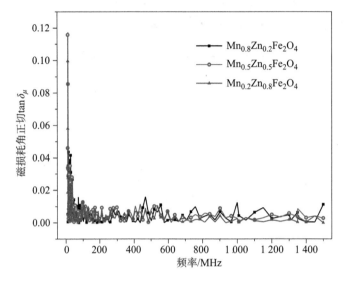

图 4.19 化学配比不同的锰锌铁氧体/环氧树脂复合材料的
磁损耗角正切值随频率变化关系

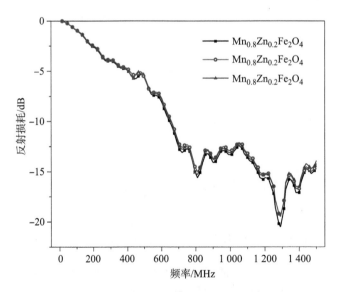

图 4.20 化学配比不同的锰锌铁氧体/环氧树脂复合材料的
反射损耗随频率变化关系（见彩插）

中的 Me^{2+} 与 Fe^{3+} 既占据 A 位置又占据 B 位置，由于 Mn^{2+} 偏进入 A 位，使进入 B 位的磁性偏小，结果导致饱和磁矩增大，因此 $Mn_{0.8}Zn_{0.2}Fe_2O_4$ 的磁性远大于

$Mn_{0.5}Zn_{0.5}Fe_2O_4$ 和 $Mn_{0.2}Zn_{0.8}Fe_2O_4$。故 $Mn_{0.8}Zn_{0.2}Fe_2O_4$ 的反射损耗较大，吸波性能较好。

综上所述，通过分析材料的介电损耗和磁损耗，可以看出由于独特的晶体结构中所含锰、锌含量不同而导致铁氧体的介电损耗和磁损耗的值不同。$Mn_{0.8}Zn_{0.2}Fe_2O_4$ 的电磁损耗能够很好地匹配，故其吸波性能最佳。我们制备得到的三种锰锌铁氧体/环氧树脂复合涂层的吸波性能及吸波频宽均优于所用的成品尖晶石型铁氧体。

4.2.2.4　锰锌铁氧体含量对电磁吸波性能的影响

虽然铁氧体与其他吸波材料相比，具有体积小、吸波效果好、频带宽和成本低的特点，但其也有密度大等缺点。因而，铁氧体在基体中的含量对涂层的密度和厚度具有很大的影响。基于铁氧体密度大的特点，制备了不同含量的锰锌铁氧体/环氧树脂的复合吸波涂层，通过研究复合涂层的电磁吸波性能，选取了具有合适铁氧体含量且适于应用的涂层。

1）锰锌铁氧体含量对介电常数的影响

图 4.21 所示为具有不同质量分数（分别为 0.5%、5%、13%、20%、26% 和 31%）锰锌铁氧体（$Mn_{0.8}Zn_{0.2}Fe_2O_4$）的复合物样品的复介电常数的实部随频率（10 MHz ~ 1.5 GHz）变化的曲线图。由图可见，几种铁氧体复合物的复介电常数的实部随频率的增大逐渐变小。在整个测试波段内，复介电常数实部的值随锰锌铁氧体含量的增大而增强，且铁氧体含量为 20% 和 26% 时的差别不大。这说明锰锌铁氧体复合物中铁氧体含量为 31% 时储存能量的能力比较大，且涂料黏度最大，流动性差。

图 4.22 所示为具有不同质量分数（分别为 0.5%、5%、13%、20%、26% 和 31%）锰锌铁氧体（$Mn_{0.8}Zn_{0.2}Fe_2O_4$）的复合物样品的复介电常数的虚部随频率（10 MHz ~ 1.5 GHz）变化的曲线图。由图可见，几种铁氧体的复介电常数的虚部随频率的增大逐渐变小，且在低频段其振动幅度较大，在大于800 MHz 后的波段内其振动幅度小。与实部相比，虚部呈现更多的振动吸收峰。在整个测试波段内，当铁氧体的含量为 0.5% 时，其介电常数的虚部值最小；而含量为 31% 时介电常数的虚部值最大；其余样品的复介电常数虚部值差别不大。复介电常数的虚部反映了材料对入射电磁波的介电损耗能力，即锌锰铁氧体（$Mn_{0.8}Zn_{0.2}Fe_2O_4$）质量分数为 5% ~ 26% 的复合物样品对电磁波的介电损耗差别不大。

如前所述，好的介电损耗材料应该具有较大的介电损耗角正切值 $\tan\delta_\varepsilon = \varepsilon''/\varepsilon'$。图 4.23 所示为具有不同质量分数（分别为 0.5%、5%、13%、20%、

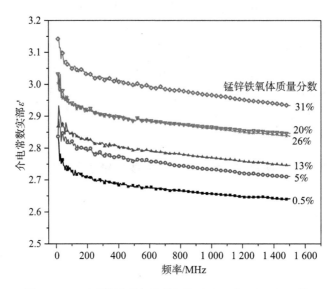

图 4.21　不同质量分数锰锌铁氧体（$Mn_{0.8}Zn_{0.2}Fe_2O_4$）的
复合物样品的复介电常数实部值随频率变化图

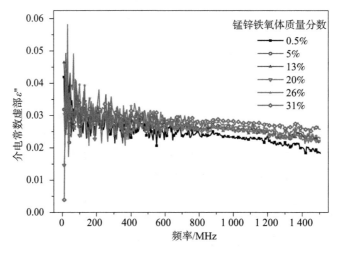

图 4.22　不同质量分数锰锌铁氧体（$Mn_{0.8}Zn_{0.2}Fe_2O_4$）的
复合物样品的复介电常数虚部值随频率变化图（见彩插）

26% 和 31%）锰锌铁氧体（$Mn_{0.8}Zn_{0.2}Fe_2O_4$）的复合物样品的介电损耗角正
切值随频率（10 MHz ~ 1.5 GHz）变化的曲线图。由图可见，几种铁氧体的介
电损耗角正切值随频率的增大逐渐变小，且在低频段其振动幅度较大，在大于

800 MHz 后的波段内其振动幅度小。与虚部类似，介电损耗角正切值也呈现很多的振动吸收峰。在整个测试波段内，当铁氧体的含量为 0.5% 时，其介电损耗角正切值最小；而含量为 26% 和 31% 时介电损耗角正切值最大；其余样品的介电损耗角正切值差别不大。介电损耗角正切值反映了材料对入射电磁波的介电损耗能力，即该复合物质量分数为 5% ～ 20% 的样品其对电磁波的介电损耗差别不大。

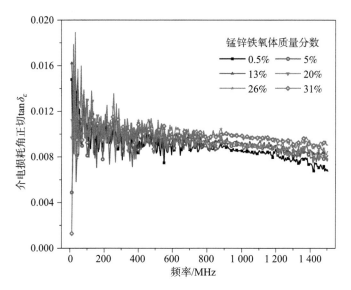

图 4.23　不同质量分数锰锌铁氧体（$Mn_{0.8}Zn_{0.2}Fe_2O_4$）的
复合物样品的介电损耗角正切值随频率变化图（见彩插）

2）锰锌铁氧体含量对磁导率的影响

图 4.24 所示为具有不同质量分数（分别为 0.5%、5%、13%、20%、26% 和 31%）锰锌铁氧体（$Mn_{0.8}Zn_{0.2}Fe_2O_4$）的复合物样品的复磁导率的实部随频率（10 MHz～1.5 GHz）变化的曲线图。由图可见，几种铁氧体复合物的复介电常数的实部随频率的增大逐渐增大，且在低频时有很多小的振动峰。在整个测试波段内，复磁导率实部的值随锰锌铁氧体含量的增大而基本呈增大趋势，但铁氧体含量为 26% 时出现反常，其值低于 13% 和 20%。这说明锰锌铁氧体复合物中铁氧体含量为 31% 时储存能量的能力比较强。

图 4.25 所示为具有不同质量分数（分别为 0.5%、5%、13%、20%、26% 和 31%）锰锌铁氧体（$Mn_{0.8}Zn_{0.2}Fe_2O_4$）的复合物样品的复磁导率的虚部随频率（10 MHz～1.5 GHz）变化的曲线图。由图可见，几种铁氧体复合物的复磁导率虚部值在 100 MHz 以下，其值急剧降低（由 0.11 降低到 0.02 左

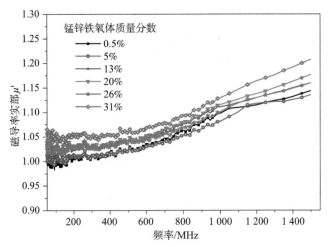

图 4.24 不同质量分数锰锌铁氧体（$Mn_{0.8}Zn_{0.2}Fe_2O_4$）的
复合物样品的磁导率实部值随频率变化图（见彩插）

右），且在低频时振动峰较尖锐。在 100 MHz 以后，其值稳定地呈微弱振动。
在整个测试波段内，复磁导率虚部的值随锰锌铁氧体含量的增大而基本呈增大
趋势。这说明锰锌铁氧体复合物中铁氧体含量为 31% 时对电磁波的磁损耗能
力比较强。

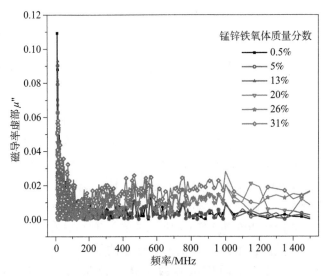

图 4.25 不同质量分数锰锌铁氧体（$Mn_{0.8}Zn_{0.2}Fe_2O_4$）的
复合物样品的磁导率虚部值随频率变化图（见彩插）

如前所述，吸波材料的磁损耗功率由磁损耗角正切 $\tan\delta_\mu = \mu''/\mu'$ 来表征。好的磁损耗材料应该具有较大的磁损耗角正切值。图 4.26 所示为具有不同质量分数（分别为 0.5%、5%、13%、20%、26% 和 31%）锰锌铁氧体的复合物样品的磁损耗角正切值随频率（10 MHz～1.5 GHz）变化的曲线图。由图可见，在 100 MHz 以下，不同质量分数锰锌铁氧体制备的复合材料的磁损耗角正切迅速降低（由 0.11 降低到 0.02 左右），而后降低得很慢并保持上下振动。在整个测试频段内，随着锰锌铁氧体含量的增大，其磁损耗角正切值呈逐渐增大趋势。同样，磁损耗角正切值反映了磁导率实部与虚部之间的匹配关系，越大其损耗角越大。

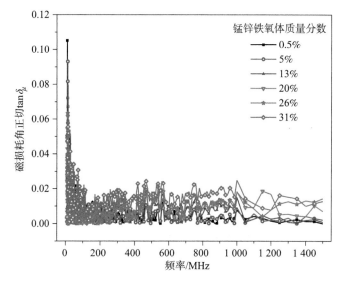

图 4.26　不同质量分数锰锌铁氧体（$Mn_{0.8}Zn_{0.2}Fe_2O_4$）的复合物样品的磁损耗角正切值随频率变化图（见彩插）

3）锰锌铁氧体含量对吸波性能的影响

图 4.27 所示为具有不同质量分数（分别为 0.5%、5%、13%、20%、26% 和 31%）锰锌铁氧体（$Mn_{0.8}Zn_{0.2}Fe_2O_4$）的复合物样品的反射损耗值随频率（10 MHz～1.5 GHz）变化的曲线图。由图可见，在测试波段内，随着锰锌铁氧体含量的增大，反射损耗值基本呈增大的趋势；但当锰锌铁氧体的含量为 31% 时的反射损耗明显高于其他样品；当其含量为 13%～26% 时，增大趋势不明显，其值基本一样。在所测频段范围内的反射损耗大于 5 dB 的带宽为 300 MHz～1.5 GHz，其最大值大于 20 dB 的峰值出现在近 1 300 MHz。当锰锌铁氧体含量增大时，铁氧体颗粒间接触概率增大，导电性增强；颗粒所产生的

散射及极化增强，对电磁波的损耗增大；粒子所产生的畴壁共振、磁滞损耗也相应增大。故随着铁氧体含量的增大，样品对电磁波的吸收越强。

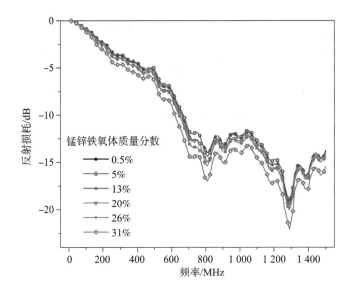

图 4.27　不同质量分数锰锌铁氧体 （$Mn_{0.8}Zn_{0.2}Fe_2O_4$） 的
复合物样品的反射损耗值随频率变化图 （见彩插）

　　考虑到实际应用的可行性，反射损耗值增大时，对电磁波损耗的整体能力增强；因而选择反射损耗值大的吸波材料。对于我们以上的研究，易选择质量分数为 31% 的样品，其次优选 13% ～ 26% 的。另外，在实际应用时，希望所制备的吸波涂层密度低、流动性好。对于以上制备的吸波涂层，随着锰锌铁氧体含量的增大，涂层的密度增大，黏度增大，流动性变差。尤其是质量分数为 31% 的样品，其涂料基本无流动性，基本达到最大添加量，故应用性极差。而对于质量分数为 13% 的样品，其黏度适宜，涂层密度低，同时可满足吸波性能较好的要求。综合以上分析，在制备的不同质量分数锰锌铁氧体复合吸波涂层中，优选质量分数为 13% 的样品。

4.2.3　锰锌铁氧体晶体生长热分析

　　图 4.28 所示为锰锌铁氧体干凝胶从室温至 1 100 ℃ 的 TGA 图。利用热分析图来考察锰锌铁氧体晶体的生长过程。

　　由图可见，在 100 ～ 200 ℃ 之间有两个小的质量损失 （4.19% 和 3.59%），分别对应于干凝胶中残存的水分的蒸发及硝酸盐前驱体中结晶水的蒸发。到 250 ℃ 左右，体系的质量损失达 75.43%，此质量损失对应干凝胶中硝酸根和

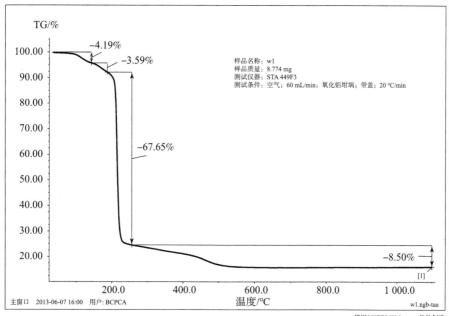

图 4.28　锰锌铁氧体干凝胶的 TG 曲线

柠檬酸根的去除，柠檬酸根与硝酸根体系间的反应属于自催化阴离子型氧化还原反应，且反应过程伴有剧烈的放热。接着，在 250 ~ 500 ℃ 内产生了 8.5% 的质量损失，此过程为形成锰锌铁氧体晶核的过程，伴有放气的失重过程。温度超过 500 ℃ 后直至 1 100 ℃，体系质量基本保持不变。在最后阶段出现了晶粒生长的变化趋势，体系的物相逐渐向最终的温度状态转变。

结论如下：

（1）在低频段具有良好吸波性能的尖晶石型铁氧体中，具有混合型尖晶石晶体结构的锰锌铁氧体的吸收性相对最好。采用溶胶 – 凝胶工艺结合后蔓延燃烧法制备了 $Mn_{1-x}Zn_xFe_2O_4$（$x = 0.2$，0.5，0.8），晶粒尺寸随着烧结温度的升高而增大。由于金属离子在锰锌铁氧体中 A 位和 B 位的分布比例不同，随之产生的交换作用及磁晶各向异性效果也就不同，则相应产生的有效磁场强度也就不同。且当 $x = 0.2$ 时所得到的 $Mn_{0.8}Zn_{0.2}Fe_2O_4$ 与环氧树脂的复合吸波涂层的吸波性能最优。

（2）研究了锰锌铁氧体含量对复合涂层吸波性能的影响。反射损耗随着锰锌铁氧体在复合涂层中含量的增加而呈增大的趋势。当锰锌铁氧体质量分数为 13% 时，反射损耗大于 10 dB 的带宽为 700 MHz ~ 1.5 GHz，在 800 MHz 处

的最大吸收值为 −16 dB。所得涂层相对密度低，黏度适宜，流动性好，适于批量生产。

（3）在对锰锌干凝胶进行 TG 分析的基础上，研究了最终烧结温度对锰锌铁氧体的结构及电磁吸波性的影响。结果发现，随着烧结温度的提高，锰锌铁氧体的粒径逐渐增大，吸波性能增强。

4.3　锰锌铁氧体/MWNT 复合隐身涂层

在吸波复合材料方面，复合填料体系在成本、兼容性及性能优化上具有明显的优势。近几年来，铁氧体与碳纳米管的复合吸波材料成为研究的焦点，具有重要的应用潜能。铁氧体作为传统型的吸波材料，具有吸波性能好且廉价易得的优点，被广泛应用于武器装备及飞行器的隐身设计中；但其密度大、高温特性差限制了其应用。碳纳米管具有高比表面积、特殊的螺旋状结构、导电性好、能够包覆及填充颗粒、化学稳定性好，在人们的日常生活与军品领域有很好的应用前景。若将碳纳米管表面修饰金属或将其与磁性铁氧体复合，则所得复合材料可兼具电损耗和磁损耗，有利于拓宽吸波频带和提高吸收性[14]。

不同填料由于结构和粒径不同而存在协同效应，而且单一的电磁功能填料往往只在某一电磁频率具有较好的屏蔽效果，而且需要较高的添加量，若将具有互补性质的电磁填料复合，使其发挥各自的优势，将产生协同效应。本节将碳纳米管与磁性铁氧体复合作为填料，可以获得较好的电磁匹配性，优化吸波性能。制备镀镍碳纳米管作为填料的一部分，金属镍具有磁性，能够增强磁性金属与导电相碳纳米管的接触，因此将碳纳米管镀镍与铁氧体复合可以拓宽吸波频段，增强吸波性。具体技术路线如图 4.29 所示。

4.3.1　锰锌铁氧体/MWNT 复合吸波特性

填料粒子在绝缘的基体中分散均匀且距离适中时，粒子之间及交叉处容易连接使界面极化形成电偶极子、磁偶极子；铁氧体和碳纳米管中的自由电子间易形成传导电流、涡流电流；磁子更易形成自然共振、铁磁共振、畴壁共振等损耗电磁波；分散开的粒子更易发挥纳米量子尺寸效应产生电子能级分裂吸波；粒子与基体间连接形成的电介质、磁介质产生多重共振而吸收电磁波。本节通过研究磁性锰锌铁氧体与导电性的多壁碳纳米管复合填料体系含量的配

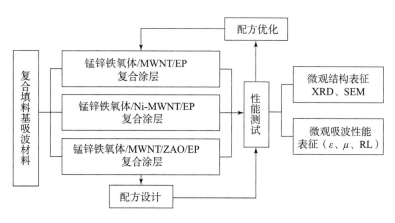

图 4.29　技术路线图

比，分析了电磁匹配的优化含量配比，得到锰锌铁氧体与碳纳米管的质量比 1:3 为最优配比。

4.3.1.1　锰锌铁氧体/MWNT 复合材料配比对介电常数的影响

图 4.30 所示为具有不同质量配比（分别为 0:4、1:3、1:1、3:1、4:0）锰锌铁氧体（$Mn_{0.8}Zn_{0.2}Fe_2O_4$）/MWNT 的复合材料样品的复介电常数的实部随频率（10 MHz ~ 1.5 GHz）变化的曲线图。由图可见，几种铁氧体复合物的复介电常数的实部随频率的增大略有降低，锰锌铁氧体/MWNT 为 0:4、1:3 时降低趋势稍明显些。在整个测试波段内，复介电常数实部的值随锰锌铁氧体含量的增大而降低，且差值比较明显。这说明 MWNT 的加入增强了介电性，使接触导电、传导电流增大，因而复合材料储存电荷的能力增强。

图 4.31 所示为具有不同质量配比（分别为 0:4、1:3、1:1、3:1、4:0）锰锌铁氧体（$Mn_{0.8}Zn_{0.2}Fe_2O_4$）/MWNT 的复合材料样品的复介电常数的虚部随频率（10 MHz ~ 1.5 GHz）变化的曲线图。由图可见，几种铁氧体复合物的复介电常数的虚部在低于 50 MHz 情况下先明显降低，后随频率的增大缓慢增大，当锰锌铁氧体/MWNT 配比为 0:4、1:3 时曲线变化趋势较明显些。在整个测试波段内，复介电常数虚部的值随锰锌铁氧体含量的增大而降低，且差值比较明显。而且其复介电常数虚部值明显优于纯铁氧体的复合物。这说明 MWNT 的加入增加了介电损耗，使复合物的电流增大，而且 MWNT 的加入使体系内部的隧穿导电及场致发射导电能力增强，因而复合材料对电磁波的损耗增加。

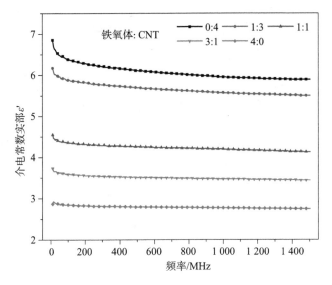

图 4.30 具有不同质量配比锰锌铁氧体（$Mn_{0.8}Zn_{0.2}Fe_2O_4$）/MWNT 的
复合材料样品的复介电常数的实部随频率变化的曲线图

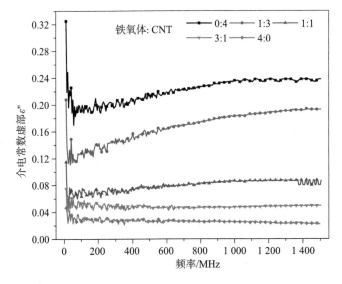

图 4.31 具有不同质量配比锰锌铁氧体（$Mn_{0.8}Zn_{0.2}Fe_2O_4$）/MWNT 复合材料
样品的复介电常数的虚部随频率变化的曲线图

图 4.32 所示为具有不同质量配比（分别为 0∶4、1∶3、1∶1、3∶1、4∶0）锰锌铁氧体（$Mn_{0.8}Zn_{0.2}Fe_2O_4$）/MWNT 的复合材料样品的介电损耗角正切

值随频率（10 MHz～1.5 GHz）变化的曲线图。由图可见，几种铁氧体复合物的介电损耗角正切值与介电常数的虚部有相似的变化趋势，在低于50 MHz下先明显降低，后随频率的增大缓慢增大，当锰锌铁氧体/MWNT配比为0∶4、1∶3时曲线变化趋势较明显。在整个测试波段内，介电损耗角正切值随锰锌铁氧体含量的增大而降低，且差值比较明显，而且其介电损耗角正切值明显优于纯铁氧体的复合物。这说明MWNT的加入增强了材料的导电和极化能力，因而复合材料对电磁波的损耗增加。

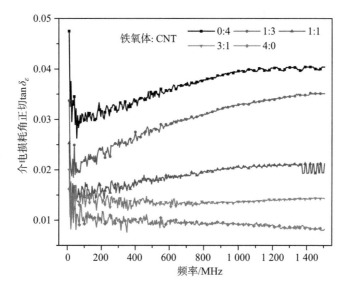

图 4.32　具有不同质量配比锰锌铁氧体（$Mn_{0.8}Zn_{0.2}Fe_2O_4$）/MWNT 的
复合材料样品的介电损耗角正切值随频率变化的曲线图

4.3.1.2　锰锌铁氧体/MWNT 复合材料配比对复磁导率的影响

图 4.33 所示为具有不同质量配比（分别为 0∶4、1∶3、1∶1、3∶1、4∶0）锰锌铁氧体（$Mn_{0.8}Zn_{0.2}Fe_2O_4$）/MWNT 的复合材料样品的复磁导率的实部随频率（10 MHz～1.5 GHz）变化的曲线图。由图可见，几种铁氧体复合物的复磁导率的实部在 200 MHz 以下振动较明显且值比较小，基本不显示铁磁性；后随频率的增大开始缓慢增大，当锰锌铁氧体/MWNT 配比为 4∶0 时变化比较明显。在整个测试波段内，复磁导率实部的值随锰锌铁氧体含量的增大而增大，且差值比较明显。这说明 MWNT 的加入降低了磁性，纯锰锌铁氧体为填料的复合涂层的储存磁能的能力最强。

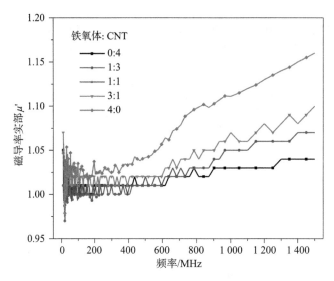

图 4.33　具有不同质量配比锰锌铁氧体（$Mn_{0.8}Zn_{0.2}Fe_2O_4$）/MWNT 的
复合材料样品的复磁导率实部随频率变化的曲线图

　　图 4.34 所示为具有不同质量配比（分别为 0∶4、1∶3、1∶1、3∶1、4∶0）锰锌铁氧体（$Mn_{0.8}Zn_{0.2}Fe_2O_4$）/MWNT 的复合材料样品的复磁导率的虚部随频率（10 MHz～1.5 GHz）变化的曲线图。由图可见，几种铁氧体复合物的复磁导率的虚部在 200 MHz 以下急剧降低（由 0.08 降到 0.02 左右）且振动较明显；随频率的增大缓慢在平衡值附近（0.005）稳定振动。复磁导率虚部的值在 100 MHz 以下，当 $Mn_{0.8}Zn_{0.2}Fe_2O_4$/MWNT 为 4∶0 时较大；在 100 MHz 以上，各复合物的复磁导率虚部值差别不大。以 $Mn_{0.8}Zn_{0.2}Fe_2O_4$/MWNT 为 3∶1 时较大。说明 MWNT 的加入，尤其在 100 MHz 以上，对磁损耗的影响不大。

　　图 4.35 所示为锰锌铁氧体（$Mn_{0.8}Zn_{0.2}Fe_2O_4$）/MWNT 在复合材料具有不同质量比率（分别为 0∶4、1∶3、1∶1、3∶1、4∶0）各样品的磁损耗角正切值随频率（10 MHz～1.5 GHz）变化的曲线图。由图可见，几种铁氧体复合物的磁损耗角正切值在 100 MHz 以下其值急剧降低（由 0.07 降到 0.02 左右）且振动较明显；随频率的增大缓慢在平衡值附近（0.005）稳定振动。磁损耗角正切值在 100 MHz 以下，为 $Mn_{0.8}Zn_{0.2}Fe_2O_4$/MWNT 配比为 1∶3 时较大；在 100 MHz 以上，各复合物的复磁导率虚部值差别不大。当 $Mn_{0.8}Zn_{0.2}Fe_2O_4$/MWNT 配比为 4∶0、3∶1 时较大。说明 MWNT 的加入，尤其在 100 MHz 以上，对磁损耗的影响不大，仍是含铁磁性多的样品对电磁波的磁损耗较大。

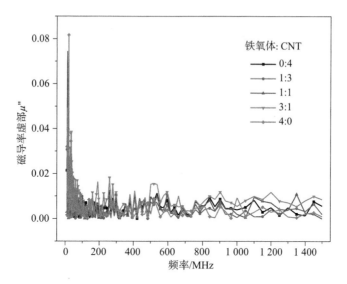

图 4.34 具有不同质量配比锰锌铁氧体 （$Mn_{0.8}Zn_{0.2}Fe_2O_4$） /MWNT 的
复合材料样品的复磁导率虚部随频率变化的曲线图 （见彩插）

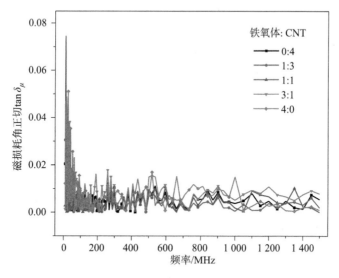

图 4.35 具有不同质量配比锰锌铁氧体 （$Mn_{0.8}Zn_{0.2}Fe_2O_4$） /MWNT 的
复合材料样品的磁损耗角正切值随频率变化的曲线图 （见彩插）

4.3.1.3 锰锌铁氧体/MWNT 复合材料配比对反射损耗的影响

图 4.36 所示为具有不同质量配比 （分别为 0∶4、1∶3、1∶1、3∶1、4∶0）

锰锌铁氧体（$Mn_{0.8}Zn_{0.2}Fe_2O_4$）/MWNT 的复合材料样品的反射损耗值随频率
（10 MHz～1.5 GHz）变化的曲线图。由图可见，以纯 MWNT 为填料的复合材
料的反射损耗值较低，但在 650 MHz 出现一峰值，优于 $Mn_{0.8}Zn_{0.2}Fe_2O_4$/MWNT
的复合填料体系。几种 $Mn_{0.8}Zn_{0.2}Fe_2O_4$/MWNT 复合的复合材料体系，整体吸
波性能差别不大；但当 $Mn_{0.8}Zn_{0.2}Fe_2O_4$/MWNT 配比为 1：3 时，电磁匹配性较
好，明显拓宽了吸波频段。在 700 MHz、1 400 MHz 处的吸收峰显著增强，尤
其在 1 400 MHz 处最大吸收峰值约为 20 dB，比其他组分提高约 4 dB 的吸收
值。这是因为此组分填料粒子在绝缘的基体中分散均匀且距离适中，粒子之间
及交叉处容易连接使界面极化形成电偶极子、磁偶极子；铁氧体和碳纳米管中
的自由电子间易形成传导电流、涡流电流；磁子更易形成自然共振、铁磁共
振、畴壁共振等损耗电磁波；分散开的粒子更易发挥纳米量子尺寸效应，产生
电子能级分裂吸波；粒子与基体间连接所形成的电介质、磁介质产生多重共振
而吸收电磁波。

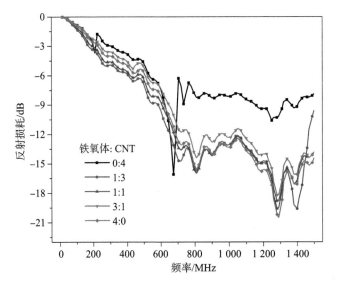

**图 4.36　具有不同质量配比锰锌铁氧体（$Mn_{0.8}Zn_{0.2}Fe_2O_4$）/MWNT
的复合材料样品的反射损耗值随频率变化的曲线图**

4.3.2　掺杂的 ZAO/MWNT 锰锌铁氧体吸波特性

半导体颜料是研究较多的红外隐身填料，而到目前为止，还未被用于雷达
波段。近年来 Al 掺杂 ZnO（ZAO）因其良好的光学特性受到世界各国的广泛
关注。ZAO 具有较大的禁带宽度，大于可见光的能量，在红外光区具有较高

的反射率[15,16]。与传统的 ITO 材料相比，又具有原材料来源丰富、成本低、生产工艺简单等优势，是一种应用前景很好的掺杂红外低辐射材料，可应用于红外 – 雷达兼容的隐身材料。本节通过溶胶 – 凝胶加后蔓延燃烧法制备了半导体颜料 ZAO，并将其加入锰锌铁氧体/MWNT 复合填料中，通过研究其电磁性能，发现半导体颜料 ZAO 可用于电磁吸波剂。

4.3.2.1 不同掺杂的 ZAO 形貌与结构

图 4.37 是 Al 掺杂的 ZAO 粉体的 SEM 图像。从图 4.37 可以看出，当 Al 元素掺杂量很少时制得的产物 ZAO 颗粒较大，并存在少量长条形的结构，这是符合 ZnO 晶体生长习性的。根据负离子配位多面体生长基元的理论模型可知，ZnO 是典型的极性晶体，c 轴是极轴方向，这也与娄霞等的研究一致[15]。在中性或弱碱性条件下，各面族的生长速率差别较大，其中，极轴方向的生长速度最快，柱面的生长方向较慢，因此得到的是柱状 ZnO[16]。但是在 ZnO 的制备过程中添加了 Al 元素后，ZnO 的形貌开始发生变化，由图可见，随着元素掺杂量的增加，类柱状结构开始变粗、变长。

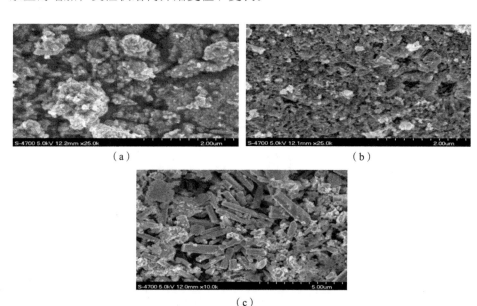

（a） （b）

（c）

图 4.37 ZAO 粉体的 SEM 图像

（Al 掺杂（a）：1%，（b）：3%，（c）：5%）

图 4.38 为 ZAO 样品的 Al 掺杂浓度分数为 1%、3%、5%，热处理温度为 400 ℃ 的 XRD 图谱。可以看出在衍射角 2θ 介于 20°~80°时出现了 7 个衍射

峰，分别对应 ZnO 的晶面（100）、（002）、（101）、（102）、（110）、（103）、（112），与 JCPDS 的标准卡片号位 05 - 0664 进行对比，衍射谱图基本一致，仅有适当的偏移。7 个衍射峰均为 ZnO 晶体的衍射峰，未见 Al_2O_3 的衍射峰，说明样品为六角纤锌矿结构，Al^{3+} 的掺杂没有改变 ZnO 的晶体结构。Al^{3+} 对 Zn^{2+} 的替位掺杂，虽没产生新的化合物但形成了固溶体，产生了晶格畸变，衍射角偏离。2 个 Al^{3+} 取代了 2 个 Zn^{2+}，同时形成 1 个 Zn^{2+} 空位，属于阳离子取代空位型置换固溶体。并且由于本实验掺杂的 Al_2O_3 的量较少，在其固溶度内，所以在 ZAO 粉末样品的 XRD 谱图中未出现 Al_2O_3 的衍射峰。衍射峰的强度反映了晶体的结晶性，随着 Al 掺杂量的增加，结晶性先变差后变好。即掺杂后，ZAO 样品的晶面衍射角较纯 ZnO 发生偏移，且向大角度移动，这是因为 Al 原子的半径比 Zn 原子小，根据布拉格方程：$2d\sin\theta = n\lambda$，当 Al 代替 Zn 后衍射角向大角度移动。随着 Al 掺杂量的增加，结晶性先变差后变好。

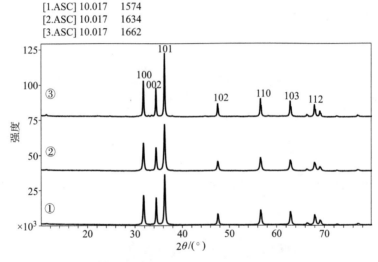

图 4.38　不同 Al 掺杂浓度制备的 ZAO 粉体的 XRD 图谱

（Al 掺杂①：1%，②：3%，③：5%）

通过对不同 Al 掺杂浓度制备的 ZAO 粉体的形貌和结构表征，选择晶体结构完美、颗粒均匀的、Al 掺杂浓度为 3% 的 ZAO 粉体为吸波剂。

按 $Mn_{0.2}Zn_{0.8}Fe_2O_4$/MWNT/ZAO 的质量配比分别为 1:3:0，1:3:1，1:3:2，与环氧树脂及其固化剂复合制备复合涂层（复合材料的总质量分数为 13%）。研究其电磁性能及吸波性能。

4.3.2.2　锌铁氧体/MWNT/ZAO复合材料吸波特性

1）锌铁氧体/MWNT/ZAO复合材料复介电常数的研究

图4.39所示为具有不同质量配比（分别为1∶3∶0、1∶3∶1、1∶3∶2）锰锌铁氧体（$Mn_{0.8}Zn_{0.2}Fe_2O_4$）/MWNT/ZAO的复合材料样品的复介电常数的实部随频率（10 MHz～1.5 GHz）变化的曲线图。由图可见，几种铁氧体复合物的复介电常数的实部随频率的增大略有降低。在整个测试波段内，复介电常数实部的值以$Mn_{0.8}Zn_{0.2}Fe_2O_4$/MWNT/ZAO在复合填料中质量配比为1∶3∶1时为最大；当其比为1∶3∶2时最小。ZAO的含量为一定比例时可增加整个复合涂层的介电性，当其量增加时不利于复合材料储存电能。

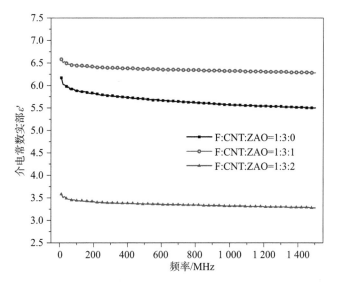

图4.39　具有不同质量配比（分别为1∶3∶0、1∶3∶1、1∶3∶2）锰锌铁氧体（$Mn_{0.8}Zn_{0.2}Fe_2O_4$）/MWNT/ZAO的复合材料样品的复介电常数的实部随频率（10 MHz～1.5 GHz）变化的曲线图

图4.40所示为具有不同质量配比（分别为1∶3∶0、1∶3∶1、1∶3∶2）锰锌铁氧体（$Mn_{0.8}Zn_{0.2}Fe_2O_4$）/MWNT/ZAO的复合材料样品的复介电常数的虚部随频率（10 MHz～1.5 GHz）变化的曲线图。由图可见，未加ZAO的铁氧体复合物的复介电常数的虚部在低于50 MHz下先明显降低，后随频率的增大缓慢增大；而锰锌铁氧体/MWNT/ZAO复合填料体系的复介电常数的虚部基本为一常数，且在400 MHz以下以较小的振幅不停波动。在整个测试波段内，复介电常数虚部的值在1 000 MHz以下，当$Mn_{0.8}Zn_{0.2}Fe_2O_4$/MWNT/ZAO在复合材

料的质量配比为 1∶3∶1 时为最大；当频率高于 1 000 MHz 时，以未加 ZAO 的复合填料体系为最大；当 $Mn_{0.8}Zn_{0.2}Fe_2O_4$/MWNT/ZAO 在复合材料中的质量配比为 1∶3∶2 时为最小。这说明在低于 1 000 MHz 时 ZAO 以合适比例加入增加了介电损耗。

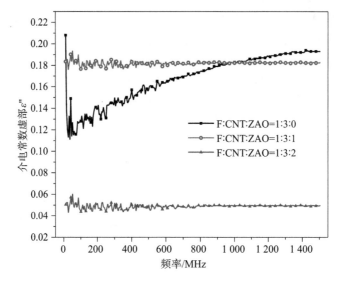

图 4.40　具有不同质量配比（分别为 1∶3∶0、1∶3∶1、1∶3∶2）
锰锌铁氧体（$Mn_{0.8}Zn_{0.2}Fe_2O_4$）/MWNT/ZAO 的复合材料
样品的复介电常数的虚部随频率（10 MHz ~ 1.5 GHz）变化的曲线图

　　图 4.41 所示为具有不同质量配比（分别为 1∶3∶0、1∶3∶1、1∶3∶2）锰锌铁氧体（$Mn_{0.8}Zn_{0.2}Fe_2O_4$）/MWNT/ZAO 的复合材料样品的介电损耗角正切值随频率（10 MHz ~ 1.5 GHz）变化的曲线图。由图可见，几种铁氧体复合物的介电损耗角正切值与介电常数的虚部有相似的变化趋势。未加 ZAO 的铁氧体复合物的复介电常数的虚部在低于 50 MHz 下先明显降低，后随频率的增大缓慢增大；而对锰锌铁氧体/MWNT/ZAO 复合材料体系的复介电常数的虚部基本为一常数，且在 600 MHz 以下以较小的振幅不停波动。在整个测试波段内，复介电常数虚部的值在 500 MHz 以下，当 $Mn_{0.8}Zn_{0.2}Fe_2O_4$/MWNT/ZAO 在复合材料中的质量配比为 1∶3∶1 时为最大；当频率高于 500 MHz 时，以未加 ZAO 的复合材料体系的为最大；当 $Mn_{0.8}Zn_{0.2}Fe_2O_4$/MWNT/ZAO 在复合材料中的质量配比为 1∶3∶2 时为最小。这说明在低于 500 MHz 时 ZAO 以合适比例加入增加了介电损耗。

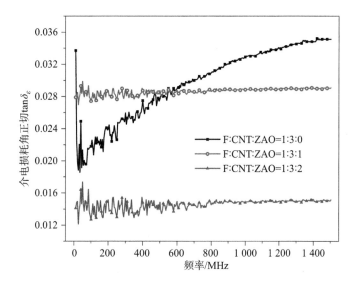

图4.41　具有不同质量配比（分别为1:3:0、1:3:1、1:3:2）
锰锌铁氧体（$Mn_{0.8}Zn_{0.2}Fe_2O_4$）/MWNT/ZAO 的复合材料样品的
介电损耗角正切值随频率（10 MHz～1.5 GHz）变化的曲线图

2）锰锌铁氧体/MWNT/ZAO 复合材料复磁导率的研究

图4.42 所示为具有不同质量配比（分别为1:3:0、1:3:1、1:3:2）锰
锌铁氧体（$Mn_{0.8}Zn_{0.2}Fe_2O_4$）/MWNT/ZAO 的复合材料样品的复磁导率的实部
随频率（10 MHz～1.5 GHz）变化的曲线图。由图可见，几种铁氧体复合物的复
磁导率的实部在低于 200 MHz 时先快速降低（由 1.07 降为 1.02 左右），后随频
率的增大缓慢增大。在整个测试波段内，复磁导率的实部值以 $Mn_{0.8}Zn_{0.2}Fe_2O_4$/
MWNT/ZAO 在复合材料中的质量配比为 1:3:1 时为最大；基本以其比为 1:
3:2 时最小。因此，当 ZAO 的含量为一定比例时可增加整个复合涂层的磁性，
当其量增加时不利于复合材料储存磁能。

图4.43 所示为具有不同质量配比（分别为1:3:0、1:3:1、1:3:2）锰
锌铁氧体（$Mn_{0.8}Zn_{0.2}Fe_2O_4$）/MWNT/ZAO 的复合材料样品的复磁导率的虚部
随频率（10 MHz～1.5 GHz）变化的曲线图。由图可见，几种铁氧体复合物的
复磁导率的虚部在低于 100 MHz 时先快速降低（由 0.1 降为 0.02 左右），后
随频率的增大在其平衡值附近上下振动。在整个测试波段内，复磁导率的实部
值以 $Mn_{0.8}Zn_{0.2}Fe_2O_4$/MWNT/ZAO 在复合材料中的质量配比为 1:3:1 时为最大；
其比为 1:3:0 及 1:3:2 时基本一样。因此，当 ZAO 的含量为一定比例时可增
加整个复合涂层的磁损耗。

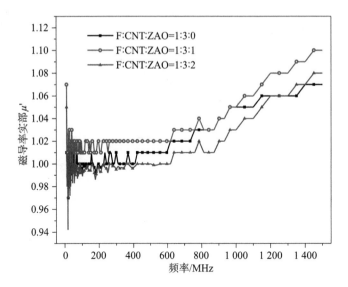

图 4.42　具有不同质量配比（分别为 1∶3∶0、1∶3∶1、1∶3∶2）
锰锌铁氧体（$Mn_{0.8}Zn_{0.2}Fe_2O_4$）/MWNT/ZAO 的复合材料样品的
复磁导率实部值随频率（10 MHz ~ 1.5 GHz）变化的曲线图

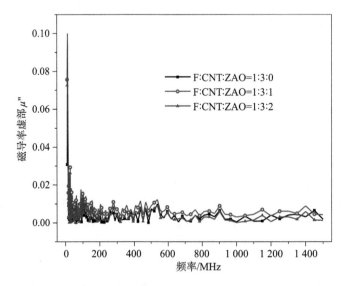

图 4.43　具有不同质量配比（分别为 1∶3∶0、1∶3∶1、1∶3∶2）
锰锌铁氧体（$Mn_{0.8}Zn_{0.2}Fe_2O_4$）/MWNT/ZAO 的复合材料样品的
复磁导率虚部值随频率（10 MHz ~ 1.5 GHz）变化的曲线图（见彩插）

图 4.44 为制备的锰锌铁氧体（$Mn_{0.8}Zn_{0.2}Fe_2O_4$）/MWNT/ZAO 在复合填料中具有不同质量比率（分别为 1:3:0、1:3:1、1:3:2）各样品的磁损耗角正切值随频率（10 MHz ~ 1.5 GHz）变化的曲线图。由图可见，几种铁氧体复合物的磁损耗角正切值基本与复磁导率的虚部有相同的变化趋势。在低于 100 MHz 时先快速降低（由 0.1 降为 0.01 左右），后随频率的增大在其平衡值附近上下振动。在整个测试波段内，磁损耗角正切值以 $Mn_{0.8}Zn_{0.2}Fe_2O_4$/MWNT/ZAO 在复合填料中具有质量比率为 1:3:1 时为最大；其比为 1:3:0 及 1:3:2 时基本一样。因此，当 ZAO 的含量为一定比例时可增加整个复合涂层的磁损耗。

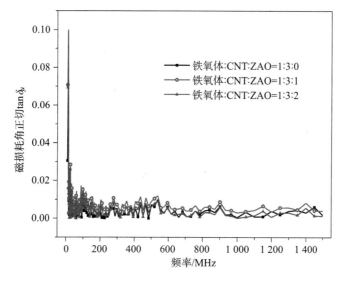

图 4.44 具有不同质量配比（分别为 1:3:0、1:3:1、1:3:2）锰锌铁氧体（$Mn_{0.8}Zn_{0.2}Fe_2O_4$）/MWNT/ZAO 的复合材料样品的磁损耗角正切值随频率（10 MHz ~ 1.5 GHz）变化的曲线图（见彩插）

3）锰锌铁氧体/MWNT/ZAO 复合材料反射损耗的研究

图 4.45 所示为具有不同质量配比（分别为 1:3:0、1:3:1、1:3:2）锰锌铁氧体（$Mn_{0.8}Zn_{0.2}Fe_2O_4$）/MWNT/ZAO 的复合材料样品的反射损耗值随频率（10 MHz ~ 1.5 GHz）变化的曲线图。由图可见，反射损耗值以 $Mn_{0.8}Zn_{0.2}Fe_2O_4$/MWNT/ZAO 在复合材料中的质量配比为 1:3:1 时为最大；当其比例为 1:3:2 时最小。当复合材料体系 $Mn_{0.8}Zn_{0.2}Fe_2O_4$/MWNT/ZAO 配比为 1:3:1 时，在 600 MHz、800 MHz、1 300 MHz、1 400 MHz 处的吸收峰显著增强，尤其在 1 300 MHz 处最大吸收峰值约为 25 dB，比其他组分提高 5 ~ 10 dB 的吸收值；

且在整个测试波段内，大于 5 dB 的带宽为 300 ~ 1 500 MHz，大于 10 dB 的带宽为 500 ~ 1 500 MHz。由此可见，当 $Mn_{0.8}Zn_{0.2}Fe_2O_4$/MWNT/ZAO 为合适配比时，可达到最佳阻抗匹配，增大吸波性，拓宽吸波频带。因为此时各组分填料粒子在绝缘的基体中的分散均匀且距离适中时，粒子之间及交叉处容易连接使界面极化形成电偶极子、磁偶极子；铁氧体、碳纳米管及 ZAO 中的自由电子间易形成传导电流、涡流电流；磁子更易形成自然共振、铁磁共振、畴壁共振等损耗电磁波；分散开的粒子更易发挥纳米量子尺寸效应产生电子能级分裂吸波；粒子与基体间连接形成电介质、磁介质，产生多重共振而吸收电磁波。当 ZAO 含量增大时，会作为半导体膜阻碍导电性的碳纳米管及磁性铁氧体的连接，因而其吸波性能降低。

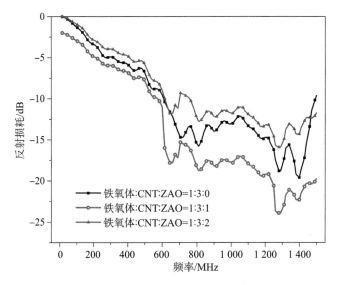

图 4.45　具有不同质量配比（分别为 1∶3∶0、1∶3∶1、1∶3∶2）
锰锌铁氧体（$Mn_{0.8}Zn_{0.2}Fe_2O_4$）/MWNT/ZAO 的复合材料样品的
反射损耗值随频率（10 MHz ~ 1.5 GHz）变化的曲线图

4.3.3　锰锌铁氧体/Ni - MWNT 复合材料吸波特性

通过前面的研究发现，将导电性的碳纳米管与磁性铁氧体复合，可以拓宽吸波频带，增大吸波性能。为了使电磁匹配更加完美，增强碳纳米管与磁性金属颗粒的作用，通过化学镀镍法制备了镀镍碳纳米管（Ni - MWNT），并将其与铁氧体复合，制备锰锌铁氧体/Ni - MWNT 复合填料体系的吸波涂层，研究 Mn - ZnF/Ni - MWNT/EP 复合材料的电磁吸波性能。

首先对 Ni – MWNT 形貌与结构进行表征。图 4.46 所示为所用的原始碳纳米管及镀镍后的碳纳米管的 SEM 图像。由图 4.46（a）可见，原始 MWNT 呈网状交联状且表面光滑。镀镍后由图 4.46（b）可以看出其表面附有一层均匀的非晶状物，粗糙度增大，长度变短，表明包覆了较厚层的纳米镍颗粒。

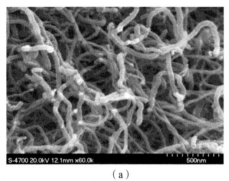 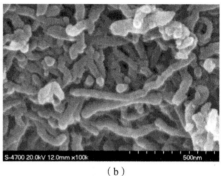

（a） （b）

图 4.46 原始碳纳米管及镀镍后的碳纳米管的 SEM 图像

分别研究填料在环氧树脂中的质量分数为 13% 时，纯锰锌铁氧体、纯 MWNT、锰锌铁氧体/MWNT（质量比为 1∶3）、锰锌铁氧体/Ni – MWNT（质量比为 1∶3）填料与 EP 复合的吸波涂层的电磁性能及吸波性能。

4.3.3.1 锰锌铁氧体/Ni – MWNT 复合材料复介电常数的研究

图 4.47 所示为制备的纯锰锌铁氧体、纯 MWNT、锰锌铁氧体/MWNT（质量比为 1∶3）、锰锌铁氧体/Ni – MWNT（质量比为 1∶3）填料与 EP 复合的吸波涂层的复介电常数的实部随频率（10 MHz ~ 1.5 GHz）变化的曲线图。由图可见，几种铁氧体复合物的复介电常数的实部随频率的增大略有降低。在整个测试波段内，复介电常数实部的值以纯 MWNT 为最大；其次为锰锌铁氧体/Ni – MWNT（质量比为 1∶3）、锰锌铁氧体/MWNT、纯锰锌铁氧体。说明 Ni – MWNT 与铁氧体复合比铁氧体/MWNT 复合的介电常数的实部要大，即可增加复合材料储存电能；但介电性仍比纯导电性的 MWNT 稍低。

图 4.48 所示为制备的纯锰锌铁氧体、纯 MWNT、锰锌铁氧体/MWNT（质量比为 1∶3）、锰锌铁氧体/Ni – MWNT（质量比为 1∶3）填料与 EP 复合的吸波涂层的复介电常数的虚部随频率（10 MHz ~ 1.5 GHz）变化的曲线图。由图可见，几种铁氧体复合物的复介电常数的虚部在 60 MHz 以下，先迅速降低，后随频率的增大缓慢增大；但纯锰锌铁氧体复合物的变化不明显，基本为一常数。在整个测试波段内，复介电常数虚部的值以纯 MWNT 为最大；其次为锰

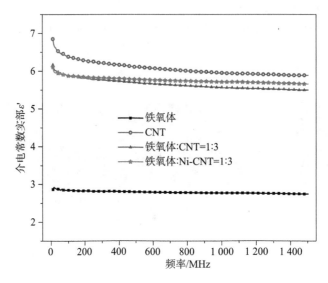

图 4.47　纯锰锌铁氧体、纯 MWNT、锰锌铁氧体/MWNT（质量比为 1∶3）、
锰锌铁氧体/Ni–MWNT（质量比为 1∶3）填料与 EP 复合吸波涂层的
复介电常数实部随频率（10 MHz ~ 1.5 GHz）变化的曲线图

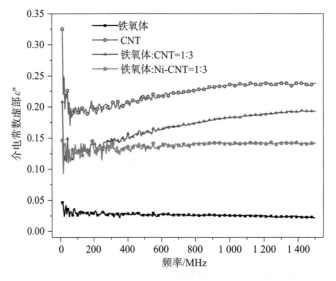

图 4.48　纯锰锌铁氧体、纯 MWNT、锰锌铁氧体/MWNT（质量比为 1∶3）、
锰锌铁氧体/Ni–MWNT（质量比为 1∶3）填料与 EP 复合吸波涂层的
复介电常数虚部随频率（10 MHz ~ 1.5 GHz）变化的曲线图

锌铁氧体/MWNT、锰锌铁氧体/Ni－MWNT（质量比为1:3）、纯锰锌铁氧体（300 MHz以上）。说明Ni－MWNT与铁氧体复合在300 MHz以下可以增大材料的介电损耗。

图4.49所示为制备的纯锰锌铁氧体、纯MWNT、锰锌铁氧体/MWNT（质量比为1:3）、锰锌铁氧体/Ni－MWNT（质量比为1:3）填料与EP复合的吸波涂层的介电损耗角正切值随频率（10 MHz～1.5 GHz）变化的曲线图。由图可见，几种铁氧体复合物的介电损耗曲线与复介电常数虚部值的变化曲线的趋势基本一致。复介电常数的虚部在60 MHz以下，先迅速降低，后随频率的增大缓慢增大；但纯锰锌铁氧体复合物的变化不明显，基本为一常数。在整个测试波段内，复介电常数虚部的值以纯MWNT为最大；其次为锰锌铁氧体/MWNT、锰锌铁氧体/Ni－MWNT（质量比为1:3）、纯锰锌铁氧体（200 MHz以上）。说明在介电常数实部与虚部共同作用下，Ni－MWNT与铁氧体复合在200 MHz以下可以增大材料的介电损耗。

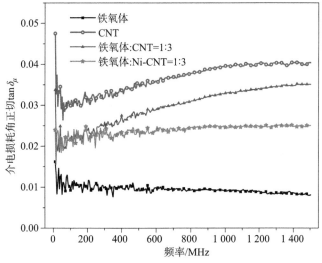

图4.49　纯锰锌铁氧体、纯MWNT、锰锌铁氧体/MWNT（质量比为1:3）、锰锌铁氧体/Ni－MWNT（质量比为1:3）填料与EP复合吸波涂层的介电损耗角正切值随频率（10 MHz～1.5 GHz）变化的曲线图

4.3.3.2　锰锌铁氧体/Ni－MWNT复合材料复磁导率的研究

图4.50所示为制备的纯锰锌铁氧体、纯MWNT、锰锌铁氧体/MWNT（质量比为1:3）、锰锌铁氧体/Ni－MWNT（质量比为1:3）填料与EP复合的吸波涂层的复磁导率的实部随频率（10 MHz～1.5 GHz）变化的曲线图。由图可

见，几种铁氧体复合物的复磁导率的实部在 200 MHz 以下以较低的值（1.0 左右）振动，随后开始随频率的增大而缓慢增大。在整个测试波段内，复磁导率实部的值以纯锰锌铁氧体为最大；其次为锰锌铁氧体/Ni－MWNT（质量比为 1∶3）、锰锌铁氧体/MWNT、纯 MWNT。但在 600 MHz 以下，锰锌铁氧体/Ni－MWNT 的磁导率实部值较低且基本为一常数，不表现铁磁性。说明在 600 MHz 以上，Ni－MWNT 与铁氧体复合表现出明显的铁磁性，储存磁能的能力较大。

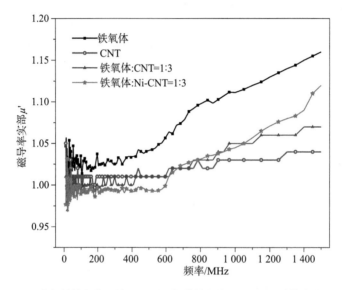

图 4.50　纯锰锌铁氧体、纯 MWNT、锰锌铁氧体/MWNT（质量比为 1∶3）、
锰锌铁氧体/Ni－MWNTs（质量比为 1∶3）填料与 EP 复合吸波涂层的
复磁导率实部随频率（10 MHz～1.5 GHz）变化的曲线图

　　图 4.51 所示为制备的纯锰锌铁氧体、纯 MWNT、锰锌铁氧体/MWNT（质量比为 1∶3）、锰锌铁氧体/Ni－MWNT（质量比为 1∶3）填料与 EP 复合的吸波涂层的复磁导率的虚部随频率（10 MHz～1.5 GHz）变化的曲线图。由图可见，几种铁氧体复合物的复磁导率的实部在 100 MHz 以下先迅速降低（由 0.09 降为 0.01），之后在 0.005 左右以较低的振幅上下振动。在 100 MHz 以下，以锰锌铁氧体/Ni－MWNT 的磁导率虚部值为最大；在 100 MHz 以上，各个复合材料的磁导率虚部值差别不大；在 1 200 MHz 以后，以锰锌铁氧体/Ni－MWNT 的值稍大。说明复磁导率虚部的值以锰锌铁氧体/Ni－MWNT 复合物在 100 MHz 以下及 1 200 MHz 以上为最大，对电磁波的磁损耗较大；其他波段各材料基本一样。

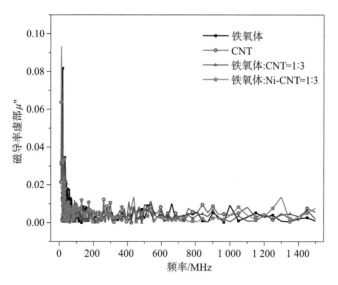

图 4.51　纯锰锌铁氧体、纯 MWNT、锰锌铁氧体/MWNT（质量比为 1∶3）、
锰锌铁氧体/Ni－MWNT（质量比为 1∶3）填料与 EP 复合吸波涂层的
复磁导率虚部随频率（10 MHz～1.5 GHz）变化的曲线图（见彩插）

图 4.52 所示为制备的纯锰锌铁氧体、纯 MWNT、锰锌铁氧体/MWNT（质

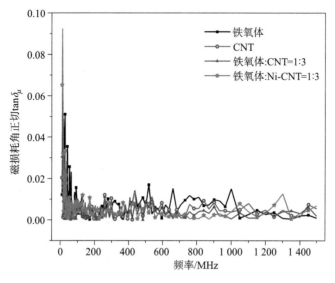

图 4.52　纯锰锌铁氧体、纯 MWNT、锰锌铁氧体/MWNT（质量比为 1∶3）、
锰锌铁氧体/Ni－MWNT（质量比为 1∶3）填料与 EP 复合吸波涂层的
磁损耗角正切值随频率（10 MHz～1.5 GHz）变化的曲线图（见彩插）

量比为 1∶3）、锰锌铁氧体/Ni – MWNT（质量比为 1∶3）填料与 EP 复合的吸波涂层的磁损耗角正切值随频率（10 MHz～1.5 GHz）变化的曲线图。由图可见，几种铁氧体复合物的磁损耗角正切值的变化趋势与其虚部的变化规律一致。在 100 MHz 以下先迅速降低（由 0.09 降为 0.01），之后在 0.005 左右以较低的振幅上下振动。在 100 MHz 以下，以锰锌铁氧体/Ni – MWNT 的磁导率虚部值为最大；在 100 MHz 以上，以纯锰锌铁氧体复合材料的磁损耗角正切值最大；在 1 200 MH 以后，以锰锌铁氧体/Ni – MWNT 的值稍大。说明复磁导率虚部的值以锰锌铁氧体/Ni – MWNT 复合物在 100 MHz 以下及 1 200 MHz 以上为最大，对电磁波的磁损耗较大；其他波段以纯锰锌铁氧体稍大。

4.3.3.3　锰锌铁氧体/Ni – MWNT 复合材料反射损耗的研究

图 4.53 所示为制备的纯锰锌铁氧体、纯 MWNT、锰锌铁氧体/MWNT（质量比为 1∶3）、锰锌铁氧体/Ni – MWNT（质量比为 1∶3）填料与 EP 复合的吸波涂层的反射损耗值随频率（10 MHz～1.5 GHz）变化的曲线图。由图可见，纯 MWNT 的反射损耗值较大，只在 700 MHz 出现最大值约为 17 dB。锰锌铁氧体/MWNT 比纯锰锌铁氧体在峰值处稍大，吸波频带也有拓宽的趋势。而锰锌铁氧体/Ni – MWNT 在接近 1 200 MHz 处的最大值为 37 dB，远远大于其他样品。在 500 MHz 以下的最低反射损耗大于 5 dB，也明显优于其他样品。因为 Ni – MWNT 可通过界面极化、松弛极化、高表面的电磁波多重散射和纳米量子尺寸效应产生电子能级分裂吸收电磁波；纳米镍具有更高的表面，能吸附悬挂键产生高界面极化偶极子，与电磁波作用引起晶格振动而损耗电磁波，此外，由于纳米金属的不连续能级分裂可以吸收电磁波，因此，添加镀镍后碳纳米管的复合涂层对电磁波的吸波损耗增大。

为深入理解锰锌铁氧体/MWNT 复合填料体系分散在环氧树脂中形成复合吸波材料的电磁吸波机理，图 4.54 为所建立的填料在基体中的分布及等效电磁损耗示意图。复合填料体系不仅保留了各填料自身的吸波性能，还具有互补复合的新性能，能充分发挥各自的优势，并将产生协同效应，可极大提高吸波性能，拓宽吸波频带。

结合实际填料的性能与图 4.54（a）填料在基体中的分布示意图，将锰锌铁氧体/MWNT 复合填料体系的电磁吸波机理总结如下：

（1）如图 4.54（b）所示为磁性颗粒的畴壁共振或弛豫（10^6～10^8 Hz）、自然共振（10^8～10^{10} Hz）及整个波段会出现的磁性颗粒本身的铁磁共振。这将引起磁性颗粒在交变电磁场中不断消耗外加能量。另外，磁性颗粒内部磁场与外加电磁场发生耦合作用引起磁共振而损耗电磁波。

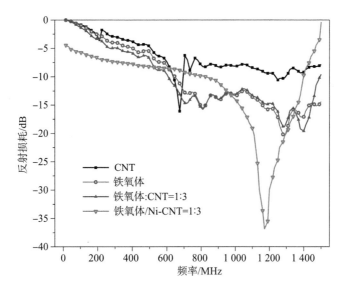

图 4.53　纯锰锌铁氧体、纯 MWNT、锰锌铁氧体/MWNT（质量比为 1∶3）、

锰锌铁氧体/Ni－MWNT（质量比为 1∶3）填料与 EP 复合吸波涂层的

反射损耗值随频率（10 MHz～1.5 GHz）变化的曲线图

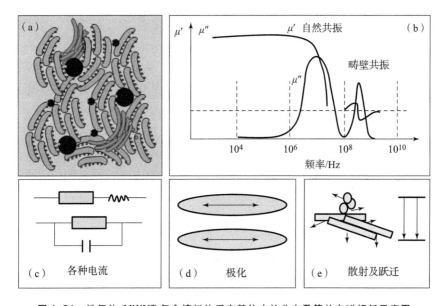

图 4.54　铁氧体/MWNT 复合填料体系在基体中的分布及等效电磁损耗示意图

（a）复合填料体系在环氧树脂基体中的分散与接触；（b）磁损耗；（c）等效的电流损耗；

（d）复合填料颗粒的极化；（e）填料颗粒的散射及能级分裂

（2）如图 4.54（c）所示，磁性颗粒晶格上的自由电子及缺陷、碳纳米管上的自由电子在复合填料体系间自由移动可形成传导电流和位移电流而损耗电磁波。复合填料之间的相互接触在材料内部形成导电网络，形成涡流损耗。另外，铁磁材料能形成铁磁通路而损耗电磁波；复合填料在外加电磁场作用下，可形成电磁感应而损耗能量。

（3）如图 4.54（d）所示，磁性颗粒与导电颗粒在外电场的作用下，会发生粒子极化、界面极化、空间极化而损耗电磁波。

（4）如图 4.54（e）所示，由于填料体系粒径为微纳米级的，其比表面积大、表面悬挂的键多，当电磁波经过颗粒表面后极易发生散射而损耗电磁能。另外，填料颗粒的量子尺寸效应可使粒子发生能级分裂，分裂的能级间隔处于微波的能量范围，可吸收部分电磁波。

总结如下：

（1）通过制备粒径均匀的微米级锰锌铁氧体 $Mn_{0.8}Zn_{0.2}Fe_2O_4$，研究不同质量比的锰锌铁氧体/碳纳米管复合涂层的吸波性能，得到 $Mn_{0.8}Zn_{0.2}Fe_2O_4$：MWNT 为 1：3 时，电磁匹配性较好，具有优良的吸波性能，最大反射损耗值在 1 400 MHz 左右约为 20 dB。

（2）通过溶胶－凝胶法制备了半导体颜料 ZAO，首次将 ZAO 颜料应用于雷达吸波剂中，研究了掺杂率对 ZAO 形貌和结构的影响；制备了不同质量比的 $Mn_{0.8}Zn_{0.2}Fe_2O_4$/MWNT/ZAO 复合填料体系的复合材料，研究填料配比对吸波性能的影响；当 $Mn_{0.8}Zn_{0.2}Fe_2O_4$/MWNT/ZAO 在复合填料中的质量比为 1：3：1 时，在 1 300 MHz 左右的反射损耗值约为 25 dB，且吸波频带明显变宽。

（3）通过制备镀镍碳纳米管，并将其与所合成的锰锌铁氧体复合，所制备的复合吸波涂层的吸波性能明显增强，在接近 1 200 MHz 时的反射损耗可达 37 dB，并且在 500 MHz 以下，有效地拓宽吸波频带，增大反射损耗。

（4）建立了聚合物基 $Mn_{0.8}Zn_{0.2}Fe_2O_4$/MWNT 复合填料体系的吸波机理模型，并系统研究了复合材料的吸波机理。

4.4　锰锌铁氧体自组装聚苯胺复合隐身涂层

导电高聚物是近年来开发的新型吸波材料，是指某些共轭的高聚物经过化学或电化学掺杂，由绝缘体转变为导体的一类高聚物的统称。该类材料不仅具有高聚物的高分子设计和合成、密度小、结构多样化和易复合加工的特点，还具有半导体和金属的特性。导电高聚物具有密度小、结构多样化等独特的物理、化学性能，因此国际上对导电高聚物雷达吸波材料的研究已成为这一领域的热点[17]。导电高聚物的吸波性能与其电磁参数如介电常数、电导率等密切相关。电磁参量则依赖于高聚物的主链结构、掺杂剂性质、室温电导率、微观形貌、涂层厚度及结构等因素[18,19]。

通过调研文献，在以铁氧体为核，聚苯胺为壳的复合结构基础上[20,21]，提出一种铁氧体自组装到聚苯胺纤维上的新结构复合物。在研究盐酸掺杂对聚苯胺导电性影响的基础上[22]，选择使导电聚苯胺具有最大导电性的掺杂比，研究所得的材料中铁氧体均匀地分散在聚苯胺纤维上，基本没有团聚，可以实现电磁的合适匹配，吸波性能明显提高。

4.4.1 锰锌铁氧体自组装聚苯胺复合吸波剂

4.4.1.1 铁氧体/聚苯胺纳米复合材料的合成

传统方法合成的铁氧体/聚苯胺纳米复合物是将铁氧体加在苯胺乳液中得到聚苯胺镀在铁氧体颗粒外面的复合物。这种方法合成的核－壳结构的纳米复合物很容易形成铁氧体的团聚，最终影响复合物的性能。创新的合成过程则通过逐滴加入促进剂和铁氧体粒子以控制铁氧体均匀地自组装到聚苯胺表面结构。原位聚合氧化法合成锰锌铁氧体自组装到聚苯胺上的反应示意图如图4.55所示。图4.56所示为形成这种独特结构的可能的反应机理。根据此机理，由于质子化过程中聚苯胺分子带正电，反应过程中盐酸为掺杂剂，易于形成分散性好的单个体聚苯胺纳米纤维。

根据 Sun 等[23]的研究，在酸性介质下，铁氧体粒子带正电。这种带正电的铁氧体能够吸引掺杂剂盐酸中游离的带负电的氯离子，通过静电吸引作用，进而能够吸附到带正电荷的聚苯胺分子，使聚苯胺和铁氧体相结合。聚苯胺在合成过程中形成的正电荷具有顺磁性，因此，猜想在掺杂的聚苯胺和磁性铁氧体颗粒间存在顺磁吸引的作用。另外，在聚苯胺上的氮原子和铁氧体的氧原子间存在氢键的链接。因此，通过静电吸引、顺磁吸引和氢键的作用使铁氧体纳米粒子自组装到聚苯胺表面。

4.4.1.2 铁氧体/聚苯胺复合材料的形貌与结构表征

图4.57所示为铁氧体、聚苯胺和它们的复合物的扫描电镜图像。图4.57（a）为纯铁氧体颗粒的扫描电镜图像，从图4.57（a）可以看出，铁氧体粒子为球形，平均直径为30 nm，颗粒间极易团聚。如图4.57（b）所示，聚苯胺

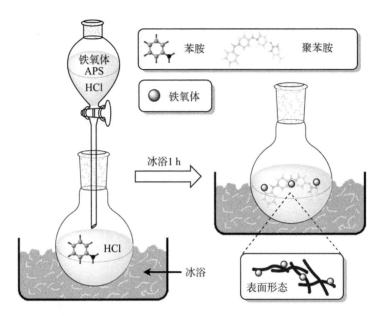

图 4.55　原位聚合氧化法合成锰锌铁氧体自组装到聚苯胺上的反应示意图

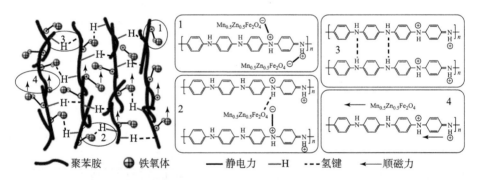

图 4.56　形成这种独特锰锌铁氧体自组装到聚苯胺纤维上的结构的反应机理
（1：锰锌铁氧体与聚苯胺链的静电吸引作用；2：锰锌铁氧体与聚苯胺链之间的氢键作用；
3：聚苯胺链之间的氢键作用；4：锰锌铁氧体与聚苯胺之间的顺磁吸引作用）

的平均粒径为 100 nm，长度为 500 nm；具有管状结构并形成交联网状，这种结构有利于电子的有效传输。因为掺杂的聚苯胺带正电荷相互排斥致使聚苯胺间不易团聚。图 4.57（c）和（d）为铁氧体颗粒自组装在聚苯胺表面的扫描电镜图像。图 4.57（d）表明铁氧体粒子均匀地分散在聚苯胺表面，没有铁氧体颗粒间的团聚。此形貌分析证实了我们的假设，即在铁氧体颗粒和聚苯胺表面存在界面间的相互作用。

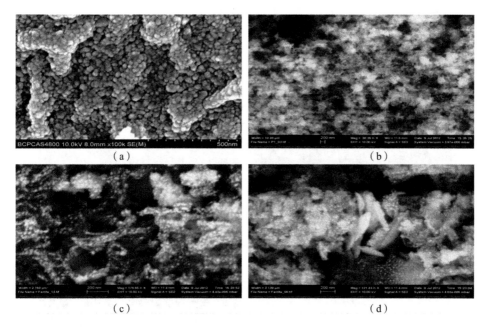

图 4.57　制备的铁氧体、聚苯胺及其复合物的扫描电镜图像

（a）纯锰锌铁氧体；（b）纯聚苯胺；（c）铁氧体自组装到聚苯胺纤维上；（d）为（c）图放大图

图 4.58 所示为制备的聚苯胺和其化合物的透射电镜图像。从图 4.58（a）可以看出，单个聚苯胺的长度为 100～200 nm，平均管径为 10～20 nm。因此，图 4.58（b）所观察到的聚苯胺纤维可能为一束聚苯胺单体的单元。单个聚苯胺所选截面电子衍射图表明聚苯胺为多晶纳米结构。图 4.58（b）较暗处为球形的铁氧体颗粒，平均直径为 20～40 nm，黏附在聚苯胺表面上。还可以看到加入铁氧体颗粒后，聚苯胺的形貌未发生变化，依然保持管状。图 4.58（c）为铁氧体/聚苯胺纳米复合物分布的整体透射电镜图。图 4.58（d）为复合物的所选截面的电子衍射图，表明加入铁氧体颗粒后，聚苯胺依然保持多晶结构，正如没有加入铁氧体所观察到的一样。

铁氧体、聚苯胺和铁氧体/聚苯胺纳米复合物的化学结构通过傅里叶转换红外光谱来分析。如图 4.59 所示，样品 a 为铁氧体的光谱图，样品 b～e 为不同质量分数的聚苯胺复合物的光谱图，样品 f 为聚苯胺的光谱图。对于铁氧体，在 588 cm^{-1} 处的特征峰为铁氧体晶体的四面体振动峰。此外，在 1 635 cm^{-1}，1 400 cm^{-1} 和 1 122 cm^{-1} 处的特征峰为表面活性剂基团 C＝O，C—O—C 及 C—H 的振动峰。聚苯胺的特征峰出现在 1 612，1 558，1 473，1 300，1 240，1 112 和 796 cm^{-1} 处。1 612 cm^{-1} 处的吸收峰为喹啉环上的 C＝N 的振动。

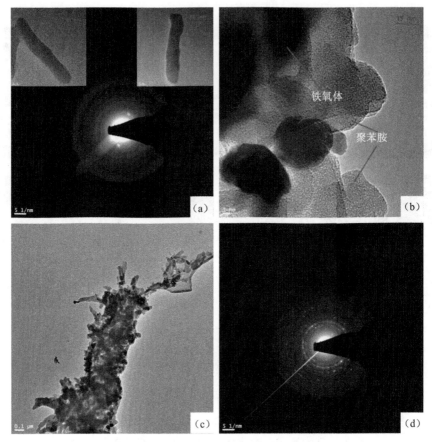

图 4.58　聚苯胺及其复合物的透射电镜图像

（a）纯聚苯胺的形貌及截面电子衍射图；（b）放大的铁氧体自组装到聚苯胺纤维上的形貌；（c）铁氧体自组装到聚苯胺纤维上的整体透射电镜图；（d）复合物所选截面的电子衍射图

1 558 cm^{-1} 和 1 473 cm^{-1} 处峰值分别是聚苯胺上喹啉环和苯环的 C═C 的振动。在 1 300 cm^{-1} 处为芳香二胺的 C—N 键的特征吸收峰。1 240 cm^{-1} 处为 C—N$^+$ 的质子结构的特征峰。在 1 112 cm^{-1} 处的吸收峰为聚苯胺连上的质子化胺基。796 cm^{-1} 处为芳香环上 C—H 平面外振动峰[25]。

铁氧体/聚苯胺复合物样品 b，c，d 和 e 的特征峰很相似，它们所具有的铁氧体的特征吸收峰在 561 cm^{-1} 处出现一个大的红移，同时所具有的聚苯胺的特征峰在 1 612 cm^{-1}，1 558 cm^{-1}，1 477 cm^{-1}，1 302 cm^{-1}，1 242 cm^{-1}，1 130 cm^{-1} 和 800 cm^{-1} 处出现较弱的蓝移。并且在 561 cm^{-1} 处的峰值的强度随铁氧体含量的减少而降低。在 1 400～1 600 cm^{-1} 和 1 130 cm^{-1} 处复合物展现了铁氧体和聚苯胺峰值的耦合效应。显著的红移现象表明铁氧体自组装在聚苯胺的表面增加了复合物的稳定性，而较小的蓝移表明铁氧体含量的增加降低了聚苯胺链的离域效应。该红外光谱分析表明在铁氧体和聚苯胺间存在较强的相互作用力，也证实了我们假设的合成铁氧体镀附在聚苯胺表面的机理。

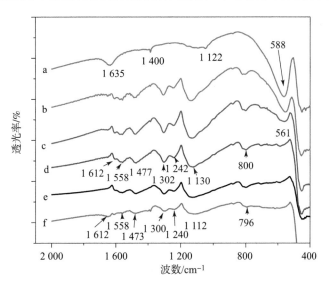

图 4.59　具有不同聚苯胺质量分数的铁氧体/聚苯胺纳米
复合物的傅里叶转换红外光谱图（见彩插）

（a：0%，b：28.12%，c：60.89%，d：87.18%，e：88.16%，f：100%）

4.4.1.3　铁氧体/聚苯胺复合材料的热稳定性及含量分析

　　通过热重分析（TGA）来研究纳米复合物的热稳定性和铁氧体与聚苯胺间的相互作用。图 4.60 所示为铁氧体、聚苯胺和铁氧体/聚苯胺纳米复合物在氮气下的热重图。铁氧体为热稳定性化合物，到 900 ℃只有 7% 的质量损失。铁氧体/聚苯胺纳米复合物随着聚苯胺与铁氧体质量比不同显示了明显的热分解阶段。复合物在温度低于 100 ℃的质量损失为蒸发的自由水分子。Gomes 等也证实了这一点。在 250 ℃的质量损失为蒸发的吸附于聚苯胺上的水分子、掺杂剂分子以及低聚物的分解[26]。第三阶段的分解为聚苯胺链。聚苯胺链状骨架分解为小的芳香碎片，取代芳香碎片以及延伸的芳香链。正如所希望的，随着铁氧体含量的增加，纳米复合物热稳定性增大。聚苯胺开始分解的温度为260 ℃，而纳米复合物所含聚苯胺的质量分数为 28.12%，60.89%，87.18% 和 88.16% 时（聚苯胺的质量分数通过方程（4.11）～方程（4.13）计算得到）的分解温度分别为 285 ℃，295 ℃，300 ℃ 和 310 ℃。最后一步的分解温度为 624.3 ℃，700 ℃，721 ℃，830 ℃和 835 ℃。直到 900 ℃仍未分解的残余物可能为熔融的铁氧体晶体、聚苯胺晶体和分解聚苯胺剩下的碳。该热重分析表明聚苯胺降低了纳米复合物的热稳定性是由于在铁氧体和聚苯胺间存在较强的作用力。

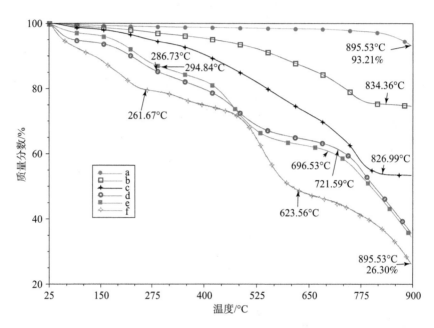

图4.60 具有不同聚苯胺质量分数的铁氧体/聚苯胺纳米复合物的热分析图
（a：0%，b：28.12%，c：60.89%，d：87.18%，e：88.16%，f：100%）

进一步分析热重图估算聚苯胺在每个复合物中的真实质量分数（ϕ_i）。在方程（4.11）中，热分析中每个样品的总质量（W_T）是由聚苯胺的质量（W_0）和铁氧体的质量（W_S）组成的。在方程（4.11）中，W_T是已知的参数，而真实的聚苯胺的质量W_0和铁氧体的质量W_S是未知数。在方程（4.12）中，W_R是在900℃所得的残留物的总量，由聚苯胺的残留物的量（$W_0\phi_0$）和铁氧体的残留物的量（$W_S\phi_S$）组成。其中，ϕ_0和ϕ_S分别是由热重曲线中计算出来的到900℃时聚苯胺和铁氧体各自的质量分数。由方程（4.11）和方程（4.12）可以顺利解出已知样品中所含的聚苯胺的质量W_0和铁氧体的质量W_S。从而，由方程（4.13）可以计算出聚苯胺在每个样品中的真实质量分数（ϕ_i）。表4.1所示为从TGA曲线中计算所得的聚苯胺在纳米复合物中的质量分数。

$$W_T = W_0 + W_S \tag{4.11}$$

$$W_R = W_0\phi_0 + W_S\phi_S \tag{4.12}$$

$$\phi_i = \frac{W_0}{W_T} \tag{4.13}$$

表4.1　从 TGA 曲线中计算所得的聚苯胺在纳米复合物中的质量分数　%

样品	苯胺质量分数	聚苯胺质量分数
a	0	0
b	25	28.12 ±4.97
c	50	60.89 ±4.31
d	75	87.18 ±4.26
e	83.6	88.16 ±6.53
f	100	100

4.4.2　锰锌铁氧体自组装聚苯胺吸波特性

4.4.2.1　锰锌铁氧体/聚苯胺复合材料电导率分析

图4.61 所示为不同聚苯胺质量分数的聚苯胺/铁氧体纳米复合物的电导率变化图。由图可见，电导率随着聚苯胺含量的增加而增大。表明：聚苯胺对复合物的电导率起主导左右。当聚苯胺的含量大于 28.12% 时，复合物的电导率出现一渗滤点，即材料由绝缘体转变为导体（电导率从 -10.60 变为 -1.33 S·cm^{-1}）。由拟合曲线可以看出，当聚苯胺在复合物中的含量为 28.12% 时，复合物具有导电性；当聚苯胺的质量分数大于 28.12% 时，其电导率缓慢增加并趋于稳定。

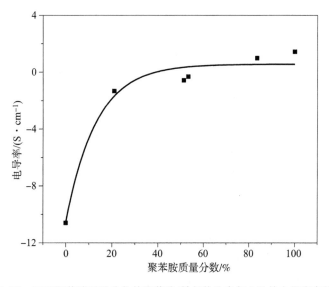

图4.61　不同聚苯胺质量分数的聚苯胺/铁氧体纳米复合物的电导率变化图

4.4.2.2 锰锌铁氧体/聚苯胺复合材料的复介电常数分析

图 4.62 所示为所制备的铁氧体/聚苯胺纳米复合物的复介电常数的实部随频率（10 MHz～1.5 GHz）变化的曲线图。由图可见，复合物复介电常数的实部随聚苯胺质量分数的增大而增加。样品 a 和 b 的复介电常数的实部随着频率的变化几乎为一定值且值比较低。对样品 c～e，在低频段（30～200 MHz），复合物的复介电常数随频率的增大快速降低，当频率大于 200 MHz 后趋于一常数。复介电常数的实部主要取决于聚苯胺骨架的极化和铁氧体纳米颗粒间与聚苯胺纳米纤维间的界面极化。随着聚苯胺含量的增加，其内部极化与界面极化增大，所以复介电常数的实部增大。

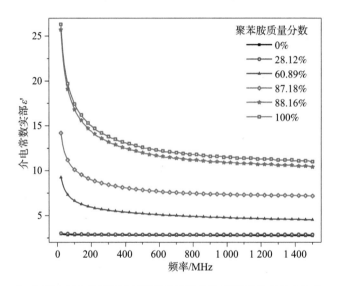

图 4.62　制备的不同含量聚苯胺的铁氧体/聚苯胺纳米复合物的
复介电常数的实部随频率（10 MHz～1.5 GHz）变化的曲线图

（a：0%，b：28.12%，c：60.89%，d：87.18%，e：88.16%，f：100%）

图 4.63 所示为所制备的铁氧体/聚苯胺纳米复合物的复介电常数的虚部随频率（10 MHz～1.5 GHz）变化的曲线图。复合物复介电常数的虚部也随聚苯胺质量分数的增大而增加。与复介电常数实部有相似的变化趋势，样品 a 和 b 的复介电常数虚部随着频率的变化几乎为一定值且值比较低。对样品 c～e，在低频段（30～200 MHz），复合物的复介电常数虚部随频率的增大先快速降低，当频率大于 200 MHz 后趋于一常数。铁氧体上的自由电子和缺陷和铁氧体与聚苯胺间的界面都导致了界面极化。此外，随着聚苯胺含量的增加，产生更

多的界面极化和其内部的电偶极化，这些同时增大了介电损耗。复介电常数虚部的变化归因于自由离子、电子、偶极子的极化，空间电荷的极化和界面极化。复介电常数的虚部可以用方程（4.14）定义如下：

$$\varepsilon'' = \frac{\sigma_{dc}}{\omega \varepsilon_0} + \varepsilon_{ac} \tag{4.14}$$

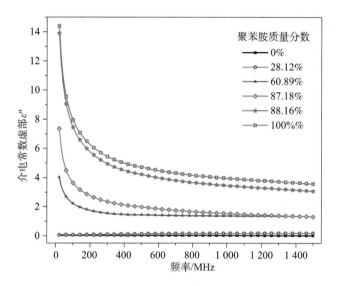

图4.63 制备的不同含量聚苯胺的铁氧体/聚苯胺纳米复合物的复介电常数的虚部随频率（10 MHz~1.5 GHz）变化的曲线图
（a: 0%，b: 28.12%，c: 60.89%，d: 87.18%，e: 88.16%，f: 100%）

式中，σ_{dc} 为直流电导率；ω 为角频率并正比于测试频率；ε_0 为自由空间的复介电常数；ε_{ac} 为超过 8 GHz 的高频引起的损耗。因为我们的研究集中于低频（小于 2 GHz）阶段，所以 ε_{ac} 可以忽略不计。因此，复介电常数的虚部可以定义如下：

$$\varepsilon'' \approx \frac{\sigma_{dc}}{\omega \varepsilon_0} \tag{4.15}$$

如图 4.63 所示，复介电常数的虚部随频率的增大而降低，这与方程（4.15）是吻合的。比较样品 a~e 可以得出，当聚苯胺的质量分数大于 60.89%（样品 c，d，e）时，复合物的直流电导率起主导作用。所以可以看出，样品 c~e 的复介电常数的虚部在低频急速降低后保持不变。

吸波材料的介电损耗功率由介电损耗角 $\tan\delta_\varepsilon = \varepsilon''/\varepsilon'$ 来表征。好的介电损耗材料应该具有较大的介电损耗角正切值。如图 4.64 所示，当聚苯胺的质量分数大于 60.89% 时，介电损耗角正切值大于 0.2。也可以看出，介电损耗角正切值在低频（30～200 MHz）时快速降低，当频率大于 200 MHz 后为一常数。在 300 MHz 以上，聚苯胺的质量分数为 60.89% 时的介电损耗角正切值要大于质量分数为 87.18% 的。Zhou 等[27] 研究了 C－SiO₂－Fe 复合物（介电－磁性复合物）在 0.5～18 GHz 的介电性；Kong 等[28] 研究了掺杂尖晶石型铁氧体在 1 MHz～1.8 GHz 的介电性。在所测试的相似波段内，我们所制备的聚苯胺/铁氧体复合物（当聚苯胺的含量大于 60.89% 时）的介电性要优于它们的。此外，复介电常数的实部与虚部较好的匹配性（即损耗角在频率大于 200 MHz 时稳定），可使吸波材料拓宽吸收频带而避免只在某一波段具有吸收性。

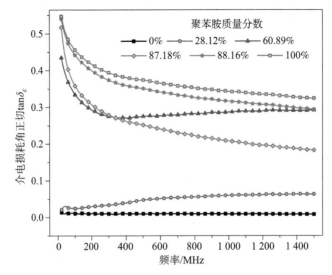

**图 4.64　制备的不同含量聚苯胺的铁氧体/
聚苯胺纳米复合物的介电损耗角正切值随频率变化的曲线图**
（a: 0%，b: 28.12%，c: 60.89%，d: 87.18%，e: 88.16%，f: 100%）

4.4.2.3　锰锌铁氧体/聚苯胺复合材料的复磁导率分析

如图 4.65 所示，聚苯胺/铁氧体复合物的复磁导率的实部先迅速降低到一个最低值（100 MHz）后缓慢增大；铁氧体的磁导率实部值则随着频率的增大趋势较明显。在 100～600 MHz，聚苯胺/铁氧体复合物（样品 b，c）磁导率实部值稍大于纯铁氧体的。主要是因为在低频段，聚苯胺的存在降低了铁氧体的去磁效应。当频率大于 600 MHz 时，铁氧体的磁导率实部值远大于聚苯胺/铁氧体复合物的。且在整个测试波段，随着聚苯胺含量的增加，磁导率实部值逐渐降低，但样品 c，d 差别不大，这主要是因为铁氧体含量的增加，有利于磁子的自旋运动，进而增加了畴壁的运动，从而增加了铁磁性。

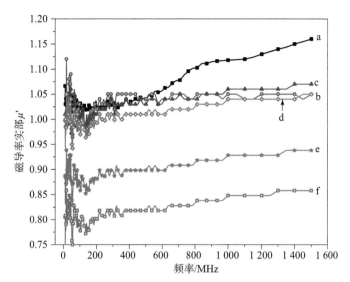

图 4.65 制备的不同含量聚苯胺的铁氧体/
聚苯胺纳米复合物的复磁导率的实部随频率变化的曲线图
（a：0%，b：28.12%，c：60.89%，d：87.18%，e：88.16%，f：100%）

由图 4.66 可见，由于铁磁共振和畴壁共振的作用，磁导率虚部曲线出现了若干个共振吸收峰。在低于 200 MHz 时，聚苯胺/铁氧体复合物的磁导率的虚部先快速降低（由 0.07 降为 0.005 左右），后在其平衡值附近上下振动。在低于 200 MHz 频段，样品 b、c、d 的磁损耗较大；在高于 200 MHz 后，样品的磁损耗差别不大，且以样品 d、e 的较大。

张立德等[30]指出，铁磁共振频率可以用以下方程表示：

$$2\pi f_{res} = \gamma\sqrt{H_\theta H_\phi} \tag{4.16}$$

式中，γ 为磁旋比。由此可见，铁磁共振频率与磁晶各向异性场 H_θ 和 H_φ 成正比，因此铁磁共振与铁氧体的晶体结构有关。筹壁共振与复磁导率的关系如下式所示：

$$(\mu_r - 1)^{1/2}f_r = \frac{\gamma M_s}{2\pi}\left(\frac{2\delta}{\pi\mu_0 D}\right)^{1/2} \tag{4.17}$$

该方程表明，畴壁共振与材料的饱和磁导率、复磁导率相关。饱和磁导率与铁氧体所含的金属离子及聚苯胺与铁氧体粒子间的相互作用相关。因此，在聚苯胺/铁氧体复合物中，铁氧体的结构和含量决定了材料的磁损耗。

图 4.67 所示为制备的铁氧体/聚苯胺纳米复合物的磁损耗角正切值随

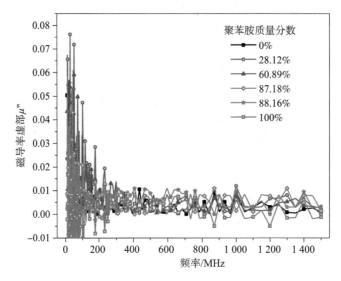

图4.66　制备的不同含量聚苯胺的铁氧体/聚苯胺纳米复合物的复磁导率的虚部随频率变化的曲线图（见彩插）

（a：0%，b：28.12%，c：60.89%，d：87.18%，e：88.16%，f：100%）

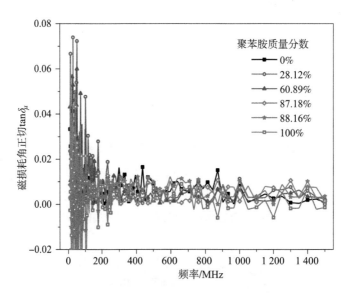

图4.67　制备的不同含量聚苯胺的铁氧体/聚苯胺纳米复合物的磁损耗角正切值随频率变化的曲线图（见彩插）

（a：0%，b：28.12%，c：60.89%，d：87.18%，e：88.16%，f：100%）

频率（10 MHz～1.5 GHz）变化的曲线图。如图所示，磁损耗角正切值的变化规律与复磁导率虚部值基本一致。在低于 200 MHz 时，聚苯胺/铁氧体复合物的磁损耗角正切值先快速降低（由 0.07 降为 0.005 左右），后在其平衡值附近上下振动。在低于 200 MHz 频段，样品 b、c、d 的磁损耗角正切值较大；在高于 200 MHz 后，样品的磁损耗差别不大，且以样品 a、d、e 的较大。由于铁磁共振、自然共振和筹壁共振的作用，铁磁性的铁氧体的磁损耗较大；受导电聚苯胺的影响，聚苯胺/铁氧体复合物的磁损耗发生变化，当其质量匹配合适时，磁损耗角正切值较大。

4.4.2.4　锰锌铁氧体/聚苯胺复合材料的反射损耗分析

图 4.68 所示为所制备的铁氧体/聚苯胺纳米复合物的反射损耗值随频率（10 MHz～1.5 GHz）变化的曲线图。如图所示，所制备的铁氧体/聚苯胺纳米复合物的反射损耗值随聚苯胺含量的增大而逐渐增大，且在低频段有明显拓宽吸波频带、增强吸波性能的优势。当聚苯胺的含量在 60.89% 以上时，样品 c～e 的吸波性能差别不大，均比较强。在 600 MHz 左右的最大反射损耗值接近 30 dB。在整个测试波段的反射损耗值大于 15 dB。由此可见，反射损耗受电磁填料的含量及结构影响较大，当达到阻抗匹配时，能够实现多种填料体系的协同效应，增大复合材料的吸波能力，拓宽吸波频带。

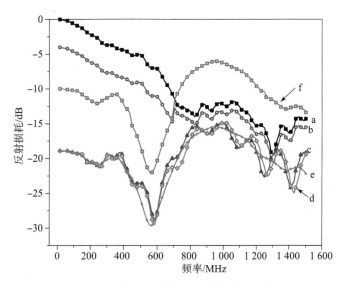

**图 4.68　制备的不同含量聚苯胺的铁氧体/聚苯胺纳米
复合物的反射损耗随频率（10 MHz～1.5 GHz）变化的曲线图**
（a：0%，b：28.12%，c：60.89%，d：87.18%，e：88.16%，f：100%）

4.4.2.5 锰锌铁氧体/聚苯胺复合材料的吸波机理

图 4.69 所示为深入探讨铁氧体自组装到聚苯胺纤维上所形成的复合填料体系的吸波机理，所建立的复合填料体系结构示意图及相应的透射电镜图像。复合填料体系不仅保留了各填料自身的吸波性能，还具有互补复合的新性能，能充分发挥各自的优势，并产生协同效应，增大电磁匹配性，可极大提高吸波性能，拓宽吸波频带。

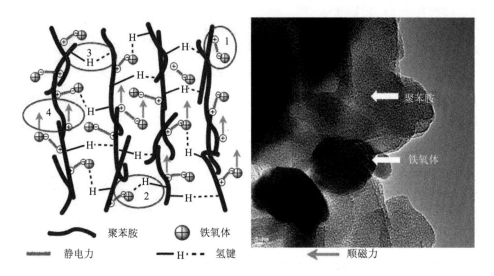

图 4.69　铁氧体自组装到聚苯胺纤维上所形成的复合填料体系结构示意图及扫描电镜图像

结合实际填料的性能与复合填料体系的扫描电镜图（图 4.57）和透射电镜图（图 4.69），将锰锌铁氧体/聚苯胺复合填料体系的电磁吸波机理总结如下：

（1）磁性铁氧体颗粒的畴壁共振或弛豫（$10^6 \sim 10^8$ Hz）、自然共振（$10^8 \sim 10^{10}$ Hz）及整个波段会出现的磁性颗粒本身的铁磁共振将引起磁性颗粒在交变电磁场中不断消耗外加能量。另外，磁性颗粒内部磁场会与外加电磁场产生耦合作用引起磁共振而损耗电磁波。

（2）磁性颗粒与导电聚苯胺纤维在外电场的作用下，会发生粒子极化、界面极化和空间极化而损耗电磁波。

（3）磁性颗粒晶格上的自由电子及缺陷、掺杂聚苯胺链上的自由电子在复合填料体系间自由移动，可形成传导电流和位移电流而损耗电磁波。由于复合填料之间相互接触，所以材料内部形成导电网络，产成涡流损耗。另外，铁磁材料能形成铁磁通路而损耗电磁波；复合填料在外加电磁场作用下，可形成电磁感应而损耗能量。

（4）由于填料体系粒径为微纳米级的，其比表面积大、表面悬挂的键多，当电磁波经过颗粒表面后极易发生散射而损耗电磁能。另外，填料颗粒的量子尺寸效应可使颗粒发生能级分裂，分裂的能级间隔正好处于微波的能量范围（$10^{-4} \sim 10^{-2}$ eV），因此可吸收部分电磁波。

（5）电磁匹配性佳。吸波材料吸收电磁波的基本原理是，材料对入射电磁波实现有效吸收，将电磁波能量转换为热能或其他形式的能量而耗散掉。该材料应具备两个特性即波阻抗匹配特性和衰减特性。阻抗匹配特性即创造特殊的边界条件使入射电磁波在材料介质表面的反射系数 R 最小（理想情况 $R = 0$），从而尽可能地从表面进入介质内部。因为这种铁氧体均匀地自组装到聚苯胺纤维上的独特结构，使得电磁颗粒的分布及接触达到最佳状态，电磁匹配性好，因而有利于电磁衰减。

总结如下：

以盐酸为掺杂剂，通过原位氧化聚合法首次合成了纳米铁氧体自组装到聚苯胺纤维上的复合填料。所制备的复合填料中铁氧体均匀地分散在聚苯胺上，能够合理匹配电磁性，所得复合涂层的吸波性能明显提高，吸波频段拓宽。当聚苯胺的含量在 60.89% 以上时，样品吸波性能差别不大且吸波性能比较强。在 600 MHz 左右的最大反射损耗值接近 30 dB。在整个测试波段的反射损耗值大于 15 dB。

系统分析并证明了铁氧体与聚苯胺纤维间的相互作用、静电吸引、氢键作用及顺磁吸收性。建立了聚合物基锰锌铁氧体/聚苯胺复合填料体系的吸波机理模型，并系统研究了复合材料的吸波机理。

│参考文献│

[1] 张有纲，黄永杰，罗迪民. 磁性材料 [M]. 成都：电子科技大学出版社，1988.

[2] Roh J S, Chi Y S, Nam S W. Electromagnetic shielding effectiveness of multi-functional metal composite fabrics [J]. Textile Res. J., 2008, 78: 825 – 835.

[3] Truong V, Riddell S Z, Muscat R F. Polypyrrole based microwave absorbers

[J]. J. Mater. Sci. , 1998, 3: 4971 – 4976.

[4] Cho S B, Kang D H, Oh J H. Relationship between magnetic properties and microwave – absorbing characteristics of NiZnCo ferrite composites [J]. J. Mater. Sci. , 1996, 31: 4719 – 4722.

[5] Zhang H J, Liu Z C, Ma C L, et al. Complex permittivity, permeability, and microwave absorption of Zn – and Ti – substituted barium ferrite by citrate sol – gel process [J]. Mater. Sci. Eng. , 2002, 96: 289 – 295.

[6] 黄惠，郭忠诚. 导电聚苯胺的制备及应用 [M]. 北京：科学出版社，2010.

[7] Polk B J, Potje – Kamloth K, Josowicz M, et al. Role of protonic and charge transfer doping in solid – state polyaniline [J]. Phys. Chem. B. , 2002, 106: 11457 – 11462.

[8] Patil R, Roy A S, Anilkumar K R, et al. Dielectric relaxation and ac conductivity of polyaniline – zinc ferrite composite [J]. Comp. Part B: Eng. , 2012, 43: 3406 – 3411.

[9] Li Y, Zhang H, Liu Y, et al. Synthesis and Electro – magnetic properties of polyaniline – barium ferrite nanocomposite [J]. Chi. J. Chem. Phys. 2007, 20: 739 – 742.

[10] Abdullah M, Kotnala R K, Verma V, et al. High magneto – crystalline anisotropic core – shell structured $Mn_{0.5}Zn_{0.5}Fe_2O_4$/polyaniline nanocomposites prepared by in situ emulsion polymerization [J]. J. Phys. Chem. C. , 2012, 116: 5277 – 5287.

[11] Li Y Q, Huang Y, Qi S H, et al. Preparation, magnetic and electromagnetic properties of polyaniline/strontium ferrite/multiwalled carbon nanotubes composite [J]. Appl. Surf. Sci. , 2012, 258: 3659 – 3666.

[12] Azadmanjiri J. Preparation of Mn – Zn ferrite nanoparticles from chemical sol – gel combustion method and the magnetic properties after sintering [J]. J. Non – Crystalline Solids, 2007, 353: 4170 – 4173.

[13] Zahi S. Synthesis, permeability and microstructure of the optimal nickel – zinc ferrites by sol – gel route [J]. J. Electromagn. Anal. Appl. , 2010, 02: 56 – 62.

[14] Wang W, Li Q, Chang C. Effect of MWCNTs content on the magnetic and wave absorbing properties of ferrite – MWCNTs composites [J]. Syn. Met. , 2011, 161: 44 – 50.

［15］娄霞，朱冬梅，张玲，等. Al 掺杂含量对纳米 ZAO 粉体性能的影响［J］. 功能材料，2008，04（39）：667 - 669.

［16］黄芸，何伟，许仲梓，等. 掺铝氧化锌粉末的制备及其性能研究［J］. 功能材料，2009，3：494 - 497.

［17］Li L, Liu H, Wang Y, et al. Preparation and magnetic properties of Zn - Cu - Cr - La ferrite and its nanocomposites with polyaniline［J］. J. Colloid Interf. Sci., 2008, 321: 265 - 271.

［18］Luthra V, Singh R, Gupta S K, et al. Mechanism of dc conduction in polyaniline doped with sulfuric acid［J］. Cur. Appl. Phys., 2003, 3: 219 - 222.

［19］Kim J, Kwon S, Ihm D. Synthesis and characterization of organic soluble polyaniline prepared by one - step emulsion polymerization［J］. Cur. Appl. Phys., 2007, 7: 205 - 210.

［20］Li Y, Zhang H, Liu Y, et al. Rod - shaped polyaniline - barium ferrite nanocomposite: preparation, characterization and properties［J］. Nanotechnology, 2008, 19: 105605.

［21］Xiong P, Chen Q, He M, et al. Cobalt ferrite - polyaniline heteroarchitecture: a magnetically recyclable photocatalyst with highly enhanced performances［J］. Journal of Materials Chemistry, 2012, 22（34）: 17485 - 17493.

［22］Gumfekar S P, Wang W J, Zhao B X. In situ doped polyaniline nanotubes for applications in flexible conductive coatings［J］. Macromolecular materials and engineering, 2014, 299（8）: 966 - 976.

［23］Sun Z, Su F, Forsling W, et al. Surface characteristics of magnetite in aqueous suspension［J］. Journal of colloid and interface science, 1998, 197: 151 - 159.

［24］Babayan V, Kazantseva N E, Sapurina I, et al. Magnetoactive feature of in - situ polymerised polyaniline film developed on the surface of manganese - zinc ferrite［J］. Appl. Surf. Sci., 2012, 258: 7707 - 7716.

［25］Xuan S, Wang Y X J, Yu J C, et al. Preparation, characterization, and catalytic activity of core/shell Fe_3O_4@ polyaniline@ Au nanocomposites［J］. Langmuir: the ACS journal of surfaces and colloids, 2009, 25: 11835 - 1843.

［26］Elsayed A H, Eldin M S M, Elsyed A M, et al. Synthesis and properties of polyaniline/ferrites nanocomposites［J］. Int. J. Electrochem. Sci., 2011, 6: 206 - 221.

［27］ Zhou J H, He J P, Li G X, et al. Direct incorporation of magnetic constituents within ordered mesoporous carbon – silica nanocomposites for highly efficient electromagnetic wave absorbers ［J］. J. Phys. Chem. C. , 2010, 114：7611 – 7617.

［28］ Kong L B, Li Z W, Lin G Q, et al. Ni – Zn ferrites composites with almost e-qual values of permeability and permittivity for low – frequency antenna design ［J］. IEEE. Tran. Magn. , 2007, 43：6 – 10.

［29］ Han Z, Li D, Liu X G, et al. Microwave – absorption properties of Fe（Mn）／ ferrite nanocapsules ［J］. J. Phys. D：Appl. Phys. , 2009, 42：055008.

［30］ 张立德, 牟季美. 纳米材料与纳米结构 ［M］. 北京：科学出版社, 2001.

5

阻尼功能防护材料

5.1 复合材料阻尼机理

阻尼的基本原理是损耗能量，通常把系统损耗振动能和声能的能力称为阻尼。阻尼越大，输入系统的能量便能在较短时间内损耗完毕，因而系统从受激振动到重新静止所经历的时间就越短，所以阻尼也可理解为系统受激后迅速恢复到受激前状态的一种能力。

阻尼材料可分成黏弹性阻尼材料、复合阻尼材料、高阻尼合金材料、压电阻尼材料、陶瓷类耐高温阻尼材料和智能阻尼材料等。在此将侧重介绍压电阻尼材料、黏弹性阻尼材料和复合阻尼材料的阻尼机理。

5.1.1 压电阻尼机理

压电阻尼材料是在高分子材料中加入压电粒子的一类导电材料，一旦受到振动的干扰，压电粒子就能将振动能转化为电能，导电粒子再将其转换成热能耗散，具有减振、吸声的作用。其工作原理是利用高分子材料的黏弹阻尼特性和压电粒子的压电效应，实现机械能—电能—热能的转换。通过上述能量的转换，从而达到阻尼的效果。

压电阻尼材料的阻尼机理有别于黏弹类材料，虽然现在常见的作为阻尼减振器用的压电阻尼材料的主要成分仍是高分子材料，但其阻尼机理则是多重能量转化机制，其减振能力是几种能量耗散途径的综合。当压电阻尼材料受到振动能作用时，体系的阻尼来自三个方面：①聚合物基体的内耗，即聚合物的黏弹性阻尼；②填料颗粒之间、聚合物分子之间以及填料颗粒与聚合物分子间的摩擦损耗；③由于压电－导电效应而引起的损耗，这是新的阻尼机理引起的能量损耗。图5.1 给出了压电－导电效应阻尼减振示意图。

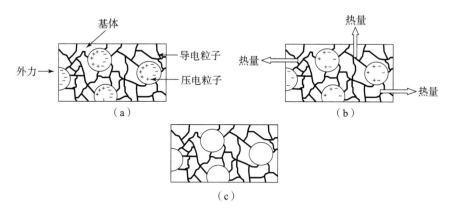

图5.1　压电－导电效应阻尼减振机理

（a）压电粒子产生电势差；（b）导电回路产生焦耳热；（c）达到减振效果

如图5.1 所示，压电－导电效应阻尼机理是指当材料受到振动时，压电粒子两极间产生电荷，电荷流过导电粒子，将电能转换成热能而散发出去，发挥减振作用。

压电阻尼材料的压电－导电能量转换机制在很大程度上依赖于复合材料的导电性能。如果材料内部电阻太大，相当于断路，或者电阻太小，相当于短路，产生的电能未消失，电能又会转变成振动能，继续振动；若材料内部电阻适当，将会使产生的电能转换成热能而消耗，使振动衰减加快。这样，若材料内部电阻为 R，介电材料的电容量为 C，衰减振动频率为 ω，则阻抗的匹配条件为，$R = 1/(\omega C)$，这时衰减最快[1]。

在聚合物材料中，若混有一定的导电填料，如 CB、CF、碳纳米管等，其高分子材料的导电性能会随着导电材料填充量的增加而变化，在达到某个临界填充量时，这个高分子复合材料的导电率会有近 10 次方的增大。因此，如果制作由聚合物、压电材料和导电材料组成的复合材料，那么，复合材料的导电率在临界填充量的附近，只少许改变填充量，就会产生非常大的变化。这时，复合材料若选择适当的导电率，即适当的电阻，则由导电材料形成一定的电路，将会如上所述那样，振动能由压电材料的压电效应转换成电能，而这时材料内部形成的电路又会将电能转换成热能消耗，从而使振动衰减加快，达到减

振目的。

一般来讲，压电阻尼材料含有三种组分：聚合物基体、压电材料、导电材料，如图 5.2 所示。

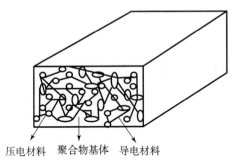

压电材料　聚合物基体　导电材料

图 5.2　压电阻尼材料的组成[2]

压电阻尼材料理论上可以用任何一种聚合物作为基体。一般可选用本身具有一定阻尼性能的黏弹性阻尼材料做基体。在众多阻尼材料的研究应用中，以聚氨酯类（PU）、环氧树脂类（EP）、丙烯酸酯（AR）类为基体的阻尼材料最为常见。其他的阻尼材料有以聚苯醚作为硬段、聚羟基苯乙烯作为半硬段、聚二甲基硅氧烷作为软段，利用羟基与硅胺基缩合生成硅醚的不可逆反应，合成含有硬段、半硬段和软段的聚苯醚/聚羟基苯乙烯/聚二甲基硅氧烷三元共聚物与其均聚物进行共混而成的材料；聚丙烯酸酯/聚氨酯互穿网络阻尼涂料；聚醚氨酯/聚甲基丙烯酸甲酯互穿网络等。前人在研究压电阻尼材料时使用过的基体有丁基橡胶（IIR）、氯化丁基橡胶（CIIR）、氯化聚乙烯（CPE）、聚偏二氟乙烯（PVDF）、PU 和沥青等[3]。

压电材料种类很多，有晶体、半导体、压电陶瓷材料、高分子压电材料等。其中压电陶瓷的压电性能最好，而且具有比较好的力学性能。锆钛酸铅（PZT）、锆钛酸镧铅（PLZT）、钛酸钡（$BaTiO_3$）都具有比较高的压电常数，也是在压电阻尼材料中常使用的两种压电陶瓷。高分子压电材料中 PVDF、聚氟乙烯、聚氯乙烯都是具有一定压电性的高分子压电体。其中 PVDF 具有特殊的地位，它不仅具有优良的压电性、热电性、铁电性，还具有优良的力学性能，在压电阻尼材料中也有应用。

一般的聚合物都是绝缘体，使其具有导电性的常用方法是向聚合物基体中添加导电填料，形成复合型导电聚合物。常见的导电填料可分为金属类填料和非金属类填料。金属类填料主要有银、铜、镍和铝的粉末、箔片、丝和纤维等。非金属填料常用的有炭黑（CB）、石墨、石墨纤维、碳纤维（CF）以及碳纳米管（CNT）等。

还有一种聚合物是结构性导电聚合物，分子结构本身能提供导电载流子，从而显示出导电性。主要有聚乙炔、聚吡咯、聚噻吩和聚苯胺及其衍生物等。其中聚苯胺除具有良好的导电性外，还具有良好的力学性能。

5.1.2 黏弹阻尼机理

黏弹性阻尼材料是一种兼具黏性液体在一定流动状态下损耗能量的特性和弹性固体材料贮存能量特性的聚合物。高聚物弹性体的损耗因子都比较大，大部分为 0.1 ~ 2.0，有些甚至更高。当聚合物由玻璃态转变成高弹态时，在玻璃态转变温度（T_g）附近，即玻璃态转变区，具有很大的阻尼。这是由于在 T_g 以下，高分子链段处于坚硬的玻璃态，自由运动被冻结，分子间链段的滑移极少，外力作用于高分子材料上，只引起键长和键角的改变，这种形变很小、很快，足以跟得上应力的变化，所以内耗小；在 T_g 区内分子链刚开始运动，而体系黏度很大，链段运动受到很大的摩擦阻力，链段不可逆滑动增大，形变滞后于应力的变化，内耗很大；在 T_g 以上的高弹态，链段运动自由，链段间的滑动能够恢复，内耗能力减小。

因此可以利用聚合物在玻璃态转变区的高阻尼特性来提高结构阻尼。通常所称的阻尼材料也就是指其玻璃态转变区与使用温度相重合的聚合物材料。对聚合物来说，损耗模量（E''）和损耗因子（$\tan\delta$）在 T_g 附近会达到最大值[4]。图 5.3 给出了在聚合物转变过程中，动态力学性能随温度的变化曲线。

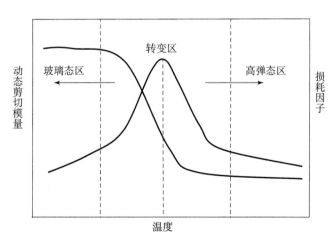

图 5.3 聚合物动态力学性能随温度的变化

聚合物在玻璃态时模量很高，分子几乎不能运动，因此也就不能耗散机械能，而将能量作为位能储存，并不损耗转变成热能，在高弹态时分子运动很容易，不能吸收足够的机械能。而在很窄的玻璃态转变区内，聚合物的模量大幅下降，并伴随着明显的力学阻尼特性，这时聚合物具有足够高的损耗因子，能大量吸收振动能量。在玻璃态转变区分子基团具有一定的自由度，能够运动，在一定的频率范围内，分子基团能够耦合，并在应变响应中伴随缓慢的相转变，如果施加的压力产生在这个频率范围内，振动能量可以得到耗散。在该区域内的损耗因子直接与能够吸收施加应力的分子基团的数量有关，并与应力和应变之间发生的相变有关。当材料处于玻璃态转变区的频率和温度范围之外时，能量的耗散可以解释为分子的摩擦。聚合物长链分子的主链是相互缠结在一起的，当材料发生应变时，分子扭曲运动，因此耗散了能量。

很明显，高聚物玻璃化转变的温域直接决定了材料的有效阻尼温域。可是对均聚物或无规共聚物来说，其玻璃化转变的温域一般只有 20～30 ℃，所以其有效的阻尼温域也就只有 20～30 ℃。而振动一般是在一个较宽的温度范围内发生的，频率也存在一个高低分布的问题，即实际应用要求材料的阻尼温域要达到 60～80 ℃，同时其 $\tan\delta$ 要大于 0.3。另外，橡胶的玻璃化转变温度 T_g 一般远低于室温，而塑料的 T_g 又远高于室温，距实际使用温度相差太远，因此绝大部分均聚物是不能作阻尼材料单独使用的。所以在设计高聚物阻尼材料时，一方面要使材料的 T_g 与材料的实际使用温度相适应，同时还要尽量扩大材料的玻璃化转变温度区域。具体来说，拓宽聚合物玻璃化转变温域的方法主要有：①加入增塑剂或填料；②共混或嵌段、接枝共聚；③生成互穿聚合物网络（IPN）。

1）加入增塑剂或填料

这种方法所能拓宽的温域非常有限。其中，加入增塑剂的手段能够降低材料的玻璃化转变温度，而主要目的是调节材料的 T_g 使其与实际使用温度相匹配。加入填料的目的是使基体与填料之间有足够的黏合力，使链段松弛时间增加，从而可以使其 T_g 提高。但要注意的是，填料对聚合物材料阻尼性能的影响有两方面。一方面，填料填充了聚合物分子链段间的间隙，使自由体积减小，限制了分子链段的运动，降低了阻尼值，起副作用；另一方面，在玻璃化转变区内，填料与聚合物及填料之间的内摩擦作用随分子运动的加剧而增大，从而提高了材料的阻尼值。究竟哪一种作用占优势，取决于填料本身的结构。如片状结构的云母填充于 IPN 中，可以有助于增加层片间聚合物的剪切形变，显示了一种微约束层阻尼机理，使聚合物的阻尼性能和阻尼温域都得到改善。但同是片状的蛭石却反而使体系阻尼性能有所下降。

2）共混或嵌段、接枝共聚

共混的方法简单，易于操作，但能拓宽的温域有限。将两种或两种以上 T_g 的成系列的半相容聚合物以一定的方式共混（如干粉共混、熔体共混、溶液共混和乳液共混等），可以在特定温度内得到较强的阻尼作用。有人将 T_g 不同的多种聚合物与适当的增溶剂共混，也得到了具有平滑且较宽的内耗峰的阻尼材料。

将不同的聚合物共聚生成嵌段或接枝共聚物，也是常用来拓宽材料使用温度范围的方法。相对于简单物理共混来说，化学共聚的方法可以在一定程度上改善不同聚合物间的相容性，使材料的阻尼性能得到改善。但这种方法的主要问题是两主转变区之间的区域阻尼值较低。

对宽温域阻尼材料的设计，要求阻尼材料组分的 T_g 相隔要远。两组分的复合材料的阻尼温域不可能超过组分中最大 T_g 的上限和低于组分中最小 T_g 的下限，而且形成复合体系后，复合材料的 T_g 会发生内移，所以在设计材料时，两组分的 T_g 值相隔要尽量远一些。不同聚合物间的相容性对共混或共聚制备的材料的阻尼性能有着极大的影响。图 5.4 示意出各种不同相容性聚合物合金体系的阻尼行为。由图上可以明显看到，不同聚合物组分间完全相容或完全不相容的材料的阻尼性能都不是很理想，只有具有合适的微观相分离结构的材料才具有良好的阻尼性能。

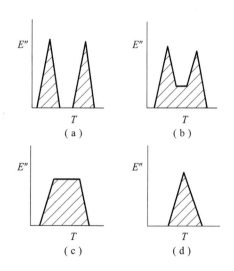

图 5.4　二元聚合物的损耗模量与温度的关系

（a）完全不相容体系；（b）有限相容体系；（c）部分相容体系；（d）完全相容体系

3）生成互穿聚合物网络

共混或共聚的方法虽然可以扩大材料的阻尼温域，但阻尼效果一般不是很理想。目前应用最为广泛的拓宽材料阻尼温域的方法是选用适当的组分，通过控制组分间的相互作用、相畴尺寸，合成出半相容的 IPN 材料，中间相过渡区域的阻尼值得到提高，从而达到宽温域、高阻尼的效果。互穿聚合物网络技术由于交联网络之间的相互贯穿、缠结而产生强迫互融和协同效应，使 IPN 材料具有宏观上的不分相和微观上的相分离的特点，从而为制备宽温宽频阻尼材料创造了条件。IPN 技术相对于前几种方法来说，对提高材料的阻尼性能和拓宽阻尼温域更加理想，因此在阻尼材料的制备中占有重要的地位。国内外对此领域的研究也表现得最为活跃。目前其主要研究集中在聚氨酯（PU）/环氧树脂（EP），PU/丙烯酸树脂（PAC），PAC/PAC，聚苯乙烯（PS）/PAC 等领域。影响 IPN 阻尼性能的因素较多，主要有组分间相容性及其相互作用的影响、交联剂种类和交联剂用量的影响；不同网络间配比的影响，合成时加料方式和加料顺序的影响以及乳化剂种类和用量的影响等。组分间完全相容的 IPN，在性能上类似于单组分聚合物，只是阻尼温域有所提高；完全不相容的组分形成的IPN 类似于共混的情况，虽然可以拓宽材料的阻尼温域，但中间区域则呈现出较低的阻尼性能。

只有不同组分间的网络相容性恰当，才能使组分间过渡区域的阻尼值有效地得到提高。这是因为，在动态力学谱上，平台峰的中间部分实际上是两网络间界面过渡层贡献的结果。相容性太好，则玻璃化转变温度内移严重，阻尼温域减小；相容性太差，动态力学谱上呈两个双峰，中间区域阻尼值下降。另外，实验发现，两网络间分子链间的相互作用和分子链上的极性基团都有助于提高材料的阻尼性能。交联剂种类对 IPN 阻尼性能影响的认识，目前还主要处于经验摸索阶段。交联剂用量的大小则直接反映网络间的交联密度。适度的交联可以提高网络间相互缠结、相互锁合的能力，阻止聚合过程中由于相对分子质量的增加而导致的相分离，增加组分间的相容性，并起协同作用，使 IPN 的阻尼性能提高；交联密度太低，则分子链段的活动能力较强，网络间的强迫互锁作用下降，体系相容性变差；交联密度太大，则限制了第二网络单体的渗透，同样使体系相容性下降，同时由于链段运动困难，必然导致阻尼值下降。另外，交联密度的变化视不同的体系，对处于不同层的网络有着不同的影响。

网络中不同单体的配比对材料阻尼性能也有很大的影响。只有在恰当的单体配比的情况下，网络中各组分互穿的程度高，材料阻尼性能和阻尼温域都能达到一个最佳值。一般而言，增加第一网络中硬单体的相对含量，可以提高体系高温区域的阻尼性能，增加第二网络中软单体的相对含量，可以提高体系低温区域的阻尼性能。

加料方式和顺序对材料阻尼性能的影响也不容忽视。加料方式和加料顺序不同，直接影响网络结构、相畴的大小，因此导致材料阻尼性能发生改变。

采用共混和共聚的多相体系，虽然扩大了阻尼温度区域，但是阻尼效果仍不理想。对于 IPN，由于其交联网络之间的相互贯穿，产生强迫包容和协同效应，故有利于制备宽温度和宽频区域的阻尼材料。理想互容的 IPN 是不同网络在分子水平上的互容，而实际上多数 IPN 是微观相分离的，互容仅发生在相的交界处[5]。一方面，在 IPN 形成过程中，相对分子质量不断增加，为达到热力学平衡，会不断地产生相分离，导致两个单组分相的生成。另一方面，各组分的相对分子质量增加是一个动态过程，在因相对分子质量增加而产生相分离的过程中，链的迁移必然会受到链间引力及网络相互缠结的阻碍，起着强迫互容的作用，使相分离程度比混合体系要低得多。一般认为，微观的相分离有利于提高体系阻尼性能。

除组分的相容性外，固化物的交联度对 IPN 的动态力学性能有明显的影响。适度的交联能提高网络间相互缠结的能力，可增加组分间的相容性，并具协同效应，使 IPN 具有良好的阻尼性能。但交联度增加限制了分子的运动，因此，IPN 中交联度太高又会使材料的阻尼性能下降[6]。

|5.2 材料阻尼性能的评价和检测|

5.2.1 材料阻尼性能的评价

评价阻尼材料的标准包括：在 T_g 区内具有高的损耗因子和宽的损耗温域（即 T_g 峰宽）。一般高性能的阻尼材料要求在较宽的温宽范围（40~50 ℃）内 $\tan\delta > 0.7$[7]。欲使阻尼材料到达良好的效果，需满足以下几个条件：①损耗因子的峰值 max $\tan\delta$ 要和材料使用的工作温度相一致；②$\tan\delta > 0.7$ 的温度范围要宽，$\Delta T_{0.7}$ 要适应工作环境温度的变化；③剪切模量或弹性模量要适量；④不易老化，有较长的工作寿命；⑤具有良好的工艺性；⑥适应各种用途的特殊性能。

由于阻尼材料内部结构复杂，因此材料的阻尼性能也是很复杂的，建立一个精确的数学模型去评估材料的阻尼性能非常困难。目前，衡量聚合物材料阻尼特性参数的方法一般有 TA（tanδ Area）法和 LA（Loss Area）法[8]，它们分

别对应损耗因子 – 温度曲线（ $\tan\delta - T$ ）下包括的面积和损耗模量 – 温度曲线（ $E'' - T$ ）下包括的面积。在 T_g 区， E'' 和 $\tan\delta$ 呈峰形，阻尼值达到最大值，此时聚合物在 T_g 附近可呈现有效噪声和振动阻尼性能[9]。

1）TA 法

由于阻尼材料在交变应力作用下发生的应变滞后现象和力学损耗是其产生阻尼的作用的根本原因，因此可以用材料在应力作用下的损耗因子 $\tan\delta$ 来表征材料力学损耗或内耗的大小，如下式所示：

$$E^* = E' + iE'' \tag{5.1}$$

$$\tan\delta = E''/E' \tag{5.2}$$

式中， E' 是实数模量，又称储能模量，Pa，表示应力作用下能量在试样中的储存； E'' 是虚数部分，表示能量的损耗，称为损耗模量，Pa； δ 是应变落后于应力的相位角，也被称为力学损耗角； $\tan\delta$ 是损耗因子。

阻尼材料的损耗因子 $\tan\delta$ 表示每周振动所消耗的振动能量与最大应变能量（位能）之比。每周振动所消耗的振动能即为阻尼能，因此阻尼能越大，则黏弹性阻尼材料的损耗因子 $\tan\delta$ 就越大，阻尼性能就越好。

2）LA 法

LA 法是评价聚合物阻尼性能的另一种方法，是由美国的 Chang 等[10]在系统地研究了高分子材料中各个基团及其在高分子链上所处的位置对阻尼的贡献后所提出的。主要内容大致如下：

（1）和红外光谱、核磁共振谱、介电松弛谱一样，动态力学谱也是一种松弛谱。动态力学谱研究周期性外力场与高分子材料结构单元间的相互作用，当这种相互作用达到共振时则形成特定的吸收峰。这些峰可以理解为高分子聚合物中不同结构单元的分子运动。

（2）玻璃化转变由大规模的高分子骨架构象重排引起，这种重排意味着围绕着主链的结构亚单位（侧基）发生受阻旋转，因此聚合物链上的所有亚结构单位都对聚合物的玻璃化转变有贡献，通过考察玻璃化转变峰的面积，可以定量分析各基团的贡献。

（3）其基本关系表述如下所示：

$$LA = \sum_{i=1}^{n} = \frac{(LA_i) M_i}{M} = \sum_{i=1}^{n} \frac{G_i}{M} \tag{5.3}$$

式中， LA_i 是第 i 个分子基团对损耗模量曲线下面积的贡献； G_i 是第 i 个分子基团的分子损耗常数； M_i 是第 i 个分子基团的分子量； M 是聚合物的分子量。

不同基团处于分子中不同的位置时的 LA 值可从 Sperling 等制作的表中查

到，也可以使用不同的方法来确定[11]。一般来说，有体积较大侧基和极性侧基的聚合物具有较好的阻尼性能，侧基的极性以及聚合物内部的氢键相互作用也有助于提高体系的阻尼性能。但是对相分离材料，如存在晶区，将会降低材料的阻尼性能。该理论已被广泛地应用于计算一些均聚物和聚合物共混体系的阻尼值[12-23]。很明显，这个方法为将阻尼材料的研制上升到分子设计的水平奠定了理论基础。LA 法对应的是 $E'' - T$ 下包括的面积，因而此法与 TA 法是有一定差异的。

5.2.2　阻尼性能的检测方法

研究聚合物阻尼性能的常用实验方法有：悬臂梁共振法与 DMA 测试法。

目前国内使用悬臂梁共振法来测量材料振动阻尼特性有两个国家标准：GB/T 16406—1996 和 GB/T 18258—2000。二者内容上大同小异，均等效采用美国材料与试验学会标准 ASTM E756 – 80 和 ASTM E756 – 1993。

理论上来说，用悬臂梁法与 DMA 测试法测出的材料本身的弹性模量和损耗因子应基本相同。但多年来大家习惯于使用 DMA 测试法测量材料本身的振动阻尼特性，很少使用悬臂梁共振法来测量材料本身的振动阻尼特性。因为 DMA 测试法可以自选频率范围，而且能直接给出 $E'' - T$、$E' - T$、$\tan\delta - T$ 的关系曲线，而悬臂梁共振法采用的是自由共振，频率不可以任意调节，而且测量出来的数据误差较大。

|5.3　黏弹阻尼材料与性能|

5.3.1　硅橡胶材料特性

图 5.5 给出了硅橡胶添加量的变化对材料的弯曲强度和冲击强度的影响。从图中可以看出，材料的弯曲强度随着硅橡胶添加量的增大而减小，当添加量为 10% 时迅速降低为 40.2 MPa，之后降低趋势趋于平缓。而材料的冲击强度则随着硅橡胶的添加先增大后减小，在添加量为 20% 时达到最大值 11.7 kJ·m^{-2}。

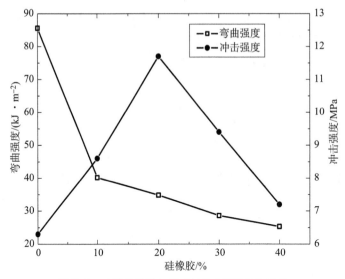

图5.5 硅橡胶的添加量对材料力学性能的影响

5.3.2 聚氨酯材料特性

图5.6给出了聚氨酯添加量的变化对材料力学性能的影响。从图中可以看出，材料的冲击强度随着聚氨酯添加量的增加先增大后减小，在添加量为15%时达到最大值13.6 kJ·m^{-2}。而材料的弯曲强度则随着聚氨酯添加量的增加而逐渐减小。当添加量为10%时，材料的冲击和弯曲强度分别为12.2 kJ·m^{-2}和52.6 MPa。

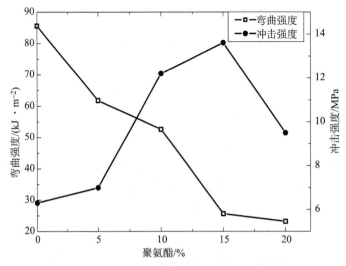

图5.6 聚氨酯的添加量对材料力学性能的影响

互穿网络聚合物是由两种或两种以上交联网状聚合物相互贯穿、缠结形成的聚合物，其特点是一种材料无规则地贯穿到另一种材料中去，起着"强迫包容"和"协同效应"的作用。影响 IPN 性能的主要因素有网络的互穿程度、组分比、交联程度，全互穿 IPN 性能明显优于半互穿 IPN 的性能。IPN 的橡胶相组分过大，拉伸强度、剪切强度、弯曲强度都急剧降低，增韧效果也差。适当交联可获得较好的力学性能，但交联度过高，对提高固化物韧性不利，因为网络链太短，不利于外力作用下的应变，吸收冲击能减小。从图 5.5 中也可看出，当硅橡胶添加量超过 40 g 时，材料的冲击强度急剧下降，说明添加量为 20% 时的交联度对增加材料的韧性最好。而从图 5.6 中可以看出，在聚氨酯的添加量为 20% 时，IPN 的交联度能够使得材料的冲击强度有很大的提高，并且弯曲性能也比较好。

|5.4 压电阻尼材料性能|

5.4.1 压电阻尼材料配方设计

以环氧树脂 EP 为基体材料，用量为 100 g，以 DDM 为固化剂，用量为 25 g，压电陶瓷 PZT 添加量取 0 g、10 g、20 g、30 g、40 g 五种变化量做一组试验。考虑到己二胺胺化 MWNT 和 PZT 的两种组分的添加可能会有相互影响，采用均匀设计法设计两种组分的配比，具体添加量如表 5.1 所示。

表 5.1　均匀试验设计表

试验号	1	2	3	4	5
胺化 MWNT/g	0	0.5	1.0	1.5	2.0
PZT/g	10	30	0	20	40

上述试验操作是以 DDM 为固化剂，若采用 1415B 为固化剂时固定 EP 用量为 50 g，固定 1415B 用量为 50 g，其他添加组分与上述一致。

以上用的导电填料为己二胺胺化 MWNT，若采用碳纤维作为导电填料，固定 EP 用量为 25 g，固定 1415B 用量为 25 g，固定 PZT 用量为 40 g，根据添加碳纤维对材料力学性能的分析，取镀铜前后 0.2 mm 长碳纤维各 15 g、镀铜前后 1.2 mm 长的各 5 g、镀铜前后 3.2 mm 长的各 2 g。

制备方法为：称取一定量的 EP，放入三口烧瓶中。在恒温水浴中加热，再将一定量的己二胺胺化的 MWNT 或碳纤维和 PZT 加入烧瓶中，然后将一定量的固化剂 DDM 或 1415B 加入烧瓶中，同时真空脱气，反应停止后，将混合物倒入已经涂抹真空硅脂并且经过预热的磨具中，加热，在烘箱中自然冷却，出模。

5.4.2 压电阻尼材料力学特性

图 5.7 和图 5.8 分别给出了以 DDM 和 1415B 为固化剂的材料力学性能，PZT 和己二胺胺化 MWNT 的添加量按照表 5.1 的配方设计。

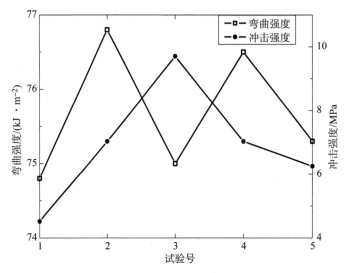

图 5.7 DDM 为固化剂材料的力学性能的变化

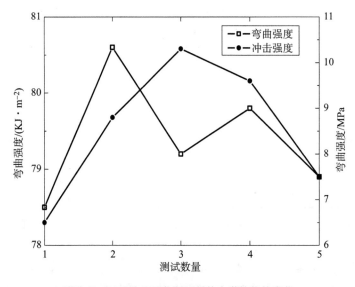

图 5.8 1415B 为固化剂材料的力学性能的变化

从图 5.7 可以看出，以 DDM 为固化剂时，随着配方的改变，材料弯曲强度的变化并不明显，都在 74～77 MPa。其冲击强度则随着试验号的递增而呈现先上升后下降的趋势，最大值出现在 3 号配方，为 9.7 kJ·m^{-2}。

从图 5.8 可以看出，以 1415B 为固化剂，材料的弯曲强度随配方的变化也没有多大的变化，都在 78～81 MPa。但是相对于以 DDM 为固化剂，材料的冲击强度有所增大，3 号配方的冲击强度也达到最大值 10.3 kJ·m^{-2}。说明以 1415B 为固化剂能极大地提高材料的韧性。

从表 5.1 可知，冲击强度最好的 3 号配方只加了 1.0 g 己二胺胺化 MWNT，而韧性最差的为 1 号配方只是加了 10 g PZT 粉体，因此可得知，加入 MWNT 可以增强材料的韧性，而加入 PZT 则使材料冲击强度减小。主要原因可能是 MWNT 与环氧树脂基体有比较好的相容性，在材料受到冲击时 MWNT 与环氧树脂的界面能可以消耗一部分能量，而 PZT 与环氧树脂的相容性较差，导致 PZT 与环氧树脂间存在空隙而使材料变得更脆。

以碳纤维（CF）作为导电填料时，按表 5.1 中的配方，镀铜前后 0.2 mm 长 CF 各 15 g、镀铜前后 1.2 mm 长的各 5 g 和镀铜前后 3.2 mm 长的各 2 g，测试材料弯曲强度和冲击强度的变化，如图 5.9 和图 5.10 所示。

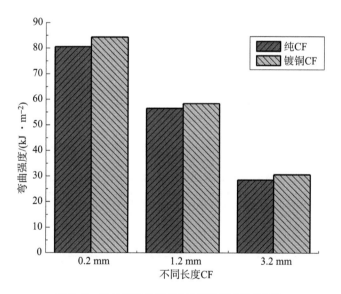

图 5.9 添加不同长度 CF 材料弯曲强度的变化

从图 5.9 可以看出，在相同长度和相同添加量下，镀铜后 CF 要比纯 CF 弯曲强度稍大一些，说明铜的附着有利于提高 CF 的弹性模量或者是有利于提高 CF 与 EP 的界面结合能。从图 5.9 中还可以看出，随着 CF 长度的增加弯曲强度迅速降低，说明尽管添加量减少，但是随着碳纤维长度增加，碳纤维彼此间容易搭接，容易团聚，从而使碳纤维的富集区增多，产生的空隙或气孔等缺陷也增多，从而导致材料弯曲性能下降。

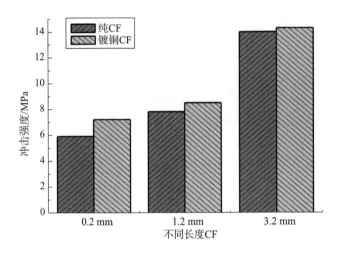

图 5.10　添加不同长度 CF 材料冲击强度的变化

从图 5.10 可以看出，在相同长度和相同添加量下，镀铜后 CF 也要比纯 CF 冲击强度稍高一些，而随着 CF 长度的增加，材料的冲击强度迅速升高，说明尽管多添加了 PZT，具有长径比的 CF 与基体有更大的接触面积而不容易断裂，从而使材料的冲击强度明显增强。

5.4.3　压电阻尼材料导电特性

给添加 CF 的材料测体积电阻率，其值如表 5.2 所示。

表 5.2　复合材料体积电阻率随添加不同长度 CF 的变化

不同长度 CF	0.2 mm	1.2 mm	3.2 mm
纯 CF/（Ω·cm）	7.3×10^{12}	3.4×10^{10}	8.7×10^{8}
镀铜 CF/（Ω·cm）	2.6×10^{12}	6.9×10^{9}	3.5×10^{8}

从表 5.2 可以看出，在相同长度和相同添加量下，镀铜 CF 要比纯 CF 的体积电阻率小些，即导电性能稍好一些。但是在 CF 添加量相同的情况下，加了 40 g PZT 的材料导电性能明显降低，说明加入 PZT 除了增加材料的孔隙阻碍了电流的传递之外，也可能因 PZT 颗粒直接将 CF 隔开从而导致材料的导电性能迅速降低。

5.4.4 压电阻尼材料阻尼特性

根据填料的添加对材料的力学性能的影响，选取了几组材料测试其损耗因子随温度的变化关系，如图5.11所示。

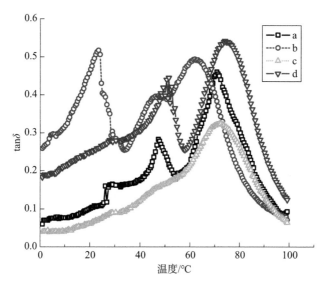

图5.11 压电阻尼材料的损耗因子随温度的变化

（a：环氧树脂基体材料；b：添加40 g压电陶瓷的材料；
c：40 g PZT和CF－P200 15 g材料；d：40 g PZT和镀铜CF－P200 15 g材料）

填料对聚合物材料阻尼性能的影响一般有两个方面：一方面，填料填充了聚合物分子链段间的间隙，使自由体积减小，限制了分子链段的运动，降低了阻尼值，起副作用；另一方面，在玻璃化转变区内，填料与聚合物及填料之间的内摩擦作用随分子运动的加剧而增大，从而提高了材料的阻尼值。很显然，在加入压电陶瓷和碳纳米管之后是第一方面起主要作用，因此降低了其损耗因子。从图5.11可以看出，相对于环氧树脂基体，只加了40 g PZT材料的损耗因子明显增大，并且在室温下也有一个比较大的峰，说明是第二个方面在起主要作用。而加入40 g PZT和15 g 0.2 mm长CF材料的损耗因子却降低，并且在室温下的峰值也消失了，说明是第一方面的原因，加入的CF阻碍了分子链段的运动从而降低阻尼值。当加入40 g PZT和15 g 0.2 mm长镀铜CF时，材料的损耗因子峰又明显增大，并且室温下的峰又重新出现，说明材料的压电导电机理开始发挥作用，因为导电性相对于纯加入CF有较大的提高。如果材料内部电阻太大，相当于断路，或者电阻太小，相当于短路，产生的电能未消失，电

能又会转变成振动能，继续振动；若材料内部电阻适当，将会使产生的电能转换成热能消耗，使振动衰减加快。说明此时的电阻正好有利于材料增加其阻尼效果。

根据对以上数据的分析，优化选择两组试验，以提高材料的综合性能。

第一组配方为取环氧树脂用量为 25 g，固化剂 1415B 用量为 25 g，聚氨酯甲组分 5 g，聚氨酯乙组分 1 g，压电陶瓷 40 g，0.2 mm 长镀铜 CF 15 g。样品一做成样条后测其弯曲强度和冲击强度分别为 56.2 MPa 和 7.03 kJ·m^{-2}，相比于基体材料弯曲强度下降而冲击强度有所提高。相比于只加了聚氨酯材料弯曲强度变化不大，但是冲击强度降低了。相比于只加了 PZT 和镀铜 CF 的材料其弯曲强度和冲击强度都没有太大的变化。说明混合加入这几种填料对材料的力学性能并没有多大的影响。测得材料的体积电阻率为 7.6×10^9 Ω·cm，比基体的导电性有了很大的提高，但基本上还是属于绝缘材料。

第二组配方为取环氧树脂用量为 25 g，固化剂 1415B 用量为 25 g，压电陶瓷 40 g，1.2 mm 长镀铜 CF 5 g，0.2 mm 长镀铜 CF 10 g。样品二制成样条后测其弯曲强度和冲击强度分别为 75.4 MPa 和 7.0 kJ·m^{-2}。相比基体材料其力学性能也都没有比较明显的变化，但是相比于样品一材料的弯曲强度有了明显的提高，说明 0.2 mm 长镀铜 CF 的加入使 1.2 mm 长 CF 更加分散，减少了团聚。

将两组材料的损耗因子随温度变化的关系与环氧树脂基体做对比，如图 5.12 所示。

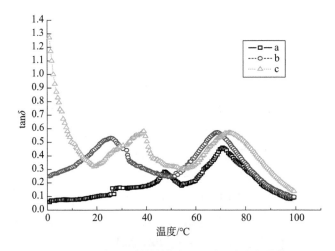

图 5.12　混合阻尼材料的损耗因子随温度变化的关系

（a：环氧树脂基体材料；b：第一组配方；c：第二组配方）

从图 5.12 可以看出，相对于环氧树脂基体，样品一的损耗因子在 70 ℃ 附近有比较大的提高，并且在室温下也出现了一个比较大的峰。相比于只加了聚氨酯或只加了 PZT 和 0.2 mm 长镀铜 CF 的材料，在 70 ℃ 附近的峰值变化不大，而在 25 ℃ 附近的峰值却明显增大。说明压电导电机理发挥了作用使材料在室温下能够有比较好的阻尼效果。

样品二除了在室温下和 70 ℃ 附近有比较好的阻尼效果外，在 0 ℃ 附近出现一个很大的损耗因子峰，在 0 ℃ 时其损耗因子可达到 1.27。相比于样品一不仅室温下的阻尼性能有很大的提高，并且在 0 ℃ 附近的损耗因子更是急剧增大。说明体积电阻率为 $3.7 \times 10^7 \Omega \cdot cm$ 的材料有利于压电导电效应机理更好地发挥作用，长短碳纤维的混合更有利于压电填料和导电填料相互接触，使得因振动产生的电荷能够被很好地导出并以热量的形势释放，从而极大地增强了材料的阻尼性能。

|参考文献|

［1］ Uchino K, Ishii T. Mechanical damper using piezoelectric ceramics ［J］. Nippon Seramikkusu Kyokai Gakujutsu Ronbunshi, 1988, 96 (8): 863 – 867.

［2］ 贺江平，钟发春. 基于压电效应的减振技术和阻尼材料 ［J］. 震动与冲击，2005, 24 (4): 9 – 13.

［3］ 张诚，盛江峰，吴鸿飞，等. 聚合物基阻尼材料研究进展 ［J］. 浙江工业大学报，2005, 33 (1): 83 – 87.

［4］ 王海侨，姜志国，黄丽，等. 阻尼材料研究进展 ［J］. 高分子通报，2006 (3): 24 – 30.

［5］ 李浜耀，张东华，钱保功，等. 端羟基丁腈聚氨酯/聚甲基丙烯酸甲酯互穿网络高聚物的 T_g 和形态研究、组分比和交联程度的影响 ［J］. 高分子通讯，1983 (3): 202.

［6］ 薛曙昌，张志平，应圣康. 端羟基聚丁二烯型聚氨酯/聚苯乙烯（或聚甲基丙烯酸甲酯）互穿网络的形态和玻璃化转变 ［J］. 高分子学报，1989 (5): 620.

［7］ 戴德沛. 阻尼减振降噪技术 ［M］. 西安：西安交通大学出版社，1986.

［8］ Chang M, Thomas D A, Sperling L H. Characterization of the area under loss modulus and tanδ – temperature curves: Acrylic polymers and their sequential interpenetrating polymer networks ［J］. Journal of Applied Polymer Science, 1987, 34 (1): 409 - 422.

[9] Grates J A, Thomas D A, Sperling L H. Noise and vibration damping with latex interpenetrating polymer networks ［J］. Journal of Applied Polymer Science, 1975, 19: 1731 - 1743.

[10] Chang M C O, Thomas D A, Sperling L H. Group contribution analysis of the damping behavior of homopolymers, statistical copolymers, and interpenetrating polymer networks based on acrylic, vinyl, and styrenic mers ［J］. Journal of Polymer Science Part B: Polymer Physics, 1988, 26 (8): 1627 - 1640.

[11] Foster J N, Sperling L H, Thomas D A. The application of bulk polymerized acrylic and methacrylic interpenetrating polymer networks to noise and vibration damping ［J］. Journal of Applied Polymer Science, 1987, 33: 2637 - 2645.

[12] Widmaier J M, Sperling L H. A comparative study of semi - 2 and full interpenetrating polymer networks based on poly (n - butyl acrylate) /polystyrene ［J］. Journal of Applied Polymer Science, 1982, 27 (9): 3513 - 3525.

[13] Hourston D J, Satgurunathan R. Latex interpenetrating polymer networks based on acrylic polymers. I. predicted and observed compatibilities ［J］. Journal of Applied Polymer Science, 1984, 29 (10): 2969 - 2980.

[14] Hermant I, Damyanidu M, Meyer G C. Transition behavior of polyurethane - poly (methyl methacrylate) interpenetrating polymer networks ［J］. Polymer, 1983, 24: 1419 - 1424.

[15] 沃丁柱. 复合材料大全 ［M］. 北京: 化学工业出版社, 2000.

[16] 周达飞. 材料概论 ［M］. 北京: 化学工业出版社, 2002.

[17] Arafa M, Baz A. Energy - dissipation characteristics of active piezoelectric damping composites ［J］. Composites Science and Technology, 2000, 15 (60): 2759 - 2768.

[18] Takahashi K, Bansaku K, Sanda T. Sound and vibration control tests of composite panel using piezoelectric sensors and actuators ［J］. Proceedings of SPIE—The International Society for Optical Engineering, 2001 (4327): 680 - 687.

[19] Nemat - nasser S. Micromechanics of actuation of ionic polymer - metal composites ［J］. Journal of Applied Physics, 2002 (5): 80 - 88.

[20] 陈平, 陈胜平. 环氧树脂 ［M］. 北京: 化学工业出版社, 1999.

[21] Liu J, Rinzler A G, Dai H. Fullerene pipes ［J］. Science, 1998, 280:

1253 – 1255.

[22] 程继贵，王华林，夏永红. 碳纤维增强铜复合材料的发展现状及我国的发展趋势 [J]. 材料导报，2000，14（4）：72 – 76.

[23] 凤仪，王成福. 碳纤维不同分布的碳纤维 – 铜复合材料的电导率 [J]. 复合材料学报，1998，15（4）：38 – 42.

有机硅缓冲功能防护材料

|6.1 有机硅缓冲防护复合材料设计原理|

6.1.1 有机硅的基本组成

有机硅材料是指分子结构中含有元素硅，且硅原子上连接有机基团的聚合物。有机硅聚合物形式多种多样，按功能的不同可分为硅油、硅橡胶、硅树脂、有机硅脱模剂、有机硅消泡剂、有机硅涂料、有机硅防水剂、塑料与树脂改性剂等，品种繁多。按主链结构的不同可分为聚硅氧烷、聚硅氮烷、聚硅烷、聚硅碳烷等，其中聚硅氧烷是研究最多、应用最广的一类。

硅橡胶是有机硅聚合物中最重要的产品之一，硅橡胶根据硫化温度分热硫化型（高温硫化硅胶 HTV）、室温硫化型（RTV）。热硫化硅橡胶按形态可分为混炼胶和液体硅橡胶，室温硫化硅橡胶都为液体型。液体硅橡胶按硫化原理分为加成型和缩合型。加成型液体硅橡胶是一种以含乙烯基的聚硅氧烷为基础的聚合物，以含 Si—H 的低聚硅氧烷为硫化交联剂，在铂催化剂的作用下，通过加成反应可形成具有网络结构弹性体的液体型硅橡胶。从交联固化机理的角度来看，其硫化机理是基于有机硅生胶端基上的乙烯基（或丙烯基）和交联剂分子上的硅氢基发生加成反应（硅氢化反应）来完成的，加成型硫化反应一般是在室温下进行的，在该反应中，含 Si—H 的聚硅氧烷用作交联剂、硫化剂，氯铂酸或其他的可溶性的铂化合物用作催化剂，反应不放出副产物，因此加成型室温硫化硅橡胶在硫化过程中不产生收缩。这一类硅橡胶无毒，具有高低温稳定性、卓越的抗水解稳定性，即使在高压蒸汽下也能保持良好的力学性能；同时还具有低燃烧性、可深度硫化，以及硫化速度可以用温度来控制等优点，是国内外大力发展的一类硅橡胶。

从使用加工角度来看，加成液体硅橡胶具有流动性好，硫化快，可以浇注成型、注射成型，可以常温固化、高温固化，使用时一般不用大型加工设备，可根据品种及用途挤出、注型、涂覆的优点，在应用于战斗部隔离包覆材料时具有极大的加工优势。同时加成液体硅橡胶具有硫化过程中不产生副产物、收缩率极小、能深层硫化的优点，容易制得高纯度、高均一性和具有耐燃性能的包覆层。早在20世纪70年代，美国DowCorning化学公司和日本东芝有机硅公司利用硅氢加成反应制备了注射成型液体硅橡胶，拓展了加成型硅橡胶的应用领域。

加成型液体硅橡胶的原理以含乙烯基的聚硅氧烷为基础聚合物，以含硅氢键的低聚硅氧烷为硫化交联剂，在催化剂的作用下，通过加成反应可形成具有网络结构的弹性体。碳碳单键的键能是 $332\ kJ\cdot mol^{-1}$，碳硅单键的键能是 $347\ kJ\cdot mol^{-1}$，而硅氧键的键能是 $442.5\ kJ\cdot mol^{-1}$，所以液体硅橡胶具有较好的化学稳定性与力学性能。

乙烯基硅树脂是具有高强度交联结构的活性硅氧烷预聚体，其链节结构如图6.1所示。

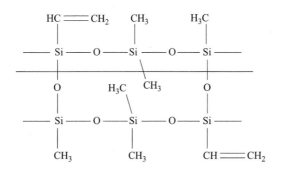

图6.1 乙烯基硅树脂的链节结构

交联剂是含 Si—H 的聚硅氧烷，即含氢硅油，其结构如图6.2所示。

用乙烯基聚硅氧烷与含氢硅油交联制得的硅橡胶链节结构如图6.3所示。

硅橡胶入补强填料后，补强效果远远超过其他橡胶（如 SBR、NBR、丁基橡胶等），补强填料的使用对硅橡胶最终性能具有决定的意义[1]。常见的硅橡胶补强剂有：MQ硅树脂、白炭黑。选用乙烯基MQ树脂和自制改性气相白炭

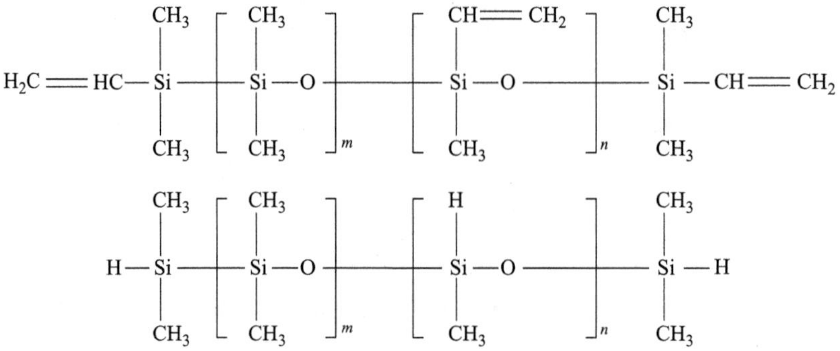

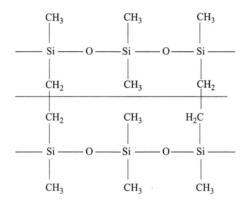

图 6.2 含 Si—H 聚硅氧烷的结构通式（$m > 0$，$n \geqslant 0$）

图 6.3 乙烯基硅橡胶的链节结构

黑，能与基础胶料更好地融合，增强补强效果。

对于加成型液体硅橡胶的力学性能改性也主要集中于基体、交联剂、催化剂和填充剂四个方向。

第一，利用开环聚合法合成不同结构形式含氢硅油和端乙烯基硅油（图6.4 和图 6.5）；

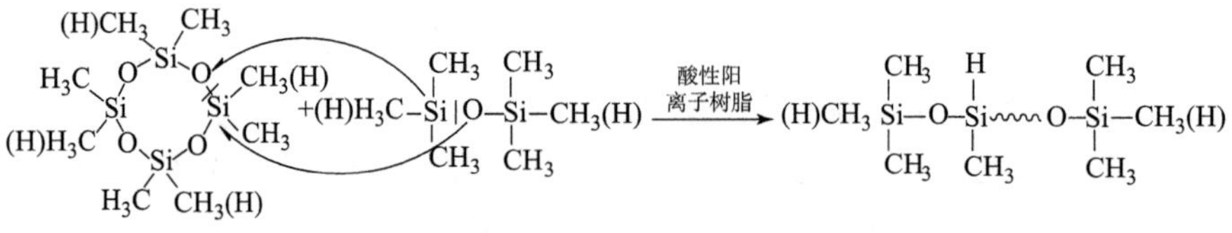

图 6.4 含氢硅油合成路线

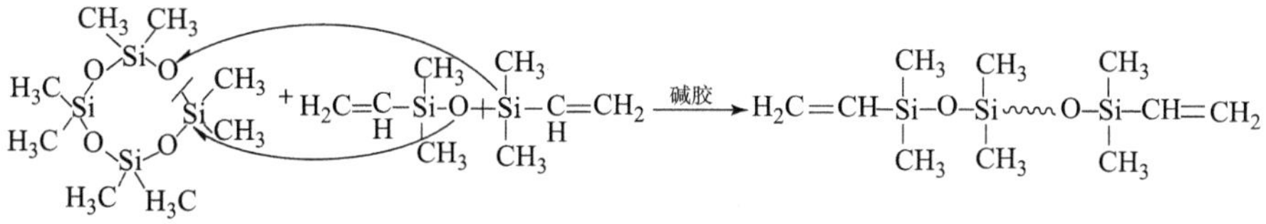

图6.5　端乙烯基硅油合成路线

第二，以网状结构乙烯基 MQ 树脂补强端乙烯基硅油为基础聚合物，采用不同含氢硅油为交联剂，探究 A 值（Si—H/CH=CH₂ 比值）、含氢硅油结构以及氢含量对硅橡胶力学性能的影响；

第三，探究不同乙烯基硅油对硅橡胶力学性能的影响；

第四，以乙烯基 MQ 树脂和气相白炭黑为补强剂，探究乙烯基 MQ 树脂和气相白炭黑对硅橡胶力学性能的影响。

6.1.2　有机硅交联成分制备与测定

6.1.2.1　含氢硅油

分子中含有 3 个以上 Si—H 键的有机聚硅氧烷可作为加成型液体硅橡胶交联剂[1]，一般使用最多的是线性甲基氢聚硅氧烷，分子结构如图 6.6 所示。

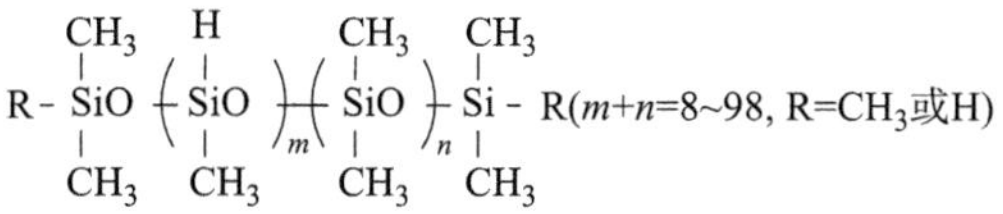

$$R-SiO(SiO)_m(SiO)_n Si-R \quad (m+n=8\sim98, R=CH_3 或 H)$$

图6.6　线性甲基氢聚硅氧烷

具体结构形式有 4 种，如图 6.7 所示。

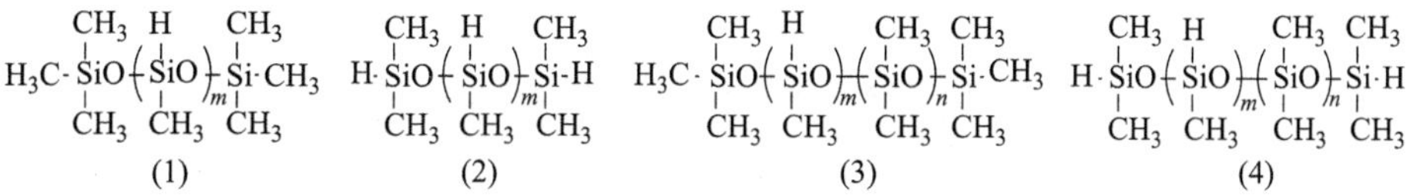

(1)　(2)　(3)　(4)

图6.7　含氢硅油结构形式

图 6.7 中结构形式（1）和（2）含氢量过高，一般不适用于作为交联剂使用，因此本节选用甲基封端的结构形式（3）和氢封端的结构形式（4）作为研究对象，探究交联剂结构形式对材料力学性能的影响。

含氢硅油的合成：称取一定量的 D₄ 和 D₄ᴴ 于三口烧瓶中，40 ℃/−0.098 MPa减压脱水 1 h；氮气保护下，加入催化剂酸性阳离子交换树脂（2%，预先 60 ℃/

－0.098 MPa 下干燥 24 h）和封端剂 MM^H（或 MM），升温至 70 ℃，反应 4 h；反应结束后，降至室温，减压抽滤，得无色透明黏稠液体；200 ℃／－0.098 MPa 减压脱除低沸物，得含氢硅油。调节 D_4 和 D_4^H 的投料比即可制得不同含氢量的含氢硅油；采用不同封端剂 MM^H（或 MM）可制得端含（或不含）氢的含氢硅油。

含氢量的测定：称取 0.2 g（m'）含氢硅油溶解于盛有 20 mL 四氯化碳的 250 mL 锥形瓶中，振荡摇匀，使硅油溶解，加 10 mL 溴－乙酸溶液（10%），置于暗处反应 30 min，待反应结束后，向锥形瓶中加入 25 mL 碘化钾溶液（100 g/L），用硫代硫酸钠标准溶液（$c = 0.1$ mol/L，依据 GB/T 601—2002 配制）滴定，滴定至近终点时，向锥形瓶中加入 2 mL 淀粉指示剂（依据 GB/T 603—2002 配制），继续滴定至终点蓝色消失（V_1'）。同时进行空白实验（V_0'）。依据式（6.1）计算得到含氢量。每个样品测试 3 次，取平均数。

$$w(H) = \frac{c(V_0' - V_1') \times 1.0}{2\,000m'} \qquad (6.1)$$

通过控制封端剂与环四硅氧烷比例来控制含氢硅油的链结长度，通过控制 D_4 与 D_4^H 的比例来控制含氢硅油的含氢量。在理论含氢量为 0.50% 的前提下，设计链结长度（$m + n$）分别为 10、30、50、70、90；在理论链结长度（$m + n$）为 50 的前提下，设计含氢量分别为 0.10%、0.30%、0.50%、0.70%、0.90%。采用 MM 封端，即可制得甲基封端的含氢硅油，即结构形式（3）；采用 MM^H 封端，即可制得氢封端的含氢硅油，即结构形式（4）。

表 6.1 为甲基封端含氢硅油投料比对含氢硅油性能的影响，从表中可以看出，甲基封端含氢硅油的实测含氢量与理论设计值基本吻合。随着投料比中环四硅氧烷（D_4 和 D_4^H）的增加，甲基含氢硅油的链结长度增大，硅油黏度也随之增大；在相同链结长度情况下，随着含氢量的增加，甲基封端含氢硅油黏度略微减小。

表 6.1　甲基封端含氢硅油单体配比对性能的影响

| 编号 | 投料比 | 链结长度 | 含氢量/% | | 黏度/ |
	$n(D_4):n(D_4^H):n(MM)$	（$m + n$）	理论	实测	（MPa·s）
H－1	1.45∶1.05∶1	10	0.50	0.50	8
H－2	4.83∶2.67∶1	30	0.50	0.47	18
H－3	7.99∶4.51∶1	50	0.50	0.53	27
H－4	11.26∶6.24∶1	70	0.50	0.56	37
H－5	14.32∶8.18∶1	90	0.50	0.55	53

续表

编号	投料比		链结长度	含氢量/%		黏度/
	$n(D_4):n(D_4^H):n(MM)$		$(m+n)$	理论	实测	$(MPa \cdot s)$
H-6	11.55:0.95:1		50	0.10	0.12	33
H-7	9.72:2.78:1		50	0.30	0.34	28
H-8	6.35:6.16:1		50	0.70	0.75	25
H-9	4.78:7.72:1		50	0.90	0.96	24

图 6.8 为 9 种甲基封端含氢硅油红外光谱图，其中（a）为不同链结长度（含氢量相同）甲基封端含氢硅油谱图，（b）为不同含氢量（链结长度相同）甲基封端含氢硅油谱图。图中 2 964 cm^{-1} 是—CH$_3$ 中 C—H 键的不对称伸缩振动[2,3]，2 160 cm^{-1} 为 Si—H 键的伸缩振动，1 410 cm^{-1} 和 1 258 cm^{-1} 是 Si—CH$_3$ 中—CH$_3$ 的不对称变形与对称变形振动[4,5]，1 080 cm^{-1}、1 022 cm^{-1} 是主链中 Si—O 键的伸缩振动[6,7]，900 cm^{-1} 处为 Si—H 的弯曲振动峰，792 cm^{-1} 和 755 cm^{-1} 为 Si—CH$_3$ 的平面摇摆振动。谱图中 3 400 cm^{-1} 处并没有出现羟基的吸收峰，说明在合成过程中，并没有受到 H$_2$O 分子的干扰，没有形成 Si—OH 基团。此外，红外光谱虽不能定量分析，但同一吸收峰的大小也能客观反映出基团的含量多少。在相同含氢量不同链结长度情况下，Si—H 键的伸缩振动（2 160 cm^{-1}）强度基本相同（图 6.8（a））；在相同链结长度不同含氢量情况下，随着含氢量的增大，Si—H 键的伸缩振动（2 160 cm^{-1}）强度逐渐增大（图 6.8（b））。这一现象从侧面反映出合成反应较成功。

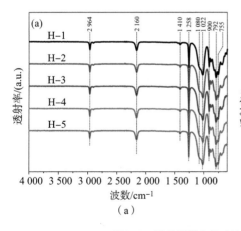 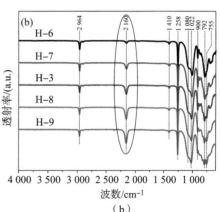

图 6.8 甲基封端含氢硅油 FT－IR 谱图（见彩插）

（a）不同链结长度（含氢量 0.50%）；（b）不同含氢量（链结长度 50）

图 6.9 为甲基封端含氢硅油 TG 曲线。具体分解过程分为两个阶段，第一阶段为短链分子的挥发与分解，第二阶段为长链线性聚硅氧烷链结分解。对于相同含氢量不同链接长度甲基封端含氢硅油（H-1、H-3、H-5）而言，随着链结长度的增加，硅油热稳定性增强。链结长度为 10 时，H-1 自 100 ℃ 开始分解，直至 400 ℃ 结束。而链结长度为 50 和 90 时，H-3 和 H-5 在 300 ℃ 开始主链分解，直至 450 ℃ 完成。这一现象从侧面印证了在合成过程中成功地控制了硅油的链结长度。对于相同链结长度不同含氢量甲基封端含氢硅油（H-6、H-3、H-9），分解过程相似，均为起始至 300 ℃，残余短链小分子挥发与分解，300～500 ℃ 主链线性聚硅氧烷链结分解，不同之处在于，在主链的分解过程中，随着含氢量的增加，主链分解速率变快，可能是由于相比于稳定的 Si—O 键，Si—H 键活性较高，加速了含氢硅油的分解。

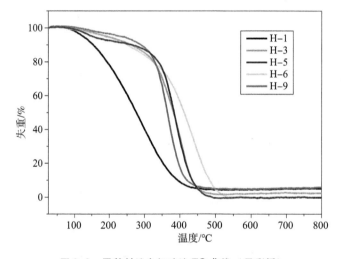

图 6.9　甲基封端含氢硅油 TG 曲线（见彩插）

表 6.2 列出了单体配比对氢封端含氢硅油性能的影响，与甲基封端含氢硅油规律相似，氢封端含氢硅油的含氢量实测值与理论设计值基本吻合；随着单体投料比中环四硅氧烷（D_4 和 D_4^H）的增加，氢封端含氢硅油的链结长度增大，进而黏度随之增大；在相同链结长度情况下，随着含氢量的增加，氢封端含氢硅油黏度略微减小。此外，在相同链结长度时，氢封端含氢硅油黏度较甲基封端含氢硅油黏度偏小。

表6.2 氢封端含氢硅油单体配比对性能的影响

编号	投料比 $n(D_4):n(D_4^H):n(MM^H)$	链结长度 $(m+n)$	含氢量/% 理论	含氢量/% 实测	黏度/ $(MPa \cdot s)$
H′-1	1.95:0.55:1	10	0.50	0.49	8
H′-2	5.22:2.28:1	30	0.50	0.53	17
H′-3	8.49:4.01:1	50	0.50	0.51	26
H′-4	10.85:6.65:1	70	0.50	0.58	30
H′-5	14.80:7.70:1	90	0.50	0.56	47
H′-6	12.05:0.45:1	50	0.10	0.12	29
H′-7	10.22:2.28:1	50	0.30	0.34	28
H′-8	6.85:5.66:1	50	0.70	0.70	25
H′-9	5.28:7.22:1	50	0.90	0.90	24

图6.10为9种氢封端含氢硅油红外光谱图，各基团振动峰位置及规律与甲基封端含氢硅油相似，这里不再赘述。

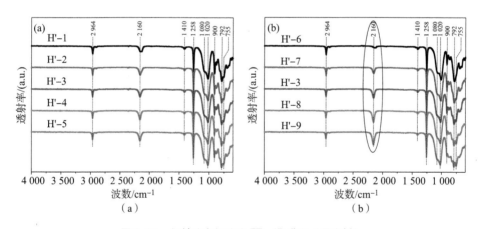

图6.10 氢封端含氢硅油 FT-IR 谱图（见彩插）

（a）不同链结长度；（b）不同含氢量

图6.11为氢封端含氢硅油TG曲线。对于相同含氢量不同链结长度氢封端含氢硅油（H′-1、H′-3、H′-5），其分解规律与相同含氢量不同链结长度甲基封端含氢硅油分解规律相似，这里不再赘述。而对于相同链结长度不同含氢量氢封端含氢硅油（H′-6、H′-3、H′-9），随着含氢量的增加，主链分解速率加快现象更加明显，这是由于主链末端的活性氢基团更易分解，从而导致了线性聚硅氧烷链结分解。

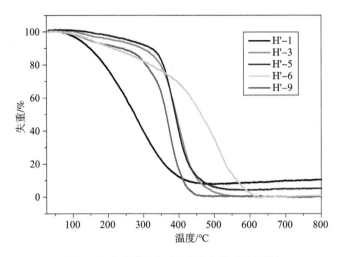

图 6.11 氢封端含氢硅油 TG 曲线（见彩插）

6.1.2.2 乙烯基硅油

加成型液体硅橡胶的基础聚合物主要为线性聚二甲基硅氧烷，其结构形式包括侧键不含乙烯基的 α,ω - 二乙烯基聚二甲基硅氧烷（端乙烯基硅油）和侧键含乙烯基的 α,ω - 二乙烯基聚二甲基硅氧烷（端侧乙烯基硅油），如图 6.12 所示。普遍使用的是端乙烯基硅油，因为加成型液体硅橡胶的交联剂含氢硅油结构中含有至少 3 个 Si—H 键，足以保证加成型液体硅橡胶在硫化过程中形成交联网状结构，对于加成型液体硅橡胶基础硅油而言，侧键是否含有乙烯基并不重要，当然若对硫化橡胶的性能有特殊要求，可并用端侧乙烯基硅油。因此，本节只以端乙烯基硅油作为基础硅油，研究其对材料力学性能的影响。

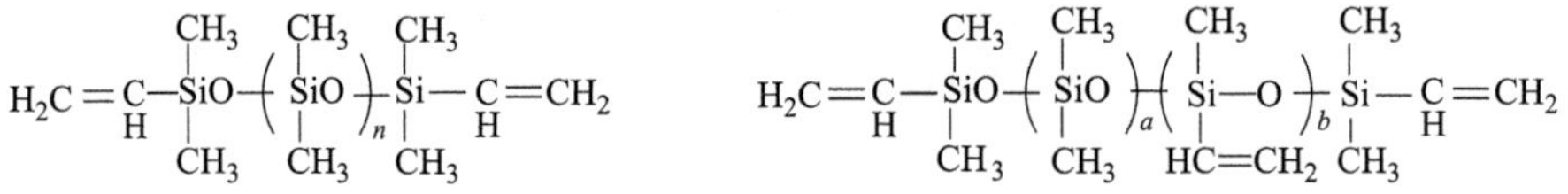

$$H_2C=\underset{\underset{H}{}}{\overset{CH_3}{\overset{|}{C}}}-\underset{\underset{CH_3}{}}{\overset{CH_3}{\overset{|}{Si}}}O\left(\underset{\underset{CH_3}{}}{\overset{CH_3}{\overset{|}{Si}}}O\right)_n\underset{\underset{CH_3}{}}{\overset{CH_3}{\overset{|}{Si}}}-\underset{\underset{H}{}}{\overset{}{C}}=CH_2$$

$(n=50 \sim 2\,000)$

端乙烯基硅油

$$H_2C=\underset{\underset{H}{}}{\overset{CH_3}{\overset{|}{C}}}-\underset{\underset{CH_3}{}}{\overset{CH_3}{\overset{|}{Si}}}O\left(\underset{\underset{CH_3}{}}{\overset{CH_3}{\overset{|}{Si}}}O\right)_a\left(\underset{\underset{HC=CH_2}{}}{\overset{CH_3}{\overset{|}{Si}}}-O\right)_b\underset{\underset{CH_3}{}}{\overset{CH_3}{\overset{|}{Si}}}-\underset{\underset{H}{}}{\overset{}{C}}=CH_2$$

$(a+b=50 \sim 2\,000)$

端侧乙烯基硅油

图 6.12 乙烯基硅油

端乙烯基硅油的合成及乙烯基含量的测定如下。

碱胶制备：称取 2 g 四甲基氢氧化铵于 250 mL 三口烧瓶，加入 100 g D_4，氮气鼓泡，65 ℃／－0.098 MPa 搅拌反应 1 h，得到质量分数约为 2% 的均匀油状液体，即为四甲基氢氧化铵硅醇盐碱胶。

乙烯基硅油合成：称取一定量的 D_4 与碱胶催化剂（D_4 的 2.5%）于烧瓶中，45 ℃／－0.098 MPa 下脱水 1 h；升温至 100 ℃，氮气保护下，加入封端剂 MM^{vi}，升温至 110 ℃，聚合反应 4 h；反应结束后，升温至 170 ℃，分解催化剂 1 h，其间通入氮气带出分解产物；最后在 200 ℃／－0.098 MPa 下脱除低沸物，即得端乙烯基硅油。调节 D_4 与 MM^{vi} 投料比即可制得不同乙烯基含量，不同黏度端乙烯基硅油。

乙烯基含量的测定：称取 5.0 g（m）乙烯基硅油溶解于盛有 20 mL 四氯化碳的 250 mL 锥形瓶中，振荡摇匀，使硅油溶解，加 10 mL 溴－乙酸溶液（10%），置于暗处反应 1 h，待反应结束后，向锥形瓶中加入 25 mL 碘化钾溶液（100 g/L），用硫代硫酸钠标准溶液（$c = 0.1$ mol/L）滴定，滴定至近终点时，向锥形瓶中加入 2 mL 淀粉指示剂，继续滴定至终点蓝色消失（V_1）。同时进行空白实验（V_0）。依据式（6.2）计算得到乙烯基含量。每个样品测试 3 次，取平均数。

$$w(\text{Vi}) = \frac{c(V_0 - V_1) \times 27.0}{2\,000m} \tag{6.2}$$

通过控制 D_4 与 MM^{vi} 的投料比，合成了五种不同乙烯基含量，不同黏度的端乙烯基硅油，以探究乙烯基含量和基础硅油黏度对硫化橡胶的力学性能影响。表 6.3 所列为单体配比对端乙烯基硅油性能的影响。

表 6.3　端乙烯基硅油单体配比对性能的影响

编号	配比	乙烯基含量/%		摩尔质量	黏度
	$n(D_4) : n(MM^{vi})$	理论	实测	/（g·mol^{-1}）	/（MPa·s）
Vi－1	22.13:1	0.80	0.82	6 578	116
Vi－2	35.78:1	0.50	0.45	11 973	493
Vi－3	60.06:1	0.30	0.30	18 305	1 214
Vi－4	90.40:1	0.20	0.22	25 116	3 142
Vi－5	181.42:1	0.10	0.16	33 129	8 033

由表 6.3 可知，端乙烯基硅油的乙烯基含量实测值与理论设计值基本吻合，随着单体投料比中 D_4 的增加，端乙烯基硅油的摩尔质量变大，链结长度变长，硅油黏度也随之增大。考虑到实际应用时的工艺性，以及后续使用补强剂的增黏作用，本文只合成了黏度小于 10 000 MPa·s 的端乙烯基硅油。

图 6.13 为所合成五种端乙烯基硅油红外光谱图。图中 2 962 cm^{-1} 是—CH$_3$

中 C—H 键的不对称伸缩振动，1 412 cm^{-1}为 Si—CH$_3$中—CH$_3$的不对称变形与 Si—CH —CH$_2$中—CH$_2$面内变形重叠峰，1 257 cm^{-1}是 Si—CH$_3$中—CH$_3$的对称变形振动，1 080 cm^{-1}是主链中 Si—O 键的伸缩振动，1 007 cm^{-1}为 Si—CH — CH$_2$中反式—CH —非平面摇摆振动，说明—CH —CH$_2$基团被成功地引入了分子链中。此外，864 cm^{-1}和 785 cm^{-1}为 Si—C 的伸缩振动。谱图中 3 400 cm^{-1}处并没有出现羟基的振动吸收峰，说明在合成过程中，严格地去除了 H$_2$O 的干扰，分子链中并没有形成 Si—OH 基团。

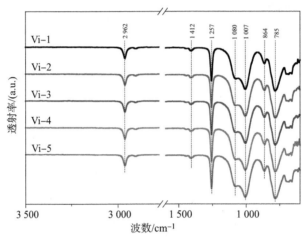

图 6.13　端乙烯基硅油 FT–IR 谱图（见彩插）

图 6.14 为五种端乙烯基硅油 TG 曲线。从图中可以看出，Vi–1 至 Vi–5，

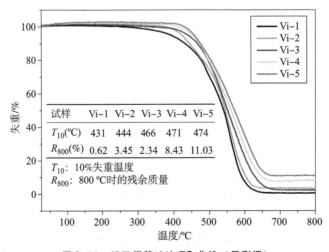

试样	Vi-1	Vi-2	Vi-3	Vi-4	Vi-5
T_{10}(℃)	431	444	466	471	474
R_{800}(%)	0.62	3.45	2.34	8.43	11.03

T_{10}：10%失重温度
R_{800}：800 ℃时的残余质量

图 6.14　端乙烯基硅油 TG 曲线（见彩插）

随着端乙烯基硅油分子链的变长，硅油的热稳定性增强，10% 失重温度（T_{10}）和 800 ℃残余（R_{800}）均增大，T_{10} 与 R_{800} 由 Vi – 1 的 431 ℃和 0.62% 增大至 Vi – 5 的 474 ℃和 11.03% 。热稳定性的增强从侧面表明成功合成了不同链结长度的端乙烯基硅油。

6.2 硅橡胶交联成分对有机硅力学性能的影响

6.2.1 含氢硅油结构与含氢量对有机硅力学性能的影响

以乙烯基 MQ 树脂补强端乙烯基硅油（75∶25）为基础聚合物，采用不同结构形式含氢硅油为交联剂，探究不同结构形式含氢硅油含氢量与链结长度对硅橡胶力学性能的影响。

图 6.15 为甲基封端和氢封端含氢硅油含氢量对硅橡胶材料力学性能的影响。从图 6.15（a）可以看出，无论采用甲基封端还是氢封端的交联剂，材料的拉伸强度均随着含氢量的增大先增大而后减小，当含氢量为 0.50% 时，材料拉伸强度均达到最大值，分别为 3.91 MPa 和 4.08 MPa。随后，随着含氢量的继续增大，材料的拉伸强度呈下降趋势，且采用甲基封端含氢硅油固化材料拉伸强度下降趋势明显。此外，采用氢封端含氢硅油交联，材料拉伸强度整体高于采用甲基封端含氢硅油交联，可能是由于氢封端交联剂末端含有 Si—H 键，在材料交联固化时更易形成网络结构。图 6.15（b）为材料的断裂伸长率随交联剂含氢量的变化。甲基封端和氢封端含氢硅油交联材料断裂伸长率均随着含氢量的增加而增大，断裂伸长率分别由 236.49% 增至 327.10% 和由 210.20% 增至 315.69% ，且甲基封端含氢硅油交联材料，其断裂伸长率明显高于氢封端含氢硅油交联材料，说明甲基封端含氢硅油固化材料具有更好的弹性。图 6.15（c）为材料撕裂强度随交联剂含氢量的变化趋势。采用甲基封端含氢硅油固化材料撕裂强度随着含氢量的增大先增大后减小，撕裂强度在含氢量为 0.50% 时出现最大值 4.25 kN·m^{-1}；而采用氢封端含氢硅油交联材料的撕裂强度则随着含氢量的增大而增大，在含氢量为 0.90% 时达 4.81 kN·m^{-1}。图 6.15（d）为材料硬度随交联剂含氢量的变化趋势。材料的硬度随着甲基封端含氢硅油含氢量的增大先增大后略微减小，硬度值在含氢量为 0.50% 时达最大值邵氏硬度 31HA；而氢封端含氢硅油交联材料的硬度则随着含氢量的增大而增大，在含氢量达到 0.5% 后，硬度值稳定在 33HA 左右。

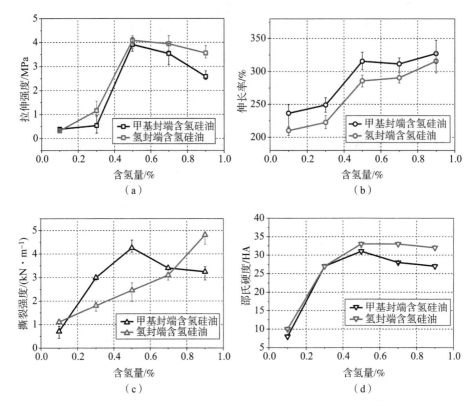

图 6.15　不同含氢量含氢硅油（链结长度 50）对硅橡胶力学性能的影响
（a）拉伸强度；（b）断裂伸长率；（c）撕裂强度 ；（d）邵氏硬度

　　硅橡胶交联密度决定着材料内部交联网络的大小，直接影响材料的力学强度[8]。为了分析评估含氢硅油交联剂对硅橡胶材料力学性能的影响，测定了不同含氢量的两种结构形式交联剂固化硅橡胶材料的平均摩尔质量（M_c），结果列于表 6.4，可以看出，无论甲基封端还是氢封端含氢硅油交联硅橡胶材料，M_c 均呈现先减小后略微增大趋势，在含氢量为 0.50% 时，M_c 达到最小值，因而材料的交联密度呈先增大后减小趋势，在 0.50% 含氢量交联时，材料交联密度最大，材料强度最高，而继续增加交联剂的含氢量，单位长度含氢硅油分子链上 Si—H 键增多，并不能全部与 CH ══CH_2 发生加成反应，从而使交联密度降低，材料强度下降[9]，与图 6.15 测试结果吻合。

表 6.4　不同含氢量含氢硅油（链结长度 50）交联硅橡胶的 M_c　　g·mol^{-1}

交联剂种类	含氢量				
	0.10%	0.30%	0.50%	0.70%	0.90%
甲基封端含氢硅油	5 159	1 596	1 322	1 584	1 880
氢封端含氢硅油	6 454	1 607	1 347	1 490	1 409

　　交联剂含氢量对硅橡胶材料压缩性能影响如图 6.16 所示。随着交联剂含氢量的增大，材料抗压性能明显增强。甲基封端含氢硅油交联材料在含氢量为 0.50%～0.70% 时，材料抗压性能达到最大，压缩模量分别为 5.30 MPa 和 5.39 MPa。氢封端含氢硅油交联材料在含氢量为 0.70% 时，材料抗压性能达到最大，压缩模量达 6.37 MPa。相同含氢量下，氢封端含氢硅油交联材料压缩模量高于甲基封端含氢硅油交联材料，这可能是由于氢封端含氢硅油分子链末端 Si—H 键更易参与交联反应，形成交联网络，交联材料刚性更强，因而抗压性能更好。

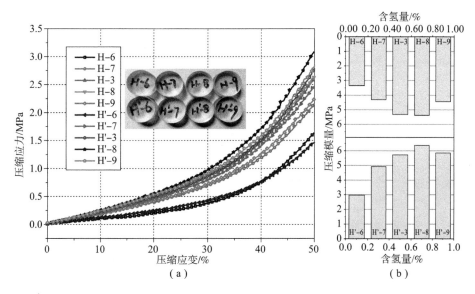

图 6.16　不同含氢量含氢硅油（链结长度 50）交联硅橡胶压缩性能

（a）压缩应力–应变曲线；（b）50% 应变压缩模量

　　无论采用甲基封端含氢硅油还是氢封端含氢硅油作为交联剂，材料的力学强度均随着含氢量的增大先增大后略微减小。相比氢封端含氢硅油，甲基封端含氢硅油固化材料具有更好的柔韧性，这可能是由于氢封端含氢硅油分子链末端含有活性氢基团，在交联过程中，更易形成交联网络，使得固化所得材料具有更高的刚性，表现为材料的拉伸强度、硬度以及压缩模量较大，断裂伸长率较小[10,11]。综合考虑，在含氢量为 0.50% 时，两种含氢硅油固化材料的综合力学性能达到最优，拉伸强度达到最大值，断裂伸长率在 300% 左右，具有较好的弹性，硬度与压缩模量值较大，具有较高的抗变形性。因此，设置含氢量为 0.50% 前提下，探究不同链结长度两种含氢硅油对硅橡胶力学性能的影响，结果如图 6.17 所示。

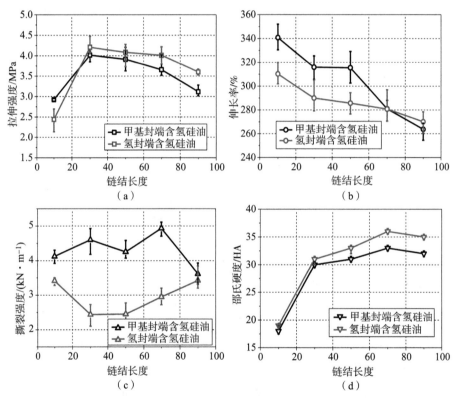

图 6.17　不同链结长度含氢硅油（含氢量 0.50%）对硅橡胶力学性能的影响
（a）拉伸强度；（b）断裂伸长率；（c）撕裂强度；（d）邵氏硬度

从图 6.17（a）可以看出，无论甲基封端还是氢封端的交联剂，硅橡胶材料的拉伸强度均随着链结长度的增大先增大而后减小，当链结长度为 30 时，材料拉伸强度均达到最大值，分别为 4.02 MPa 和 4.21 MPa。随后，随着链结长度的继续增大，材料的拉伸强度出现下降趋势，且甲基封端含氢硅油固化材料拉伸强度下降趋势明显。图 6.17（b）为材料断裂伸长率随链结长度的变化。两种含氢硅油交联材料断裂伸长率均随着链结长度的增加而减小，断裂伸长率分别由 340.77% 降至 263.76% 和由 310.17% 降至 270.14%。图 6.17 (c) 为材料撕裂强度随链结长度的变化趋势。两种含氢硅油固化材料的撕裂强度并无明显规律，整体来看，甲基封端含氢硅油交联材料的撕裂强度高于氢封端含氢硅油交联材料。图 6.17 (d) 为材料硬度随链结长度的变化趋势。材料的硬度整体随着链结长度的增大而增大，链结长度大于 30 时，材料的硬度值保持在 30~35HA。

不同链结长度含氢硅油交联硅橡胶平均摩尔质量列于表 6.5。随着链结长度的增加，材料 M_c 呈减小趋势，表明材料的交联密度逐渐增大，然而材料的拉伸强度呈现先增后减趋势（图 6.17 (a)），在使用链结长度 30 交联剂固化时，材料强度最大，可能是由于链结长度 30 的交联剂固化材料空间网络最优，材料强度最大，随着链结长度的继续增大，交联密度继续增大，材料刚性变强，断裂伸长率减小，硬度增大，导致材料拉伸强度略有降低。

表 6.5　不同链结长度含氢硅油（含氢量 0.50%）交联硅橡胶的 M_c　　g·mol^{-1}

交联剂种类	链结长度				
	10	30	50	70	90
甲基封端含氢硅油	2 227	1 351	1 322	1 292	1 282
氢封端含氢硅油	2 392	1 502	1 347	1 311	1 345

交联剂链结长度对硅橡胶材料压缩性能的影响如图 6.18 所示。随着交联剂链结长度的增大，材料抗压性能先增大后减小。链结长度在 30~90 时，材料抗压性能较高。对甲基封端含氢硅油而言，链结长度 70 含氢硅油交联材料抗压性能最优，压缩模量为 5.62 MPa。对于氢封端含氢硅油而言，链结长度 50 含氢硅油交联材料抗压性能最优，压缩模量 5.72 MPa。

在含氢量为 0.50% 前提下，交联剂链结长度在 30~70 时，硅橡胶材料综合力学性能较优。相比甲基封端含氢硅油，氢封端含氢硅油交联材料断裂伸长率较低，韧性较差，且材料撕裂强度较小。综上，最终选用含氢量 0.50%，链结长度 50 的甲基封端含氢硅油作为交联剂进行后续研究。

6.2.2　乙烯基硅油对有机硅力学性能的影响

以乙烯基 MQ 树脂补强不同链结长度端乙烯基硅油（75:25）为基础聚合物，采用 H-3 含氢硅油为交联剂，探究不同链结长度端乙烯基硅油对硅橡胶力学性能的影响，结果列于表 6.6。

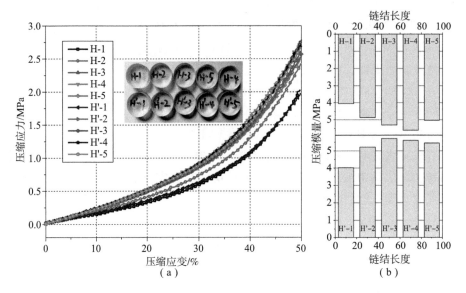

图 6.18　不同链结长度含氢硅油（含氢量 0.50%）交联硅橡胶压缩性能

（a）压缩应力 – 应变曲线；（b）50%应变压缩模量

表 6.6　不同链结长度端乙烯基硅油对硅橡胶力学性能的影响

端乙烯基硅油	拉伸强度 /MPa	断裂伸长率 /%	撕裂强度 /（kN·m^{-1}）	邵氏硬度 /HA
Vi – 1	$0.60^{+0.07}_{-0.07}$	$80.50^{+7.23}_{-6.05}$	$0.52^{+0.29}_{-0.10}$	$37^{+1.0}_{-0.5}$
Vi – 2	$1.52^{+0.40}_{-0.31}$	$150.44^{+17.55}_{-12.61}$	$1.51^{+0.40}_{-0.39}$	$33^{+0.7}_{-0.6}$
Vi – 3	$1.83^{+0.17}_{-0.23}$	$182.40^{+11.67}_{-8.77}$	$2.24^{+0.54}_{-0.38}$	$32^{+0.7}_{-0.6}$
Vi – 4	$2.24^{+0.15}_{-0.24}$	$230.59^{+10.70}_{-15.68}$	$2.61^{+0.44}_{-0.26}$	$31^{+0.8}_{-1.0}$
Vi – 5	$3.91^{+0.29}_{-0.28}$	$315.43^{+13.74}_{-12.88}$	$4.25^{+0.33}_{-0.18}$	$31^{+0.5}_{-0.5}$

　　从表中可以看出，随着端乙烯基硅油链结长度的增加，材料的拉伸强度、断裂伸长率以及撕裂强度均呈现出增大趋势，拉伸强度由 0.60 MPa 增大至 3.91 MPa，断裂伸长率由 80.50% 增至 315.43%，撕裂强度由 0.52 kN·m^{-1} 增至 4.25 kN·m^{-1}。材料的硬度值则由 Vi – 1 的 37HA 减小至 Vi – 5 的 31HA。随着乙烯基硅油链结长度的增加，硅橡胶材料强度变大。这是由于链结长度较短的端乙烯基硅油，在材料固化过程中，只能通过交联剂交联形成网络结构，交联后材料硬度大而强度低。随着端乙烯基硅油链结长度的增加，材料在交联过程中，硅油分子链纠结缠绕加剧，固化后，材料不仅可以通过交联剂交联形成网络结构，分子链本身的互穿缠绕也可形成一定的网络结构[12]，材料宏观

表现为硬度低而强度大。综合考虑材料的力学性能，本节选用 Vi – 5 端乙烯基硅油作为基础硅油进行进一步研究。

|6.3　补强剂对有机硅力学性能的影响|

6.3.1　乙烯基 MQ 树脂对有机硅力学性能的影响

以乙烯基 MQ 树脂补强 Vi – 5 端乙烯基硅油为基础聚合物，采用 H – 3 含氢硅油为交联剂，探究不同填加量乙烯基 MQ 树脂对硅橡胶力学性能的影响，结果如图 6.19 所示。

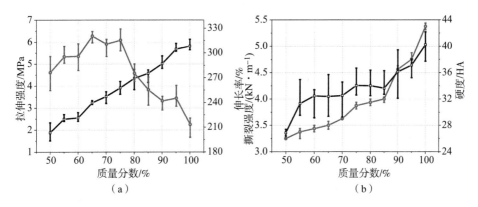

图 6.19　乙烯基 MQ 树脂填加量对硅橡胶力学性能的影响

（a）拉伸强度与断裂伸长率；（b）撕裂强度与硬度

随着乙烯基 MQ 树脂填加量的增加，硅橡胶材料的拉伸强度线性增大，由 1.88 MPa 增至 5.81 MPa，这是由于线性结构的端乙烯基硅油即使交联后为网络结构，其结构强度仍无法与本身网络结构的乙烯基 MQ 树脂相比，故随着 MQ 树脂填加量的增大，硅橡胶材料的拉伸强度逐渐增大。材料的断裂伸长率则随着乙烯基 MQ 树脂填加量的增加呈先增大后减小趋势，填加量在 65% ~ 75% 时，材料断裂伸长率增至最大值，315% 左右，随后随着填加量的继续增加，断裂伸长率呈减小趋势。材料的撕裂强度与硬度随着乙烯基 MQ 树脂填加量的增大呈增大趋势，分别由 3.36 kN·m⁻¹ 和 26HA 增至 5.03 kN·m⁻¹ 和 43HA。乙烯基 MQ 树脂填加量对压缩性能的影响如图 6.20 所示。随着填加量的增大，材料抗压性能增大，50% 应变下压缩模量由 4.44 MPa 增至 9.09 MPa。

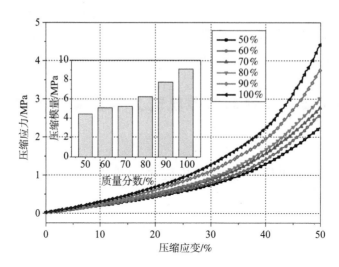

图6.20 端乙烯基硅油（Vi-5）填加量对硅橡胶压缩性能的影响

整体来看，随着乙烯基 MQ 树脂填加量的增大，材料拉伸强度、硬度以及压缩模量均呈现增大趋势，断裂伸长率趋于减小，材料弹性变差。这是由于乙烯基 MQ 树脂本身为网状结构，由于其含有乙烯基基团，可以与硅橡胶交联剂发生加成交联反应，原位补强，其填加量的增加进一步扩大了硅橡胶的交联网络（图6.21），因而材料的强度与硬度增大，伸长率变小，刚性增大[13-15]。然而在作为武器系统（如战斗部装药）缓冲防护材料时，要求材料具有良好的吸能减震作用，材料的刚性过大并不利于缓冲防护，因此本节选用质量分数为 75% 的乙烯基 MQ 树脂对端乙烯基硅油进行补强，进一步进行研究。

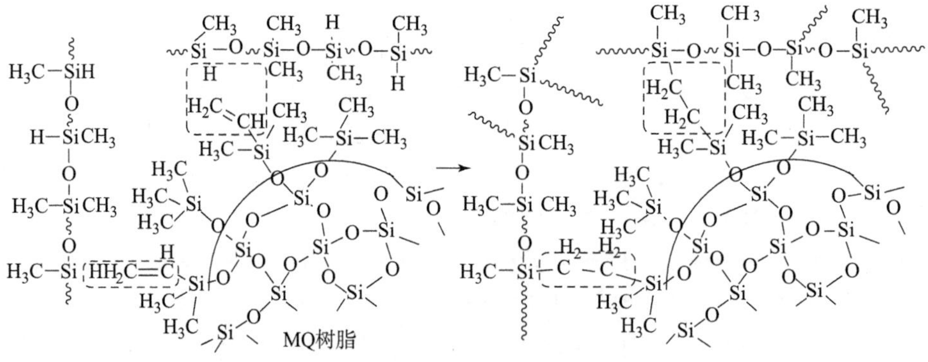

图6.21 乙烯基 MQ 树脂原位增强硅橡胶

6.3.2 气相白炭黑对有机硅力学性能的影响

以乙烯基 MQ 树脂补强端乙烯基硅油 Vi－5（75∶25）为基础聚合物，H－3 含氢硅油为交联剂，采用不同气相白炭黑为补强剂，探究气相白炭黑对硅橡胶力学性能的影响，结果如图 6.22 所示。

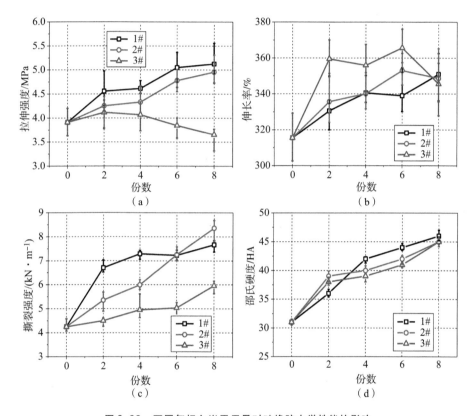

图6.22　不同气相白炭黑用量对硅橡胶力学性能的影响
（a）拉伸强度；（b）断裂伸长率；（c）撕裂强度 ；（d）邵氏硬度

亲水型气相白炭黑的加入有明显的补强作用，不同程度地增强了材料的力学性能。随着白炭黑份数由 0 增加至 8 份，材料的拉伸强度分别由 3.91 MPa 增至 5.13 MPa（1#）和 4.96 MPa（2#），断裂伸长率由 315.43% 增至 350.88%（1#）和 348.57%（2#），撕裂强度由 4.25 kN·m⁻¹ 提升至 7.67 kN·m⁻¹（1#）和 8.36 kN·m⁻¹（2#），硬度由 31HA 增至 46HA（1#）和 45HA（2#）。这是由于亲水型气相白炭黑表面存在大量 Si—OH 活性官能团，能够与硅橡胶分子链形成氢键（图 6.23），进而增强材料的力学性能；值得注意的是，比表面积较大的 2#气相白炭黑补强作用却低于 1#，可能是由于 1#比表面积小，粒径大，在硅橡胶基体内更易分散，从而有利于提高材料的力学性能，而 2#比表面积大，在基体内发生团聚，导致其补强效果低于 1#。此外，相比于亲水型气相白炭黑，疏水型气相白炭黑补强作用较差，可能是由于疏水型气相白炭黑经过了疏水处理，白炭黑表面 Si—OH 活性官能团较少，取而代之的是 Si—CH$_3$ 等其他有机基团，其与硅橡胶材料相容性更好，但二者相互作用减弱，导致补强作用较差[16]。图 6.24 给出了不同气相白炭黑不同填加量下硅橡胶的压缩模量，可以看出，1#能够有效提高材料的压缩模量，随着填加量由 0 增至 8 份，材料的压缩模量由 5.30 MPa 提高到 7.49 MPa，具有优异的抗压性能。然而 2#和 3#对硅橡胶压缩模量的补强效果较差，可能是由于 2#较差的分散性以及 3#与分子链较弱的相互作用导致。

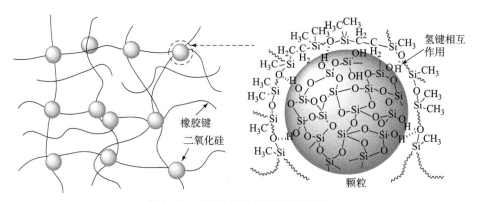

图 6.23　气相白炭黑补强硅橡胶机理

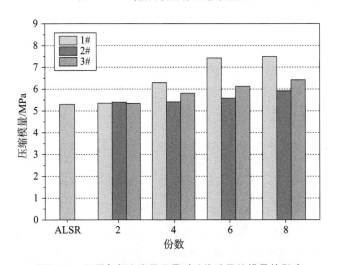

图 6.24　不同气相白炭黑用量对硅橡胶压缩模量的影响

考虑到材料应用，不仅要求材料具有优异的力学强度，还要求材料具有良好的工艺性，工艺性较差会严重制约材料的实际应用。白炭黑用量对硅橡胶黏度的影响如图 6.25 所示。1#和2#气相白炭黑表面存在大量 Si—OH 活性官能团，由于氢键作用，对硅橡胶材料的增黏作用较大，且2#的比表面积大于1#，故其对硅橡胶材料的增黏作用也大于1#，在填加 6 份时，材料黏度分别达到35.6 Pa·s（1#）和36.8 Pa·s（2#），填加8份时，材料黏度分别达到50.6 Pa·s（1#）和58.5 Pa·s（2#），工艺性变差。相比于亲水型气相白炭黑，疏水型3#气相白炭黑由于表面疏水，其对硅橡胶的增黏作用较小，填加量为8份时，材料的黏度仅增至29.5 Pa·s，材料工艺性良好。综合考虑三种气相白炭黑对硅橡胶材料力学性能与工艺性的影响，选用 6 份 1#气相白炭黑作为硅橡胶材料补强剂，此时材料具备优异的力学性能和良好工艺操作性。

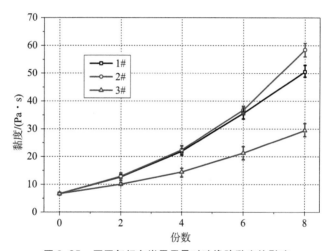

图 6.25 不同气相白炭黑用量对硅橡胶黏度的影响

综上所述，最终以乙烯基 MQ 树脂补强端乙烯基硅油 Vi－5（75:25）为基础聚合物，6 份 1#气相白炭黑为补强剂，H－3 含氢硅油为交联剂，制备战斗部装药防护材料，材料参数如下：拉伸强度 5.05 MPa，断裂伸长率 339.01%，撕裂强度 7.23 kN·m^{-1}，硬度44HA，压缩模量7.43 MPa，黏度35.6 Pa·s。

|6.4 改性有机硅缓冲防护材料|

6.4.1 硼硅氧烷改性有机硅配制与表征

聚硼硅氧烷是一类硼改性的有机硅低聚物，由于其突出的热稳定性、阻燃

性等特点，近年来受到国内外学者的极大关注。

通过硅氧烷与硼酸脱醇缩合合成不同结构形式硼硅氧烷低聚物，并采用 FT – IR、NMR 等手段分析研究其分子结构，如图 6.26 所示。

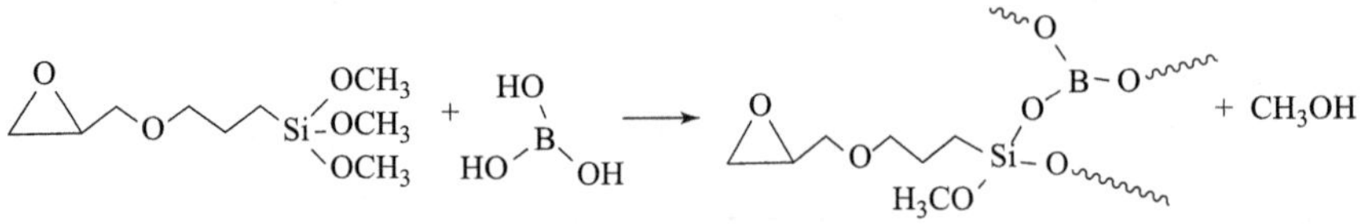

图 6.26　硼硅氧烷低聚物合成路线

硼硅氧烷低聚物（BSiO）不同实验条件和投料比制得硼硅氧烷低聚物见表 6.7。

表 6.7　不同条件制得硼硅氧烷低聚物

样品	投料比	合成温度/℃	合成时间/min
BSiO – 1	1∶1	80	15
BSiO – 2	2∶1	80	15
BSiO – 3	2∶1	100	15
BSiO – 4	2∶1	80	60
BSiO – 5	3∶1	80	15

6.4.1.1　性能测试

（1）凝胶渗透色谱（GPC）：采用 HW – 2000 GPC 色谱工作站测试硼硅氧烷低聚物分子量分布，泵：LC20 高效液相色谱泵（Shimadzu，日本），检测器：RID – 20 示差折光检测器（Shimadzu，日本），凝胶色谱柱：Styragel HR4 THF 凝胶色谱柱（Waters，美国），美国 Rheodyne7725i 手动六通阀进样器（定量环 20 μL），流动相：色谱纯 THF（TEDIA，美国），标准样品：窄分布聚苯乙烯（PS）标样组（TOSOH，日本），流动相流速 1.0 mL/min，柱温 35 ℃，采用相对校正法，以窄分布聚苯乙烯做标准曲线。

（2）傅里叶红外光谱（FT – IR）：采用 VERTEX 70 红外光谱仪（Bruker，德国），液体样品直接滴在红外探头上测试，固体样品与 KBr 混合压片测试，测量范围：$600 \sim 4\,000\ \text{cm}^{-1}$。

（3）核磁共振波谱（NMR）：液态 ^{29}Si – 和 ^{11}B – NMR 采用 AVANCE Ⅲ（Bruker，德国）测试，测试频率：600 MHz，溶剂：DMSO – d_6。

（4）热稳定性测试：采用同步热分析仪（TG – DSC，Netzsch STA 449 F3 Jupiter，德国），测试氛围：氩气，温度范围：$25 \sim 800$ ℃，升温速率：20 ℃/min。

6.4.1.2 硼硅氧烷低聚物结构性能分析

硼酸与 KH - 560 通过脱醇缩合生成硼硅氧烷低聚物，不同硼硅氧烷低聚物的凝胶色谱曲线如图 6.27 所示。BSiO - 1 表现为单峰分布，BSiO - 2、BSiO - 3和 BSiO - 4 为双峰分布，而 BSiO - 5 则表现为三峰分布。随着反应物投料比的增加，GPC 曲线向右移动，趋于多峰分布。对各曲线积分求取峰面积对应分子量分布列于图 6.27 中。BSiO - 1 单峰对应的重均分子量为 1 793，数均分子量为 1 330；BSiO - 2 面积 Ⅰ 对应的重均分子量为 1 355，数均分子量为 1 109，面积 Ⅱ 对应的重均分子量为 440，数均分子量为 431；BSiO - 5 面积 Ⅰ、Ⅱ 和Ⅲ 分别对应的重均分子量分别为 1 201、456 和 227，数均分子量分别为 1 068、435 和 225。分子量的变化证实了硼酸与 KH - 560 脱醇反应的进行。随着反应物投料比的增大，硼硅氧烷低聚物分子量趋于减小。这是由于硼酸与 KH - 560 均为三官能度，随着反应物投料比的增加，KH - 560 逐渐过量，而硼酸不足，进而导致反应产物分子量减小。值得注意的是，当反应物投料比达到 1∶3时，BSiO - 5 面积Ⅲ 对应的重均分子量和数均分子量分别为 227 和 225，该分子量与 KH - 560 分子量相差无多，由此可以推测 KH - 560 在反应结束后仍有

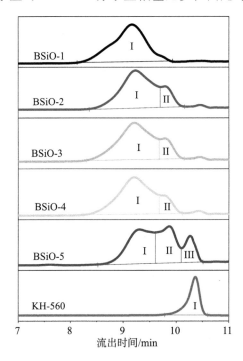

试样	面积	M_w	M_n	M_w/M_n
BSiO-1	Ⅰ	1 793	1 330	1.35
BSiO-2	Ⅰ	1 355	1 109	1.22
	Ⅱ	440	431	1.02
BSiO-3	Ⅰ	1 502	1 184	1.27
	Ⅱ	443	433	1.02
BSiO-4	Ⅰ	1 483	1 179	1.26
	Ⅱ	451	441	1.02
BSiO-5	Ⅰ	1 201	1 068	1.12
	Ⅱ	456	435	1.05
	Ⅲ	227	225	1.01
KH-560	Ⅰ	250	239	1.05

图 6.27　硼硅氧烷低聚物 GPC 曲线及对应分子量分布

剩余。此外，升高反应温度和延长反应时间均能促进反应的进行，反应温度升至 100 ℃后，BSiO－3 面积 I 对应的重均分子量和数均分子量由 BSiO－2 的 1 355 和 1 109 增至 1 502 和 1 184；反应时间延长至 60 min 后，BSiO－4 面积 I 对应的重均分子量和数均分子量由 BSiO－2 的 1 355 和 1 109 增至 1 483 和 1 179。反应温度与时间变化对分子量的影响，进一步说明了脱醇反应的发生。

1）傅里叶红外光谱分析

红外光谱是鉴定有机化合物结构的重要手段之一，其可以直接将有机化合物官能团特征信号反映在谱图中，并根据红外谱图信号得到有机化合物结构。将 KH－560 及不同硼硅氧烷低聚物滴加在红外探头上，探测各物质红外光谱，如图 6.28 所示。

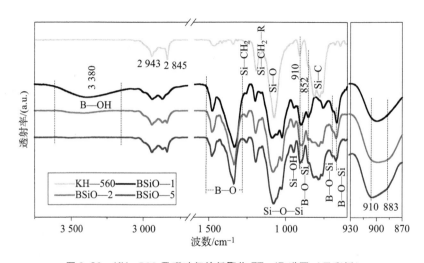

图 6.28　KH－560 及硼硅氧烷低聚物 FT－IR 谱图（见彩插）

从图中可以看出，KH－560 的谱图明显不同于硼硅氧烷低聚物，2 943 cm^{-1} 和 2 854 cm^{-1} 处为—CH$_3$ 与—CH$_2$—中对称与不对称的 C—H 伸缩振动[17]，1 255 cm^{-1} 和 1 191 cm^{-1} 处为 Si—CH$_2$—R 的振动，1 074 cm^{-1} 处为 Si—O 键的伸缩振动，910 cm^{-1} 和 852 cm^{-1} 处是 KH－560 中环氧基团的不对称伸缩振动[18]，此外，815 cm^{-1}，778 cm^{-1} 以及 761 cm^{-1} 处均为 Si—C 键的伸缩振动[19,20]。硼硅氧烷低聚物谱图中，3 380 cm^{-1} 处为 B—OH 中 O—H 键的伸缩振动，1 500 ~ 1 300 cm^{-1} 处为 B—O 键的伸缩振动[21]，946 cm^{-1} 处微弱的振动来源于 Si—OH 的振动透射峰，可能是由于硼硅氧烷低聚物吸收空气中的 H$_2$O 分子而发生了水解反应。硼硅氧烷低聚物在 883 cm^{-1} 处的透射峰为 B—O—Si 的伸缩振动[21,22]，其振动峰与环氧基团在 910 cm^{-1} 处的透射峰有部分重叠，被其覆盖，从谱图右侧放大图可以看出，硼硅氧烷低聚物在883 cm^{-1}处有微弱的透射峰信号，此外，在696 cm^{-1}与673 cm^{-1}处均出现了B—O—Si的伸缩振动透射峰[22,23]，说明硼酸与KH－560发生了脱醇反应。

　　红外光谱作为一种定性分析手段，谱图中振动峰存在与否能客观反映出对应化合物中相应官能团是否存在。然而，对于同类物质，同一官能团的峰值大小，也能侧面反应该官能团在化合物中含量的多少。对比硼硅氧烷低聚物的红外光谱图不难看出，随着反应物KH－560投料的增多，3 380 cm^{-1}处B—OH的伸缩振动逐渐减弱，BSiO－1在3 380 cm^{-1}处有明显的振动峰，BSiO－2在3 380 cm^{-1}处振动峰减弱，而BSiO－5在3 380 cm^{-1}处的振动峰几乎消失，随着反应物投料中KH－560的增多，硼酸中的羟基逐渐被反应完全，从而在红外光谱中逐渐减弱甚至消失，侧面说明了脱醇反应的发生。

　　2）核磁共振波谱分析

　　核磁共振波谱是又一种分析有机物结构的重要方法[24]。本质上，核磁共振波谱与红外光谱相似，是被测物与电磁波作用而产生的一种谱图，属于吸收波谱范畴。核磁共振波谱图上共振峰的强度和位置能够直接反映出被测物的结构，为分析被测物结构提供重要信息。硼硅氧烷低聚物中硅和硼原子构成了基本骨架，因此，观察和研究硅原子与硼原子的核磁共振信号对研究硼硅氧烷低聚物的结构十分必要。

　　化学位移是核磁谱图中重要的参数，它能够直接反映出被测物的结构。凝胶色谱与红外光谱均证实了硼酸与KH－560发生了脱醇反应，为了进一步分析硼硅氧烷低聚物的结构，图6.29给出了不同反应物投料比制得硼硅氧烷低

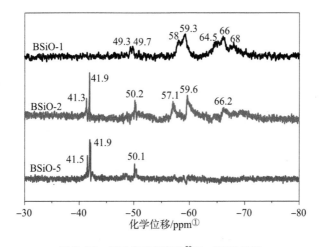

图6.29　硼硅氧烷低聚物^{29}Si－NMR波谱

① 1 ppm = 10^{-6}。

聚物的核磁共振硅谱。谱图中各化学位移对应结构列于表 6.8 中，对应 T_0、T_1、T_2 以及 T_3 结构如图 6.30 所示。

$$T_0 : R - \underset{\underset{R'}{|}}{\overset{\overset{R'}{|}}{Si}} - R'$$

$$T_1 : R - \underset{\underset{R'}{|}}{\overset{\overset{R'}{|}}{Si}} - O - B \qquad R - \underset{\underset{R'}{|}}{\overset{\overset{R'}{|}}{Si}} - O - Si$$

其中 $R = (CH_2)_3O(CH_2)_2CH(O)CH_2$ 　　$R' = OMe/OH$

图 6.30　$^{29}Si-NMR$ 波谱化学位移对应的结构形式

表 6.8　硼硅氧烷低聚物 $^{29}Si-NMR$ 波谱化学位移及对应的结构

结构形式	硼硅氧烷低聚 $^{29}Si-NMR$ 波谱化学位移 δ/ppm			
	BSiO-1	BSiO-2	BSiO-5	Ref[191, 192]
T_0	—	-41.3, -41.9	-41.5, -41.9	-38.8 to -44.3
T_1	-49.3, -49.7	-50.2	-50.1	-47.9 to -51.8
T_2	-58.0, -59.3	-57.1, -59.6	—	-56.5 to -60.0
T_3	-64.5, -66.0, -68.0	-66.2		-64.0 to -68.0

在化学位移 -49.3 ppm 和 -41.9 ppm 处 BSiO-1 出现了 T_1 结构信号，在化学位移 -58.0 ppm 和 -59.3 ppm 处出现了 T_2 结构信号，在化学位移 -64.5 ppm、-66.0 ppm 和 -68.0 ppm 处出现了 T_3 结构信号，表明在 BSiO-1 中，存在 T_1、T_2 以及 T_3 三种结构形式的硅原子。在 BSiO-2 的核磁硅谱中，在化学位移 -41.3 ppm 和 -41.9 ppm 处出现了 T_0 结构信号，-50.2 ppm 处出现了 T_1 结构信号，-57.1 ppm 和 -59.6 ppm 处出现了 T_2 结构信号，-66.2 ppm 处出现了 T_3 结构信号，说明在 BSiO-2 中，存在 T_0、T_1、T_2 以及 T_3 四种结构形式的

硅原子。在 BSiO – 5 的核磁硅谱中，在化学位移 – 41.5 ppm 和 – 41.9 ppm 处出现了 T_0 结构信号，– 50.1 ppm 处出现了 T_1 结构信号，表明 BSiO – 5 中，仅存在 T_0 和 T_1 两种结构形式的硅原子。值得注意的是，在 BSiO – 2 和 BSiO – 5 中，均出现了 T_0 结构形式的硅原子，说明在反应结束后，BSiO – 2 和 BSiO – 5 中均存在未参与反应的 KH – 560，结合前文 GPC 结果，BSiO – 5 面积Ⅲ对应的重均分子量和数均分子量 227 和 225，可以得出，BSiO – 5 中存在大量未参与反应的 KH – 560，而 BSiO – 2 的 GPC 测试结果并未出现较小的分子量分布，说明 BSiO – 2 中仅存在少许未参与反应的 KH – 560。

图 6.31 给出了不同反应物投料比制得硼硅氧烷低聚物的核磁共振硼谱。

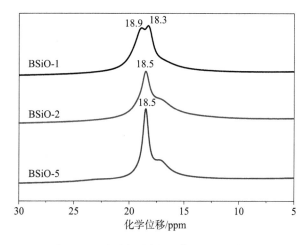

图 6.31　硼硅氧烷低聚物 ^{11}B – NMR 波谱

Zhao 等合成了聚甲基乙烯基硼硅氧烷，并研究了其核磁共振硼谱，结果发现在化学位移 20.1 ppm 处出现了波谱信号，对应着 B—O—B（OH）—O—B 结构单元，为硼酸发生自凝聚形成；同时在化学位移 18.24 ppm 和 15.89 ppm 处出现了波谱信号，对应着 Si—O—B（OH）—O—Si 和 B（OSi）$_3$ 架构单元。图 6.28 中在化学位移 20.1 ppm 处并未出现波谱信号，说明在硼硅氧烷低聚物的合成过程中，硼酸并未发生自凝聚现象。同时，在 ^{11}B – NMR 波谱中，BSiO – 1 在化学位移 18.9 ppm 和 18.3 ppm 处，BSiO – 2 和 BSiO – 5 在化学位移 18.5 ppm 处均出现了波谱信号，说明硼硅氧烷低聚物中形成了 B（OSi）$_n$（OH）$_{3-n}$（$n = 1$，2，3）结构形式[25,26]，与前文分析结果一致。

3）热稳定性分析

硼酸、KH – 560 以及不同硼硅氧烷低聚物热分解曲线如图 6.32（a）所示。硼酸的热分解过程主要分为两个阶段：第一阶段为 104 ~ 140 ℃（失重约

29%），硼酸脱去一分子 H_2O，生成偏硼酸（$H_3BO_3 \rightarrow HBO_2$）；第二阶段为 140～230 ℃（失重约15%），偏硼酸进一步脱除一分子 H_2O，生成三氧化二硼（$HBO_2 \rightarrow B_2O_3$）。KH–560 的热失重由 60 ℃ 开始，至 180 ℃ 结束，其失重达100%，可能是由于其汽化所致。对于 BSiO–1 和 BSiO–2，由于硼硅氧烷的分解，在350～500 ℃存在一个较大的失重过程[27]。对于 BSiO–5 的热分解过程，存在两个明显的失重过程，100～200 ℃ 可能由于未反应的 KH–560 汽化所致，这与前文的 GPC 以及核磁波谱分析结果一致，350～500 ℃ 主要为硼硅氧烷的分解[27]。为了进一步研究三种硼硅氧烷低聚物分解过程，其 DTG 曲线如图 6.32（b）所示。在硼硅氧烷低聚物分解过程中，BSiO–1 的最大分解速率明显高于 BSiO–2 和 BSiO–5，结合前文 FT–IR 光谱分析结果，BSiO–1 中存在大量的 B—OH，BSiO–2 与 BSiO–5 中存在少量甚至几乎没有 B—OH，相对于 B—O—Si 键而言，B—OH 不稳定，因此在分解过程中，BSiO–1 的分解速率最大。

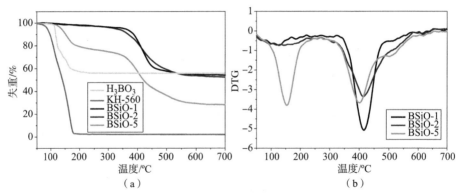

图 6.32　硼酸、KH–560 以及不同硼硅氧烷低聚物热分解曲线（见彩插）

（a）硼酸、KH–560 及硼硅氧烷低聚物 TG 曲线；（b）硼硅氧烷低聚物 DTG 曲线

综合 GPC、FT–IR、^{29}Si–NMR、^{11}B–NMR 以及 TG 分析结果，三种不同反应物投料比制得的硼硅氧烷低聚物结构如图 6.33 所示。

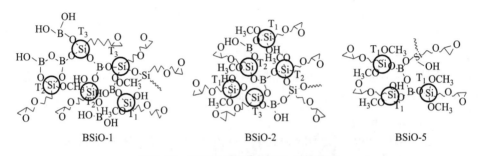

图 6.33　硼硅氧烷低聚物结构（见彩插）

6.4.2 苯基乙烯基硅氧烷改性有机硅树脂配制与表征

在硅橡胶中引入大体积的苯基侧基阻碍了大分子运动，分子链内摩擦加剧，随着苯基含量的增大，在外力作用造成的形变过程中，分子链沿剪切方向运动时，大体积的苯基有更高的位阻，分子间的摩擦也随之增加[28]，会导致损耗因子增大，苯基硅橡胶的拉伸强度逐渐增强。

因此在硅橡胶中引入适量苯基能有效提高硅橡胶拉伸强度、撕裂强度等力学性能和使其具有更宽的使用温域范围，以延长硅橡胶的服役时间，提高可靠性。

6.4.2.1 苯基乙烯基硅油与不同含氢硅油配比

首先筛选苯基乙烯基硅油与含氢硅油最佳配比，因为含氢硅油的活性氢含量与添加量都会影响硅橡胶的力学性能，具体实验设计与结果见表6.9和表6.10。

表6.9 不同含氢量含氢硅油与苯基乙烯基硅油的优化配比

n（Si—H）: n（C=C）=1.5	苯基乙烯基硅油	含氢硅油	拉伸强度/MPa	断裂伸长率/%
		含氢量0.13%含氢硅油	0.098	72.682
		含氢量0.28%含氢硅油	0.313	226.532
		含氢量0.58%含氢硅油	0.254	121.396

表6.10 不同添加量含氢硅油与苯基乙烯基硅油的优化配比

	活性氢含量0.58%含氢硅油添加比例	拉伸强度/MPa	断裂伸长率/%
苯基乙烯基硅油	1.2	0.398	187.368
	1.4	0.313	204.252
	1.6	0.223	284.763
	1.8	0.146	347.573
	2.0	0.091	411.798

根据试验结果，苯基乙烯基硅油所对应的优化含氢硅油配方活性氢含量为0.28%，添加量 n(Si—H): n(C=C)=1.2。

6.4.2.2 苯基液体硅橡胶优化配方设计的正交试验

根据6.2中试验数据得到最佳配方组分，A组分为：乙烯基硅油，乙烯基硅树脂，苯基乙烯基硅油；B组分为：含氢硅油。通过设计正交试验确定各组分的配比。具体试验方案和结果见表6.11。

表6.11 苯基液体硅橡胶优化配方设计的正交试验方案和结果

试验编号	I	II	III	IV	V
1	15	0.750	0.750	1.2	1.159
2	15	0.450	0.450	1.4	1.701
3	15	0.300	0.300	1.6	1.583
4	15	0.150	0.150	1.8	1.381
5	15	0.075	0.075	2.0	1.218
6	15	0.750	0.450	1.6	1.088
7	15	0.450	0.300	1.8	0.926
8	15	0.300	0.150	2.0	2.007
9	15	0.150	0.075	1.2	3.468
10	15	0.075	0.750	1.4	4.240
11	15	0.750	0.300	2.0	0.730
12	15	0.450	0.150	1.2	3.003
13	15	0.300	0.075	1.4	2.692
14	15	0.150	0.750	1.6	1.345
15	15	0.075	0.450	1.8	4.092
16	15	0.750	0.150	1.4	2.233
17	15	0.450	0.075	1.6	0.724
18	15	0.300	0.750	1.8	1.581
19	15	0.150	0.450	2.0	0.636
20	15	0.075	0.300	1.2	1.926
21	15	0.750	0.075	1.8	0.862
22	15	0.450	0.750	2.0	1.069
23	15	0.300	0.450	1.2	3.383
24	15	0.150	0.300	1.4	3.779
25	15	0.075	0.150	1.8	3.848

I：乙烯基硅树脂（乙烯基含量为0.90%）质量份；II：乙烯基硅油（乙烯基含量为2.25%）质量份；III：苯基乙烯基硅油质量份；IV：含氢硅油添加（活性氢含量为0.58%）比例；V：拉伸强度（MPa）。

通过对表6.11中试验编号10号与25号数据进行综合分析，确定出最佳配比为乙烯基硅树脂15质量份（乙烯基含量为0.9%）与乙烯基硅油0.075质量份（乙烯基含量为2.25%）中加入苯基乙烯基硅油0.150质量份，其交联剂为含氢硅油（活性氢含量为 0.58%），添加比例 $n(\mathrm{Si-H}):n(\mathrm{C=C})=1.4$。通过试验性能测试，此硅橡胶拉伸强度：4.557 MPa；撕裂强度：7.824 N·mm^{-1}；运动黏度：3 705 mm^2·s^{-1}。

6.4.3　甲基苯基环硅氧烷改性有机硅配制与表征

通过甲基苯基环硅氧烷改性有机硅树脂，进一步提高液体硅橡胶的热稳定性与黏结性能，进行甲基苯基环硅氧烷的制备与表征。

6.4.3.1　甲基苯基环硅氧烷制备

甲基苯基环硅氧烷制备合成分为两步进行：

步骤一，甲基苯基二乙氧基硅烷的合成采用一步格利雅法，用甲基三乙氧基硅烷直接与镁、氯苯作用，一步合成甲基苯基二乙氧基硅烷。其合成反应式如下：

$$\mathrm{CH_3Si(OEt)_3 + PhCl + Mg \rightarrow Ch_3PhSi(OEt)_2 + Mg(OEt)Cl}$$

此方法优势在于不使用额外的溶剂，以过量的甲基三乙氧基硅烷做溶剂，一步完成反应，工艺简单，得到的产物水解稳定性高，各组分沸点差距大，易于分离提纯。通过红外光谱测定确定产物。

步骤二，甲基苯基环硅氧烷的合成，以甲基苯基二乙氧基硅烷为反应物，稀硫酸为催化剂，酒精和水的混合溶液为溶剂，加入表面活性剂十二烷基苯磺酸钠，水解制备甲基苯基环硅氧烷。其合成反应式如下：

$$n\mathrm{CH_3PhSi(OEt)_2} + n\mathrm{H_2O} \xrightarrow{-2n\mathrm{EtOH}} n\mathrm{CH_3PhSi(OH)_2} \xrightarrow{-n\mathrm{H_2O}} (\mathrm{CH_3PhSiO})_n + \mathrm{H_2O}$$

产物经过减压蒸馏提纯后，通过红外光谱测定确定产物。

具体试验步骤见表 6.12。

表 6.12　合成甲基苯基环硅氧烷的试验步骤

	试验方案
步骤一，甲基苯基二乙氧基硅烷的合成	在装有搅拌器、回流冷凝管的四口烧瓶中按一定比例加入镁、甲基三乙氧基硅烷、氯苯、碘，开始加热引发反应。温度达到 110 ℃时，开动搅拌，回流。瓶内温度达到 155 ℃时，开始滴加甲基三乙氧基硅烷与氯苯的混合液，过滤，滤液常压蒸出过量的甲基三乙氧基硅烷，后减压蒸馏，收集馏分
步骤二，甲基苯基环硅氧烷的制备	将 5% 的稀硫酸加入三颈瓶中，再加入一定的表面活性剂和乙醇，搅拌下升温至 95 ℃，分次滴加甲基苯基二乙氧基硅烷，进行水解反应结束后蒸出乙醇，加入碳酸钠中和，并用蒸馏水洗涤水解产物。减压抽出残留水分，于 90 ℃干燥至恒定质量。裂解以残留碳酸钠作为催化剂，在真空下升温至 240~280 ℃，收集馏分，即得透明的甲基苯基环硅氧烷

6.4.3.2 甲基苯基环硅氧烷改性有机硅表征

将合成的甲基苯基二乙氧基硅烷和甲基苯基环硅氧烷，进行红外分析，如图 6.34 和图 6.35 所示。

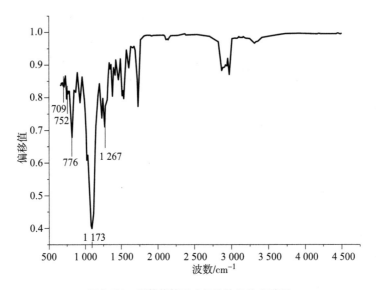

图 6.34　甲基苯基环硅氧烷的红外光谱图

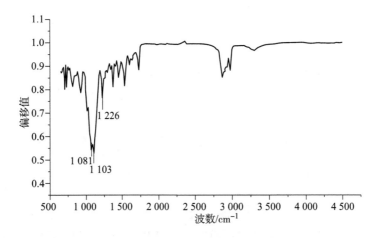

图 6.35　甲基苯基二乙氧基硅烷的红外光谱图

图 6.34 中 1 267 cm^{-1} 处为 Si—Me 的特征峰，1 173 cm^{-1} 处为低聚环氧烷

的 Si—O—Si 的特征峰，而在图 6.35 同一位置出现 1 081 cm^{-1} 和 1 103 cm^{-1} 双峰是因为乙氧基和硅氧键的伸缩震动频率差异。图 6.34 和图 6.35 在 760 ~ 690 cm^{-1} 处都出现了 Si—Ph 的特征吸收峰。而图 6.35 在 860 ~ 790 cm^{-1} 处的 Si—Me 更加明显是因为甲基苯基环硅氧烷屏蔽效应的差异。通过红外光谱可以确认合成产物是目标产物。

6.5 战斗部装药缓冲防护材料应用研究

6.5.1 相容性

硅橡胶防护材料与 CL – 20 相容性分析结果如图 6.36 所示。

根据 GJB 772A—1997 炸药试验方法：$\Delta T_P = T_{P1} - T_{P2} = 250 - 251.5 = -1.5$ ℃，其绝对值小于 2.0 ℃，其中：ΔT_P 为单体系与复合体系分解峰温差，K；T_{P1} 为单体系的分解峰温，K；T_{P2} 为复合体系的分解峰温，K。

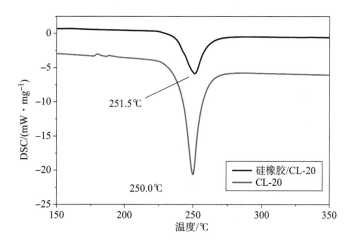

图 6.36　CL – 20 单体系与硅橡胶/CL – 20 复合体系 DSC 曲线

说明炸药和硅橡胶防护材料相容性良好，硅橡胶防护材料不影响 CL – 20 的理化性能。

6.5.2　老化性能

材料抗老化性能是保证武器装备长期储存时内部材料性能的必然要求，研究材料的抗老化性能，进而推算其使用寿命具有重要意义，一般情况下，温度升高，化学反应速率加快。对一些有机反应而言，温度每升高 10 ℃，反应速率则加快 2 ~ 3 倍。温度和化学反应速率常数符合 Arrhenius 经验方程：

$$K = Ae^{-\frac{E}{RT}} \tag{6.3}$$

式中，K 为反应速率常数，min^{-1}；A 为指数因素，min^{-1}；E 为活化能，J/mol；R 为摩尔气体常数，8.314 J/（mol·K）；T 为热力学温度，K。

而在一定温度下，材料的力学性能的变化与老化时间存在如下关系：

$$F(P) = Kt \tag{6.4}$$

式中，P 为材料力学性能；t 为老化时间，年。

将式（6.3）代入式（6.4）得：

$$F(P) = Ae^{-\frac{E}{RT}} \cdot t \tag{6.5}$$

将式（6.5）两边取对数并合并常数项为 C 得：

$$\ln t = \frac{E}{RT} + C \tag{6.6}$$

由式（6.6）可以看出，材料的老化时间的对数（$\ln t$）与温度的倒数（$1/T$）呈线性关系，将式（6.6）改写成寿命评估方程形式：

$$\ln t = B \cdot \frac{1}{T} + C \tag{6.7}$$

利用回归分析法，确定方程中两个参数 B 和 C，即可利用外推法以短时间内的数据预测长时间的性能，从而推算出某一储存温度或使用温度下材料的寿命。

材料在热空气老化过程中，拉伸强度保留率与老化时间的关系如图 6.37（a）所示，随着时间的延长，材料的拉伸强度逐渐下降，老化温度越高，拉伸强度下降越快。考虑到材料在实际应用过程中，除受拉伸外，还有可能受到剪切、压缩等多种机械力作用，因此为更好地预估材料的使用寿命，以材料拉伸强度保留率 72% 作为实验临界值。材料拉伸强度保留率与老化时间对数关系如图 6.37（b）所示，可以看出，实验范围内，在 160 ℃、180 ℃、200 ℃、220 ℃温度下，材料拉伸强度降至临界值所用老化时间分别为 t_1、t_2、t_3、t_4，拉伸强度在各实验温度下降至临界值所用时间的对数（$\ln t$）与相应测试温度的倒数（T^{-1}）关系列于表 6.13。对 $\ln t$ 与 T^{-1} 进行线性拟合，如图 6.38 所示，所得拟合直线函数关系结合式（6.7）表达为：

$$\ln t = 6\,814.9/T - 12.981 \tag{6.8}$$

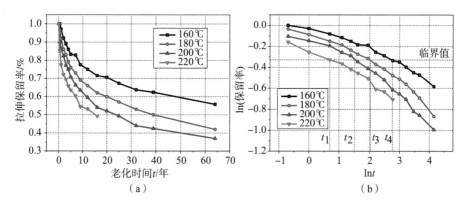

图 6.37 老化性能测试结果

（a）拉伸保留率；（b）保留率与老化时间对数关系

相关系数 $R^2 = 0.9923$。

表 6.13 $\ln t$ 与 T^{-1} 关系

温度/℃	160	180	200	220
$\ln t$	2.729 6	2.054 0	1.504 8	0.782 1
$T^{-1} \times 10^4/K^{-1}$	23.086 7	22.067 7	21.134 9	20.277 8

利用外推法可根据式（6.8）计算出材料在室温（25 ℃）下存储寿命为 53.3 年，安全系数取 2，材料在室温下的存储寿命为 26.7 年。

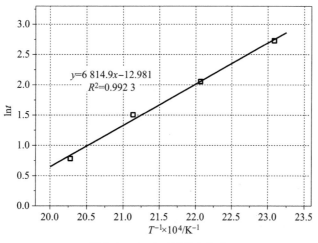

图 6.38 $\ln t$ 与 T^{-1} 拟合关系

6.5.3　跌落试验

采用 1 mm 厚材料对战斗部样品（壳体：玻璃钢；装药量：1 000 kg）防护进行静态跌落防护试验，研究材料在 3 m 跌落试验（图 6.39）中对战斗部装药的防护效果。结果发现，使用 1 mm 厚沥青清漆防护时，进行 2 条次跌落试验，战斗部跌落至钢板均发生爆炸；使用 1 mm 厚所研制硅橡胶防护材料防护时，2 条次跌落试验均未发生爆炸或燃烧现象，试验完毕后，战斗部结构完整。由此可以得出，本节所研制防护材料在跌落试验中，对战斗部内装药进行了很好的防护，减小了跌落变形引起的主装药与战斗部壳体界面摩擦，降低发火概率，同时防护材料吸收了部分能量，降低了主装药跌落时承受的应力，避免应力集中而导致装药爆炸，提高了装备的安全使用范围，避免了装备在生产、运输和装配、勤务等过程中，由于意外跌落、撞击、接触、分离等外部冲击力作用到战斗部上而发生爆炸的危险。

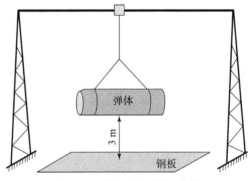

图 6.39　静态跌落试验示意图

|参考文献|

［1］黄文润. 液体硅橡胶［M］. 成都：四川科学技术出版社，2009.

［2］Zhao X W, Zang C G, Wen Y Q, et al. Thermal and mechanical properties of liquid silicone rubber composites filled with functionalized graphene oxide［J］. Journal of Applied Polymer Science, 2015, 132（38）, DOI：10.1002/app. 42582.

［3］Xie C X, Zeng X R, Fang W Z, et al. Effect of alkyl - disubstituted ureido silanes with different alkyl chain structures on tracking resistance property of addition – cure liquid silicone rubber ［J］. Polymer Degradation and Stability, 2017, 142: 263 – 272.

［4］ Camino G, Lomakin S M, Lageard M. Thermal polydimethylsiloxane degradation. Part 2. The degradation mechanisms ［J］. Polymer, 2002, 43（7）: 2011 – 2015.

［5］ 翁诗甫, 徐怡庄. 傅里叶变换红外光谱分析 ［M］. 北京: 化学工业出版社, 2016.

［6］ Chen D, Yi S, Wu W, et al. Synthesis and characterization of novel room temperature vulcanized（RTV）silicone rubbers using vinyl – POSS derivatives as cross linking agents ［J］. Polymer, 2010, 51（17）: 3867 – 3878.

［7］ Zhang Y, Mao Y, Chen D, et al. Synthesis and characterization of addition – type silicone rubbers（ASR）using a novel cross linking agent PH prepared by vinyl – POSS and PMHS ［J］. Polymer Degradation and Stability, 2013, 98（4）: 916 – 925.

［8］ Liu J, Sue H J, Thompson Z J, et al. Effect of crosslink density on fracture behavior of model epoxies containing block copolymer nanoparticles ［J］. Polymer, 2009, 50（19）: 4683 – 4689.

［9］ Tonelli A E. Effect of crosslink density and length on number of intramolecular crosslinks（defects）introduced into a rubber network ［J］. Polymer, 1974, 15（4）: 194 – 196.

［10］ Delebecq E, Ganachaud F. Looking over liquid silicone rubbers: （1）Network topology vs chemical formulations ［J］. ACS Applied Materials & Interfaces. 2012, 4（7）: 3340 – 3352.

［11］ Delebecq E, Hermeline N, Flers A, et al. Looking over liquid silicone rubbers: （2）Network topology vs chemical formulations ［J］. ACS Applied Materials & Interfaces. 2012, 4（7）: 3353 – 3363.

［12］ Liu J, Wu S, Mi Y, et al. Effect of chain extender on properties of silicone rubber sealant ［C］. Fourth International Conference on Advances in Experimental Mechanics, 2010.

［13］ Liang Y, Guo P, Ren B, et al. Effects of preparation process of MQ silicone resin on reinforcement of RTV silicone rubber ［J］. Journal of South China University of Technology. Natural Science Edition, 2013, 41（2）: 123 – 128.

［14］ Chen D Z, Chen F X, Hu X Y, et al. Thermal stability, mechanical and optical properties of novel addition cured PDMS composites with nano – silica sol and MQ silicone resin [J]. Composites Science and Technology, 2015, 117: 307 – 314.

[15] Lu Z, Li J, Sun X, et al. MQ resin reinforced silicone rubber and analysis of influencing factors of ultraviolet – transparent [J]. Polymer Materials Science & Engineering, 2016, 32 (2): 90 – 94.

[16] Suzuki N, Yatsuyanagi F, Ito M, et al. Effects of surface chemistry of silica particles on secondary structure and tensile properties of silica – filled rubber systems [J]. Journal of Applied Polymer Science, 2002, 86 (7): 1622 – 1629.

[17] Zhao X W, Zang C G, Ma Q K, et al. Thermal and electrical properties of composites basedon (3 – mercaptopropyl) trimethoxysilane – and Cu – coated carbon fiber and silicone rubber [J]. Journal of Materials Science, 2016, 51 (8): 4088 – 4095.

[18] Sa R, Yan Y, Wei Z, et al. Surface modification of aramid fibers by bio – inspired poly (dopamine) and epoxy functionalized silane grafting [J]. ACS Applied Materials & Interfaces, 2014, 6 (23): 21730 – 21738.

[19] Sorarù G D, Dallabona N, Gervais C, et al. Organically modified $SiO_2 – B_2O_3$ gels displaying a high content of borosiloxane ($\equiv$B—O—S$\equiv$) bonds [J]. Chemistry of Materials, 1999, 11 (4): 910 – 919.

[20] Sorarù G D, Babonneau F, Gervais C, et al. Hybrid $RSiO_{1.5}/B_2O_3$ gels from modified silicon alkoxides and boric acid [J]. Journal of Sol – Gel Science and Technology, 2000, 18 (1): 11 – 19.

[21] Li L Z, Zhao J B, Li H, et al. Synthesis of hyperbranched polymethylvinylborosiloxanes and modification of addition – curable silicone with improved thermal stability [J]. Applied Organometallic Chemistry, 2013, 27 (12): 723 – 728.

[22] Devapal D, Packirisamy S, Sreejith K J, et al. Synthesis, characterization and ceramic conversion studies of borosiloxane oligomers from phenyltrialkoxysilanes [J]. Journal of Inorganic and Organometallic Polymers and Materials, 2010, 20 (4): 666 – 674.

[23] Sreejith K J, Prabhakaran P V, Laly K P, et al. Vinyl – functionalized poly (borosiloxane) as precursor for SiC/SiBOC nanocomposite [J]. Ceramics International, 2016, 42 (14): 15285 – 15293.

[24] Liu R, Xu Y, Wu D, et al. Comparative study on the hydrolysis kinetics of

substituted ethoxysilanes by liquid – state 29 Si NMR ［J］. Journal of Non – Crystalline Solids，2004，343（1－3）：61－70.

［25］ Schiavon M A，Armelin N A，Yoshida I V P. Novel poly（borosiloxane）precursors to amorphous SiBCO ceramics ［J］. Materials Chemistry and Physics，2008，112（3）：1047－1054.

［26］ Ambadas G，Packirisamy S，Ninan K N. Synthesis，characterization and thermal properties of boron and silicon containing preceramic oligomers ［J］. Journal of Materials Science Letters，2002，21（13）：1003－1005.

［27］ Rubinsztajn S. New facile process for synthesis of borosiloxane resins ［J］. Journal of Inorganic and Organometallic Polymers and Materials，2014，24（6）：1092－1095.

［28］ 唐振华，谢志坚，曲亮靓，等. 苯基含量对甲基乙烯基苯基硅橡胶性能的影响 ［J］. 橡胶工业，2007，54：610－613.

高效隔热功能防护材料

|7.1 传热机理及隔热复合材料隔热机理|

热力学第二定律指出，热量会自发地从高温物体传至低温物体或从物体的高温部分传给低温部分。也就是说，只要物体之间存在温差，热量就会传递。因而温差是热量传递的动力，是传热的根本。各种武器弹药所面临的温场环境复杂，掌握控制和优化热量传递的方法，研制综合性能优良的隔热或导热高分子复合材料，对武器弹药进行有效的安全防护，保证弹药的安全性具有重要意义。

7.1.1 传热机理

热量的传递主要有三种方式：热传导、热对流和热辐射。热传导是由于物质内部分子、原子以及自由电子等微观粒子的热运动，使热量在相互接触的物体之间传递的现象；热对流是由于流体之间的相对运动，使不同温度的流体产生相对位移而发生热量传递的现象；热辐射是高温物体受激发向外发射辐射能，并被低温物体吸收转化为内能的能量交换过程。对高分子复合材料而言，内部热量的传递主要在相互接触的两相之间以扩散形式传递，即热传导。能量以自由电子和声子（点阵波）为载体，因而，固相之间的导热包括电子导热和声子导热，导热系数为：

$$k = k_s + k_e \tag{7.1}$$

式中，k 为物体的总导热系数，k_s 为声子的导热系数，k_e 为电子的导热系数。而电子导热系数 k_e 为：

$$k_e = \frac{1}{3} v_e l_e C_V^e \qquad (7.2)$$

声子导热系数 k_s 为：

$$k_s = \frac{1}{2} v_s l_s C_V^s \qquad (7.3)$$

式中，v_e 和 v_s 是电子和声子运动平均速率，l_e 和 l_s 是电子和声子平均自由程，C_V^e 和 C_V^s 是电子和声子体积热容。

由式（7.2）和式（7.3）得出，物体的导热系数主要由声子和电子的平均自由程决定。对于导体，自由电子的散射过程决定电子的平均自由程，因此，假如点阵完整，电子运动将不受任何阻碍，电子平均自由程会变得无穷大，导热系数也无穷大。但实际情况中，点阵上原子的偏移，杂质原子的畸变、错位以及晶界点阵缺陷使电子导热受到散射而变小。对于声子导热，由于电子运动对声子的散射作用极大地限制了声子的平均自由程，因此导体中声子的导热处于次要地位。而在绝缘体中，不存在电子运动，即不存在电子对声子的散射作用，因而，绝缘体中只存在声子导热一种形式。同样，在理想的绝缘体中，声子的平均自由程也无穷大，导热系数也无穷大，但由于杂质和晶格缺陷的存在，声子导热大部分被散射，导致其导热系数为有限值。对于高分子材料而言，热量传递的载体是声子，通过晶格振动传播。但高分子材料由于分子链无规缠结，难以完全结晶，同时高分子材料分子量呈分布状，分子大小不一，难以形成晶格，故其表现为非晶态，加之链振动对声子导热的散射，所以其导热系数很小。

对于填充型高分子复合材料而言，其导热性能主要取决于填充物本身的导热性能和其在高分子基体中的分散性。若填充物为导体，则复合材料传热性能为填充物的电子传热和聚合物与填充物之间的晶格振动传热共同作用的结果；若填充物为绝缘体，则复合材料的传热性能只能依靠聚合物基体的分子链振动、声子导热与填充物的声子导热来实现。

7.1.2 传热模型

为研究高分子复合材料的传热行为，研究人员提出了一些复合材料的传热模型，进而建立相应的数学模型，以此来分析复合材料的传热过程，其中较为熟悉的有 Maxwell – Eucken 模型、Bruggeman 模型、Agari 模型等。

（1）Maxwell – Eucken 模型。

Maxwell – Eucken 模型适用于表征低功能相填加量下复合材料的热传导性能，且 Maxwell – Eucken 模型假定了功能相无规均一地分散在基体当中。Maxwell – Eucken 模型表达式如下：

$$k_c = \frac{2k_p + k_f + 2\varphi_f(k_f - k_p)}{2k_p + k_f - 2\varphi_f(k_f - k_p)}k_p \tag{7.4}$$

式中，k_c、k_f 和 k_p 为复合材料、填充相和聚合物相的导热系数；φ_f 为填充相体积分数。

（2）Bruggeman 模型。

对于二元体系低填充量情形，Bruggeman 模型给出了如下导热系数模型：

$$1 - \varphi_f = \frac{k_f - k_c}{k_f - k_p}\left(\frac{k_p}{k_c}\right)^{+} \tag{7.5}$$

（3）Hamilton – Crosser 模型。

Hamilton 和 Crosser 考虑了填充相的形态，推导出了更具普遍意义的预测模型：

$$k_c = k_p\left[\frac{k_f + (\psi - 1)k_p + (\psi - 1)\varphi_f(k_f - k_p)}{k_f + (\psi - 1)k_p - \varphi_f(k_f - k_p)}\right] \tag{7.6}$$

式中，$\psi = 3/\Phi$，Φ 为填充相粒子的球形度，$0 \leqslant \Phi \leqslant 1$，当 Φ 取 1 时，粒子为球形。

（4）Lewis – Nielsen 模型。

Lewis 和 Nielsen 对 Halpin – Tsai 公式修正得到如下预测方程：

$$k_c = \frac{1 + MN\varphi_f}{1 - MN\psi\varphi_f} \tag{7.7}$$

式中，

$$M = K_E - 1, \quad N = 1 + \frac{(k_f/k_p) - 1}{(k_f/k_p) + M}, \quad \psi = 1 + \frac{\varphi_f^2(1 - \varphi_m)}{\varphi_m^2}$$

其中，M 与 φ_m 是与填充相粒子形状和大小有关的常数，K_E 为爱因斯坦常数。

（5）Agari 模型。

Agari 结合串并联模型，考虑到在高填充量下，填充相粒子在聚合物基体内会相互搭接，形成一定的导热链，同时考虑了聚合物的结晶等因素得出如下预测模型：

$$\lg k_c = \varphi_f C_2 \lg k_f + (1 - \varphi_f)\lg(C_1 k_p) \tag{7.8}$$

式中，C_1 为聚合物结晶度因子；C_2 为导热链自由因子，其值越大，越易在聚合物中形成导热链。

对于纤维状填充相：

$$\lg k_c = \varphi_f [C_2 \lg(L/D) + E] \lg k_f + (1 - \varphi_f) \lg(C_1 k_p) \qquad (7.9)$$

式中，L/D 为纤维长径比；C 和 E 为纤维分散参数。

对于多相填充：

$$\lg k_c = \varphi_f (X_2 C_2 \lg k_{f2} + X_3 C_3 \lg k_{fc} + \cdots) + (1 - \varphi_f) \lg(C_1 k_p) \qquad (7.10)$$

式中，X_2、X_3 为各填充相占总填充相的体积分数。

7.1.3 传热理论分析

在隔热复合材料中，热量主要通过热传递的方式进行的。而热传递是热力学过程中改变系统状态的方式之一，即在不做功情况下，能量从高温物体迁移到低温物体，或热量从同一物体中的高温部分迁移到低温部分的现象称为热传递（图 7.1）。热传递的方式有三种：热传导、热对流和热辐射。通常状况下这三种方式会同时出现，进而导致热传递过程复杂化。

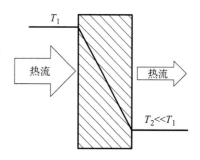

图 7.1 热传递示意图

对于隔热复合材料而言，热传导主要取决于材料中的固体成分。热传导主要是通过自由电子和晶格振动来实现的，而对于我们研究的空心隔热复合材料而言，自由电子相对很少，所以晶格振动是主要的热传导途径。因此减少复合材料中的固体相将有利于隔热材料的隔热性能，这也是我们选取空心二氧化硅、空心玻璃微珠和漂珠作为隔热材料的主要原因所在。

热传导遵从的宏观规律是傅里叶定律[1]。根据这个定律，由系统内温度分布不均匀引起的在 dt 时间内流过面积元 dS 的微热量为：

$$dQ = -\lambda(r) [2T/(2n)] dS dt$$

式中，r 是确定面积元 dS 位置的径矢；$2T/(2n)$ 表示 r 处沿 dS 法线方向的温度梯度；负号说明热量总是沿着温度减小的方向进行；$\lambda(r)$ 表示 r 处系统的热导率，它的数值反映该种物质传递热量的本领。热导率是温度的函数，在一个温度分布不均匀的系统中，它随径矢而改变。但对很多物质，当温度变化不大时热导率可近似为常数。铜在室温下的热导率为 $3.98 \times 10^2 \ \mathrm{W \cdot m^{-1} \cdot K^{-1}}$，而相同条件下的空气热导率为 $2.57 \times 10^{-2} \ \mathrm{W \cdot m^{-1} \cdot K^{-1}}$。

隔热复合材料中的热对流是指流体在流动过程中由温度较高部位向温度较低部位传热的现象。即流体因温度分布不均匀诱发密度不均匀而产生浮力作用下的运动，属于自由对流[2]。因为热对流只存在于流体当中，即液体和气体当

中。因此对于隔热复合材料而言，只有空心微珠壁内的空气才会产生热对流，而气体的热对流是依靠分子运动和相互碰撞产生的，根据导热系数的计算公式：

$$\lambda = 1/3cvl$$

式中，λ 是导热系数；c 是声子的体积热容；v 是声子的平均速度；l 是声子的平均自由程[3]。可以看出，增加复合材料内部壁面，减少气体分子之间的相互碰撞可以很好地降低隔热材料的热对流。另外当空心微珠的孔径小于空气的平均自由程时，空腔内的空气会处于一种相对静止的状态，自由对流的现象会大大减少，很大程度上会降低热对流效应。

隔热复合材料绝大部分是由固体材料构成的，当固体中的分子和原子振动以及电子的振动和自转等状态发生改变时就会对外辐射出较为剧烈的电磁波[4]。热辐射电磁波的波长限于 $0.8~\mu m \sim 0.8~mm$ 的红外波段。物体的温度升高到 $400 \sim 500~℃$ 后就会发出可见光（波长为 $0.4 \sim 0.8~\mu m$），同时以热的形式辐射能量。辐射能量与热力学温度的四次方成正比，在整个波长范围内，热辐射遵循的宏观规律是建立在普朗克平衡辐射场能量密度公式基础上的斯忒藩 – 玻尔兹曼定律[5]：

$$E_0(T) = \sigma_0 T_4 = \sigma_0'(T/00)^4$$

式中，σ_0' 为斯忒藩 · 玻尔兹曼常量；$\sigma_0' = 5.67 \times 10^{-8}~W \cdot m^{-2} \cdot K^{-4}$。

对于热辐射而言，当温度相对较低时，固体介质中的电磁辐射能较弱，而当温度升高后，电磁辐射就会成为热传递的重要方式。在同一物质当中，热辐射可以解释为：当介质中存在温度梯度时，相邻的体积元之间，温度较高的体积元会辐射较大的能量，吸收较少的能量，相反地，温度较低的体积元则会辐射较少的能量，吸收较多的能量。因此在整个介质中将会发生能量从高温区域向低温区域的能量转移。

对于隔热复合材料而言，大量的空心结构使得球壁相当于一层层的屏蔽板，很大程度上削弱了热辐射的效应。

7.1.4　隔热复合材料隔热机理

空心微珠隔热材料主要是由固体和气体相构成的。如图 7.2 所示，当热量从高温体积元向低温体积元传递时，遇到空心材料时，传热方式会分为两种[6]。一种是热量受到空心材料内部气体的阻碍，依旧沿着固体材料传递，这种热传递的方式会进一步增加热量传递的路径，进而延长热量从高温部位传递向低温部位的时间，起到延时传热的效果。另一种传递热量的方式是通过空心材料内部的气体进行传热。气体传热的方式主要是热对流，由于气体的导热系数远小于固体相，所以热量穿过气体的阻力会更大，有助于进一步降低隔热复合材料的热导率[7]。

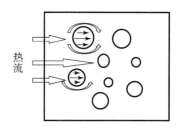

图7.2 复合材料热传递示意图

对于空心隔热材料而言，材料的内径，即空心的大小对热导率也有很大的影响。当空心材料空心内径小于 4 mm 时，空心内的气体不会发生自然对流；当空心内径小于 5 nm 时，气体分子会处于一种相对静止的状态，失去相互流动的能力[8]。即很大程度上失去了热量通过热对流实现传热的能力。综上考虑，选择空心隔热材料在考虑力学强度的同时，材料气孔直径的大小也是至关重要的考量因素。

7.2 隔热功能相表面处理改性

7.2.1 改性空心微球隔热材料的制备与性能测试

空心微球具有密度小、导热系数低等特点，用作隔热功能相可以大大降低隔热材料的密度，并显著提升其隔热性能。采用空心 SiO_2 微球等作为隔热功能相，硅橡胶为基体，为了降低隔热材料的导热系数，需向基体中添加大量空心微球。空心 SiO_2 微球与空心玻璃微球的表面都含有较多的羟基，羟基是亲水极性基团，与加成型液体硅橡胶（以下简称硅橡胶）基体的极性相差大，相容性不好，界面张力较大导致黏结性较差。相容性，是指共混物各组分彼此相互容纳，形成宏观均匀材料的能力。所以为了保证隔热材料具有一定的力学性能，需要对空心微球进行表面改性，改善与基体的相容性，增强隔热材料中两相界面黏结性。

7.2.1.1 表面改性实验

空心 SiO_2 微球的表面存在硅羟基，可以与改性试剂发生反应，同时可能还存在一定量的湿存水，所以在改性前需要将空心 SiO_2 微球放入烘箱中加热除去湿存水，否则游离的湿存水会先于微球表面的硅羟基与改性试剂发生反应，这会大大降低改性的效果。

（1）六甲基二硅胺烷（以下简称硅氮烷）改性空心 SiO_2 微球。

图 7.3 是本实验的流程图。

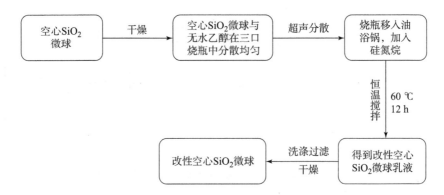

图 7.3　硅氮烷改性实验流程图

硅氮烷改性空心 SiO$_2$ 微球的实验步骤：取 4 g 空心 SiO$_2$ 微球于鼓风干燥箱中，120 ℃下干燥 1 h，除去微球表面的湿存水，再与 83 mL 无水乙醇配成 4.8% 的乳液后转移到三口瓶中，超声分散 10 min，加入 0.4 g 硅氮烷，然后在冷凝回流、100 r·min^{-1} 匀速搅拌和 60 ℃ 油浴加热的条件下，继续反应 12 h。反应完毕后，将乳液用无水乙醇洗涤过滤 3 次，然后放入鼓风干燥箱中于 80 ℃下干燥 1 h，得到改性空心 SiO$_2$ 微球。

图 7.4 是硅氮烷改性实验装置示意图。

（2）硅氮烷、硼酸改性空心 SiO$_2$ 微球。

图 7.5 是本实验的流程图。

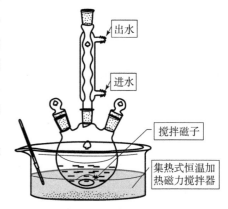

图 7.4　硅氮烷改性实验装置的示意图

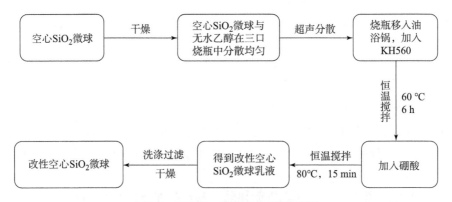

图 7.5　硅氮烷、硼酸改性实验流程图

硅氧烷和硼酸改性空心 SiO$_2$ 微球的实验步骤：取少量空心 SiO$_2$ 微球于烘箱中干燥，除去微球表面的湿存水，再与无水乙醇配成乳液后转移到三口瓶中，超声分散，加入硅氧烷，然后在冷凝回流、匀速搅拌和加热的条件下反应加入硼酸，继续反应。再将得到的乳液用无水乙醇洗涤过滤，放入鼓风干燥箱中干燥，得到改性空心 SiO$_2$ 微球。

（3）KH570 改性空心 SiO$_2$ 微球。

图 7.6 是本实验的流程图。

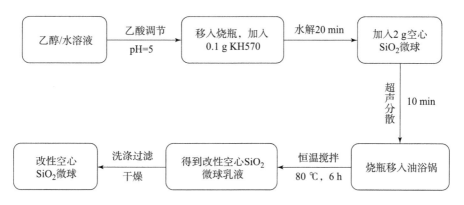

图 7.6　KH570 改性实验流程图

KH570 改性空心 SiO$_2$ 微球的实验步骤：先配制乙醇/水溶液，其中无水乙醇 40 mL 与水 0.4 mL，用乙酸调节溶液 pH = 5，再加入 0.1g KH570，水解 20 min。然后取 120 ℃下干燥 1 h 后的 2g 空心 SiO$_2$ 微球加入前面配制好的溶液，超声分散 10 min 后转移到三口瓶中，然后在冷凝回流、100 r·min^{-1} 匀速搅拌和 80 ℃ 油浴加热的条件下反应 6 h。反应完全后的乳液用无水乙醇洗涤过滤 3 次，然后放入鼓风干燥箱中于 80 ℃ 干燥 1 h，得到改性空心 SiO$_2$ 微球。

7.2.1.2　表面改性样品的表征

（1）采用红外光谱仪对改性前后的空心 SiO$_2$ 微球进行测试，通过红外光谱可以对比空心微球改性前后表面有机基团的变化，分析对应振动频率范围的化学键，可判定空心微球所具有的特征官能团，定性分析空心微球的改性结果。

实验过程：用溴化钾压片法制样，每次取 2 mg 空心微球与 200 mg KBr 混合研磨，然后用压片机施加 20 MPa 压力压成样片。将样片放入 VERTEX70 型红外光谱仪中进行表征分析，得到红外光谱图。

（2）采用视频光学接触角测量仪对水与改性前后的空心 SiO$_2$ 微球的接触

角进行测量，通过接触角的大小可以判断改性前后的空心 SiO₂ 微球的疏水性，当接触角等于 0°时，表明微球完全润湿，具有亲水性；当接触角为 0°~90°时，表明微球部分润湿，具有亲水性；当接触角大于 90°时，表明微球不润湿，具有疏水性，接触角越大，微球的疏水性越好。

实验过程：将双面胶贴在载玻片上，在双面胶上面均匀地粘一层改性或未改性的空心 SiO₂ 微球，然后将载玻片置于接触角测量仪的样品台上，一次性滴加 2 μL 的蒸馏水，选取 10 s 时的接触角作为分析对象。

7.2.1.3　表面改性分析

1）硅氮烷改性空心 SiO₂ 微球

硅氮烷改性空心 SiO₂ 微球的红外光谱如图 7.7 所示，图中对比了改性与未改性空心 SiO₂ 微球的红外光谱。

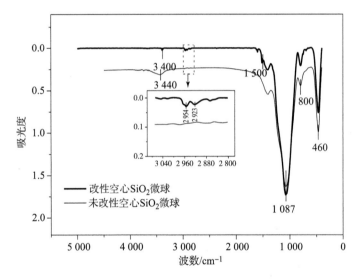

图 7.7　硅氮烷改性空心 SiO₂ 微球的红外光谱

图 7.7 中，改性与未改性空心 SiO₂ 微球在波数为 3 400 cm⁻¹ 处都有—OH 的反对称伸缩振动峰，但未改性空心 SiO₂ 微球的峰的面积比硅氮烷改性空心 SiO₂ 微球的峰大得多，说明空心 SiO₂ 微球上面都有羟基，改性后羟基数量大大减少。改性空心 SiO₂ 微球在 2 954 cm⁻¹、2 923 cm⁻¹ 处有甲基的特征峰，1 500 cm⁻¹ 处有 C—H 的面内弯曲振动峰，未改性空心 SiO₂ 微球这三处则没有峰，进一步证明硅氮烷改性成功。1 087 cm⁻¹ 处为 Si—O—Si 的反对称伸缩振动峰，460 cm⁻¹ 和 800 cm⁻¹ 两处是 Si—O 对称伸缩振动峰。从红外光谱的分析

来看，硅氮烷改性空心 SiO₂ 微球的效果比较好。

图 7.8 为硅氮烷改性空心 SiO₂ 微球的接触角测量图。

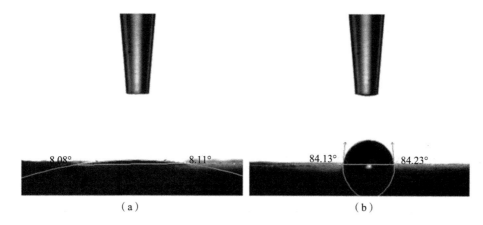

图 7.8　水滴在空心 SiO₂ 微球表面的接触角

（a）未改性空心 SiO₂ 微球；（b）硅氮烷改性空心 SiO₂ 微球

从图 7.8 中可以看到，未改性空心 SiO₂ 微球的接触角仅为 8°，水滴在未改性的空心 SiO₂ 微球表面几乎完全润湿。而改性空心 SiO₂ 微球的接触角达到 84°，水滴在改性空心 SiO₂ 微球表面接近于不润湿，说明硅氮烷改性使得空心 SiO₂ 微球从亲水近乎转变为疏水。

结合前面的测试结果，分析硅氮烷改性空心 SiO₂ 微球的偶联反应机理，如图 7.9 所示。

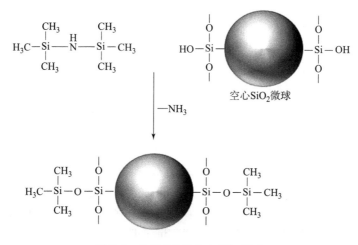

图 7.9　硅氮烷改性空心 SiO₂ 微球

从图 7.9 可以看到，空心 SiO_2 微球表面有很多羟基，所以空心 SiO_2 微球具有亲水性。采用硅氮烷与羟基反应，硅氮烷脱一个—NH，两个羟基脱两个—H，生成氨气，使—$Si(CH_3)_3$ 接到空心 SiO_2 微球表面，使空心 SiO_2 微球呈现出疏水性。从红外光谱与接触角的分析来看，硅氮烷改性空心 SiO_2 微球较为成功。

2）KH570 改性空心 SiO_2 微球

KH570 改性空心 SiO_2 微球的红外光谱如图 7.10 所示，图中对比了改性与未改性空心 SiO_2 微球的红外光谱。从图 7.10 可以看到，2 950 cm^{-1} 处是 C—H 伸缩振动峰，1 739 cm^{-1} 处出现明显的 C=O 伸缩振动峰，说明 KH570 成功接枝到了空心 SiO_2 微球表面上，另外 694 cm^{-1} 处是 Si—C 的伸缩振动峰，也说明 KH570 改性成功。但是 3 437 cm^{-1} 处还有较弱的—OH 特征峰，说明微球表面的羟基没有反应完全，改性效果一般。

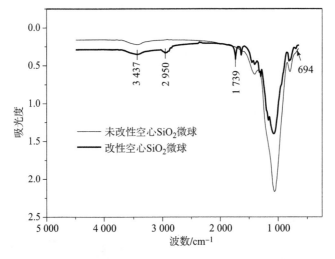

图 7.10　偶联剂 KH570 改性空心 SiO_2 微球的红外光谱

图 7.11 为 KH570 改性空心 SiO_2 微球的接触角测量图。从图中可以看到，未改性空心 SiO_2 微球的接触角为 8°，水滴在其表面接近全润湿，而 KH570 改性空心 SiO_2 微球的接触角为 78°，水滴在改性空心 SiO_2 微球表面部分润湿，说明 KH570 改性能降低空心 SiO_2 微球的亲水性，但还达不到疏水，改性效果一般。

KH570 改性空心 SiO_2 微球的偶联反应机理如图 7.12 所示。KH570 的 3 个与 Si 相连的甲氧基水解，生成 Si—OH，Si—OH 与微球表面的—OH 反应生成氢键，在加热过程中脱水形成共价键[9]。KH570 含有一个 C=C，理论上可与

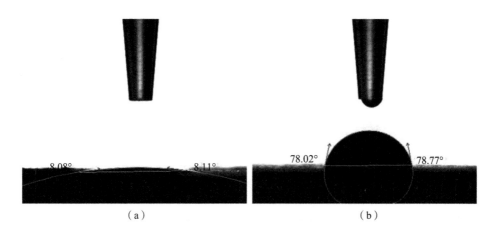

（a）   （b）

图 7.11 水滴在空心 SiO_2 微球表面的接触角

（a）未改性空心 SiO_2 微球；（b）KH570 改性空心 SiO_2 微球

硅橡胶基体中交联剂的 Si—H 发生反应生成共价键，大大提升改性空心 SiO_2 微球与硅橡胶基体的黏结强度。但从红外光谱和接触角的分析来看，KH570 改性空心 SiO_2 微球的效果一般。

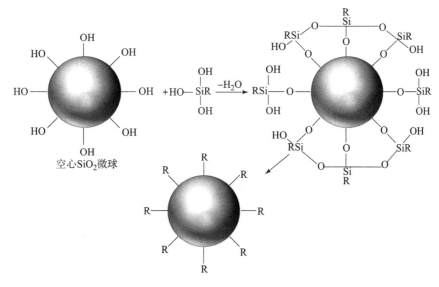

图 7.12 偶联剂 KH570 改性空心 SiO_2 微球

  综上所述，采用硅氮烷改性后空心 SiO_2 微球上的硅羟基大大减少，接近于疏水，改性效果较好，而 KH560、硼酸改性空心 SiO_2 微球的效果不佳，KH570

改性空心 SiO_2 微球的效果一般。所以，最终选择硅氮烷改性作为本节中空心 SiO_2 微球的最佳改性方法，同时由于空心玻璃微球的主要成分也是 SiO_2，表面含有硅羟基，因此也采用硅氮烷改性作为改性方法。

7.2.2 表面改性隔热功能相隔热材料的制备与性能

7.2.2.1 隔热材料的制备

采用六甲基二硅胺烷改性空心微球，再将改性与未改性的空心微球分别按不同的比例加到硅橡胶基体中，搅拌均匀，制备不同填料比例的隔热材料，测试并分析制备的隔热材料的性能。

黏度测试：采用 NDJ－8S 型旋转黏度计，测试表面改性与未改性空心 SiO_2 微球隔热材料。

微观结构：采用 S4800 型扫描电子显微镜观察隔热材料试样，记录下每个试样中空心微球的分散情况，并进行分析讨论。

力学性能：分别取 2.4 g、4.8 g、7.2 g、9.6 g 空心 SiO_2 微球与基体 100 g 混合均匀，固化成型，得到规格为 $25\,mm \times 15\,mm \times 2\,mm$ 的隔热材料力学试样。采用 WDS－10 型微机控制电子万能试验机测试试样的拉伸强度（执行标准为 GB/T 528－1998），得到微球不同添加量的隔热材料的拉伸强度。

7.2.2.2 隔热材料的微观形貌

空心 SiO_2 微球隔热材料的拉伸断面扫描电子显微镜图像如图 7.13 所示，图中对比了不同放大尺寸下未改性空心 SiO_2 微球与改性空心 SiO_2 微球的微观形貌。

从图 7.13（a）中可以看到，未改性空心 SiO_2 微球隔热材料中微球分布不均匀，这是由于未改性空心 SiO_2 微球与硅橡胶界面相容性不好，不容易分散均匀。图 7.13（c）中，未改性空心 SiO_2 微球表面光滑，与基体之间的界面十分清晰，表明未改性空心 SiO_2 微球与硅橡胶基体的黏结较差。这种情况下，空心 SiO_2 微球与基体之间的界面在隔热材料中相当于缺陷，当隔热材料受力时，极易产生应力集中和应力破坏，导致力学性能较差。

从图 7.13（b）中可以看到，硅氮烷改性空心 SiO_2 微球隔热材料中微球呈现出较好的分散性，这是由于改性后的空心 SiO_2 微球与硅橡胶基体的界面相容性更好，更容易均匀分散在硅橡胶基体中。图 7.13（d）中，改性空心 SiO_2 微球在拉断后，一部分仍被基体紧紧包裹住，两相之间的界面模糊，显示出改性后的空心 SiO_2 微球与硅橡胶基体良好的黏结性，说明改性空心 SiO_2 微球表面接

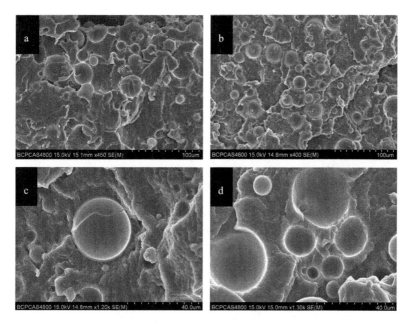

图7.13　空心 SiO$_2$ 微球隔热材料的拉伸断面扫描电子显微镜图像

（a），（c）未改性 SiO$_2$ 微球隔热材料；（b），（d）硅氮烷改性 SiO$_2$ 微球隔热材料

上了有机基团后，微球与基体的界面相容性提高了。

空心 SiO$_2$ 微球的外观完整性良好，几乎没有破碎的微球，说明微米尺度的空心 SiO$_2$ 微球能承受较大的摩擦力，空心微球保持完整对于材料的隔热性能有重要的意义，空心微球内部静止的空气导热系数极低，使每一个空心微球以独立的隔热体系存在于基体中，大大提升材料的隔热性能。

7.2.2.3　隔热材料的黏度性能

采用 NDJ－8S 型旋转黏度计测得一系列含量的改性空心 SiO$_2$ 微球隔热材料的黏度，对比未改性空心 SiO$_2$ 微球隔热材料的黏度测试结果，如图7.14 所示。

从图7.14 中可以看到，硅橡胶的黏度为 15 301 MPa·s，空心 SiO$_2$ 微球的加入，使得复合体系单位体积内的微球数目逐渐增多，微球紧密堆积导致微球与基体的自由运动受到限制，因此复合体系流动的阻力增大，黏度高于硅橡胶黏度。随着微球含量逐渐升高，体系的黏度快速升高，当微球添加量为 10 质量份数时，未改性空心 SiO$_2$ 微球隔热材料的黏度达到 24 532 MPa·s，改性空心 SiO$_2$ 微球隔热材料的黏度达到 22 789 MPa·s，改性空心 SiO$_2$ 微球隔热材料的黏度比未改性空心 SiO$_2$ 微球隔热材料的黏度低 7%。这是因为改性空心 SiO$_2$

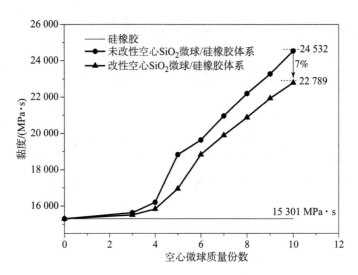

图7.14　改性与未改性空心 SiO_2 微球隔热材料黏度对比

微球与硅橡胶相容性良好，微球之间及微球与基体间的摩擦系数小，受剪切力作用时容易随硅橡胶分子链重排运动发生相对位移，对流体流动的阻碍作用较小。而且根据隔热材料的扫描电镜图可知，改性使得微球在基体中的分散更均匀，使流动性变好。

高分子复合材料流体是非牛顿流体，其黏度与流体的组成、填料的聚集状态、剪切应力、剪切速率等相关。如果不考虑剪切应力与剪切速率的影响，对于粉粒状无机填料填充高分子材料，可以看作刚性粒子悬浮在液体中的体系。当填料为球形粒子且添加量较小（即填料浓度较小）时，爱因斯坦提出了体系黏度 η_c 的计算公式[10]：

$$\eta_c = \eta_m(1 + K_E\varphi_d) \tag{7.11}$$

式中，η_m 为基体的黏度；K_E 为爱因斯坦系数；φ_d 为填料的体积分数。

不同形态填料的爱因斯坦系数 K_E 不同，几种常见的填料的 K_E 值如表 7.1 所示。

表7.1　爱因斯坦系数 K_E

分散相粒子的类型	取向情况	K_E
球形	任意	2.50
立方体	无规	3.1
短纤维	单轴取向	1.5

例如，空心 SiO_2 微球隔热材料的 $K_E = 2.5$，10 份空心 SiO_2 微球的体积分数为 22.6%，硅橡胶的黏度为 15 301 MPa·s，代入计算得到 $\eta_c = 23\,946$ MPa·s，与实测值 24 532 MPa·s 接近。

而当填料的添加量较大（即填料浓度较大）时，Guth – Gold 提出了体系黏度 η_c 的计算公式[11]：

$$\eta_c = \eta_m(1 + 2.5\,\varphi_d + 14.1\,\varphi_d^2) \qquad (7.12)$$

从这两个公式可以看出，无机填料的体积分数对填料与高分子基体复合体系的黏度影响很大。当然，实际上这两种空心微球与硅橡胶的复合体系是非牛顿流体，具有剪切变稀的特性，并且复合体系的黏度还会受到填料与基体之间的相互作用、填料的分布状态等的影响，其流变行为比较复杂。

7.2.2.4　隔热材料的力学性能

对于柔性的硅橡胶复合材料来说，拉伸强度是衡量其力学性能最好的指标，因此在力学性能方面，本节主要考察材料的拉伸强度。测得改性与未改性空心 SiO_2 微球隔热材料的拉伸强度如图 7.15 所示。

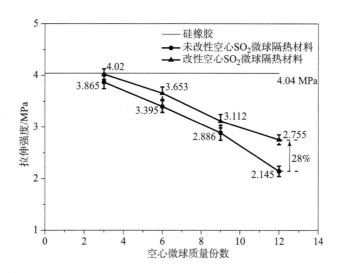

图 7.15　改性与未改性空心 SiO_2 微球隔热材料的拉伸强度对比

从图 7.15 中可以看到，硅橡胶的拉伸强度为 4.04 MPa，随着微球添加量的升高，隔热材料的力学性能不断下降。当微球添加量为 12 质量份数时，未改性空心 SiO_2 微球隔热材料的拉伸强度为 2.145 MPa，改性空心 SiO_2 微球隔热材料的拉伸强度为 2.755 MPa，提高了 28%，改性使隔热材料的力学性能变好。

根据界面润湿理论，两种空心微球与硅橡胶基体间的结合模式属于机械黏附与润湿吸附。机械黏附模式是一种机械铰合现象，即基体分子进入微球表面的凹陷、微孔等，固化后形成机械铰链，润湿吸附模式是一种物理吸附现象，是范德华力作用。硅橡胶对于空心微球的润湿是极其重要的，如果润湿不良，当隔热材料受到外力作用时，界面处会马上发生脱黏，因此界面区就成为应力集中点，应力集中将导致隔热材料在较低的外力作用下即发生失效。就是说，如果空心微球与硅橡胶的黏结作用弱，则空心微球不能承载拉力，仅硅橡胶基体承载，空心微球添加量增大，材料的实际受力面积明显减小，最终导致拉伸强度的下降。如果润湿良好，甚至完全润湿，则由机械黏附与润湿吸附产生的物理黏附力将大大增强空心微球与硅橡胶基体界面的相互作用，空心微球能够承载一定的拉力，产生较好的复合效果。

从扫描电镜图可以看到改性微球在基体中分散良好，硅橡胶紧密包裹着空心微球，说明二者黏附性很好。未改性空心微球隔热材料断裂面的微球十分光滑，与基体之间的界面十分清晰，说明二者黏附性很差，侧面印证了界面润湿理论在此处的正确性。未改性空心 SiO₂ 微球在基体中分布不均匀，微球聚集区无疑是应力集中点，在较低的外力作用下即可发生断裂失效。改性使得空心微球表面接上了有机基团，有机基团的存在使空心微球的亲油性得到了改善，因此也改善了硅橡胶对改性后的空心微球的润湿性，增强了微球与基体间的相互作用，从而提高隔热材料的拉伸强度。

7.3 单一中空微球对隔热材料性能影响

中空微球因其特殊的结构具有优异的隔热性能，以中空 C 微球（HCM）、中空 G 微球（HGM）以及中空 S 微球（HSM）三种不同尺度、不同强度中空微球制备隔热复合材料，研究三种中空微球对复合材料性能的影响。

7.3.1 单一中空微球对隔热材料黏度影响

隔热材料固化前黏度大小直接影响材料的应用工艺性，固化前材料黏度较大会导致其工艺性较差，进而影响材料的使用。图 7.16 给出了三种中空结构微球填加量对硅橡防护材料黏度的影响。由于中中空 C 微球比表面积较小，其对 HCM/ALSR 复合材料增黏作用较弱。随着中中空 C 微球填加量的增大，复合材料黏度逐渐增大。填加量体积分数为 30% 时，HCM/ALSR 复合材料黏度仅为 13.9 Pa·s，黏度较小，材料工艺性良好。相比于中空 C 微球，中空 G 微球粒径较小，微球比表面积较大，进而对 HGM/ALSR 复合材料增黏作用明显。随着微球填加量的增大，复合材料黏度增长较快。填加量体积分数为 30% 时，复合材料黏度达 25.9 Pa·s。中空 S 微球对 HSM/ALSR 复合材料增黏作用适中。相比于中空 C 微球与中空 G 微球，中空 S 微球粒径最小，微球比表面积最大，进而对复合材料增黏作用最大。然而测试结果显示，中空 S 微球对硅橡胶复合材料的增黏作用仅仅略高于中空 C 微球，这可能是由于中空 S 微球与硅橡胶基材界面相容性较好，使得其增黏作用大大减弱。随着中空 S 微球填加量的增加，HSM/ALSR 复合材料黏度逐渐增大。填加量体积分数为 30% 时，HSM/ALSR 复合材料黏度为 16.5 Pa·s，材料黏度较小，工艺性良好。

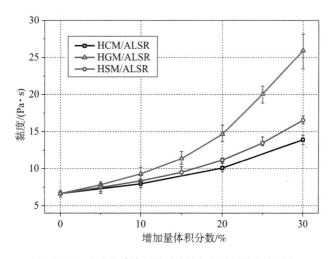

图 7.16 中空微球填加量对防护复合材料黏度的影响

7.3.2 单一中空微球对隔热材料导热系数影响

作为隔热防护材料，材料导热系数反应材料的隔热性能。图 7.17 为三种中空微球对硅橡胶防护复合材料导热系数的影响。中空 C 微球填加量对 HCM/ALSR 复合材料导热系数影响较小，随着微球填加量的增大，复合材料导热系数呈现先减小后增大趋势，在填加量体积分数为 10% 时，导热系数出现最小值 0.182 W·m^{-1}·K^{-1}，较纯橡胶仅降低了 1.6%。从中空 C 微球的形貌（图 7.17（a））可以看出，微球球壁较厚，球体结构中气体占比较小，固相连续相占比较大，气相阻隔相占比较小，因此相比于中空 G 微球与中空 S 微球，中空 C 微球导热系数较高，作为隔热功能相使用时，效果较差。随着填加量的增大，中空 C 微球极易达到隔热饱和状态，继续增大填加量，微球在基体内部形成导热通路，进而出现材料导热系数不降反增趋势[12,13]。

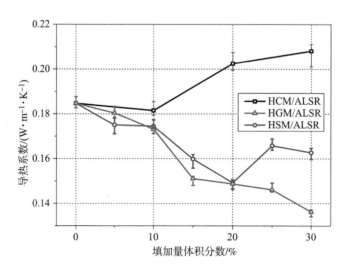

图 7.17　中空微球填加量对防护复合材料导热系数的影响

相比于中空 C 微球，中空 G 微球填加量对 HGM/ALSR 隔热复合材料导热系数影响较大。随着微球填加量的增大，HGM/ALSR 复合材料的导热系数一直呈减小趋势；当中空 G 微球填加量体积分数为 30% 时，HGM/ALSR 复合材料的导热系数降至 0.136 W·m⁻¹·K⁻¹，较纯硅橡胶降低了 26.5%，这源于中空 G 微球本身球壁很薄，球内气体占比较大，阻隔相较多，因而其导热系数较低，隔热性能优异。

中空 S 微球填加量对 HSM/ALSR 复合材料导热系数影响适中。总体而言，随着中空 S 微球填加量的增大，HSM/ALSR 复合材料的导热系数呈减小趋势；当中空 S 微球填加量体积分数低于 20% 时，随着微球填加量的增加，复合材料的导热系数减小；当微球填加量（体积分数）为 20% 时，复合材料的导热系数达到最小值 0.160 W·m⁻¹·K⁻¹，较纯硅橡胶降低了 13.5%；当填加量体积分数大于 20% 时，HCM/ALSR 复合材料的导热系数随着中空 S 微球填加量的增加而增大，可能是微球在基体内形成了导热通路，达到隔热饱和状态。然而由于中空 S 微球的导热系数远低于中空 C 微球，所以即使在基体内形成导热通路，HSM/ALSR 复合材料的导热系数也低于 HCM/ALSR。

在中空微球/聚合物体系中，热流在复合材料中传递主要经过功能相与聚合物基体两相，若热流的传递方向与功能相和聚合物组成的传导体同向，则称为并联导热，热传导过程符合并联模型（图 7.18（a））；若热流的传递方向与功能相和聚合物组成的传导体方向垂直，则称为串联导热，热传导过程符合串联模型（图 7.18（a））。

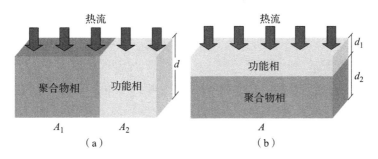

图 7.18 中空微球/硅橡胶复合材料热传导模型

（a）并联模型；（b）串联模型

在并联模型中：

$$\frac{1}{R} = \frac{1}{R_p} + \frac{1}{R_f} \tag{7.13}$$

式中，R 为热流传过复合材料热阻；R_p 聚合物相热阻；R_f 为功能相热阻。根据傅里叶定律，热阻可表示为：

$$R = \frac{d}{Ak} \tag{7.14}$$

式中，d 为热流传递厚度；A 为热流通过面积；k 为材料导热系数。将式（7.14）代入式（7.13）可得：

$$k_c(A_1 + A_2) = k_p A_1 + k_f A_2 \tag{7.15}$$

式中，k_c、k_p、k_f 分别为复合材料、聚合物基体和功能相导热系数；A_1 和 A_2 分别为热流流经聚合物相和功能相面积。

在复合材料体系中，功能相体积分数 φ_f 为：

$$\varphi_f = \frac{A_2 d}{(A_1 + A_2)d} = \frac{A_2}{A_1 + A_2} \tag{7.16}$$

将式（7.16）代入式（7.15）中，得：

$$k_c = (1 - \varphi_f)k_p + \varphi_f k_f \tag{7.17}$$

对于串联模型：

$$R = R_p + R_f \tag{7.18}$$

$$\frac{d_1 + d_2}{k_c} = \frac{d_2}{k_p} + \frac{d_1}{k_f} \tag{7.19}$$

$$\varphi_f = \frac{A d_1}{A(d_1 + d_2)} = \frac{d_1}{d_1 + d_2} \tag{7.20}$$

将式（7.20）代入式（7.19），得：

$$k_c = \frac{(1 - \varphi_f)}{k_p} + \frac{\varphi_f}{k_f} \qquad (7.21)$$

分别利用并联模型（式（7.17））与串联模型（式（7.21））对中空微球/硅橡胶隔热防护复合材料导热系数进行估算，并结合实验测试值进行比较，结果如图7.18所示。

可以看出，对于 HCM/ALSR 复合材料，串、并联模型估算值与实际测试值均偏差较大（图7.19（a）），且估算趋势与导热系数实际变化趋势相反；对于 HGM/ALSR 复合材料（图7.19（b）），串、并联模型估算值与测试值偏差较小，串联模型估算值略低于实测值，而并联模型估算值与实测值吻合较好；对于 HSM/ALSR 复合材料（图7.19（c）），串联模型估算值低于实测值，且偏离较大，而并联模型与实测值吻合较好。串、并联模型在对复合材料导热系数进行估算时，假定功能相均匀地分散在聚合物相中，且功能相之间不

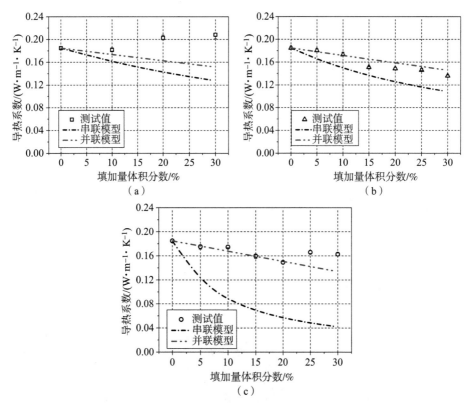

图7.19 中空微球/硅橡胶复合材料串、并联模型比较

（a）HCM/ALSR 复合材料；（b）HGM/ALSR 复合材料；（c）HSM/ALSR 复合材料

存在搭接现象，而实际情况下，在功能相填加量达到一定程度后，功能相在聚合物相中相互接触，形成一定的导热通路，进而模型估算值与实测值出现偏差。

Agari 考虑到在高填充量下，功能相在聚合物相中会相互搭接，形成一定的导热链，结合串、并联模型，同时考虑到聚合物结晶等因素推导出如下模型[14,15]：

$$\lg k_c = \varphi_f C_2 \lg k_f + (1 - \varphi_f) \lg(C_1 k_p) \tag{7.22}$$

式中，C_1 为聚合物结晶度因子；C_2 为导热链自由因子。

利用中空微球/硅橡胶复合材料实测值，结合式（7.22）对三种复合材料进行 Agari 模型拟合，如图 7.20 所示，根据拟合直线斜率与截距，结合各相导热系数，进而可得到 C_1 和 C_2，结果列于表 7.2。

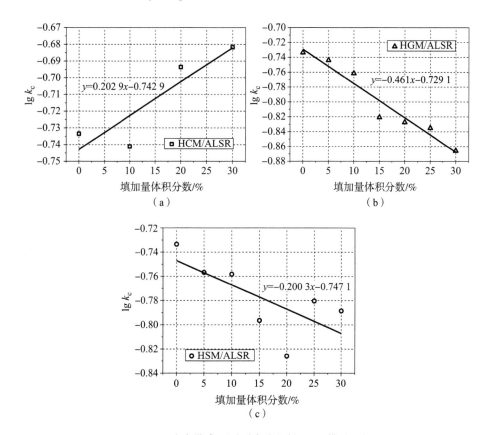

图 7.20 中空微球/硅橡胶复合材料 Agari 模型拟合

（a）HCM/ALSR 复合材料；（b）HGM/ALSR 复合材料；（c）HSM/ALSR 复合材料

表7.2 Agari 模型拟合参数

试样	C_1	C_2
HCM/ALSR 复合材料	0.978 7	0.477 6
HGM/ALSR 复合材料	1.010 3	0.944 8
HSM/ALSR 复合材料	0.969 2	0.535 4

对于三种复合材料而言，聚合物相均为硅橡胶材料，因此，三种复合材料 C_1 值相同，取 $C_1 = (0.978\ 7 + 1.010\ 3 + 0.969\ 2)/3 = 0.986\ 1$，得到三种复合材料导热系数估算方程（图7.21）：

$$\text{HCM/ALSR 复合材料：}\lg k_c = 0.199\ 6\varphi_f - 0.739\ 6 \qquad (\text{i})$$

$$\text{HGM/ALSR 复合材料：}\lg k_c = -0.450\ 5\varphi_f - 0.739\ 6 \qquad (\text{ii})$$

$$\text{HSM/ALSR 复合材料：}\lg k_c = -0.207\ 8\varphi_f - 0.739\ 6 \qquad (\text{iii})$$

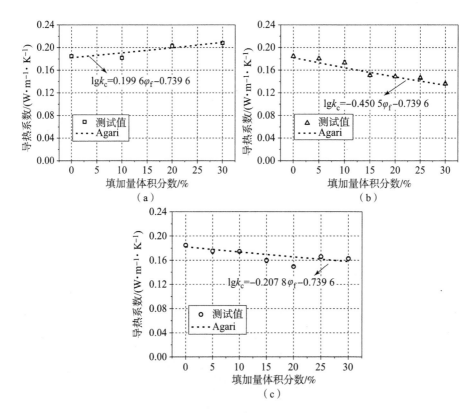

图7.21 中空微球/硅橡胶复合材料导热系数 Agari 模型比较

（a）HCM/ALSR 复合材料；（b）HGM/ALSR 复合材料；（c）HSM/ALSR 复合材料

由图 7.21 可以看出，Agari 模型能够很好地预测三种复合材料导热系数，所拟合的方程与实验测试值吻合较好，为后续复合材料导热系数预测奠定了基础。

7.3.3 单一中空微球对隔热材料力学性能影响

隔热防护材料不仅要求材料具有优异的隔热性能，同时材料要有一定的力学强度，以保证应用。材料力学性能较差极易导致在应用时出现变形、破损，甚至内部结构坍塌等失效现象[16]，最终影响武器系统安全，因此研究隔热材料的力学性能十分必要。三种中空结构微球对硅橡胶防护复合材料拉伸性能的影响如图 7.22 所示。中空结构微球由于其特殊的中空结构，与硅橡胶基体复合后使得材料内部缺陷增多，导致复合材料拉伸性能降低[17]。三种中空微球导致复合材料拉伸强度不同程度减小（图 7.22（a））。纯 ALSR 拉伸强度为 3.91 MPa，中空 C 微球的加入，使 HCM/ALSR 复合材料的拉伸强度锐减，加入体积分数 10% 中空 C 微球，复合材料拉伸强度降至 1.11 MPa，随后随着中空 C 微球填加量的继续增大，复合材料拉伸强度维持在 1.0 ~ 1.5 MPa，可能是材料强度已降至最低点，内部缺陷达到饱和状态。由于中空 G 微球球壁较薄，强度较小，其对硅橡胶材料拉伸强度减弱作用更加明显，填加体积分数 5% 的中空 G 微球，HGM/ALSR 复合材料拉伸强度随即降至 1.70 MPa，填加量体积分数增至 10%，材料拉伸强度降至 1.50 MPa，随后随着微球填加量的继续增大，材料拉伸强度最终也稳定在 1.0 ~ 1.5 MPa。与中空 C 微球和中空 G 微球不同，中空 S 微球虽然因特殊的结构致使 HSM/ALSR 复合材料拉伸强度较纯硅橡胶降低，但其特殊的材质与硅橡胶基体材料具有优异的界面相容性，从而能够很好地增强复合材料[18]。填加体积分数 5% 的中空 S 微球使得硅橡胶材料拉伸强度由纯橡胶的 3.91 MPa 降至 2.55 MPa。值得注意的是，与 HCM/ALSR 和 HGM/ALSR 复合材料不同，HSM/ALSR 复合材料拉伸强度并未发生锐减，随着中空 S 微球填加量的继续增大，HSM/ALSR 复合材料的拉伸强度逐渐增大，填加量体积分数 30% 时，复合材料拉伸强度增至 3.65 MPa，较纯 ALSR 降低仅 0.26 MPa，拉伸性能优异。

中空结构微球为无机材质，伸缩性较差，它的加入使得复合材料断裂伸长率减小。纯 ALSR 伸缩性较好，断裂伸长率达 315.43%。三种中空微球的加入使复合材料断裂伸长率大幅减小，填加量体积分数为 30% 时，HCM/ALSR 复合材料断裂伸长率降至 120.38%，HGM/ALSR 降至 140.29%，HSM/ALSR 降至 191.38%（图 7.22（b））。相比于中空 C 微球和中空 G 微球，中空 S 微球对硅橡胶材料的断裂伸长率影响最小，HSM/ALSR 复合材料依据保持良好的伸

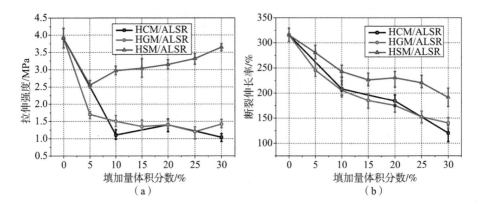

图 7.22　中空微球填加量对防护复合材料拉伸性能的影响

(a) 拉伸强度；(b) 断裂伸长率

缩弹性。

　　除拉伸性能外，材料的压缩性能和硬度是应用过程中另外两个重要指标。较低的压缩性能和硬度易导致材料应用时受挤压而变形，进而导致材料内部微球坍塌，影响武器系统安全使用，因而研究隔热材料的压缩性能和硬度具有重要意义。三种不同微球对硅橡胶隔热复合材料压缩性能及硬度的影响如图 7.23 所示。从 HCM/ALSR、HGM/ALSR 以及 HSM/ALSR 三种复合材料的压缩应力应变曲线可以看出，中空 C 微球和中空 S 微球能够有效地增强 HCM/ALSR 和 HSM/ALSR 复合材料压缩性能，而中空 G 微球的加入使 HGM/ALSR 复合材料的压缩性能降低，可能是由于中空 C 微球和中空 S 微球本身的压缩强度优于中空 G 微球所致。三种中空微球不同填加量下压缩模量（50% 应变下）与硬度归纳于图 7.23 (b)、(d) 和 (f)。纯 ALSR 压缩模量为 5.30 MPa。中空 C 微球与中空 S 微球能够有效提高材料压缩模量，填加量体积分数为 30% 时，HCM/ALSR 和 HSM/ALSR 复合材料压缩模量分别增至 11.16 MPa 和 13.36 MPa。中空 G 微球则使得 HGM/ALSR 复合材料压缩模量降低，随着微球填加量的增加，复合材料压缩模量呈减小趋势，主要集中在 3.0 ~ 4.0 MPa（图 7.23 (d)）。复合材料硬度与压缩模量变化规律相似，中空 C 微球与中空 S 微球能够有效提升材料硬度，而中空 G 微球则使材料硬度降低。纯 ALSR 硬度为 31HA，填加量体积分数为 30% 时，HCM/ALSR、HGM/ALSR 和 HSM/ALSR 三种复合材料硬度分别为 48HA、25HA 和 54HA。

　　HCM 微珠粉体压缩强度为 350 MPa，远远大于 HSM 压缩强度 40 MPa，因此，HCM/ALSR 复合材料的压缩性能与硬度应远大于 HSM/ALSR，而图 7.24

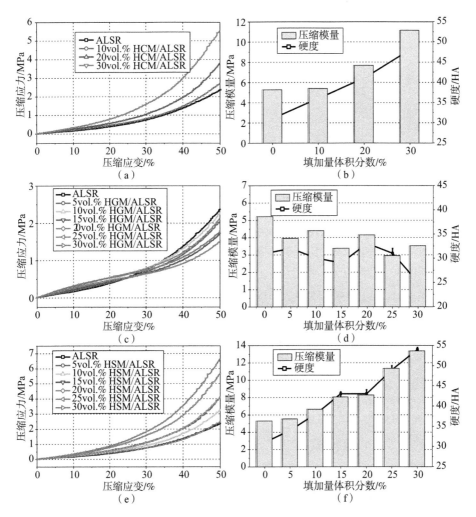

图 7.23 不同中空微球/硅橡胶防护材料压缩应力应变曲线及压缩模量与硬度

（a），（b）HCM/ALSR；（c），（d）HGM/ALSR；（e），（f）HSM/ALSR 复合材料

显示，相同填加量情况下，HSM/ALSR 复合材料的压缩性能与硬度均优于
HCM/ALSR。一方面是由于中空 S 微球与硅橡胶基材相容性较好，微球与基材
结合紧密，材料内部密实，在压缩过程中能够很好地传递应力。另一方面是由
于中空 S 微球尺度较小，相同体积下，HSM/ALSR 复合材料中所含微球数目较
多，在压缩过程中微球之间能够很好地传递应力。

　　综上所述，中空 C 微球对硅橡胶材料增黏作用较小，且能够有效增强复合
材料压缩性能与硬度，然而 HCM/ALSR 复合材料导热系数较高，隔热性能较

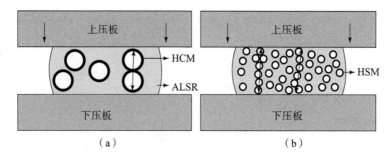

图 7.24　压缩模型

（a）HCM/ALSR；（b）HSM/ALSR 复合材料

差，且复合材料拉伸性能较低；中空 G 微球能够有效降低复合材料导热系数，提升复合材料隔热性能，然而其增黏作用十分明显，且中空 G 微球的加入使 HGM/ALSR 复合材料的拉伸与压缩性能均减小；中空 S 微球对硅橡胶材料的增黏作用较小，且能够有效增强 HSM/ALSR 复合材料拉伸与压缩性能，然而 HSM/ALSR 复合材料隔热性能有限，复合材料导热系数在微球体积分数为 20% 时出现最小值，随后随着微球含量增加，复合材料导热系数增大，因此仅使用中空 S 微球作为隔热功能相并不理想。鉴于此，开展中中空 C 微球、中空 G 微球以及中空 S 微球复合体系研究，利用三种不同尺度微球堆叠效应，研究微球复合体系对硅橡胶材料隔热性能以及力学强度的影响具有重要意义。

7.4　高效复合中空微球复配正交试验

7.4.1　正交试验方案设计

为了使材料实现低导热系数的同时兼具优异的力学强度与工艺性，采用三种不同材质微球同时对硅橡胶进行补强，三种粒径与强度不同的微球在基体内通过堆砌形成以高强度大尺度微球为骨架，低强度小尺度微球为填充的堆叠结构，从而实现低导热系数与高力学强度。为了研究不同比例的中空微球堆叠结构对复合材料隔热、力学以及工艺性能的影响，根据单一微球对硅橡胶材料性能的影响，以导热系数为评价指标，设计三因素三水平 $L_9(3^3)$ 正交试验进行研究。根据中空 C 微球对 HCM/ALSR 复合材料导热系数及黏度的影响，导热系数在填加量体积分数为 10% 时出现最小值，且该填加量下复合材料黏度较小，工艺性良好，因此，设置复合中空微球体系中中空 C 微球填加量体积分数为 10% 、20% 和 30% 作为 A 因素；根据中空玻璃微球对 HGM/ALSR 复合材料导热系数及黏度的影响，复合材料导热系数随微球填加量增大而线性减小，然而，中空 G 微球对复合材料增黏作用较大，填加量过高导致复合材料黏度过大，工艺性较差，因此，设置中空 G 微球填加量体积分数为 5% 、15% 和 25% 作为 B 因素；根据中空 S 微球对 HSM/ALSR 复合材料导热系数及黏度的影响，导热系数在填加量体积分数为 20% 时出现最小值，且中空 S 微球对复合材料黏度影响较小，工艺性较好，因此，设置中空 S 微球填加量体积分数为 10% 、20% 和 30% 作为 C 因素。三种微球正交试验因素水平表如表 7.3 所示，正交试验设计方案及结果列于表 7.4。

表 7.3　正交试验因素水平表

水平	因素		
	A（HCM）	B（HGM）	C（HSM）
1	10	5	10
2	20	15	20
3	30	25	30

注：表中数字为每 100 g 硅橡胶中微球填加量（g）。

表 7.4　正交试验方案及结果

序号	HCM	HGM	HSM	$k_c/(\mathrm{W \cdot m^{-1} \cdot K^{-1}})$
1	A_1	B_1	C_1	0.169
2	A_1	B_2	C_2	0.143
3	A_1	B_3	C_3	0.140
4	A_2	B_2	C_1	0.161
5	A_2	B_3	C_2	0.138
6	A_2	B_1	C_3	0.152
7	A_3	B_3	C_1	0.154
8	A_3	B_1	C_2	0.168
9	A_3	B_2	C_3	0.148
Σ水平 A	0.452	0.489	0.484	—

序号	HCM	HGM	HSM	$k_e/（W \cdot m^{-1} \cdot K^{-1}）$
∑水平 B	0.451	0.452	0.449	—
∑水平 C	0.470	0.432	0.440	—
极差 R	0.007	0.018	0.014	—

7.4.2　正交试验结果

正交试验中极差值（R）的大小能够直接反映出目标因素对评价指标的影响大小，极差值越大则该因素对评价指标的影响越显著，反之，则越小。对比三种微球的极差值可知，对 HM/ALSR 复合材料隔热性能影响最大的为中空 G 微球，中空 S 微球次之，中空 C 微球最小。正交试验结果表明，$A_2B_3C_2$ 配比制备隔热复合材料导热系数最低，为 0.138 $W \cdot m^{-1} \cdot K^{-1}$，其配比可能为最优配比。为了继续探究各中空微球对 HM/ALSR 复合材料性能的影响，以 $A_2B_3C_2$ 配比作为单因素研究的初始配比，进一步探究 HM/ALSR 复合材料体系中单一中空微球变化对复合材料性能的影响。根据各水平导热系数之和（∑水平）及水平分布，得到水平趋势图，如图 7.25 所示。

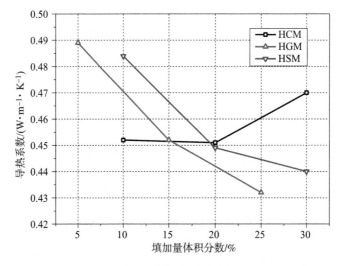

图 7.25　各因素水平趋势图

在考察范围内，随着中空 C 微球填加量的增加，∑水平导热系数先略微减小而后迅速增大，在填加量为 A_2 时（100 g 硅橡胶中填加 13.3 g），HM/ALSR 复合材料导热系数最小。对于中空 C 微球而言，过多的填加量反而不利于降低复合材料的导热系数，因此在考察中空 C 微球对 HM/ALSR 复合材料导热系数影响时，主要考察其填加量在 A_2 附近变化对复合材料隔热性能的影响，设置填加量为每 100 g 基体填加体积分数为 7.8%、9.8%、11.7%、13.6% 和 15.3% 五个试验点。HGM 对 HM/ALSR 复合材料导热系数影响较大，随着其填加量的增加，Σ 水平导热系数呈现线性减小，且减小趋势迅速，提高中空 G 微球的填加量能够极大地降低 HM/ALSR 复合材料的导热系数，因此在考察中空 G 微球对 HM/ALSR 复合材料导热系数影响时，主要考察其高含量对复合材料隔热性能的影响，设 9.3%、17.1%、23.6% 和 29.1% 四个试验点。对于 HSM，随着填加量的增加，Σ 水平导热系数降低，当微球填加量小于 C_2 时，Σ 水平导热系数迅速降低，当微球填加量大于 C_2 时，Σ 水平导热系数降低趋于缓和，因此在考察中空 S 微球对 HM/ALSR 复合材料导热系数影响时，主要考察其低填加量对复合材料隔热性能的影响，设置填加量体积分数为 7.8%、9.8%、11.7%、13.6% 和 15.3% 五个试验点。三种微球具体试样配比列于表 7.5。

表 7.5　HM/ALSR 复合材料各试样组成配比

配比	ALSR∶HCM∶HGM∶HSM = 100g∶X∶4g∶9g					ALSR∶HCM∶HGM∶HSM = 100g∶11g∶X∶9g				ALSR∶HCM∶HGM∶HSM = 100g∶11g∶4g∶X				
	7C	9C	11C	13C	15C	2G	11C	6G	8G	7S	11C	11S	13S	15S
X/g	7.0	9.0	11.0	13.0	15.0	2.0	4.0	6.0	8.0	7.0	9.0	11.0	13.0	15.0
V/%	7.8	9.8	11.7	13.6	15.3	9.3	17.1	23.6	29.1	11.6	14.4	17.0	19.5	21.9

注：V 为对应微球填加量为 X 时的体积分数。

7.5　高效隔热复合材料的性能分析

7.5.1　高效隔热复合材料的微观形貌分析

对正交试验九个样品分别在扫描电子显微镜下观察（图 7.26），记录下每个样品中空心微珠的分散情况，并进行分析讨论。

如图 7.26 所示，其中图（a）和（b）为纯的硅橡胶基体材料，图中可以看出，纯的硅橡胶材料固化后材质致密，无明显空洞缺陷，所以纯的硅橡胶基体材料单独作为隔热防护材料使用很难隔断热流的传递途径，隔热效果一般，

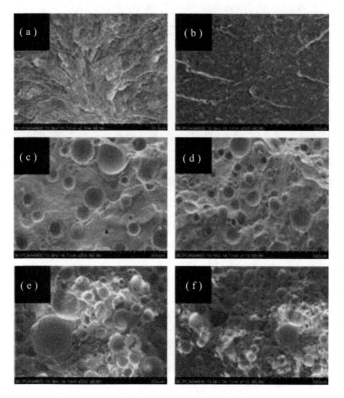

图 7.26　隔热复合材料扫描电镜图像

（a），（b）为纯硅橡胶基体材料；（c），（d）为 $A_1B_1C_1$ 正交试验
样品；（e），（f）为 $A_3B_3C_2$ 正交试验样品

无法达到硬性要求[19]。图（c）和（d）是 $A_1B_1C_1$ 样品的微观结构图像，图中可以明显看到复配空心隔热微珠材料，而且这些空心材料相互之间没有明显的接触，基本每个微珠可以作为一个独立的隔热体系存在，一定程度上解决了导热通路形成的问题，对提高隔热复合材料隔热性能有决定性的作用[20]，因此 $A_1B_1C_1$ 正交试验样品是所有样品中导热系数最低、隔热性能最好的。而图（e）、（f）是正交试验样品 $A_3B_3C_2$ 的扫面电子显微镜图像，图中的复配微珠含量明显多于 $A_1B_1C_1$ 中的含量。而且，基本每个微珠之间都有相互接触，微珠的含量过高，形成了微珠的紧密堆积，球壁的互相接触形成了多个导热通路。导热通路的延伸方向有一定概率与热流方向平行，为热流穿透隔热材料提供了途径，很大程度上降低了隔热防护材料的隔热性能，这也就是 $A_3B_3C_2$ 样品隔热性能最差、导热系数最大的原因所在。

7.5.2 高效隔热复合材料的隔热性能分析

作为隔热防护材料，低导热系数是实现材料热防护的必然要求。图 7.27 给出了复合中空微球体系中单一微球填加量的变化对 HM/ALSR 复合材料导热系数的影响。可以看出，HM/ALSR 复合材料的导热系数随着中空 C 微球填加量的增加，呈现出先降低后升高的趋势，配比 11C 达到最小导热系数 0.134 W·m^{-1}·K^{-1}；对于中空 G 微球而言，随着其填加量的增大，复合材料的导热系数大幅减小，填加量体积分数大于 25% 时，复合材料导热系数减小趋势缓和，最终，配比 6G 导热系数达 0.118 W·m^{-1}·K^{-1}，8G 导热系数为 0.115 W·m^{-1}·K^{-1}，具有优异的隔热性能；对于中空 S 微球，随着其填加量的增大，HM/ALSR 复合材料的导热系数一直减小，低填加量（≤15%）时，复合材料导热系数减小趋势明显，随着填加量的继续增大，复合材料的导热系数降幅趋于缓和，最终，配比 15S 导热系数为 0.127 W·m^{-1}·K^{-1}。相比于单一中空微球隔热复合材料，复合中空微球体系隔热复合材料利用不同尺度微球间的堆砌作用，成功实现了更低的导热系数[21]，具有更加优异的隔热效果。

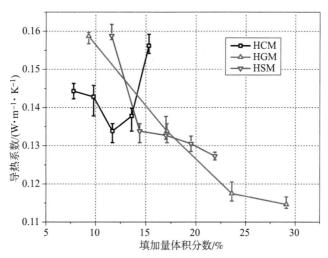

图 7.27　复合中空微球体系中单一中空微球填加量对 HM/ALSR 复合材料导热系数的影响

对于多相并联体系，复合材料总热阻 R 可根据下式求出：

$$\frac{1}{R} = \frac{1}{R_p} + \frac{1}{R_{f1}} + \frac{1}{R_{f2}} + \frac{1}{R_{f3}} + \cdots \qquad (7.23)$$

式中，R_{fi}（$i = 1, 2, 3, \cdots$）为各功能相热阻。

结合前文两相并联体系，可推导出多相复合体系复合材料导热系数估算公式：

$$k_c = (1 - \varphi_f)k_p + \varphi_{f1}k_{f1} + \varphi_{f2}k_{f2} + \varphi_{f3}k_{f3} + \cdots \quad (7.24)$$

式中，φ_f 为功能相总体积分数；φ_{fi}（$i = 1，2，3\cdots$）为各功能相体积分数；k_{fi}（$i = 1，2，3，\cdots$）为各功能相导热系数。

同理，对于多相串联体系，有：

$$R = R_p + R_{f1} + R_{f2} + R_{f3} + \cdots \quad (7.25)$$

进而可推导出多相复合体系复合材料导热系数估算公式：

$$\frac{1}{k_c} = \frac{(1 - \varphi_f)}{k_p} + \frac{\varphi_{f1}}{k_{f1}} + \frac{\varphi_{f2}}{k_{f2}} + \frac{\varphi_{f3}}{k_{f3}} + \cdots \quad (7.26)$$

分别利用多相并联模型（式（7.25））与串联模型（式（7.26））对复合中空微球体系/硅橡胶复合材料导热系数进行估算，并结合测试值进行比较，结果如图 7.28 所示。

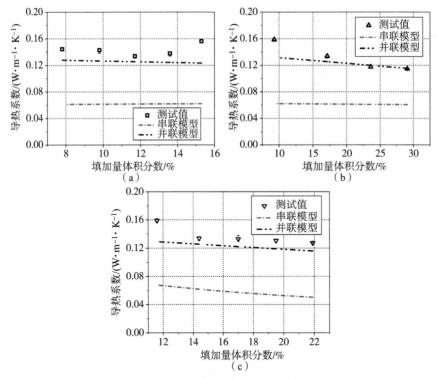

图 7.28　HM/ALSR 防护复合材料串、并联模型比较

（a）HCM 填加量变化；（b）HGM 填加量变化；（c）HSM 填加量变化

随着复合中空微球体系中单一微球含量的变化，串联模型对 HM/ALSR 防护复合材料导热系数估算值明显低于实际测试值，且偏离较大。并联模型估算值与实际测试值较为接近，但整体估算值略低于实际测试值，可能是由于在高填充量下，复合微球在基体内形成了一定的导热通路，进而测试值高于估算值。

为了进一步估算复合材料导热系数，采用 Agari 模型对 HM/ALSR 防护复合材料导热系数进行评估，在多相体系下，Agari 模型如下[22]：

$$\lg k_c = \varphi_f (X_2 C_2 \lg k_{f2} + X_3 C_3 \lg k_{f3} + X_4 C_4 \lg k_{f4} + \cdots) + (1 - \varphi_f) \lg (C_1 k_p) \tag{7.27}$$

式中，k_{fi}（$i = 2，3，4，\cdots$）为各功能相导热系数；C_1 为聚合物结晶度因子；C_i（$i = 2，3，4，\cdots$）为各功能相导热链自由因子；X_i（$i = 2，3，4，\cdots$）为各功能相占总功能相体积分数。由表7.2可知聚合物结晶度因子与各功能相导热链自由因子，代入式（7.27），即得到 HM/ALSR 复合材料导热系数估算方程：

$$\lg k_c = \varphi_f (0.7396 - 0.5401 X_2 - 1.1901 X_3 - 0.9474 X_4) - 0.7396 \tag{7.28}$$

采用式（7.28）对 HM/ALSR 复合材料导热系数进行估算，结果如图7.29

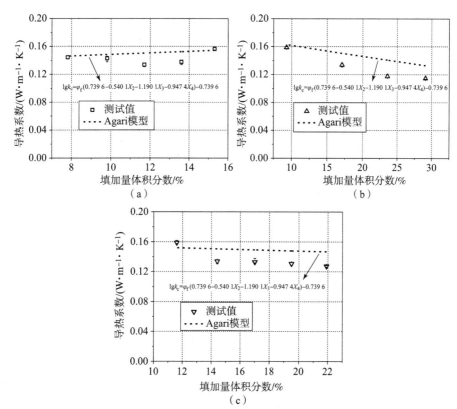

图 7.29　HM/ALSR 复合防护材料 Agari 模型比较

（a）HCM 填加量变化；（b）HGM 填加量变化；（c）HSM 填加量变化

所示。可以看出，随着复合微球体系中单一微球含量的变化，模型对复合材料导热系数的预估存在一定的偏差，与实际测试值相比，Agari 模型预估值略微偏大，可能是由于模型过度预估了导热链的作用。然而尽管如此，模型预测导热系数具有一定的参考意义，且模型能够很好地预测到复合材料导热系数的变化趋势，对设计中空微球/聚合物复合材料以及评估中空微球对复合材料导热系数的影响具有指导意义。

7.5.3　高效隔热复合材料的力学性能分析

复合微球体系中单一微球填加量对 HM/ALSR 复合材料拉伸性能的影响如图 7.30 所示。由图 7.30 可知，相比于纯 ALSR，中空微球的加入使材料的拉伸性能降低，中空 C 微球和中空 G 微球的加入使硅橡胶材料的拉伸强度和断裂伸长率均发生了大幅减小，而中空 S 微球则使硅橡胶复合材料拉伸强度得到提升（图 7.30（a））。同理，复合微球体系中，中空 C 微球和中空 G 微球填加量的增大使 HM/ALSR 复合材料拉伸强度减小，配比 7C 拉伸强度为 2.05 MPa，11C 降至 1.90 MPa，15C 则降至 1.70 MPa，2G 拉伸强度 2.05 MPa，8G 降至 1.66 MPa，这主要是由于中空 C 微球与硅橡胶基体界面相容性较差（图 7.31（a）和（b）），微球填加量越大，复合材料内部缺陷越多，材料拉伸强度越小；而中空 G 微球强度较小，在拉伸过程中受挤压易破碎而造成材料内部缺陷（图 7.31（c）和（d）），从而复合材料拉伸强度减小。中空 S 微球由于材质特殊，与硅橡胶基材具有良好的相容性，如图 7.31（e）和（f）所示，因而 HM/ALSR 复合材料拉伸强度随着中空 S 微球填加量的增大而增大，配比 7S 拉伸强度为 1.80 MPa，而 15S 则增至 2.15 MPa。

由于中空结构微球较低的伸缩性和对硅橡胶分子链运动的抑制作用[33]，以及中空 C 微球较差的界面相容性和中空 G 微球较低的强度，HM/ALSR 复合材料的断裂伸长率较小。三种微球填加量的增大，均使复合材料断裂伸长率减小（图 7.30（b））。配比 11C 断裂伸长率为 122.15%，15C 为 115.12%，8G 为 110.8%，15S 为 110.5%。

HM/ALSR 复合材料压缩性能及硬度如图 7.32 所示。与单一中空微球/硅橡胶复合材料压缩性能变化规律相似，中空 C 微球和中空 S 微球填加量的增大均能有效提高 HM/ALSR 复合材料的压缩性能（图 7.32（a）和（c））。随着中空 C 微球和中空 S 微球填加量的增大，HM/ALSR 复合材料的压缩模量分别由 7.14 MPa（7C）增至 7.41 MPa（11C），进而到 8.68 MPa（15C）（图 7.32（b）），

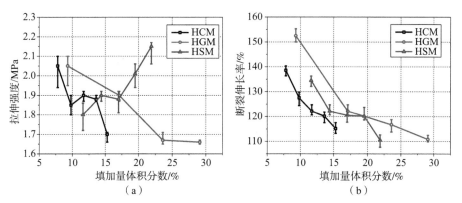

图 7.30 复合中空微球体系中单一中空微球填加量对 HM/ALSR 复合材料拉伸性能的影响

（a）拉伸强度；（b）断裂伸长率

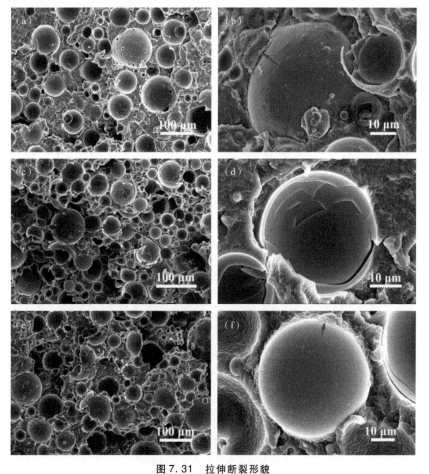

图 7.31 拉伸断裂形貌

（a），（b）15C；（c），（d）8G；（e），（f）15S

6.95 MPa（7S）增至 10.16 MPa（15S）（图 7.32（f））。中空 G 微球填加量的增大则使得 HM/ALSR 复合材料压缩性能降低（图 7.32（e））。随着中空 G 微球填加量的增大，HM/ALSR 复合材料的压缩模量由 9.93 MPa（2G）降至 6.24 MPa（8G）（图 7.32（d））。这是由于中空 C 微球球壁较厚，微球压缩强度较大，进而能有效提高复合材料压缩性能（图 7.33（a））；中空 S 微球与

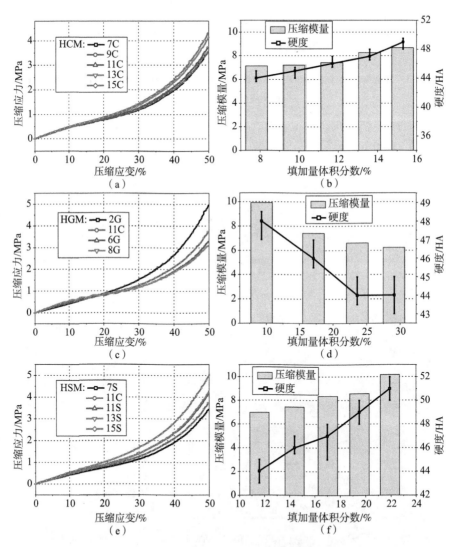

图 7.32　复合中空微球体系中单一中空微球填加量对 HM/ALSR
复合材料压缩性能及硬度的影响

（a），（b）HCM；（c），（d）HGM；（e），（f）HSM

硅橡胶基体相容性良好，且微球尺度较小，随着填加量的增大，微球在基体内堆砌密实（图 7.33（c）），进而有效提高复合材料压缩性能；中空 G 微球由于球壁较薄，微球压缩强度较小，在压缩过程中，微球结构塌陷（图 7.33（b）），使得复合材料压缩性能降低[23]。复合材料硬度与压缩模量呈正相关，其变化规律与压缩性能相似，这里不再赘述。在试验范围内，各配比最终硬度值为 46HA（11C），49HA（15C），44HA（8G）和 51HA（15S），较纯 ALSR（31HA）均有了明显提升。

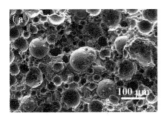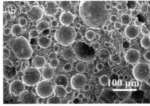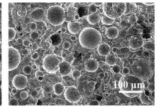

图 7.33　压缩试验后试样内部形貌

（a）15C；（b）8G；（c）15S

7.5.4　高效隔热复合材料的热稳定性分析

隔热材料的应用环境往往具有较高的温度，这就对隔热材料耐温性能提出了一定的要求。耐高温性能是保证材料高温环境下结构完整性和隔热效果的前提，图 7.34 给出了不同 HM/ALSR 隔热复合材料的 TG 曲线。复合中空微球体系中，中空 C 微球和中空 G 微球填加量的增大对复合材料 T_{10} 影响不大。配比 11C 的 T_{10} 为 546 ℃，而 15C 仅为 540 ℃；2G 的 T_{10} 为 535 ℃，而 8G 仅增长 5 ℃，至 540 ℃。这可能是由于中空 C 微球和中空 G 微球与硅橡胶基体的相容性较差所致。复合中空微球体系中，中空 S 微球填加量变化对复合材料 T_{10} 影响较大。配比 7S 的 T_{10} 为 522 ℃，而 15S 达 558 ℃，较 7S 提高了 36 ℃，这是由于中空 S 微球与硅橡胶基体相容性较好所致的。由于三种空心结构微球均为无机氧化物，复合微球体系中，随着三种微球填加量的增大，复合材料 R_{800} 均有不同程度增大。配比 11C 残余为 52.4%，15C 增至 53.3%；配比 2G 残余为 47.2%，8G 则增至 54.1%；配比 7S 残余为 47.7%，而 15S 增至 59.6%。

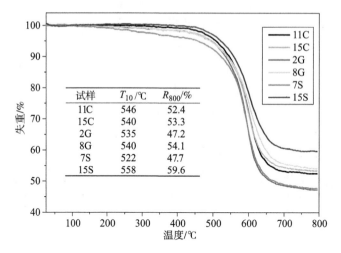

图 7.34 HM/ALSR 隔热复合材料 TG 曲线（见彩插）

|7.6 战斗部装药隔热防护材料应用研究|

7.6.1 相容性

隔热防护复合材料（15S）与 CL-20 相容性分析结果如图 7.35 所示。

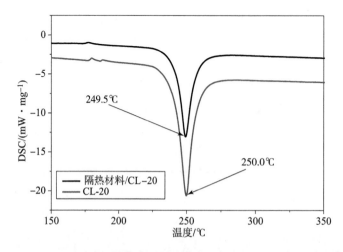

图 7.35 CL-20 单体系与隔热防护复合材料（15S）/CL-20 复合体系 DSC 曲线

根据 GJB 772A—1997 炸药试验方法：

$\Delta T_P = T_{P1} = T_{P2} = 250\ ℃ - 249.5\ ℃ = 0.5\ ℃ < 2.0\ ℃$，说明炸药和硅橡胶防护复合材料相容性良好，硅橡胶防护材料不影响 CL-20 的理化性能。

7.6.2　快烤实验隔热性能测试

不同 HM/ALSR 隔热复合材料导热性能不同，在模拟隔热防护实验中，在 600 ℃ 炉膛中静置 15 min 后，材料背部温度不同（图 7.36）。ALSR 由于未填加任何隔热功能微球，其导热系数较高，隔热性能较差，在经历 15 min 烘烤实验后，材料背部温度升至 141 ℃。而 HM/ALSR 隔热复合材料由于内部具有隔热微球功能相，能够有效阻断热量在材料内部传递路径，提升材料绝热能力，在经历 15 min 烘烤实验后，试样 11C、15C、8G 以及 15S 背部温度分别升至 128 ℃、132 ℃、110 ℃ 和 103 ℃，其中 8G 和 15S 表现出优异的隔热性能，与二者的低导热系数结果一致，而试样 15S 隔热性能优于 8G，可能是由于 15S 具有更高的热稳定性，在实验中能够保证材料内部架构的完整性，从而更有效地降低热量在材料内部的传递。

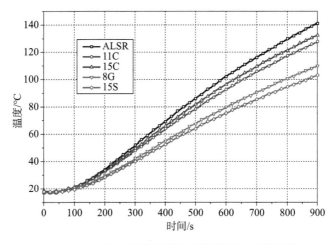

图 7.36　不同 HM/ALSR 隔热复合材料模拟实验隔热效果

由图 7.36 隔热性能测试结果可知，配比 15S 隔热效果最优，因此以 15S 作为战斗部装药隔热防护材料，进行快速烤燃实验，试验件制备流程如图 7.37 所示，混合药柱尺寸为 $\phi 50\ mm\ \times 160\ mm$，隔热防护材料厚度为 0.7 mm，防护效果如图 7.38 所示。

在未使用隔热材料防护情况下，快烤试验件经历火焰烤燃 105 s 后，试验件两端封盖炸出，内部炸药发生燃烧，试验结束后壳体保持完整。使用隔热材

混合炸药   隔热防护   快烤试验件

图 7.37 快烤试验件制备过程

空白试验

0 s   90 s   105 s   结束

隔热层试验

0 s   150 s   261 s   结束

图 7.38 快速烤燃试验

料对装药进行防护后，试验件经历 261 s 火焰烤燃后，试验件一端封盖炸出，内部药剂发生燃烧，试验结束后，试件壳体保持完整。使用隔热防护材料后，试件经历火焰时间延长 156 s，耐烤燃能力提升 148.6%，隔热防护材料隔热效率达 212.3%/mm。

|参考文献|

［1］翟冠杰，姜建壮. 粉煤灰漂珠的纳米结构及其传热机理研究［J］. 新型建筑材料，2003（8）：38 – 40.

［2］Liang X G，Qu W. Effective thermal conductivity of gas – solid composite materials and temperature difference effect at high temperature [J]. International Journal of Heat and Mass Transfer, 1999, 42 (10): 1885 – 1893.

[3] Tien, Chang L, Majumdar, Arunava, Gerner, F. M. (Frank M.). Microscale energy transport [M]. Microscale energy transport. Taylor & Francis, 1998.

[4] Cahill D G, Ford W K, Goodson K E, et al. Nanoscale thermal transport [J]. Journal of Applied Physics, 2003, 93 (2): 793 – 818.

[5] Schwab K, Henriksen E A, Worlock J M, et al. Measurement of the quantum of thermal conductance [J]. Nature, 2000, 404 (6781): 974 – 977.

[6] 夏新林, 施一长, 韩亚芬, 等. 纳米隔热材料导热机理与特性研究 [J]. 宇航材料工艺, 2011, 41 (1): 24 – 28, 33.

[7] Zeng S Q; Hunt A. Mean free path and apparent thermal conductivity of gas in a porous medium [J]. Journal of Heat Transfer, 1995, 117 (3): 758 – 762.

[8] Skochdopole R E. The thermal conductivity of foam plastics [J]. Engineering Progress, 1961 (57): 55 – 59.

[9] 柳建宏, 于杰, 何敏, 等. KH570 用量对纳米 SiO_2 接枝改性的影响 [J]. 胶体与聚合物, 2010, 28 (1): 19 – 21.

[10] 王经武. 塑料改性技术 [M]. 北京: 化学工业出版社, 2004.

[11] 尹家枝. 利用粉煤灰漂珠制备轻质多孔状隔热材料的研究 [D]. 天津: 天津大学, 2011.

[12] Zhou H, Zhang S M, Yang M S. The effect of heat – transfer passages on the effective thermal conductivity of high filler loading composite materials [J]. Composites Science and Technology, 2007, 67 (6): 1035 – 1040.

[13] Agari Y, Uno T. Estimation on thermal conductivities of filled polymers [J]. Journal of Applied Polymer Science, 1986, 32 (7): 5705 – 5712.

[14] Agari Y, Tanaka M, Nagai S, et al. Thermal conductivity of a polymer composite filled with mixtures of particles [J]. Journal of Applied Polymer Science, 1987, 34 (4): 1429 – 1437.

[15] Hu Y, Mei R, An Z, et al. Silicon rubber/hollow glass microsphere composites: Influence of broken hollow glass microsphere on mechanical and thermal insulation property [J]. Composites Science and Technology, 2013, 79: 64 – 69.

[16] Yu M, Zhu P, Ma Y. Effects of particle clustering on the tensile properties and failure mechanisms of hollow spheres filled syntactic foams: A numerical investigation by microstructure based modeling [J]. Materials & Design, 2013,

47：80－89.

［17］ Liu Q, Shao L Q, Xiang H F, et al. Biomechanical characterization of a low density silicone elastomer filled with hollow microspheres for maxillofacial prostheses ［J］. Journal of Biomaterials Science, Polymer Edition, 2013, 24 (11)：1378－1390.

［18］ Hamdani S, Longuet C, Perrin D, et al. Flame retardancy of silicone－based materials ［J］. Polymer Degradation and Stability, 2009, 94 (4)：465－495.

［19］ Lee G W, Park M, Kim J, et al. Enhanced thermal conductivity of polymer composites filled with hybrid filler ［J］. Composites Part A：Applied Science and Manufacturing, 2006, 37 (5)：727－734.

［20］ 梁基照. 高分子复合材料传热学导论 ［M］. 广州：华南理工大学出版社, 2013.

［21］ Gao J, Zhu J, Luo J, et al. Investigation of microporous composite scaffolds fabricated by embedding sacrificial polyethylene glycol microspheres in nanofibrous membrane ［J］. Composites Part A：Applied Science and Manufacturing, 2016, 91：20－29.

［22］ Saha M C, Nilufar S, Major M, et al. Processing and performance evaluation of hollow microspheres filled epoxy composites ［J］. Polymer Composites, 2008, 29 (3)：293－301.

［23］ Yusriah L, Mariatti M. Effect of hybrid phenolic hollow microsphere and silica－filled vinyl ester composites ［J］. Journal of Composite Materials, 2012, 47 (2)：169－182.

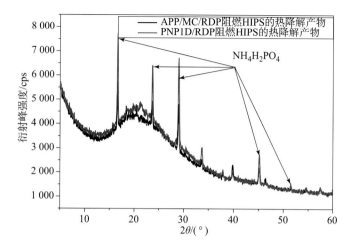

图 2.38　两种阻燃体系热降解产物 XRD 谱图

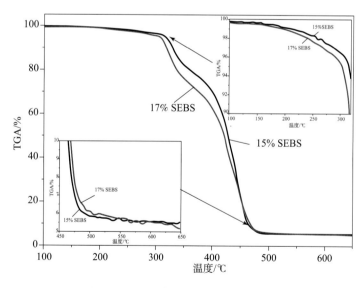

图 2.49　不同含量 SEBS 的 TGA 曲线

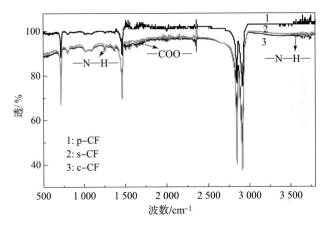

图 3.31　FT－IR

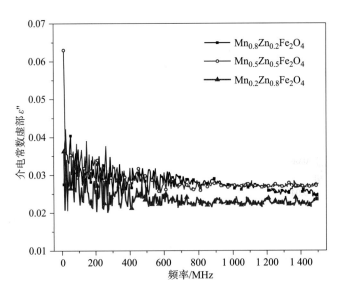

图 4.15　化学配比不同的铁氧体/环氧树脂复合材料复介电常数虚部随频率变化图

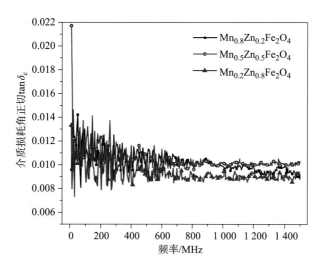

图 4.16 化学配比不同的铁氧体/环氧树脂复合材料复介电常数损耗角随频率变化图

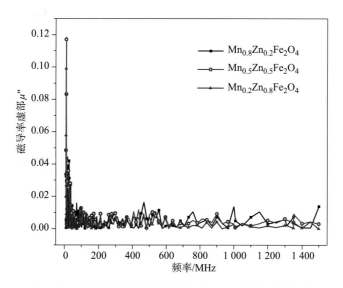

图 4.18 化学配比不同的锰锌铁氧体/环氧树脂复合材料的
复磁导率实部值随频率变化关系

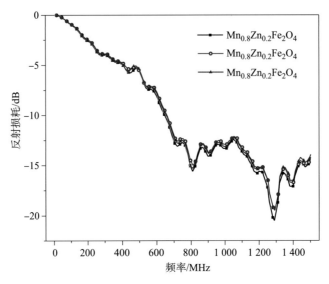

图 4.20　化学配比不同的锰锌铁氧体/环氧树脂复合材料的
反射损耗随频率变化关系

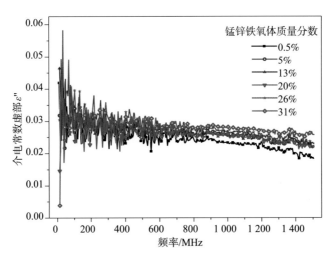

图 4.22　不同质量分数锰锌铁氧体（$Mn_{0.8}Zn_{0.2}Fe_2O_4$）
的复合物样品的复介电常数虚部值随频率变化图

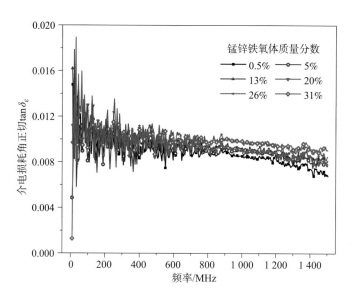

图 4.23　不同质量分数锰锌铁氧体（$Mn_{0.8}Zn_{0.2}Fe_2O_4$）
的复合物样品的介电损耗角正切值随频率变化图

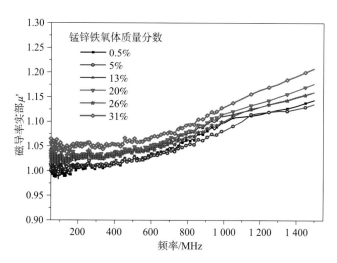

图 4.24　不同质量分数锰锌铁氧体（$Mn_{0.8}Zn_{0.2}Fe_2O_4$）
的复合物样品的磁导率实部值随频率变化图

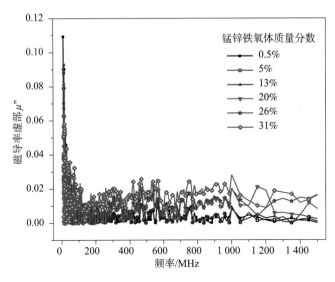

图 4.25　不同质量分数锰锌铁氧体（$Mn_{0.8}Zn_{0.2}Fe_2O_4$）
的复合物样品的磁导率虚部值随频率变化图

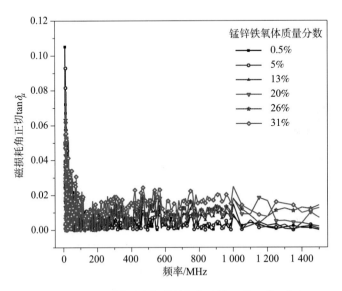

图 4.26　不同质量分数锰锌铁氧体（$Mn_{0.8}Zn_{0.2}Fe_2O_4$）
的复合物样品的磁损耗角正切值随频率变化图

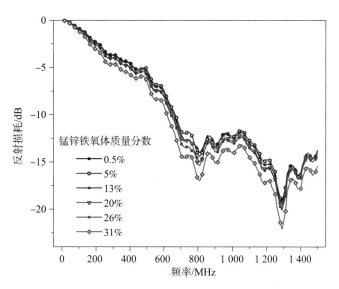

图 4.27　不同质量分数锰锌铁氧体（$Mn_{0.8}Zn_{0.2}Fe_2O_4$）
的复合物样品的反射损耗值随频率变化图

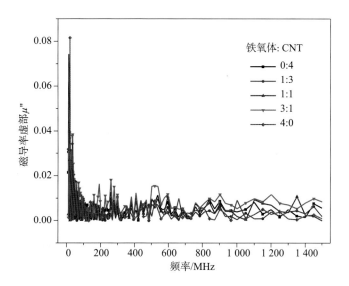

图 4.34　具有不同质量配比锰锌铁氧体（$Mn_{0.8}Zn_{0.2}Fe_2O_4$）/MWNT
的复合材料样品的复磁导率虚部随频率变化的曲线图

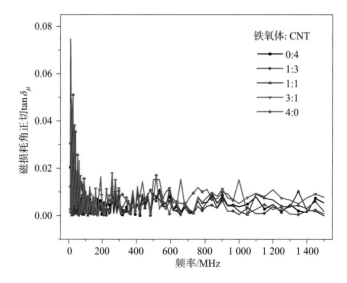

图 4.35　具有不同质量配比锰锌铁氧体（$Mn_{0.8}Zn_{0.2}Fe_2O_4$）/MWNT
的复合材料样品的磁损耗角正切值随频率变化的曲线图

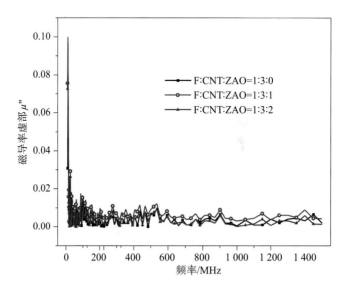

图 4.43　具有不同质量配比（分别为 1：3：0、1：3：1、1：3：2）
锰锌铁氧体（$Mn_{0.8}Zn_{0.2}Fe_2O_4$）/MWNT/ZAO 的复合材料样品的
复磁导率虚部值随频率（10 MHz～1.5 GHz）变化的曲线图

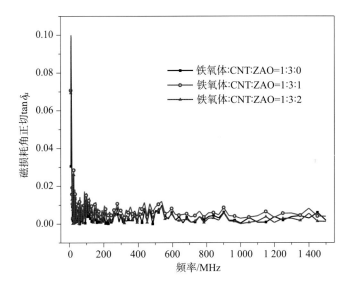

图 4.44　具有不同质量配比（分别为 1∶3∶0、1∶3∶1、1∶3∶2）
锰锌铁氧体（$Mn_{0.8}Zn_{0.2}Fe_2O_4$）/MWNT/ZAO 的复合材料样品的
磁损耗角正切值随频率（10 MHz～1.5 GHz）变化的曲线图

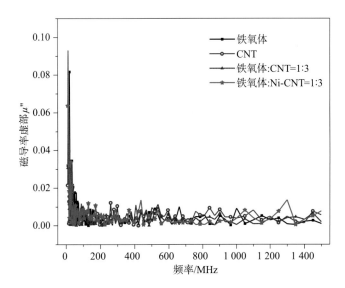

图 4.51　纯锰锌铁氧体、纯 MWNT、锰锌铁氧体/MWNT（质量比为 1∶3）、
锰锌铁氧体/Ni－MWNT（质量比为 1∶3）填料与 EP 复合吸波涂层的
复磁导率虚部随频率（10 MHz～1.5 GHz）变化的曲线图

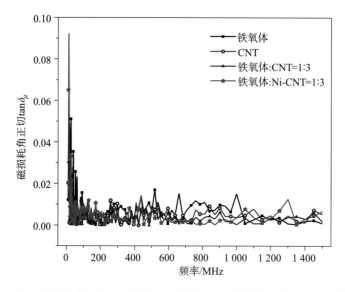

图 4.52　纯锰锌铁氧体、纯 MWNT、锰锌铁氧体/MWNT（质量比为 1:3）、
锰锌铁氧体/Ni－MWNT（质量比为 1:3）填料与 EP 复合吸波涂层的
磁损耗角正切值随频率（10 MHz～1.5 GHz）变化的曲线图

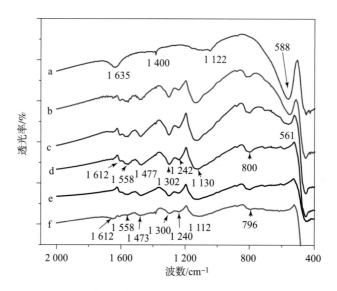

图 4.59　具有不同聚苯胺质量分数的铁氧体/聚苯胺纳米
复合物的傅里叶转换红外光谱图

（a：0%，b：28.12%，c：60.89%，d：87.18%，e：88.16%，f：100%）

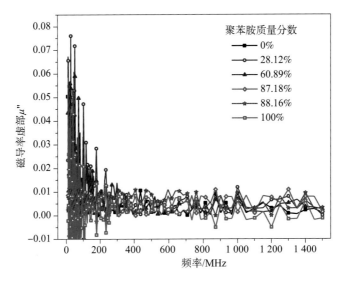

图 4.66　制备的不同含量聚苯胺的铁氧体/聚苯胺纳米
复合物的复磁导率的虚部随频率变化的曲线图

（a：0％，b：28.12％，c：60.89％，d：87.18％，e：88.16％，f：100％）

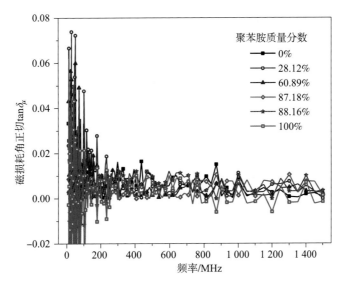

图 4.67　制备的不同含量聚苯胺的铁氧体/聚苯胺纳米复合物的
磁损耗角正切值随频率变化的曲线图

（a：0％，b：28.12％，c：60.89％，d：87.18％，e：88.16％，f：100％）

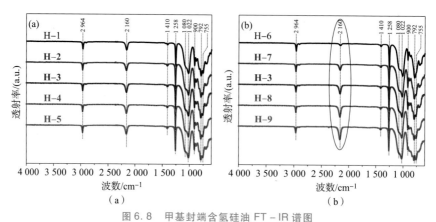

图 6.8　甲基封端含氢硅油 FT－IR 谱图

（a）不同链结长度（含氢量 0.50%）；（b）不同含氢量（链结长度 50）

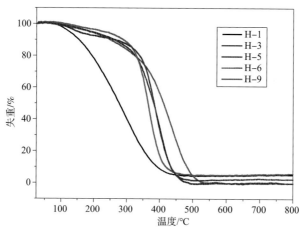

图 6.9　甲基封端含氢硅油 TG 曲线

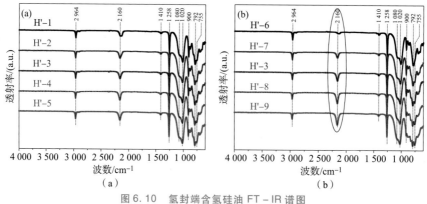

图 6.10　氢封端含氢硅油 FT－IR 谱图

（a）不同链结长度；（b）不同含氢量

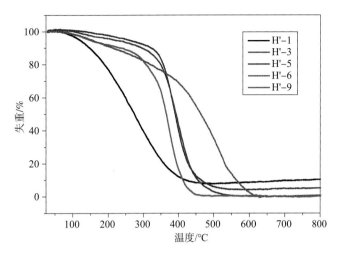

图 6.11　氢封端含氢硅油 TG 曲线

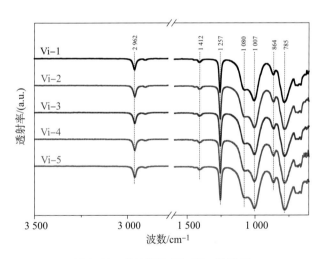

图 6.13　端乙烯基硅油 FT－IR 谱图

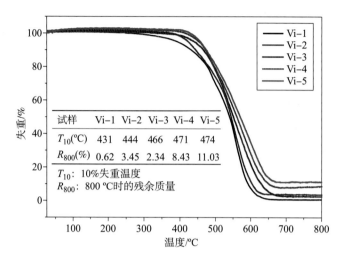

图 6.14 端乙烯基硅油 TG 曲线

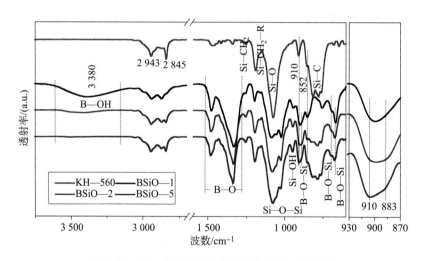

图 6.28 KH–560 及硼硅氧烷低聚物 FT–IR 谱图

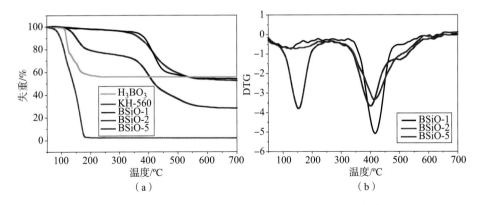

图 6.32　硼酸、KH－560 以及不同硼硅氧烷低聚物热分解曲线

（a）硼酸、KH－560 及硼硅氧烷低聚物 TG 曲线；（b）硼硅氧烷低聚物 DTG 曲线

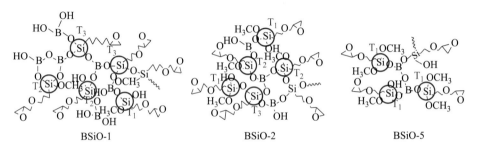

图 6.33　硼硅氧烷低聚物结构

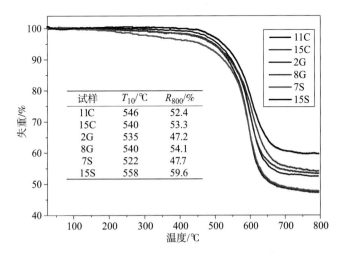

试样	$T_{10}/℃$	$R_{800}/\%$
11C	546	52.4
15C	540	53.3
2G	535	47.2
8G	540	54.1
7S	522	47.7
15S	558	59.6

图 7.34　HM／ALSR 隔热复合材料 TG 曲线